A Library of Academics by PHD Supervisors
博士生导师学术文库

中国古代人生美学研究

李天道 主编

中国书籍出版社
China Book Press

图书在版编目（CIP）数据

中国古代人生美学研究/李天道主编.—北京：中国书籍出版社，2019.1

ISBN 978-7-5068-7187-7

Ⅰ.①中… Ⅱ.①李… Ⅲ.①美学—研究—中国—古代 Ⅳ.①B83-092

中国版本图书馆 CIP 数据核字（2018）第 295273 号

中国古代人生美学研究

李天道　主编

责任编辑	李　新
责任印制	孙马飞　马　芝
封面设计	中联华文
出版发行	中国书籍出版社
地　　址	北京市丰台区三路居路 97 号（邮编：100073）
电　　话	（010）52257143（总编室）　（010）52257140（发行部）
电子邮箱	eo@chinabp.com.cn
经　　销	全国新华书店
印　　刷	三河市华东印刷有限公司
开　　本	710 毫米×1000 毫米　1/16
字　　数	368 千字
印　　张	21
版　　次	2019 年 4 月第 1 版　2019 年 4 月第 1 次印刷
书　　号	ISBN 978-7-5068-7187-7
定　　价	95.00 元

版权所有　翻印必究

目 录
CONTENTS

导论 ·· 1

上 编

第一章 儒家之人生美学思想 ······································ 9
  第一节 "仁"之人生境域 ·· 10
  第二节 "天下一体"之人生境域 ······························ 15
  第三节 "天地与我并生"之审美境域 ······················· 26
  第四节 尽善尽美之境域 ··· 32
  第五节 人格修养 ··· 43

第二章 儒家以仁义求同乐之人生审美域 ·················· 57
  第一节 乐以怠忧 ··· 57
  第二节 "与天地同和" ·· 65
  第三节 "和"的审美理想域 ····································· 67
  第四节 "和"的中西异质性 ····································· 70
  第五节 "和"的文化根源 ·· 75

第三章 理学之人生美学思想 ···································· 77
  第一节 理学人生境域之心性问题 ···························· 78
  第二节 理学之审美意义 ··· 89

1

第三节 理学之主体修养 ……………………………… 105

第四章 心学之人生美学思想 …………………………… 117
  第一节 人生境域 …………………………………… 118
  第二节 审美境域 …………………………………… 135
  第三节 人格修养 …………………………………… 151

下　编

第一章 道家以无为求至乐之人生审美域 …………… 171
  第一节 "赤子之心" ………………………………… 171
  第二节 虚静淡泊与返朴归真 ……………………… 173
  第三节 "心斋""坐忘"之域 ………………………… 175
  第四节 弃欲守静之域 ……………………………… 178
  第五节 "以妙为美"的审美理想域 ………………… 181

第二章 庄子之人生美学思想 …………………………… 192
  第一节 庄子其人其事 ……………………………… 192
  第二节 庄子美学思想的实质 ……………………… 194
  第三节 庄子人生美学的终极追求 ………………… 196
  第四节 庄子审美化的人生价值取向 ……………… 207
  第五节 庄子审美化的生死观 ……………………… 214
  第六节 庄子审美化的生存方式 …………………… 221

第三章 道教之人生美学思想 …………………………… 228
  第一节 道教的人生境域 …………………………… 229
  第二节 道教的审美境域 …………………………… 245
  第三节 道教的人格修养 …………………………… 261

第四章 佛家以清心求极乐之人生审美域 ······ 278
第一节 清心为极乐 ······ 278
第二节 即心即佛 ······ 281
第三节 "独超物外" ······ 284
第四节 "定慧一如"审美理想域 ······ 288
第五节 "以禅为美"的民族特色 ······ 297

第五章 隐士以避世求独乐之人生审美域 ······ 301
第一节 归隐田园,纵情山水 ······ 301
第二节 避世求独乐 ······ 306
第三节 游历神仙之境域 ······ 314

参考文献 ······ 320
后记 ······ 324

导 论

　　人生问题是中国传统哲学所关注的核心问题。近代学者黄侃在《汉唐玄学论》中曾经指出:"大抵吾土玄学,多论人生,而少谈宇宙。"的确,中国古代哲人对人与人生问题极为重视。他们孜孜不倦、锲而不舍地探究的,不是外在世界,而是人的内在价值,是人生的奥秘与生命的真谛。不管是孔子、孟子、荀子、韩非子,还是老子、庄子、墨子,以及后来的佛教禅宗,都把人生意义、人生理想、人生态度和人格理想作为自己探讨的重要问题。在人的本质和人的价值以及人生理想与人生境域问题上,孔子曾从人与人之间的社会联系这一方面来指出天地万物之中,人具有最为崇高的地位:"鸟兽不可与同群,吾非斯人之徒与而谁与?"[1]这里所谓的"斯人之徒"指的就是有生命有知觉有道德观念,超越自然状态而文明化了的人。作为社会的、文明的主体,人是天地之间最为尊贵的、最有价值的,故而孔子强调指出:"天地之性,人为贵。"[2]人是社会文明的创造者,殷周的礼制从某种意义上说就是文明进步的一种体现,正是由此出发,所以孔子满怀敬意地说:"郁郁乎文哉,吾从周。"[3]可以说,"从周",实际上就是孔子对人以及人类文明历史意义的确认。

　　人在万物中最灵最贵,以人为主体的文明社会则应以仁义道德为核心,以仁道为规范,故而孔子"贵仁"。在孔子看来,只有人才是宇宙间最神奇、最贵重、最美好的存在。所以,他非常重视"人事",强调人生"有为","不语怪、力、乱、神"。当子路向他询问鬼神之事时,他严厉地指责说:"未能事人,焉能事鬼?""未知生,焉知死?"[4]他认为,人与人之间应友爱、和睦。他所推崇的仁,其基本内涵就是

---

[1] 《论语·微子》。
[2] 《孝经》引孔子语。
[3] 《论语·八佾》。
[4] 《论语·先进》。

"仁者,爱人"。据《论语·乡党》记载:一次马厩失火被毁,孔子退朝回来后,听说此事,马上急切地询问:"伤人乎?"而并不打听火灾是否伤及马匹。这件事所表现出的,就是孔子对人的尊重和仁爱。这种尊重和仁爱是建立在关怀人与人生、重视人与人生的基础之上的。因为在孔子看来,相对于牛马而言,人更为可贵。作为与人相对的自然存在,牛马仅只是使人生活得愉悦、美好的一种工具或手段,只具有外在价值;惟有人,才有其内在的价值,才是目的。既然人是目的,那么就应该尊重人、爱人。《论语·为政》说:"今之孝者,是谓能养。至于犬马,皆能有养。不敬,何以别乎?"敬是人与人之间人格上的敬重。如果仅仅是生活方面的关心,即"能养",而不是人格上的尊重,那么,就意味着把人降低为"犬马"。作为目的,人并不仅只是一种感性的生命存在,还具有超乎自然的社会本质,也即人化的本质,而这种本质首先表现在人与人的相互尊重之中。对人的敬重与尊重,实际上也就是对人内在价值的确认。换言之,这也就是对人超乎自然本质特征的一种肯定,就是把人当成人看待,就是爱人。

孔子的仁道原则和人生价值观在孟子处得到进一步发扬。孟子将人与禽兽的区别提高到一个非常突出的地位,并进行了充分的论述。孟子认为,禽兽是一种自然的存在,如果一个人也返回到自然的状态,那么他也就丧失了人的本质,与禽兽一样了。在孟子看来:"恻隐之心,人皆有之;羞恶之心,人皆有之;恭敬之心,人皆有之;是非之心,人皆有之。"①人具有道德意识,也正是这种道德意识,才使人超越了自然状态,而成为一种文明化的存在。孟子曾以舜为例来说明人之为人的本质特性:"舜之居深山之中,与木石居,与鹿豕游,其所以异于深山野人者几希。及其闻一善言,见一善行,若决江河,沛然莫之能御也。"②舜即使生活在深山野外,也仍然能保持人之为人的本质特性,就在于那种以仁爱、恻隐为情感表现形式的道德意识。故《孟子·公孙丑上》说:"恻隐之心,仁之端也。"

可以说,在孔孟等儒家哲人看来,"仁"就是人的本质特性。《孟子·尽心下》说:"仁也者,人也。"《孟子·尽心上》说:"仁人无敌于天下。"《中庸》也说:"仁者,人也,亲亲为大。""仁"的主旨就是"仁爱",或者说"爱人"。同时,"仁"也是善的标准。在孔子看来,作为人的生命活动的基础和承担者,人或谓人生主体,首先应该和能够认识的应该是人自身,因此,他所提出的仁道原则不仅表明他把人视为目的,而且还表明他认为人本身就具备行仁的能力。据《论语·颜渊》记载,

---

① 《孟子·告子》。
② 《孟子·尽心上》。

一次,孔子的学生颜渊问他什么是"仁",他回答说:"克己复礼为仁。"又说:"为仁由己,而由人乎哉?"人不但是被尊重、被爱的对象,而且更是施仁爱于人、尊重他人的主体,人本身就蕴蓄着自主的能力,"为仁"并不仅仅是被决定的,而是人自身本质力量的体现,完全"由己"。只有通过"自我控制""自我改造""自我完善"和"自我更新",以了解人生实质和主体自身,才能解决人生的根本问题,以达到人生的理想境界;"为仁""爱人""事人"是人的本分,是作为人生主体的人的自身活动的构成。"仁"既是为人之道,也是破译人的秘密的方法,反求诸己,推己及人,是"谓仁之方"。这种从人的生活和自身体验中知人,以达到"爱人"目的的思想和方法,就是知行合一。

孔子认为,"仁"既体现了作为主体的人的尊严,同时更体现了人的主体内在力量。他指出:"人能弘道,非道弘人。"① "我欲仁,斯仁至矣。"② 人之异于禽兽正在于人有道德、有理想、有追求。"欲"就是理想与追求。人"欲仁",并且,"人能弘道",能确立人生理想,通过自身的努力,以追求理想,实现理想,达到极高人生境界。故而,孔子强调指出:"士不可以不弘毅,任重而道远。"③ 人不但要"自我完善""自我更新",要对自我的行为负责,而且还担负着超越个体的社会历史重任。"人能弘道"的历史自觉的前提是"任重而道远"的使命意识。正是基于这种使命意识与历史自觉,孔子自己才身体力行,坚持人能弘道的信念,虽屡遭挫折,但仍然"不怨天,不尤人",不懈地追求自己的人生理想,"知其不可而为之"。在我们看来,孔子"为仁由己","我欲仁,斯仁至矣"肯定了人的道德自由,"人能弘道","士不可以不弘毅"则从更广的文化创造的意义上,肯定了人与人的自由。通过此而实现的,则是人自身价值的现实确证。

中国古代哲人这种贵人、重人,肯定人与人的自由的思想已经具有极高的美学意义。我们知道,热爱人生、顾念人生、尊重人与人生既是审美活动的本质特性,也是审美活动的目的所在。因为在我们看来,极高审美境界的获得是指在实现人生的价值与追求生命的意义的过程中,主体对自身的终极价值的实现。在此境界中,主体认识到自我、自觉到自我,并由此而顾念自我、超越自我、实现自我,仿佛置身于自身潜能、自我创造的高峰,感觉到"众山皆小""天地宇宙唯我独尊",主体自身成为自然万物的主宰。就像马斯洛曾经指出的:"像上帝那样,多多

---

① 《论语·卫灵公》。
② 《论语·述而》。
③ 《论语·泰伯》。

少少的经常像'上帝'那样。"自我的心灵自由搏击,摆脱常规思想的束缚,在空明的心境中,进行自我体验,感到自己"窥见了终极真理、事物的本质和生活的奥秘,仿佛遮掩知识的帷幕一下子拉开了"①,以获得人生与宇宙的真谛。

的确,审美活动的目的就是对生命意义的追求与人生价值的实现,是"心合造化,言含万象",是无心偶合,自由自在,于一任自然的自由心境中,使心灵自由往来,触物起兴,遇景生情。这之中又离不开主体与作为审美对象的客体之间的相爱相恋、顾念相依,也就是儒家哲人所谓的"仁心"。即如熊十力在《明心篇》中所指出的:"仁心常存,则其周行乎万物万事万变之中,而无一毫私欲搀杂,便无往不是虚静;仁心一失,则私欲用事,虽瞑目静坐,而方寸间便是闹市,喧扰万状矣。"②又如丰子恺在《绘画与文学》中指出的:"所谓美的态度,即在对象中发现生命的态度……就是沉潜于对象中的'主客合一'的境界。"在我们看来,这种"沉潜"到宇宙自然中去发现和凝合生命律动的顾念依恋意识,既体现着老庄哲人的情怀,也体现出艺术审美创作主体的心态;既是审美体验,也是审美情感的流露。张岱年说:"唯有承认天地万物'莫非己也',才能真正认识自己。"③这可以看作是从哲学的高度,对古代艺术家在审美境界创构中所展现出的顾念依恋自然万有的美学精神作出的充分肯定,强调它是一种高级的审美认识活动。在这种心灵体验的审美认识活动中,自我与非我相见之顷,因非我之宏远,自我之范围遂亦扩大,心因沉思之宇宙为无限,故亦享有无限之性质。在对自然万有的审美体验活动中,主体与客体物我相交相融,相顾相念,相拥相亲,从而扩大了主体自我,觉"万物皆备于我",宇宙即吾心,吾心即宇宙。人与宇宙自然、山川万物息息相通,痛痒相关,这才是人的最高自由和人的价值在精神上的最圆满的实现,也是人生境界与审美境界的最高实现。

因此,可以说,中国美学最为独特的品格就是对人与人生的重视。在中国传统美学看来,所谓美,总是肯定人生,肯定生命的,因而,美实际上就是人生价值的体现,是一种极高的人生境界,也即一种心灵境界与审美境界。中国古代美学家认为,审美活动所要达到的目的,是主体通过澄心静虑、心游目想,通过直观感悟、直觉体悟,以达到兴到神会,顿悟人生真谛的审美境界,从而体验自我,实现自我,"超脱自在",使片刻得到永恒,并获得人生价值的不朽。这样,遂使中国美学的审

---

① 车文博:《人本主义心理学》,杭州:浙江教育出版社2003年版,第148页。
② 熊十力:《体用论》,中华书局1994年版,第424页。
③ 张岱年:《文化与哲学》,教育科学出版社1988年版,第333页。

美价值论与中国古代人学的人生价值观、审美境界论与人生境界观趋于合一。同时,中国美学的这种审美价值论与人生价值观、审美境界论与人生境界的合一又体现了中国传统美学的人生价值取向。可以说,中国古代美学始终如一地在探索如何实现人生价值,以达到一种使自我"自由""充沛""真力弥满,万象在旁,掉臂游行,超脱自在"、和合完美、圆融和熙的人生审美境界。

我们知道,作为同生同长于中国文化土壤上的思想之树,中国美学与中国古代人生哲学是枝叶相关、根脉相连、不可分离的。故而,中国古代美学极为注重人与人生。在人生价值论方面,认为人"最为天下贵也"①,强调审美体验活动应该通过对"人"的透视,以妙解人生的奥秘,也揭示宇宙生命的奥秘。在中国古代美学家看来,挥动万有、驱役众美的审美观照与审美体验能够陶冶人的情操,纯洁人的情感,感化人的性灵,净化人的灵魂;通过审美活动,可以帮助人们从更高的层次上认识人生主体,树立人格理想,培养人生道德,提高人生境界,实现人生价值。我们认为,正是中国美学对美的探寻和讨论总是落实到人与人生的层面,才使中国美学在许多方面都表现出一种与中国古代人学的同一性和相关性。故而,中国古代人学是中国美学的理论基础,而中国美学则是中国古代人学更高层次的发展。中国古代人学一直在追求如何实现一种和合完美的人生自由境界,如何通过"尽心""尽性""克己""由己""返朴归真"而"知天""合天"。这种人生的自由境界,在中国美学看来,实质上就是一种自我生命得到自由发展的审美境界。同时,中国古代人学重视人的生命存在价值,强调人在天地万物中最为神奇,最为完美,"万物生生,而变化无穷焉,惟人也得其秀而最灵"。这一"贵人""重人"的思想,渗透到中国古代美学中,则形成其"美因人彰",即美的生成必须依靠人的审美活动去发现、去创构的观点。而作为中国美学思想主要组成部分的儒、道、释三家美学思想所推崇的"和""妙""圆"的审美理想,强调人与自然、人与社会、人与自身的和谐统一的审美追求,则又与中国人学的自然观、社会观与人生观贯通合一。

应该说,中国人生美学的完形与儒、道、释三家思想的相互渗透、相互补益、相互融合是分不开的。所谓"红花白藕青荷叶,三教原来是一家"。中国古代文人周流三教,游心于世书内典,以一种务实精神各取所需:儒以治世,道以修身,佛以治心。经过汉魏六朝而至于隋唐以后,历代最负盛名的思想家、文艺理论家,其思想都是儒、道、释三教的影响兼而有之。特别是慧能禅宗提出的"即心即佛"的佛性论和真心一元论,吸引了中国古代文人,重构和完善了中国古代文人的人生美学

---

① 《荀子·王制》。

心理结构,也丰富和拓展了中国人生美学传统。可以说,正是禅宗美学"即心即佛"和"无念为宗"的思想强化了中国人生美学"法自然的人与天调"的基础,使它上升到本体地位;并在一定程度上弱化了中国人生美学"宗法制的伦理道德"的"特色"①,促成中国人生美学传统的完形,形成中国人生美学的一大民族特色。

必须指出,中国人生美学这种儒道释相互沟通,相互合流的民族特色突出地体现在三家人学思想对天人合一的和谐美的人生趣味与人生理想的追求上。吴经熊在《中国哲学之悦乐精神》中指出:"中国哲学有三大主流,就是儒家、道家和释家,而释家尤以禅宗为最重要。这三大主流,全部洋溢着悦乐的精神。虽然其所乐各有不同,可是他们一贯的精神,却不外'悦乐'两字。一般说来,儒家的悦乐导源于好学、行仁和人群的和谐;道家的悦乐,在于逍遥自在、无拘无碍、心灵与大自然的和谐,乃至于由忘我而找到真我;禅宗的悦乐则寄托在明心见性,求得本来面目而达到入世、出世的和谐。由此可见,和谐实在是儒家、道家和禅宗三家悦乐精神的核心。"②这里所强调的以"和谐"为核心的"悦乐精神",实质上就是以天人合一的和谐美为基本内容的人生情趣和人生理想。儒、道、释三家所追求的人生理想最终都归于天人合一的和谐美。同时,儒、道、释三家的人生理想又表现出同中有异。具体而言,儒家偏重于人与社会的和谐,道家偏重于人与自然的和谐,而佛教禅宗则偏重于人与自我的和谐。

我们知道,中国人生美学以"理"节"情"的思想对中国古代人学具有极为重要的影响,并突出地表现在人生境界论上。中国传统人学是一种人生美学,是以人生论为其确立思想体系的要旨,是以传统哲学中的人学为其理论基础,儒、道、释概莫能外。可以说,儒、道、释都很重视心灵问题,都建立了各自的心灵哲学。它们都是从"存在"的意义上解释心的,认为心是一种精神存在,是自然生命与精神生命的结合体,境界就是心的存在方式或存在状态。并且,从重视人生出发,他们都热爱生活、热爱生命、热爱社会与自然,无论是"孔颜乐处""曾点气象",还是"见素抱朴""乘物以游心""清贫自乐""随缘任远",都表现出一种珍惜生命、体味生命的审美意趣,其最高人生境界(审美境界)则都是心灵的超越和升华。从儒、道、释所追求的人生与审美境界来看,他们都以天人合一的境界为最高目的。

---

① 敏泽:《中国美学思想史》第一卷,齐鲁书社1989年版,第88页。
② 吴经熊:《中国哲学之悦乐精神》,上智出版社1988年版,第144页。

上 编

第一章

儒家之人生美学思想

  儒家美学是人生美学。儒家美学始终关注人生,把人生意义、人生理想、人生态度和人格理想作为自己探讨的重要问题。孔子说:"天地之性,人为贵。"①人是天地之间最为尊贵、最有价值的,人是儒家美学视野的焦点。据《论语·乡党》记载:一次马厩失火被毁,孔子退朝回来后,听说此事,马上急切地询问:"伤人乎?不问马。"因为在孔子看来,相对于牛马而言,人更为可贵。并且,孔子把人放在鬼神之上:"季路问事鬼神,子曰:'未能事人,焉能事鬼?'"②这些都表现出孔子对人的仁爱和尊重,孔子思想的核心是"仁",而"仁",是以所谓"爱人""爱众"为旨归的,比如:"樊迟问仁,子曰:'爱人。'"③"子曰:'……泛爱众,而亲仁。'"④孔子之所以重视"仁",因为在他看来,人不仅是自然的人,还具有超乎自然的社会本质,而这种本质首先表现在人与人相互尊重之中。孔子的"仁"学在孟子那里得到进一步的发扬,孟子将人与禽兽的区别提高到非常突出的地位。在孟子看来:"恻隐之心,人皆有之;羞恶之心,人皆有之;恭敬之心,人皆有之;是非之心,人皆有之。"⑤人之所以异于禽兽,是因为人具有道德意识,后来的荀子也说:"水火有气而无生,草木有生而无知,禽兽有知而无义。人有气、有生、有知,亦且有义,故最为天下贵也。"⑥人之所以为人,就在于人有道德修养。在儒家看来,"仁"就是人的本质特性。

  认识到人作为人的本性之后,儒家所做的便是如何彰显人的这种本性,以构

---

① 《孝经·圣治章第九》。
② 《论语·先进》。
③ 《论语·颜渊》。
④ 《论语·学而》。
⑤ 《孟子·公孙丑上》。
⑥ 《荀子·王制》。

成人生的"仁"的最高境域。孔子说:"克己复礼为仁。"①又说:"我欲仁,斯仁至矣。"②"为仁"并不是由他者决定的,而是完全"由己"。这种认识充分肯定了人的自身力量和道德自由,只有通过不断控制自我、完善自我,以了解人生实质和人自身,才能解决人生的根本问题,以达到理想的人生境域。

儒家对于人的重视的思想,在我国美学史上具有极为重要的意义。"因为在我们看来,极高审美境域的获得是指在实现人生的价值与追求生命的意义的过程中,主体对自身的终极价值的实现。"③儒家用"仁"构筑起一个美的世界、诗意的世界,这一世界充满勃勃生机,人与人之间和谐相处,主体与客体相互交融,一切客体都是生命化的,充溢着生命的意蕴和情调。在审美境域的构筑方面,儒家美学从不主张向外寻求精神解脱,而是主张在内在心灵中求得生存的勇气和信心,在与自然的抱拥中与山川万物的生命精神息息相通,使人的最高自由和人的价值在精神上得到圆满实现,从而达到人生境域与审美境域的最高实现。

以孔孟为首的儒家哲人所创立的儒学是中国传统文化的重要组成部分。儒家思想的精髓源远流长,后来又形成了汉唐儒家、宋明清新儒家以及现代新儒学。在这里,我们主要研究的是以孔孟为代表的先秦儒家的人生美学思想。

第一节 "仁"之人生境域

儒家对于人生既有形而下的思考,也有形而上的追求。形而下是人对社会的作为,由此形成礼乐、人伦的道德观。形而上是对人的生命存在和终极理想审美域的理解和把握。儒家关注人生,儒家美学的发生场景总离不开现实人生,然而又于人生经验中迸发出理想的灵光,这是它的超越性所在。所谓"不离日用行常内,达于先天未画时",儒家对人生的思索源于人生,而又达于人生未及之处。儒家追求的人生之境域无不透露出审美的意蕴。

一、仁的美学内涵

儒家的最高人生审美境域是心灵的超越和升华,是人生的自由,但这种自由

---

① 《论语·颜渊》。
② 《论语·述而》。
③ 皮朝纲等:《审美与生存——中国传统美学的人生意蕴及其现代意义》,巴蜀书社1999年版,第51页。

是要通过内修的努力来达到的。个体的人经过长期修养把握了仁,把仁变为自身自然而然的行为——克服和控制情欲,处理好己与人、与社会、与自然的关系,体验到生命存在的意义,也就获得了自由。"仁"是儒家思想的核心问题,同时也是儒家美学的核心和出发点,具有本体论的意义,在"仁"的道德价值的背后蕴蓄着审美的意旨。

学者唐力权把"仁"分为三个层面,即本体之仁、类性之仁与道德之仁。"本体之仁是'无执的感通与开放的仁爱精神至于充极状态'之仁,也就是后儒所谓'仁者与天地万物为一体'之仁,这是一种对一切存有绝对无差等、绝对一视同仁的'爱'。正是在这个意义上,儒家把具有'生生之德'的天视为'仁',也只有把天作为'道体'才具有蕴涵这一超越一切、肯定一切而又成就一切的'本体之仁'的资格。"①足见,作为本体的仁是与天同的,是超越的。

"类性之仁"则是"落实在人性之中的'仁',也就是本体之仁在人的类性禀赋限制之下所具有的同体感通的力量。它不是一种无私的爱,而是私于个体、私于家庭、私于民族和私于全体人类的私仁"②。这就是儒家的有差等的爱。"仁"在具体事物上呈现时并不是抽象的"博爱""兼爱",而是有远近、厚薄、轻重、缓急、本末、内外等许多条理和区别的。也就是说,仁爱的播施,是由远及近,各如其分地逐步"推"开去的,而不是不分厚薄,平均地"盖"上去的。如孟子所讲"老吾老以及人之老,幼吾幼以及人之幼"依据类性之仁的原则,必须先爱自己的亲人,后爱别人的亲人;先爱自己的子女,后爱别人的子女,而不能反其道而行之,否则就是"不孝""不仁"之大者。孟子又说:"亲亲而仁民,仁民而爱物。""亲亲而仁民"是在人与人之间行仁的原则,"仁民而爱物"是在人与自然之间行仁的原则。也就是说,原则上讲,对人类的爱必须先于、重于对动植物等自然物的爱,而不能反其道而行之。类性之仁虽是一种私仁,但是,由于类性之仁是本体之仁在人性中的落实,因而它仍是把无差等的爱摄入其中的,并且成为类性之仁的仁性关怀的最后根源与精神动源。

所谓"道德之仁"就是"仁性的道德化或社会理性化,也就是本体之仁通过类性之仁的中介作用在社会法制和伦理规范中进一步的落实"③。表现在儒家对于"礼"的重视。道德之仁的处理问题,应该可以说是作为以仁性关怀为出发点的人

---

① 李翔海:《生生和谐——重读孔子》,四川人民出版社1996年版,第117页。
② 李翔海:《生生和谐——重读孔子》,四川人民出版社1996年版,第117页。
③ 李翔海:《生生和谐——重读孔子》,四川人民出版社1996年版,第117页。

文主义学说的儒家所关注的中心问题。在《论语》中多处讲到"仁",但这个"仁"不是抽象的"仁",而是在社会的特殊场合中取义的"道德之仁"。比如,"仲弓问仁,子曰:'……己所不欲,勿施于人。'"①;"司马牛问仁,子曰:'仁者,其言也讱。'"②;"子张问仁于孔子,孔子曰:'能行五者于天下,为仁矣。''请问之。'曰:'恭,宽,信,敏,惠。……'"③孔子不愿意离开道德之仁而谈论类性之仁和本体之仁。当然,我们不能认为《论语》中所有的仁都是在特殊场合中取义的"道德之仁"。孔子一方面指出"为仁由己",认为仁不远人,"我欲仁,斯仁至矣";另一方面又从不轻易以仁许人,不仅不以仁许子路、子贡等贤弟子,而且自己也从不以仁自居。如果说,前一方面意义的"仁"可以看作"道德之仁"的话,那么后一意义上的"仁"如果也仅仅看作是道德之仁恐怕就很难讲通。孔子所谓"仁者爱人""天下归仁"也可以作为一种"类性之仁"来理解。与此同时,孔子还以人与天所表现出来的亲和感透露出了体悟"天道"即本体之仁的信息。的确,孔子主要是立足于"道德之仁"来指点"仁"的意义的,并由此彰显出"类性之仁"与"本体之仁"。但在他所揭示的"仁"所蕴含的深层意义中,在他对于道德之仁的随机指点,特别是从他对道德之仁的不断提升中,我们不难看出孔子的"仁"所具有的既关联于道德之仁与类性之仁,也最终上达于本体之仁——泛爱生生,大化同流的鲜活信息。

因此,我们不能认为儒家的仁学仅仅是局限于现实人伦范围内的。仁以人伦道德关怀为起点,最终要上达于与天认同的本体之仁。在仁的道德价值之中蕴藏着审美的内涵。

而仁的本体论的确立,应该是始于孟子的。在中国哲学史上,孟子最早提出了"天人合一"的思想,他主张天与人相通,人性乃"天之所与",天道有道德意义,而人禀受天道,因此人性才有道德意义。所以,宇宙万物和人类社会都以"仁"为秩序结构。"仁"生万物,万物结构的基础是"仁"。这样,从孟子开始,"仁"在儒家哲学里就有了本体论的意义。

老庄也主张"天人合一",老子说:"人法地,地法天,天法道,道法自然。"④但老庄的"天人合一"与孟子的"天人合一"有明显的不同之处。在孟子看来,人之根本,有道德意义,而老庄的"道"则是没有道德意义的,它只是自然,所谓"道法自然"。

---

① 《论语·颜渊》。
② 《论语·颜渊》。
③ 《论语·阳货》。
④ 《老子》二十五章。

仁是儒家泛爱生生的思想基础,儒家的理想是做"仁人",因为以仁为本的世界才是美的世界、诗的世界,才充满勃勃生机。正如东方美所说:"这个世界决不是一个干枯的世界,而是一个万物含生浩荡不竭,全体神光焕发,耀露不已,形成交光互网,流衍互润的'大生机'世界,所以尽可洗涤一切污浊,提升一切低俗,使一切个体生命深契大化生命而浩然同流,共体至美。这实为哲学与诗境中最高的上胜意。"[①]以仁为本实际是肯定了万物都是一种生命的存在,生命之间息息相通,由此构成一个生命整体。通过仁的世界,我们看到了儒家人生理想中透出的审美之光。

二、以仁为核心的道德体系所蕴涵的美学价值

儒家积极入世,他们对人生的关注是以人伦道德关怀为起点的,这就形成了以仁为核心的道德体系。前面我们也讲到,儒家不愿离开道德之仁来谈论仁的超越性,但仁的内在超越性又决定了这个道德体系必然蕴涵着美学价值。

儒家关注人生的一个鲜明特点,就是十分注重从个人与他人、个人与社会的关系中凸显个人生命的意义与价值,对个人的人生行为规范和生命存在加以确证。尽管孔子认为人生的学问首先是一种为己之学,它所强调的首先是个人的道德修为与躬行践履,但同时,孔子又认为人作为一种社会存在物,他的自我道德修为并不能脱离人伦关系而独立进行。只有在社会关系的链条中按照仁的标准与要求不断提升自己,才能逐渐成就理想人格。

孔子十分强调"正名",儒家的伦理就是以名分制作为其立论的理论基础的。所谓名分制,用孔子的话来说,即是"君君臣臣父父子子",它要求社会的每一个成员的"名"与其"分"相符。这里所说的"名"是具有次序的人际关系中的个体身份标志,是个人在社会关系中所处的位置,如君臣关系中的君与臣,父子关系中的父与子。"分"是指具有某种身份或处于某种位置的个体所应遵守的伦理规范和所应履行的伦理义务。由于个体在社会关系中的角色和位置是多样化的,所以个体的名与分也不是单一的。由于个体的位置和身份是在社会关系中获得的,是相对于自己以外的他人而言的,所以作为个体伦理义务的"分"也是相对于与他人之间的不同关系而言的,比如说,他在国家中是子民的皇帝或皇帝的子民,在家庭中是父母的儿子或女儿,是儿女的父亲或母亲,是妻子的丈夫或丈夫的妻子。名分制是儒家伦理的理论基础,儒家伦理也就是个体所应当遵守的绝对性义务。儒家的

---

① 《中国艺术的理想——中国文化论文集》,台湾幼狮文化事业出版公司,第108页。

五伦便是在名分制基础上提出的,即父子、君臣、夫妇、兄弟、朋友之间的关系。五伦可以说是儒家人伦道德思想的核心,是人伦中最重要的人际关系,而"君礼臣忠,父慈子孝,兄友弟恭,夫和妻顺,朋友忠信"代表了孔子关于五伦的基本思想,由此也见出五伦的名分制基础,一个人有什么样的名,就要尽什么样的分。

在处理人伦关系上,儒家的原则可以说是"忠恕之道"。忠恕之道包括了两个方面的内容,即"己所不欲,勿施于人"与"己欲立而立人,己欲达而达人"。所谓"忠"即是"尽己",即尽自己最大的努力去成人之美。所谓"恕"则是"推己及人",即将己心比他心,以尽可能同情地了解他人的处境。儒家十分注重忠恕之道在成就仁德中的重要作用。孔子曾对曾参说:"参乎!吾道一以贯之。"[1]而按照曾参的理解,"夫子之道,忠恕而已矣"[2]。在另一处,孔子明确告诉子贡说:"夫仁者,己欲立而立人,己欲达而达人。能近取譬,可谓仁之方也已。"[3]而当子贡问孔子有没有什么基本准则可以"终身行之"时,孔子回答道:"其恕乎!己所不欲,勿施于人。"[4]在一定的意义上,我们可以说,所谓"己所不欲,勿施于人"与"己欲立而立人,己欲达而达人"实际上都是立足于"推己及人"这一原则的。它们之间的差别在于:前者是推己及人的否定方面,自己所不意欲的便不强加于人;后者是推己及人的肯定方面,自己所力图成就的,也帮助别人去成就。它们构成了忠恕之道的两个方面。忠恕原则的核心要求,显然是要人们在视听言动之中处处秉持仁爱之心去行事。

而在处理人伦关系中所秉持的仁爱之心应该是一种类性之仁,即有差等的爱,它要求在处理人际关系时,按照宗法和血缘的亲疏远近来依次推行仁。又由于类性之仁是以本体之仁为最后根源和精神动源,它就要求在行仁时不能自私,而要把爱的范围扩大,把仁推行于万事万物。孟子说:"亲亲而仁民,仁民而爱物。"[5]亲亲的精神不仅是尊老爱幼,而且要推之于同类,然而仅仅对待自己的同类以仁还不够,还要把仁爱之心推广至世界万物,乃至山川草木,宇宙中的一切生命。

儒家仁学的最高理想,就是"万物一体"思想。所谓"万物一体"的物,不仅指自然界的事物,而且指作为主体的人。所谓"一体",一是自我生命和实际人伦的

---

[1] 《论语·里仁》。
[2] 《论语·里仁》。
[3] 《论语·雍也》。
[4] 《论语·卫灵公》。
[5] 《孟子·尽心上》。

统一,将外在的道德规范化为内在的生命欲求;另一方面是人的自我生命和天地精神的统一,将万物视为一个有机整体,如同人的身体一样,是天人合一。这种普遍的宇宙关怀,是仁的最高表现,也是儒家"成己成物"之学的最高理想。儒家的伦理道德体系正是以仁为核心展开的,在这种由远及近、由内到外的展开中主体的人格逐渐得到提升,"浩然之气"便蕴积而成,如孟子说:"我善养吾浩然之气。"又说:"充实之谓美,充实而有光辉之谓大。"①光辉充实之境,也就是胸怀荡然,上下与天地同流的伟大人格的境域。儒家对于现实人伦虽然有许多道德的规定,但如同佛教的清规戒律一样,最终是想使人们通过修养而达到自由。在这种境域中,道德愉悦和审美愉悦达到了统一。可见,儒家的伦理道德体系中是蕴涵着丰厚的美学价值的。

第二节 "天下一体"之人生境域

儒家有"修身、齐家、治国、平天下"的人生理想,希望能"博施于民而能济众"。儒家以满心的热情关怀人世,所以,儒家的人生境域首先表现为一种道德境域,儒家从未放弃对于理想道德的孜孜不倦的追求,在屡屡受挫的境况下仍然为实现天下大同的理想社会而积极努力。

儒家的"修身、齐家、治国、平天下"的理想道德追求最早见于《大学》:"古之欲明明德于天下者,先治其国;欲治其国者,先齐其家;欲齐其家者,先修其身……身修而后家齐,家齐而后国治,国治而后天下平。"在这一系列的理想中,最核心和放在最首位的是"修身","修身"是"齐家""治国""平天下"之本,"修身"是由内及外、由己及人、由明德到亲民的转折点,它已不再局限于个人内心的自省与自律,而开始走出自我,在与他人的相互关系中再认识和提高自我。在儒家看来,个人的道德修养搞好了,家族才能整顿好;家族整顿好了,国家才能治理好;国家治理好了,天下才能太平。齐家、治国、平天下是个人完善的最高境域。可见,儒家社会理想的实现最终落实于人,所谓"人能弘道"。儒家认为,人通过自我修养达到了"仁"的境域必然促进社会的完善和世界的和谐。因为"仁者浑然与万物为一体",王阳明说:"大人者,以天地万物为一体者也。其视天下犹一家,中国犹一人焉。若夫间形骸而分尔我者,小人矣。大人之能以天地万物为一体也,非意之也,

---

① 《孟子·尽心下》。

其心之仁本若是,其与天地万物而为一也。"①把"仁"作为人的内心欲求,就能视人如己,视物如我,合内外,一天下,以天下为己任,实现"天下一体""天下大同"的人生追求与境域。通过道德的追求,儒家最终要达到的是"天下一体"的最高人生境域,由此,儒家的人生境域也超越道德而达到了超道德的天地境域。

一、对"天下大同"的理想社会的追求

先秦儒学家生活的时代是中国社会大变动的时期,战乱频繁,面对"礼坏乐崩"的社会,以孔子为首的儒学家痛心疾首,于是孔子力图恢复周礼,并提出"仁"的学说,以仁释礼,强调用德治、礼治的办法来治理社会。孔孟都是积极的救世者,他们人生的意义首先在于以天下为己任,在于对苍生的解救,然后才是对日常生活的超越。孔子风尘仆仆,周游列国十三年,历尽艰险而不悔,无非是为了救世。这种救世之情,孟子称之为"不忍人之心","先王有不忍人之心,斯有不忍人之政矣"。② 虽然孔子也曾有过出世的念头,"道不行,乘桴浮于海"③,但孔子终于没有出世,出世是容易的,但于世无补;入世是艰难的,但只有入世才能救世。

如何救世,便是孔子所说的"内圣外王之道"。所谓"内圣",就是学做圣人,这一点我们将在第三章人格修养中讲到。所谓"外王",就是推行王道,孔子希望恢复"礼乐征伐自天子出"的局面,他所主张的政治,既不是民主政治,也不是独裁政治,而是教化政治。孔子把政治看作一种道德规范,认为只要统治者讲道德,老百姓也会讲道德,这样,一切问题都可解决。所以他对季康之子说:"政者,正也。子帅以正,孰敢不正?"孟子从性善出发,发展了孔子的德治主张,提出了系统的仁政学说。如"制民之产"④、"民为贵,社稷次之,君为轻"⑤、"劳心者治人,劳力者治于人"⑥等等。

孔子的德治,孟子的仁政,都是针对小康社会而言,不是他们的最高理想。孔子的最高理想是"天下为公"的大同世界。"大道之行也,天下为公,选贤与能,讲信与睦。故人不独亲其亲,不独子其子,使老有所终,壮有所用,幼有所长,鳏、寡、孤、独、废疾者,皆有所养。男有分,女有归。货恶其弃于地也,不必藏于己,力恶

---

① 王阳明:《王阳明全集》,上海古籍出版社1992年版,第968页。
② 《孟子·公孙丑上》。
③ 《论语·公冶长》。
④ 《孟子·梁惠王上》。
⑤ 《孟子·尽心下》。
⑥ 《孟子·滕文公上》。

其不出于身也,不必为己。是故谋闭而不兴,盗窃乱贼而不作,故外户而不闭,是谓大同。"①在大同世界里,天下为公,选贤与能、讲信修睦,人不独亲其亲,不独子其子,使老有所终、壮有所用、幼有所长,鳏、寡、孤、独、废疾着皆有所养,这些思想与孔子的有关思想是相符的。他称赞尧是"唯天为大,为尧则之",孔子十分注重任人唯贤,多次强调"举贤才",认为圣王达到天下大治必与选贤与能有十分重大的关系。孔子要求弟子"言忠信、行笃敬",注重人际关系的和谐。孔子强调要"己欲立而立人,己欲达而达人",通过推己及人的差等之爱达到仁民爱物的境域。他不仅以"老者安之,朋友信之,少者怀之"为自己志向之所在,而且盛赞"修己以安百姓""博施于民而济众"的圣者情怀,这些都是与大同思想相符合的。

天下大同是孔子期望达到的理想世界,然而孔子生活的时代却早就"礼坏乐崩",当时"天下无道"的状况不难想象。据《孔子家语·在厄》记载,孔子与弟子曾被围于陈蔡之野,处境十分困难,孔子招来他最得意的三个弟子子路、子贡与颜回,请他们就仁道何以难行于世谈谈自己的看法,子路有"愠色",对"夫子之道"产生了怀疑,认为人家不用夫子之道,不信夫子之道,是不是表明"夫子未仁与"?"夫子未智与"?况且"今夫子积德怀义,行之久也,蹊居之穷也"?子贡则认为,"夫子之道至大,故天下莫能容",他由此建议"夫子盍少贬焉"?意即建议孔子对至大的道略做贬损,以迁就现实。孔子对他们的回答均不满意,并且都有针对性地予以了教诲。颜回毕竟不同凡响,他回答道:"夫子之道至大,天下莫能容。虽然,夫子推行之,世不我用,有国者之丑也,夫子何病焉?不容然后见君子。"在颜回看来,孔子推行"至大之道"而天下不能容,这只是表现了把持国政者们的丑陋,并不说明夫子之道有什么问题,正因为为乱世所不容,才可以显现出君子来。

正如颜回所说,孔子之道为乱世所不容,恰恰说明了孔子之道不是消极适应乱世的,而是具有高远理想性的处世之道。对这一理想世界的追求,可以说是孔子人生的一个归宿。而这一理想的实现要立足在人性之仁的基础上,通过个人的修养来达到,"自天子以至庶人,皆以修身为本",整个社会就会成为一个"君子之国",这必然会加速天下大同的理想世界的来临。

二、人能弘道

儒家人生的意义是在不断进取中实现的,孔子常说"人能弘道",儒家对于理想世界的追求最终都是由人来承担,而不是寄托于神。他们的"齐家、治国、平天

---

① 《礼记·礼运》。

下"的理想以"修身"为核心,通过自我的修养,不仅担当起了救治天下的责任,也营造出了理想的人生境域。

孔子强调"人能弘道,非道弘人",因为在儒家那里,并不存在一个神对现实世界进行操纵和主宰,离开了现实世界中众生的自觉努力,人生理想就无从实现。朱熹解释孔子这句话说:"人外无道,道外无人。然人心有觉,而道体无为;故人能大其道,道不能大其人也。"孔子的这一思想显然可以被看作后儒所谓"天地之间人为贵"思想的滥觞。荀子曾经指出:"水火有气而无生,草木有生而无知,禽兽有知而无义;人有气,有生,有知且有义,故最为天下贵也。"①宋儒张载更是鲜明地突出了人"为天地立心,为生民立命、为往圣继绝学,为万世开太平"②的高贵使命,儒家对人的主动性加以了大力弘扬,这也是对人的生命创造精神的肯定。《礼记·中庸》说:"唯天下至诚,为能尽其性。能尽其性,则能尽人之性;能尽人之性,则能尽物之性;能尽物之性,则可以赞天地之化育;可以赞天地之化育,则可以与天地参矣。"也就是说,只有天下至诚的人,才能尽量发展自己的本性;能尽量发展自己的本性,才能尽量发展一切人的本性;能尽量发展一切人的本性,才能尽量发展万物的本性;能尽量发展万物的本性,就可以赞助天地的变化和生长;可以赞助天地的变化和生长,就可能和天地并立为三了。

人所弘之道在孔子看来就是"仁",孔子的学生曾参曾经感慨地说:"士不可以不弘毅,任重而道远。仁以为己任,不亦重乎?死而后已,不亦远乎?"这就是说,作为一个"士",应当刚强而有毅力,因为他负担沉重而路程遥远。以实现仁德于天下为己任,这一担当不是很沉重吗?到死方休,为仁之路不是很遥远吗?作为孔子思想的重要传人之一,曾子的这段话可以说是深契于其师之论旨的。徐复观曾经指出:"就仁的自身而言,它只是一个人的自觉的精神状态",它"必须包括两方面,一方面是对自己人格的建立及知识的追求,发出无限的要求。另一方面,是对他人毫无条件地感到有应尽的无限的责任。"③牟宗三进一步把仁的特点概括为"觉"与"健"两个方面,蔡仁厚对此解释道:"'觉'是恻侧之感,故不安、不忍、不麻木(由此指点仁是心),它是一个'活体'。'健'是健行不息,故刚健昭明通畅而生生,通过觉以表现健,即是仁的创造性之显示,故仁为生德、生理、生道。"④孔子的一生都在积极追求对"仁"的体认与自觉,并推己及人,甚至及于万事万物,让整

---

① 《荀子·王制》。
② 《张子全书》卷十四《性理拾遗》。
③ 徐复观:《中国人性论史·先秦篇》。
④ 蔡仁厚:《中国哲学史大纲》,台北学生书局1984,第14-15页。

个世界都充满仁爱与和谐,人生的境域也豁然开朗,达到"仁者与天地万物同体"的境域。

"仁"的体认与自觉,主体德性修养的提高都离不开学习。孔子是很重视学习的,他多处强调自己不是生而知之者,而是"好古敏以求之"即通过学习而得到知识的。孔子所谓"学",可以说主要包括了两个基本的方面:一方面是学习既有的典章仪式与生活规范,这就是孔子学习外在知识的一面;另一方面更重要的,则是孔子向内在世界的不断开拓,也就是孔子作为一个仁者不断由君子走向圣贤的心路历程。经过长时间的内向开拓与向外扩充才能完成对"仁"的体认与自觉。最关键的是,孔子认为从学习中能得到一种乐。孔子自己经常是"学而不倦""乐而忘忧"的,乐的原因就在于内在世界的开拓。这种学习已不仅仅是一种知识的获得,而是生命的体验,情感的投入,也是境域的提高。孔子说:"知之者不如好之者,好之者不如乐之者。"①知识是外在的,即从外面得到的,只有同人的内在的性情融合起来,变成内在的东西,才能体会到乐。当仁变成人的内在欲求,做到"我欲仁,斯仁至矣"②,便能达到"天下归仁"的理想境域。

儒家在积极进取中实现人生的意义,人的生命能把道发扬光大,不是道来扩大人的生命。儒家认为,他们的人生理想可以通过人的修养来实现,人存在的价值,人的生命的本质,在于成就道德人格。只要挺立了道德自我,人就能超越世间各种境遇,超越本能欲望,以出世的精神,干入世的事业。这样就把天道与生命、超越与内在都打通了。《礼记·中庸》说:"天命之谓性,率性之谓道,修道之谓教。道也者,不可须臾离也,可离非道也。"大意是说,上天所赋予的叫作性,顺着本性行动叫作道,把道加以修明和推广,使人实行的叫作教。道是人一刻也不能离开的,如果是可以离开的,那就不是道了。这就是说,人的个体生命是根极于天地宇宙的,人有物质欲望、情感欲望,人离不开平凡的生活,但人为社会为人类尽道德义务,就是"率性",就是遵循天性,这就是"道"。所谓"教",不过是"修道",让每个个体生命觉悟和遵循"道",在履行实践中,培养道德人格。一旦人能充分地保持自己的生命理性、道德理性,人就能全面发展其本性,就可以回应天地宇宙的生命精神,把人的生命精神提高到同天的境域,与天地鼎足而三。儒家主张通过仁爱之心、"仁义礼智"四端之心、良知之心推广到他人,甚至推广到瓦石草木鸟兽,把人的生命精神提高到超脱寻常的最高道德境域。

---

① 《论语·雍也》。
② 《论语·述而》。

如何达到一种高度完善的道德境域,是儒家始终不倦地探求着的,而当这种道德境域感性现实地表现出来,成为直观和情感体验对象的时候,在儒家看来就有了一种审美的意义。孔子所谓"里仁为美"①,孟子所谓"充实之谓美"②,荀子所谓"君子知夫不全不粹之不足以为美也"③,都把美看作是高度完善的道德境域的表现。儒家总是把道德原则的实现看作是基于个体内在的社会心理欲求,孔子说过:"说(悦)之不以道,不说也。"④这就是说,必须对"仁"产生情感的愉悦,才能得到审美的享受。

只有内心有了自觉的对道德境域的追求,才能在艰难困苦的条件下以行"仁"为乐事,这种境域是儒家人生的最高境域。而"仁"不仅仅局限于人间,也要推之于自然界的万事万物,仁的最高境域是与万物为一体。由此,儒家的人生境域以道德追求为起点,最终超越了道德而达到了天地境域。

进入天地境域的人,是一切皆以服务于整个世界和宇宙为目的,他们彻底地参透了生死,解悟了道德,淡薄了功利,从而本乎自然。在他们看来,既无所谓生,也无所谓死,生因为死而绚烂,死因为生而完成一个完满的句号。他们更了解人不是自我而生,自我而乐,人生活在世界中,是世界中的人,是为了世界而生存,为宇宙、为人类而服务,这是一种最高的人生境域。但它又不是离开人伦日用、脱离社会生活的玄想,而是极高明而道中庸的。

从儒家的人生中我们看到,儒家的精神正是极高明而道中庸的,正如黑格尔所说,孔子的确首先可以看作一个"实际的世间智者",他人生哲学的基本立足点正是庸常的俗世生活,他既不否定庸常生活的意义,更不希求去庸常生活之外追求超越的意义与价值。但是他又决不仅仅只是一个世间智者,在一定的意义上可以说是超世间的,因为他恰恰是要在庸常的俗世之中开拓出内在的超越世界,使得庸常的俗世生活与最玄远的天地之间也能达到一种内在的沟通。孔子所谓"十有五而志于学,三十而立,四十而不惑,五十而知天命,六十而耳顺,七十而从心所欲,不逾距"⑤就是他所期望的生命进程。在这一进程中,对于"仁"的体认与自觉是孔子生命历程中最为关键的一步,但同时,"知天命"在孔子的人生历程中也占有重要的地位,只有"上达天德"、与天相知,个人的内在生命与天地宇宙的生命才

---

① 《论语·里仁》。
② 《孟子·尽心下》。
③ 《荀子·劝学》。
④ 《论语·子路》。
⑤ 《论语·为政》。

有了内在的和谐与贯通。可见,儒家在进行人文关怀的同时,从不忘记对宇宙自然的关怀,天地境域是儒家最高的人生境域。也正因为对天地宇宙的觉解,儒家本乎自然具有了乐山乐水的情怀。解悟了道德,淡薄了功利,使儒家面对困窘的生活仍能安贫乐道。

三、知天命及其美学意义

孔子思想的核心是仁,仁是孔子和儒家人文精神的集中体现,是主体的自觉意识,是人的最高德性。但仁与天并非毫无关系,前面我们已讲过,仁的最高境域是自我生命和宇宙万物的统一,所以从仁的内在本质来讲,它最终要求与天相知,而"知天命"也是实现仁德的重要途径。

孔子并没有从概念上提出并回答"天是什么"的问题,但这并不表示他对天没有自己的理解和体认。像其他的文化系统一样,在原初的中国文化中,"天"也是原始宗教的指代物而且具有"人格神"意味。但是在周初以来的中国文化中,宗教性的成分开始衰微,"天"所指代的人格神意味逐渐淡化了,而出现了将"天"看作是自然之天的意向,孔子对于"天"的理解便建立在这样的基础上。孔子说:"天何言哉?四时行焉,百物生焉,天何言哉?"[1]明确肯定了天是包括四时运行、万物生长在内的自然界,人与万物都是自然界的产物。这就否定了上帝,肯定了自然界便是最高存在。"道家创始人老子否定了上帝之天,建立了'道'的哲学,他所说的'道',就是'天道'。儒家创始人孔子也否定了上帝之天,但他们仍然保留了'天'的名字,他所说的'天',也是'天道'。"[2]而天和命是连在一起的,因为孔子并不离开人而谈天,并不讨论与人无关的天道问题。在孔子那里,天的旨意都是由人来传承的,孔子关心的是"天人之际"的学问而不是纯粹的天道自然哲学。所以,从天人之际的关系出发,"天道"就是"天命"。

《论语·公冶长》云:"子贡曰:夫子之文章,可得而闻也。夫子之言性与天道,不可得而闻也。"这句话影响很大,后儒对它也多有阐发,大多认为孔子是因为性与天道带有某种神秘色彩所以不说它。但孔子生前其实提到过性与天道的问题。关于性,孔子曾经说过"性相近,习相远"[3],在回答鲁哀公"君子何贵乎天道"之问时,孔子说:"贵其'不已'。如日月东西相从而不已也,是天道也;不闭其久,是天

---

[1] 《论语·阳货》。
[2] 蒙培元:《孔子天人之学的生态意义》,《中国哲学史》,2002年第2期。
[3] 《论语·阳货》。

道也;无为而物成,是天道也;已成而明,是天道也。"①天笼罩大地,哺育万物,是人类的生命之源。它昼夜交替,寒来暑往,具有不可逆转的力量,这就是孔子的天道观。孔子又说"天生德于予",天除了生育万物,还生出人的德性,而人的德性的核心不是别的,就是仁。在这里,孔子可以说赋予了"天"新的含义,将它道德人文化了,使之成为"仁"之超越的根据。所以,"知天命"就成为实现仁德的重要条件,"知命"与"知仁"实际上就是相通的,由此,"知天命"就不是一般的认识论问题,而是德性修养的问题,它关乎人生之境。

孔子谈论"天命",在《论语》中只出现过两次。子曰:"吾十有五而志于学,三十而立,四十而不惑,五十而知天命,六十而耳顺,七十而从心所欲,不逾矩。"②孔子曰:"君子有三畏:畏天命,畏大人,畏圣人之言。小人不知天命而不畏也,狎大人,侮圣人之言。"③孔子把"知命畏天"看作是君子才具备的美德,这与孔子在《论语·尧曰》中讲的"不知命,无以为君子"也是一致的。孔子讲"五十而知天命",同时在《论语·述而》中又讲:"加我数年,五十以学《易》,可以无大过矣。"这里,"五十以学《易》,可以无大过矣"显然是对自己"五十而知天命"的补充说明。那么,孔子为什么要强调自己"五十而知天命"和"五十以学《易》"呢?因为《易传》是对西周以来我国的天人关系的总结。"《易》之为书也,广大悉备,有天道焉,有人道焉,有地道焉。"④它总结了人与自然的变化规律即大自然客观存在的不可抗拒的变化规律,也就是"《易》道",即"明君不时不宿,不日不月,不卜不筮而知吉与凶,顺之于天地心,此谓《易》道。故《易》有天道焉,而不可以日月星辰尽称也;有地道焉,不可以水火金土木尽称也,故律之以柔刚;有人道焉,不可以父子、君臣、夫妇、先后尽称也,故为之以上下;有四时之变焉,不可以万物尽称也,故为之以八卦"⑤。而在天、地、人当中,人是天地的中介,所以《易经》认为"圣人"应该充分通晓自然的规律及知识,也就是孔子所说的"知天命",然而对自然规律的了解、掌控是不容易的,能了解、掌握它,当然就是一种君子的美德。因此才会有孔子"不知命无以为君子"之说以及"五十而知天命""可以无大过"之说了。由此可见,关心性命是探讨人生之境的大事。

《孝经·圣治》引孔子语云:"天地之性,人为贵。"对此,董仲舒的解释是,"明

---

① 《礼记·哀公问》。
② 《论语·为政》。
③ 《论语·季氏》。
④ 《易·系辞下》。
⑤ 任俊华:《易学与儒学》,中国书店2001年版,第78页。

于天性,知自贵于物,知自贵于物然后知仁谊,知仁谊然后重礼节,重礼节然后安处善,安处善然后乐循理,乐循理然后谓之君子。"①董仲舒的解释比较贴近孔子关于人生的看法。因为在孔子那里,明天性是关心人生的基本前提,人生的核心是仁,有了仁才能知礼,才能"安处善然后乐循理"。这种人生之境,在孟子那里则表现为人性与天性的结合,孟子云:"尽其心者,知其性也;知其性,则知天矣。"②在这里,性是指天的本性,人心与天性的对应,是讲人心(孟子规定的仁、义、礼、智之心)应与天性相合,只有通过这样的对应,才能做到"尽其心"而"知天",很显然,孟子对人生之境的追究是与发现天人之间的关系联系在一起的。《孟子·尽心上》云:"君子所过者化,所存者神,上下与天地同流。"《孟子·尽心下》又云:"充实之谓美,充实而有光辉之谓大,大而化之之谓圣,圣而不可知之之谓神。"就是说,只有在人心与天性相结合的背景下,才能做到"万物皆备于我",才可能达到尽善尽美的人生境域。

四、乐山乐水的情怀

知天命使人心与天性相结合,使儒家的个人生命与天地宇宙的生命有了内在的和谐与贯通,也正因为"敬天畏命",儒家培养起一种"乐山乐水"的情怀,自觉地与大自然融为一体,体味大自然化生万物的无限魅力。

孔子"乐山乐水"的命题见于《论语·雍也》:"子曰:知者乐水,仁者乐山。知者动,仁者静。知者乐,仁者寿。""从表面看,孔子的这段话只是指明了自然美欣赏中的一种现象,就是精神品质不同的人对自然美的欣赏各有爱好。知者乐水,仁者乐山。知者为什么乐水,仁者又为什么乐山呢?孔子并没有明确的解释。但从他的话来看,他似乎有这样的意思,就是知者从水的形象中看到了和自己道德品质相通的特点('动'),而仁者则从山的形象中看到了和自己道德品质相通的特点('静')。"③可见,孔子这句话实际上包含了两层意思:一是人们的精神品质不同,对自然山水的喜爱就不同,二是一定的自然对象之所以能引起人们的喜爱,是因为其具有某种和人的精神品质相似的形式结构。朱熹就是从这个意义上解释孔子这段话的。朱熹说:"知者达于事理而周统无滞,有似于水,故乐水;仁者安于义理而厚重不迁,有似于山,故乐山。"④清人刘宝楠在《论语正义》中也解释说:

---

① 《天人三策》,《汉书·董仲舒传》。
② 《孟子·尽心上》。
③ 叶朗:《中国美学史大纲》,上海人民出版社1999年版,第56页。
④ 朱熹:《四书章句集注》,中华书局2001年版,第90页。

"知者乐水者,乐谓爱好,言知者性好运其才知以治世,如水流不知已止也。仁者乐山者,言仁者之性好乐如山之安固,自然不动而万物生焉。知者动者,言知者常务进,故动。仁者静者,言仁者本无贪欲,故静。知者乐者,言知者役用才知,成功得志,故乐也。仁者寿者,言仁者少思寡欲,性常安静,故多寿老也。""知者"之所以"乐水",是因为水具有川流不息的"动"的特点,而"知者不惑"[①],捷于应对,敏于事功,同样具有"动"的特点。"仁者"之所以"乐山",是因为长育万物的山具有阔大宽厚、巍然不动的"静"的特点,而"仁者不忧"[②],宽厚得众,稳健沉着,同样具有"静"的特点。这里,"实际上揭示了人与自然在广泛的样态上有某种内在的同形同构从而可以互相感应交流的关系,这种关系正是一种审美的心理特点"[③],这样的"知者"和"仁者"既快乐又长寿,不正是人生追求的最高境域吗?

"知者乐水,仁者乐山",这正是仁智之人热爱大自然的写照,是人与自然和谐相处,从中得到无限乐趣的合伦理与审美而为一的境域。山水之乐无疑是自然美,但个体只有将生命情感融入到大自然的山水之中,进入情景交融的状态,才能感受到乐。而这种"乐山乐水"的情怀如何来培养呢?为什么只有仁智之人才能乐山水呢?因为在孔子看来,仁智之人不仅有很强的审美意识,而且有很高的道德修养、道德情操。仁者不仅"爱人",而且热爱大自然,山水是自然界的象征,是一切生命的源泉与栖息地,对山水的热爱充分体现了仁者的情怀,也是仁者的生命依托。孔子很重视乐,但乐不仅是一种主观感受,而且是与天相知,"天人合一"境域的最高体验,以山水为乐,是这一境域的体现。

孔子在《论语》中还说过:"岁寒,然后知松柏之后凋也。"这是比喻人在艰苦的环境下锻炼坚强的意志。古人多用松柏比喻一个人的坚强性格和风格,但同时,在风霜与严寒中挺立不屈、傲然直立的松柏,不仅是人的顽强生命的象征,也是自然界旺盛生命力的体现。松柏是大自然的创造,它给人类带来了生命的创造活力。孔子用诗性的语言表达了一种生命美学,在人与自然之间建立了一种生命的和谐。

总之,不论是山、水、松柏抑或是其他自然现象,都是人的生命的源泉,与人的某种精神品质、情操有同形同构之处,都可能为"君子"所"乐"。这种"乐"显然不是某种功利上的满足,而是精神上的感应、共鸣,也就是一种审美的愉悦。

---

① 《论语·子罕》。
② 《论语·子罕》。
③ 李泽厚、刘纲纪:《中国美学史》第一卷,安徽文艺出版社1999年版,第145页。

实际上，儒家以大自然为乐的优美的人生境域，也体现在孔子"吾与点也"的思想论述之中。"子路、曾皙、冉有、公西华侍坐。子曰：'以吾一日长乎尔，毋吾以也，居则曰：不吾知也，如或知尔，则何以哉？'子路率尔对曰：'千乘之国，摄乎大国之间，加之以师旅，因之以饥馑，由也为之，比及三年，可使有勇，且知方也。'夫子哂之，'求，尔何如？'对曰：'方六七十，如五六十，求也为之，比及三年，可使足民。如其礼乐，以俟君子。''赤，尔何如？'对曰：'非曰能之，愿学焉。宗庙之事，如会同，端章甫，愿为小相焉。''点，尔何如？'鼓瑟希，铿尔，舍瑟而作。对曰：'异乎三子者之撰。'子曰：'何伤乎，亦各言其志也。'曰：'莫春者，春服既成，冠者五六人，童子六七人，浴乎沂，风乎舞雩，咏而归。'夫子喟然叹曰：'吾与点也。'"[①]在这里，孔子或许是不赞成子路不够谦虚、礼让的态度，也不满意于冉有志向之局促与公西华之过于谦卑，而曾点则恰恰是一任生命真情调的自然流露。从中确实可以体会到一种活泼、通畅而充沛的生命之流与天地万物之生生不息融为一体的气象。孔子则由此而体会到一种"仁者与万物为一体"的情怀，这大概是孔子叹息"吾与点也"的主要原因吧。刘宝楠在《论语正义》引《少仪》云："燕游日归。"李充注云："善其能乐道之时，逍遥游泳之至也。"[②]也颇能揭示"吾与点也"的精义所在，它充分表明儒家最高人生境域之所在，正是一种自由的审美之境。

五、安贫乐道的人生态度

孔子一生积极进取，志向高远，但在他生命的大部分时间里，都是穷困不通的，有时甚至饥不得食。然而孔子的生命却表现为一以贯之的饱满乐观，他自道自己的行状："发愤忘食，乐以忘忧，不知老之将至。"对于贤弟子颜回，孔子由衷地赞叹道："贤哉，回也！一箪食，一瓢饮，在陋巷，人不堪其忧，回也不改其乐。贤哉，回也！"同样他自己也是"饭疏食饮水，曲肱而枕之，乐亦在其中矣。不义而富且贵，于我如浮云"。在这里，我们看到了生命不息的流淌，感到了出自内心的由衷之乐。而孔颜之所以能做到安贫乐道，坦荡无忧，是因为他们体悟到"天人合一"和"仁"之本心之后，从中获得了一种"仁者浑然与物同体"的至大至广、至真至乐的精神受用。这种精神受用，不同于一般意义上的感官愉悦和物质享受。由满足欲望而得来的世俗快乐，是建立在个体"小我"的基础上的，个人的物欲得到满足就快乐，得不到满足就失落悲戚，是世俗、低级的"有物之乐"。而修道者却超

[①] 《论语·先进》。
[②] 刘宝楠：《论语正义》，中华书局2001年版，第94页。

越了这种物欲之乐,体会到"仁者与天地万物为一体,莫非己也"的广大境域,感受到"上下与天地同流"的"大我""真我"之意蕴,从而忽略了身处贫穷、困厄的现实处境,能够长期保持一种精神饱满、愉快的心灵状态,这是一种超脱、高级的"无物之乐"。在这种"天人合一"的境域里,修道者又发现了人心的本来面目——"仁"。这里的"仁",不完全等同于世俗理解的为善助人之意,而是指一种对人对己和谐融洽的内在精神状态,只有体悟到"仁"的最高境域,才能"浑然与物同体",才能有"自得"之乐。孔子曾明确指出:"不仁者不可以久处约,不可以长处乐。"①只有仁者,才能"贫而乐,富而好礼",才能"乐以忘忧",不受物质的束缚,进入自由的人生之境,这样的人生境域也就是审美的境域。

第三节 "天地与我并生"之审美境域

"中国美学认为,所谓美,总是肯定人生,肯定生命的,因而,美实际上就是一种境域,一种心灵境域与人生境域。"②在儒家的人生境域中我们看到,对人的关注始终是儒家视野的中心。对人生,儒家既有形而下的追求,更有形而上的思考,它是内在而超越的。儒家理想人生境域的实现,最终是通过人格的塑造来达到的。个人的修养就是要达到一种道德的自觉,这种道德的自觉不仅在于向人间播施仁爱,还在于顺从天地之德而成就事业,达到"天心"与"人心"的沟通。在儒家看来,天地宇宙是活的生命,天地自我展现为万物的生命,万物实现着自我生命的同时就在实现着天地的生命,体验着自我生命的同时就在体验着宇宙的生命。当我们通过体验万物的生命而体验自我的生命,并同时体验着宇宙生命的时候,我们的生命与万物的生命,以及天地的生命便融为一体了。在这一刻,我们体验到自我生命向大自然的复归,个体生命与天地精神的合一。而只有与天地合为一体,使"天地与我并生,万物与我为一"③才能使人成为自然的主人、社会的主人、自我生活的主人,达到孔子所标举的"从心所欲不逾矩"④的自由境域。这实际上就是一种审美的境域,儒家通过个人的修养使道德境域与审美境域融合为一,儒家最高的人生境域就是一种审美的境域。人生最高境域与审美境域的合一与"天

---

① 《论语·里仁》。
② 皮朝纲、李天道、钟仕伦:《中国美学体系论》,语文出版社1995年版,第62页。
③ 《庄子·齐物论》。
④ 《论语·为政》。

人合一"思想分不开,而"天人合一"就是人与自然万物间的和谐统一,强调人必须与天相认同,必须消除"心""物"对立之感,去我去物,使本体与现象圆融互摄,人心与天地一体,上下与天地同流,于内心达到和顺,于外物则求得通达。"和顺通达",也就是"中和",也正是儒家所追求的审美理想。

一、天人关系与审美关系

从创始人孔子开始,儒家学派就很关注对于天命和人力关系的探讨。"天命"始终是儒家学派的重要概念,孔子虽少言天道,但仍认为唯天为大,"获罪于天,无所祷也"①。孔子所讲的"天",大都是有意志的天,它是统治一切的主宰。孔子说:"天生德于予,桓魋其如予何?"②可见孔子已赋予了"天"以道德的含义。孔子还说:"君子有三畏:畏天命,畏大人,畏圣人之言。"③这也表现了孔子把"天命"与"圣人"看成一致的思想。孔子的这类言论多少有天人合一之意。孟子则进一步发展了天人关系的理论,他最早提出较明确的天人合一思想。他说:"尽其心者,知其性也;知其性,则知天矣。存其心,养其性,所以事天也。夭寿不贰,修身以俟之,所以立命也。"④尽心就是知性,知性也就知天,这就把心、性与命联系起来了。仁义礼智根于心,是心之所同性,所以尽心也就是知性;同时性又是天赋的,所以知性也就可以知天。这样,对于天,就不必到身外去追求,不必祈祷、占卜,只要尽心、知性,也就可以知天,天落实到了心性上来。另一方面,存心、养性、修身,又都是为了事天、立命。所以,心、性、天完全是统一的,不可分的。孟子又说:"万物皆备于我,反身而诚,乐莫大焉。"⑤天地万物与我是一体的,要通过自反,使天赋的善性能实实在在地体现到自己的思想言行中,这是修养所应达到的境域,达到了这个境域,就有最大的快乐。为什么要"反身而诚"呢?因为人的善性是天赋的,实有的,所以说"诚者天之道"。在孟子看来,人与天地万物是一个统一的整体,这就是天人合一的思想。

儒家主张"天人合一"无疑是强调主客观、主客体的统一,这与西方传统的主客二分的思维方式是不同的。而审美所需要的正是"天人合一"的意识,"人若停留在主客二分阶段,则终因主客彼此外在,彼此限制而达不到心灵上的自由境域,

---

① 《论语·八佾》。
② 《论语·述而》。
③ 《左传》昭公十八年。
④ 《孟子·尽心上》。
⑤ 《孟子·尽心上》。

这就是为什么与主客二分相联系的主体性虽然在其运用上有民主与科学之利,但民主与科学还不等于自由——不等于心灵上的自由境域,不等于审美意识中的自由,这种自由不仅高于政治上的经济上的自由以及获得必然性的自由,而且高于道德意识上的自由"。"审美意识中的自由境域只有靠超越主客二分、超越自我(亦即超越主客二分中的主体)才能实现。这里的超越不是超越到超时空的抽象世界中去,而是超出人对世界万物的主客二分态度,达到高一级的'天人合一'。"①那么,天人合一、物我交融所给我们的就是胸怀旷达、高远脱俗的境域,所以,"天人合一"不仅是一种哲学思想,也是一种审美境域。天人合一的关系给审美主客体关系的认识以启迪,儒家正是将这一命题纳入审美活动,才使这一命题具有美学意义。

在讲儒家的人生境域时,我们曾谈到他们"乐山乐水"的情怀,孔子指出"知者乐水,仁者乐山"也是讨论作为审美感受之"乐"是如何发生,"乐"的活动中主客体关系如何的依据。首先从孔子的原意中我们不难认识到作为审美主体的"知者"和"仁者"之所"乐"的并非山、水,而是山、水之外的"知"与"仁",也就是说审美主体所惊醒审美的对象并非是山、水本身,而是山、水身上所蕴涵的审美意义,即"知"和"仁"的美学蕴义。可见,作为审美活动"乐"中的山、水,并非是自然界的山水,而是一种人化的山水,是一种作为审美客体来对待的山水。山水只有人化成审美客体,对"知者""仁者"来说才具有审美意义,才能成为审美的对象。其次,作为自然物的山水能变成审美客体,关键在于它能反窥出审美主体的"知""仁"的审美涵义,能表现出审美的理想、情趣、志向、意愿。也就是说,山水能拟人化才能审美化,山水能转达到人的意愿,满足人的需要才有价值。当它满足了"知者""仁者"的审美需要使它具有审美价值,它才转化为审美客体。从这个意义而言,审美客体只有为审美主体所创造,与审美主体合为一体时才具有意义。这样,客体就主体化了,天人合一的审美意识形态也就形成了。最后审美主体的建构也需要从客体的山水中得到依托,"知者"的"知","仁者"的"仁"只有依托自然的山水才能"物化"为审美意蕴,"物化"为审美物。"知者""仁者"从山水中反窥自身,依托山水"物化"了自己的审美理想和情趣,使审美主体与审美客体交融为一体,构成"天人合一"状态。《礼记·乐记》多次论及心物关系,使孔子美学中的这一观点更为清晰明朗。《乐记·乐本》指出:"凡音之起,由人心生也,人心之动,物使之然也。感于物而动,故形于声,声相应,故生变,变成方,谓之音。比音而乐之,

---

① 张世英:《天人之际》,人民出版社1997年版,第5—6页。

及干戚羽旄,谓之乐。"音乐作为一种审美活动形式的产生依托于心与物的统一关系,物作用于心,心感应于物,心物结合,心物统一正是沿袭孔子儒家美学思想发展而来。

所以,在儒家那里,天与人的关系不只是认识论意义上的主体与客体,更是一种审美的关系。审美活动正是由于"心物交感"而产生的。历代美学家对此都有所论述。比如陆机在《文赋》中说:"伫中区以玄览,颐情志于典坟,遵四时以叹逝,瞻万物而思纷;悲落叶于劲秋,喜柔条于芳春。"刘勰《文心雕龙·物色》云:"是以诗人感物,联类不穷。流连万象之际,沉吟视听之区;写气图貌,既随物以婉转;属采附声,亦与心血徘徊。"钟嵘《诗品序》云:"气之动物,物以感人,故摇荡性情,形诸舞咏。"①而中国美学所标举的最高审美境域正是心与物的交融,造化与心灵的凝合,也就是"天人合一"的状态。

儒家认为,美的根源在于"天",审美的最后归宿是人合于天。只有通过天人间的这种往返运动,才能真正实现人生的审美境域。如《中庸》所说:"赞天地之化育,则可以与天地参矣。"这就是要求以个体的直观感悟来深契宇宙的本原。孟子说:"万物皆备于我矣,反身而诚,乐莫大焉。"②也是强调通过深切的内心体验达到与天地万物一体的最高境域。儒家有一种"乐以忘忧"的人生态度,而这种乐可以看成是天人合一的审美结晶,即人与自然合一的情感体验结晶,也可以看成是一种审美意识或观念形态,亦即个体精神生活中的至乐与人生的终极目标之所在。由此可见,儒家十分强调"通过审美境域的获得完成对本源性世界及其终极意义的原初叩问和澄明敞亮"③。

那么,如何以人达天、合天呢?儒家认为,必须通过审美这一环节来实现,即让主体意识审美化,培养起一种审美的人格,以审美的人格来营造出审美的境域,同时又以审美的境域来打通天、人之碍。

二、审美人格对审美境域营造的意义

儒家虽然认为天有着重要的意义,人要知天,与天相合,但在天与人的关系中,人仍然是中心。"天人合一"就是要指导人们效法天道行事,以规范自身的品德行为,创造一个人生的审美境域。《吕氏春秋·情欲》篇说:"古之治身与天下

---

① 《中国美学史资料选编》上册,中华书局1985年版,第155、205、212页。
② 《孟子·离娄上》。
③ 黄念然,胡立新:《和合——中国古代诗性智慧之根》,湛江师范学院学报,1993年第3期。

者,必法天地。"《下贤》篇也说:"以天为法,以德为行。"《周易·文言》说得好:"大人者,与天地合其德,与日月合其明,与四时合其序,与鬼神合其凶。先天而天弗违,后天而奉天时。"这里的"大人",也即"圣人",是达到了人格的完美并进入最高审美境域的人。"人与天地自然间原本就是相亲相和、相应相通的,人们认识天地自然的使命,就是为了效法天地之变化、遵循天秩天序天理,'以道为体',而使人生复归为虚静的'道',与道为一、与天为一,俯仰天地,客与中流,'与时偕行''与时消息',以进入'辉光日新其德'的最高审美境域。"①

所以,审美境域的营造是通过主体的修养来达到的,"审美是人的本质的自由的实现及其过程。"②这种本质的实现在孟子看来是基于人性本善。

孟子是在与告子的论争中论证他人性善的主张的,告子主张人性无所谓善,也无所谓不善,正如水可以引向东流,也可以引向西流一样。人也可以为善,也可以不善,是由条件决定的。孟子反驳说,水确实既可向东也可向西,但对于上下就不能这样说了,水总是向下流,虽然也可以把水引上山,水向上流却不是水的本性。人也是如此,正如水向下流那样,人总是向善,而有的人不善,并不是他的本性决定的。所以,孟子也承认人有善有不善的现实,但他认为,人的善,是其本性的表现,不善是违背人的本性的。这是孟子的一个基本观点,他反复阐述:"牛山之木尝美矣,以其郊于大国也,斧斤伐之可以为美乎?是其日夜之所息,雨露之所润,非无萌蘖之生焉,牛羊又从而牧之,是以若彼濯濯也。人见其濯濯也,以为未尝有材焉,此岂山之性也哉?虽存乎人者,岂无仁义之心哉?其所以放其狼心者,亦犹斧斤之于木也,旦旦而伐之,可以为美乎?"③牛山本来曾经是树木繁茂的,因为人的砍伐和放牧牛羊,成了秃山,这不是说山的本性就不能生长树木。同样,人丢失了良心而不善,不能说他本性不善。孟子又说:"富岁,子弟多赖;凶岁,子弟多暴,非天之降才尔殊也,其所以陷溺其心者然也。"④丰年人多行善,灾年人多行暴,不是人性所决定的,而是环境造成的。那么,人性的善表现在哪里呢?孟子进一步论证:"乃若其情,则可以为善矣,乃所谓善也。若夫不为善,非才之罪也。恻隐之心,人皆有之;羞恶之心,人皆有之;恭敬之心,人皆有之;是非之心,人皆有之。恻隐之心,仁也;羞恶之心,义也;恭敬之心,礼也;是非之心,智也。仁义礼智

---

① 皮朝纲等:《审美与生存——中国传统美学的人生意蕴及其现代意义》,巴蜀书社1998年版,第188页。
② 王振复:《中国美学史教程》,复旦大学出版社2004年版,第82页。
③ 《孟子·告子上》。
④ 《孟子·告子上》。

非由外铄我也,我固有之也,弗思耳矣。故曰:求则得之,舍则失之,或相倍蓰而无算者,不能尽其才者也。"①人性善,就在于仁义礼智这些善的品德,是人性所固有的。只要自己自觉去追求,就可以得到,不自觉则会丢失。所以人有不善,是因为失去其本性,不能完全发挥其本性的缘故,孟子又说:"所以谓人皆有不忍人之心者,今人乍见孺子将入于井,皆有怵惕恻隐之心,非所以内交于孺子之父母也,非所以要誉于乡党朋友也,非恶其声而然也。由是观之,无恻隐之心,非人也;无羞恶之心,非人也;无辞让之心,非人也;无是非之心,非人也。恻隐之心,仁之端也;羞恶之心,义之端也;辞让之心,礼之端也;是非之心,智之端也。人之有四端也,犹其有四体也。……凡有四端于我者,知皆扩而充之矣,若火之始燃,泉之始达。苟能充之,足以保四海;苟不充之,不足以事父母。"②在这里,孟子把恻隐之心、羞恶之心、辞让之心、是非之心称为仁义礼智的四端,而不是直接称为仁义礼智,并且强调要"扩而充之",如不能扩而充之,"不足以事父母",这就更确切、更清楚地说明了所谓人性善并不是说人人天生就是善人,而是说人性中有善的萌芽,因此人都是向善的、可以为善的。而"仁义礼智根于心"③善性的基础是在人心,天赋的善性就落实到了人心,也正是在这个基础上,孟子提出了"共同美"论。

孟子说:"口之于味也,有同嗜焉;耳之于声也,有同听焉;目之于色也,有同美焉。至于心,独无所同然乎?心之所同然者何也?谓理也,义也。"④审美主体有共同的生理感官,所以感受审美对象的审美过程也有共同性,人心的共同所好就是理、义,理、义在这里已经具有了美的本质。虽然孟子把共同美感的问题最终归于道德、伦理之"心"即"理""义"的共同性(王振复语),但毕竟是把伦理提升到了审美的高度。所以在儒家看来,道德的完善能够达到审美的境域,这是对人的主体性的一种高扬。

而伦理所以能提升到审美的高度,是因为在儒家那里,人格的最高层次是超越功利的,惟有超越功利的人格,才能面对各种艰难困苦,凭着道德的自觉,无私无畏地去履行自己的信仰。孔子称赞自己的学生颜回说:"贤哉,回也!一箪食,一瓢饮,在陋巷,人不堪其忧,回也不改其乐。"孔子自己也是"饭疏食饮水,曲肱而枕之,乐亦在其中矣。不义而富且贵,于我如浮云。"在孔子看来,只要符合道义,即使吃粗粮、喝冷水,弯着胳膊放在头下作枕头,也其乐融融。《礼记·大学》也强

---

① 《孟子·告子上》。
② 《孟子·公孙丑上》。
③ 《孟子·尽心上》。
④ 《孟子·告子上》。

调修养的自觉,"所谓诚其意者,毋自欺也,如恶恶臭,如好好色,此之谓自谦。故君子必慎其独也。小人闲居为不善,无所不至。见君子而后厌然,掩其不善而著其善,人之视己,如见其肺肝然,则何益矣。此谓诚于中,形于外。"这种道德修养由于进入了无我的境地,故能超越功利是非,变成了一种类似本能的东西,所谓"如恶恶臭,如好好色",它的具体表现则是"慎独",即在无人监督的情况下也能自觉地去履行道德,而一些小人则善于伪装自己,一旦失去了监管则肆无忌惮。可见,儒家在论述道德与人格时,始终以超功利作为道德的内核与人格的基础,这样的人格实际上也就是一种审美的人格。有了这样的人格,有了这种道德的自觉,就不会因贫贱屈辱的生活遭遇而产生失落感和忧怨感,也不会患得患失,为一时的得失、成败烦恼,也自然不会因为社会的动乱、生活的困苦、个人的荣辱、生命的安危而忧虑、颓丧,终止自己的人生追求。有了这样的人格,就不会为物欲所羁绊,胸怀坦荡、宁静淡泊,人格操守卓然独立,心灵炯炯超乎其上,道德情操丰沛充实,这种境域既是善的境域,也是美的自由境域。

在儒家看来,道德的完善能够营造出审美境域还在于这种超功利的人格是与天地自然相沟通的。孔子说:"天何言哉?四时行焉,百物生焉,天何言哉?"①孔子赞美了四时运转,云行雨施,哺育万物的天道,这就是至善至美的境域。荀子也在《乐论》中说:"君子以钟鼓道志,以琴瑟乐心,动以干戚,饰以羽旄,从以磬管。故其清明象天,其广大象地,其俯仰周旋有似于四时。"荀子认为乐的美感始于天地自然,乐的旋律秉承了天地四时的内在和谐,所以人听后就有了至善至美的乐感。在儒家那里,天地使万物生生不息,是万物美的本源,而超功利的人格正是以天为本体,所以能营造出审美的境域。

所以,在儒家看来,道德的自觉与完善使人具有了超功利的人格,而这种人格是以天为本体,与天地自然相沟通的,因而便营造出天人交融的审美境域。

第四节 尽善尽美之境域

"审美体验是一种情感体验,由此而有审美境域。但儒家并没有形成独立的或纯粹的美学思想,而是将真、善、美合而为一。"②儒家肯定审美和艺术对人生的

---

① 《论语·阳货》。
② 蒙培元:《心灵超越与境界》,人民出版社1998年版,第173页。

重要作用,同时反过来又对美有所规定,那就是美的标准一定要包含道德的因素,美的追求必须与善的目的相一致。"子谓《韶》尽美矣,又尽善也;谓《武》尽美矣,未尽善也。"①由于《韶》乐内容表现了尧舜禅让之事,符合道德要求,表达了一种仁义礼智的理想,故而孔子评其为尽善尽美;而对《武》乐,因其表现战争内容,不符合道德要求,所以孔子评为尽美而未尽善。可见,在孔子看来,审美体验必须以道德评价为基础。孟子也有"充实之谓美",充满了道德感的内在的心灵之美,有了真实的道德情感就能体验到最大的快乐。

第一次将"美"与"善"区别开来的是老子,而儒家则更进一步,不仅把"美"与"善"区别开来,而且在这种区别的基础上,要求"美"与"善"的统一。《论语》中有两段记载:"子曰:'礼云礼云,玉帛云乎哉! 乐云乐云,钟鼓云乎哉!'"②"子曰:'人而不仁,如礼何? 人而不仁,如乐何?'"③第一段是说,"乐"作为一种审美的艺术,不只是悦耳的钟鼓之声,它还要符合"仁"的要求,要包含道德的内容。第二段记载是说,一个人如果不仁,"乐"对他就没有意义了。两段记载都强调了在"乐"中,"美"与"善"必须统一的思想。在儒家看来,善表达的是人的内在美,也是理想人格的最终体现;美则是其形式表现,只有美善合一,才能达到最高的境域。将道德体验与审美体验合而为一,才有德美合一之乐,也才能进到尽善尽美的境域,这是儒家追求的重要目标,因为这样的人生才能享受到生命的最大乐趣。

一、音乐中的美善合一

审美活动的进行离不开主、客体两个方面,所谓"人心之动,物使之然也"④。就是说外界事物对于主体心灵的感触。刘勰云:"人禀七情,应物斯感;感物吟志,莫非自然。"⑤短短四句,把审美创造发源于心物交感的关系交代得很清楚了,这里的"感"便是一种体验活动。而对于审美境域的生成来说,更为重要的就是主体的审美体验,正如《乐记》所说:"其本在人心之感于物也。"

儒家尤其重视音乐,因为在他们看来,音乐是一种很好的审美体验方式,乐除了实际的目的之外,更重要的便是培养和提高美的境域。

---

① 《论语·八佾》。
② 《论语·阳货》。
③ 《论语·八佾》。
④ 《礼记·乐记》。
⑤ 刘勰:《文心雕龙》。

孔子一生都喜欢音乐,他在齐国听到《韶》乐,"三月不知肉味"①,《韶》乐何以给孔子这么大的快乐,让他三月不知肉味呢？更重要的就在于"子谓《韶》,尽美矣,又尽善也"②。《韶》乐不仅形式上尽美,而且内容上尽善,尽善尽美,当然能体验到最大的快乐。所以,音乐必须符合美善合一的标准,才能让人达到最高的审美境域。

孔子注重音乐中的审美作用,就在于他认识了音乐的"教化"功能,即:有感染、陶冶、渗透、优化,使人精神境域趋于完美和高尚的作用。他在《论语》中说:对个人而言,则"兴于诗、立于礼、成于乐"③,在这里,孔子充分具体地肯定了音乐的审美作用。在他看来,音乐之所以具有感化人心,净化灵魂和升华人格的"教化"功能,是在于音乐既体现了"善",又体现了"美",所以,孔子认为好的音乐必须是美善统一的。好的音乐把体现道德水准的"善"通过音乐的"美"表现出来,孔子和儒家学派,从不标榜"为艺术而艺术",孔子说:"乐云乐云,钟鼓云乎哉？"他的意思是:乐呀乐呀,难道只是钟鼓一类的乐器演奏而已吗？可见,孔子重视的不仅是音乐的本身和音乐的外在表现形式,而更多的是重视音乐的内涵,重视其美善合一的宗旨。

荀子也非常强调音乐的作用。作为儒家现实主义的代表,荀子是否定人性本善的,否定孔孟所说的道德情感。在他看来,人人都想满足自己的情感需要,而这必然导致"淫乱生而礼义文理亡焉",因此,必须制礼作乐,以养民性情,才能合于社会伦理道德。他强调音乐可以"善民心",有"移风易俗"的作用,"故人不能不乐,乐则不能无形,形而不为道,则不能无乱。先王恶其乱也,故制雅颂之声以道之,使其声足以乐而不流,使其文足以辨而不諰,使其曲直繁省廉肉节奏足以感动人之善心。"④"这样一来,他就把乐从主体自身的情感体验归结为音乐美学的接受与感化问题,通过音乐陶冶人的性情,满足人的需要,使本来的自然情感获得社会内容,变成社会文化的承载者,这就是所谓'善心'。"⑤所以,尽管荀子在道德人性论上与孔孟有诸多不同,但他仍然认为音乐之所以能陶冶人还在于善的本质,好的音乐可感发善心。美的境域离不开善的内涵,这就是荀子所谓的"全粹之美",实际上就是一种美善合一。

---

① 《论语·述而》。
② 《论语·八佾》。
③ 《论语·泰伯》。
④ 《荀子·乐论》。
⑤ 蒙培元:《心灵超越与境界》,人民出版社1998年版,第185页。

音乐在先秦社会中所占的地位是非常重要的,以至后来出现了代表儒家音乐思想的上乘之作的《乐记》,《乐记》全面系统地阐发了荀子的乐论思想,但并非是对荀子思想的重复,而是作了很多发展,但同样都坚持美善合一的原则。

《乐记》用大量篇幅阐述了乐的教化作用,其中涉及的问题虽然较多,但大多与"美善合一"的观念有密切的关系,无论是关于"德"与"艺"的关系,"艺"与"欲"的关系,还是"乐"与"礼"的关系,这些体现了《乐记》审美思想主要内容的关系范畴,实际上都与"美善合一"有关。《乐记》云:"大乐与天地同和,大礼与天地同节……礼者殊事,合敬者也。乐者异文,合爱者也。礼乐之情同,故明王以相沿也。故事与时并,名与功偕。"明确指出"礼"和"乐"的实质是相同的。它们在功能上完全统一,"大礼"与"大乐"同起着协调和节制万物的作用。所以,从音乐审美的角度来看,这实际上反映了"美善合一"的审美价值观。

虽然《乐记》中有的内容也不一定直接论述美和善,但上述内容所涉及的"礼乐关系""德乐关系"等,实际上都与美和善有关。如:在谈到乐时所提到的"与天地同和""异文合爱"等,显然是从体现规律之美的范畴和角度来谈乐的功能,而在谈到礼时所提到的"与天地同节","殊事合敬"等等,显然又是从与伦理道德有关的善的范畴来谈礼的功能。所以说,"美善合一"的价值观是《乐记》思想的一个重要方面。

从孔子到《乐记》,儒家都坚持音乐中美善合一的原则,只有美善合一的音乐才是好的音乐,才能使人获得最高的审美体验,进入最高的审美境域。

二、美善合一之"乐"

儒家重视音乐对于培养和提高美的境域的作用,但我们知道,对于审美境域的生成更为重要的是主体的情感体验,所以儒家认为,要获得尽善尽美的审美体验,主体也必须是美善合一的。孔子曰:"人而不仁,如礼何?人而不仁,如乐何?"再好的音乐,如果由缺乏完美的心灵境域的人去欣赏,是不会获得最高的审美体验的。在儒家看来,美善合一能让人体验到一种快乐,而这种"乐"的体验,正属于审美境域。

这种美善合一之乐,在孔子那里,便是一种仁者之乐。

孔子提倡"为己"之学,"所谓'为己',就是完成自己的理想人格,提高自己的心灵境域。但具体地说,又有两层意义:一是为了完成自己的理想人格,实现仁的境域;二是为了自己的精神享受,从中体验到快乐。这两层意义是互相联系的,实现了仁的境域,自然能产生心中之乐,而心中之乐必须是心灵境域的自我体验,且是最高体验。"①可见,孔子是非常注意人的心灵境域的。并且在他看来,一个人的心灵境域完美与否,既要看外部表现,又要看内在本质。《论语》中有这样的记载:子夏问曰:"'巧笑倩兮,美目盼兮,素以为绚兮。'何谓也?"子曰:"绘事后素。"曰:"礼后乎?"子曰:"起予者商也,始可与言诗已矣。"②这是孔子同子夏讨论《诗》时的一段对话,《诗》中形容一位美丽的女子,虽著素色,却显得绚丽而光彩。孔子却从这里得出了"绘事后素"的结论,意思是必须先有素白的本质,然后才能着色绘画。而子夏又从孔子的话中体会出"礼后"的道理。"礼后"后于什么呢?子夏和孔子都没有说,但根据孔子一贯的思想,我们不难知道,礼是后于仁的,因为礼是外在的,而仁是内在的。孔子曰:"人而不仁,如礼何?人而不仁,如乐何?"正说明美的境域必须以仁为内在本质,也只有达到仁的境域,才能具有内在美,才能体验心中之乐。

但孔子对人生的追求又有超道德的一面,他的"乐山乐水"的情怀就是在与自然的融合中产生的。在以宇宙万物为怀的精神境域里,能够产生人与自然合一的心灵体验,表现出对大自然的热爱,其中又具有一种诗情画意。如同曾点所描绘的人生理想:"莫春者,春服既成,冠者五六人,童子六七人,浴乎沂,风乎舞雩,咏而归。"在山花烂漫的春天,与朋友一起,到河水中洗澡,在河边上吹风,然后唱着歌回家,这是一种多么悠然自得的人生,大自然给了人无穷的乐趣。

孔子理想的人生境域就是道德与审美相融合的境域,他理想的心灵境域也是美善合一的境域。美善合一让他体验到一种快乐,这种乐,既是道德情感的体悟,也是审美情感的体验。

在孟子那里,美善合一之乐,就是一种诚者之乐。

孟子曰:"万物皆备于我矣,反身而诚,乐莫大焉。"③这就是以"诚"为乐的审美体验。"诚"的境域就是一种美善合一的境域,这一点我们可以从"诚"的境域的实现过程来看。孟子说:"可欲之谓善,有诸己之谓信,充实之谓美,充实而有光辉之谓大,大而化之之谓圣,圣而不可知之之谓神。"④可见,"善"是一种"欲",但这个"欲"不是欲望,而是道德意志,如同孔子的"我欲仁,斯仁至矣"之"欲",这种自由的道德意志是由人的本性所决定的,人的本性在孟子看来是善良的,因而便有善的道德意志。所以,"诚"是以人性之善为内在根据的。进一步地,"有诸己之

---

① 蒙培元:《心灵超越与境界》,人民出版社1998年版,第174页。
② 《论语·八佾》。
③ 《孟子·尽心上》。
④ 《孟子·尽心下》。

谓信",这里的"信"就是"诚","信"和"诚"都有真实不伪的意思,一个人的美德,不是虚伪的,而是发自内心的就是"信"。所以,"诚"是人心所固有的,不是外在的,要使"诚"实现出来,就是要"明善"即"思诚",通过主体的修养使之实现并不断充实、发扬光大。所谓"充实之谓美",朱熹把它解释为:"力行其善,至于充满而积实,则美在其中而无待于外矣。"力行,当然是真诚无伪的,包含"信"。如果一个人能真诚无伪地去追求善,使善和信"充满积实"于己身,而这种"充满积实"达到"无待于外"的程度,就是美。"充实而有光辉之谓大",就是不仅充满全身,而且发出光辉,形之于外,内在的诚信与美实现于外,这就达到了"圣人"境域。所以,在"诚"的境域中,美善是合一的,既可以"兼善天下",亦可以"与民同乐",享受到生命的最大乐趣。

可见,孟子所标举的诚者之乐仍然是建立在道德人格基础上的美感体验,有了真实的道德情感,就能体验到最大的快乐。"'反身而诚'之乐,也就是'心悦理义'之'悦',理义和诚是心中本有的,心自然能'悦',也自然能产生'乐',这种'悦'或'乐',就是美,不是另外有个对象可称之为美,有了'悦'或'乐'的体认和体验,就能够有'光辉'。所以,这是一种自我体验,也是一种自我超越。它超越了感性愉悦,进入了更高境域,理性化的境域,以理义为'悦',以诚为'乐',也就是'德美合一'之乐。"[1]

在荀子看来,美善合一之乐就是一种"备道全美"之乐。

作为儒家现实主义的代表,荀子否认先验的道德情感,他从自然人性论出发来探讨审美境域的问题。他一方面强调心智或理智对于情感的调节作用,主张"以理节情";另一方面强调社会伦理教化的作用,主张"化性起伪"。但最终目的仍然是实现"美善合一"的境域。

荀子曰:"故人不能无乐,乐则必发于声音,形于动静。而人之道,声音动静性术之变,尽是矣。"[2]在他看来,乐的感受和体验必然是感官受到刺激而产生的,是一种自然情感的需要,只是出于自然需要而产生。对于这种需要,当然不能压抑或取消,但也不能任其自然发展,否则就会出现人人都为满足自己的需要而产生的争夺和暴乱,"淫乱生而礼义文理亡焉"。因此,必须制礼作乐,以教化百姓,使之合于社会伦理道德。

荀子特别强调音乐可以"善民心",感发人心,有"移风易俗"的作用,因为荀

---

[1] 蒙培元:《心灵超越与境界》,人民出版社1998年版,第179页。
[2] 《荀子·乐论》。

子的审美原则是客观的、社会的,而乐作为一种出于人的自然本性而产生的感性需要,就必须通过社会的作用进行引导和教化,审美主体也一样,必须接受社会的客观原则。

乐的根本原则是"合同""中和"即和谐,礼是划分社会等级的。所以,乐属于审美,礼属于伦理。但这种和谐同样具有社会性,审美主体通过欣赏先王之乐,既可以满足情感需要,也可以改变性情,由此实现社会的和谐一致,感受到真正的快乐。"夫民有好恶之情,而无喜怒之应,则乱。先王恶其乱也,故修其行,正其乐,而天下顺焉。……故乐行而志清,礼修而行成,耳目聪明,血气和平,移风易俗,天下皆宁,美善相乐。"[1]用音乐来满足人民的需要,才能使人民受到感化,使人民变得"聪明""和平",以美善"相乐"。这种乐就是"乐得其道",而不是"乐得其欲",以道德理性为乐,才是真正的快乐。荀子说"圣人,备道全美者也"[2],只有"备道",才能"全美",备道全美之人,无往而不乐,能认识到美的真正价值。所以,荀子所追求的乐仍然是美善合一的境域。

三、"和"的审美理想

"和",又称中和。《礼记·中庸》曰:"喜怒哀乐之未发,谓之中;发而皆中节,谓之和。中也者,天下之大本也;和也者,天下之达道也。致中和,天地位焉。"从人格的建构来讲,"中和"指性情的适中,不偏不倚;从天地宇宙的建构来看,"中和"则指自然万物间的和谐统一关系。中国古代哲人认为,宇宙间的自然万物雷动风行、运化万变,不断地运动、变化,同时又处于一个和谐的统一体中,阴阳的交替,动静的变化,万物的生灭,都必须"致中和",即遵循"中和"这种客观规律,以使"天地位""万物育",构成宇宙自然和谐协调的秩序。

受这种思想的影响,中国古代形成一种尚"和"的文化传统,影响到儒家美学,使儒家在人生追求与审美意识上也充满"和"的精神。在儒家的审美意识中,人与自然、人与社会,都是和谐统一的。"和"是万物生成和发展的根据,也是社会稳定和发展的要素,正如《乐记》所指出的:"和故百物不失……和故百物皆化。"《淮南子·氾论训》也指出:"天地之气,莫大于和。和者,阴阳调、日夜分而生物。"自然万物的消息盈虚、生化运动、氤氲化育、渐化顿变,都必须依靠"和"。"和"是一种遍布时空,并充满万物、社会、人体的普遍和谐关系。

---

[1] 《荀子·乐论》。
[2] 《荀子·正论》。

同时,"和"也是儒家所极力追求的一种审美境域。儒家所要努力达到的是"天人合一",这不同于原始的主客不分,而主客二分更不可能达到审美的自由境域,儒家的"天人合一"是超越了人对世界万物的主客二分态度而达到的境域。在这种境域中,本体与现象圆融互摄,人心与天地一体,上下与天地同流,于内心达到和顺,于外物则求得通达,"和顺通达"也就是"中和"。可见,"和"或"中和"实际上也可以说是一种极高的审美境域。

在先秦,尚中的思想由来已久。《尚书》中记载盘庚迁都,动员臣民说:"汝分猷念以相从,各设中于乃心。"①周公明确提出了"中德"的观念:"丕惟曰:尔克永观省,作稽中德;尔尚克羞馈祀,尔乃自介用逸。"②这里的"中",便是公正、中正之意,周公还在告诫司法官员时说:"敬尔由狱,以长我王国,兹式有慎,以列用中罚。"③这里的"中"就是"适中"之意。可见,在先秦,中的思想已普遍存在并具有了适中、中正之意。

而到了孔子,"中"的范畴才有大的发展。"中庸之为德也,其至矣乎,民鲜久矣。"④"……公西华曰:'由也问"闻斯行诸",子曰:"求也退,故进之,由也兼人,故退之。"'"⑤在孔子看来,中庸是一种思想,运用于实践就是追求完美的方法,体现于行为就是一种美的德行,关照人生就是一种崇高的境域,中庸用于美学,就是"中和之美"的最重要的组成部分,凸现的是儒家的审美理想与人文精神。

在先秦,尚"和"的思想也是十分普遍的。作为美学范畴,最早谈到"和"的是《尚书·尧典》:"帝曰:夔,命女典乐,教胄子。……诗言志,歌咏言,律和声,八音克谐,无相夺伦,神人以和。""八音"是指由不同质料做成的八类乐器,这些乐器演奏的声音协调完美,自由和谐,不失其序,不相予夺,就会达到"神人以和",即"神"与人和谐、融洽的极高审美境域。《国语》也借史伯和伶州鸠之口谈"和",指出:"和实生物……以他平他谓之和,故能丰长而物归之。"在音乐中,要"和六律以悦耳"。

在这些论述中,我们可以看出,"和"就是两种或多种因素的统一,"和"就与调羹一样,如五味相和,诸种味道以自己的特点与其他因素相济相泄,产生一种源于自身又完全不同于自身的全新的质。史伯所说的"和实相生""以他平他谓之

---

① 《尚书·盘庚中》。
② 《尚书·酒诰》。
③ 《尚书·立政》。
④ 《论语·雍也》。
⑤ 《论语·先进》。

和"基本就是这个意思。《尚书·尧典》所说"神人以和"的"和"也是对一种和谐思想的肯定,是以对音乐的和谐而达于神人、天人之间关系的调和。

以孔子为代表的儒家对"和"的看法,是先秦尚和思想的最重要、最完整的表现。孔子把"和"的思想纳入自己的"仁"学体系之中,他本人对和的论述不多,但在他及弟子的言论、行文中所表现出来的思想却是十分丰富、深刻的:"君子和而不同,小人同而不和。"①"礼之用,和为贵。先王之道斯为美。"②孔子认为,君子能在观点行为有差异的情况下维护一致,而小人的利益可以相同,但却没有办法在大目标上团结一致。这里的和,是长远目标之和,是理性之和,是一种人生境域之和。礼的运用以恰到好处为最高境域,恰到好处不是以一时一地为标准,而是在更大的范围内、秩序内来追求,这样的先王之道才是最美的。

对于"和"的境域的论述最早是关于音乐的。所以,儒家非常重视音乐所体现出的那种催使百物生长、生生不已的天地之"和"。《论语》上说:"子与人歌而善,必使反之,而后和之。"③孔子认为,好的歌曲是人的美的情感的表现,好的歌曲应该反复听之,能够以音声相和而使情感交流融合,使人与万物和谐统一。凭借这种"和",才"地气上齐,天气下降,阴阳相摩,天地相荡。鼓之以雷霆,奋之以风雨,动之以四时,暖之以日月,而百化兴焉"④。

关于音乐所表现出的"和"的审美境域的论述集中体现在《乐记》之中。《乐记》继承了孔、孟、荀的"和"的思想,但又有重大突破。孔孟的音乐思想主要是乐教,他们所强调的"和"主要是指个体与社会、情感与道德的和谐一致。到了荀子,"和"除了个体与社会这一基本关系的和谐一致外,还包含生理与心理、伦理,感性与理性的和谐一致,并且提出音乐中的天人合一问题,主要表现在以礼乐配天地,建立初步的天人同构关系。但由于他在哲学上坚持天人相分观点,因此在他整个思想体系中,天人关系一直存在矛盾。《乐记》接受了《易传》中的天地阴阳关系,舍弃荀子天人相分之论,从而在音乐上建立了"天人合一"的理论。所以,《乐记》是博采众家之长构建了儒家"天人合一"的"和"的审美境域。

《乐记》云:"大乐与天地同和,大礼与天地同节。和,故反物不失,节,故祀天祭地。明则有礼乐,幽则有鬼神,如此,则四海之内合敬同爱矣。"⑤这实际是在

---

① 《论语·子路》。
② 《论语·泰伯》。
③ 《论语·述而》。
④ 《礼记·乐记》。
⑤ 《乐记·乐论》。

说,宇宙万物是一个和谐的整体,这个整体当然包含了"天人合一",礼乐则是沟通"天人合一"的桥梁。"乐者,天地之和也;礼者,天地之序也。和,故百物皆化;序,故群物皆别。""乐由天作,礼以地制。过制则乱,过作则暴;明于天地,然后能兴礼乐也。"①这说明礼乐的制作,要按照天地运行、四时变化的规律,不可违背天地万物和谐有序的成规。礼乐本属社会现象,是适应社会发展而建立起来的。但在《乐记》看来,社会也是天地中的一部分,自然要服从这一根本的客观规律,因此礼乐的制作也必须服从这一根本的客观规律,"过制则乱,过作则暴",即不按天地自然规律而制作的礼乐,必然给人们带来暴乱。"故圣人作乐以应天,制礼以配地,礼乐明备,天地富矣。"②《乐记》认为,"和"就是天地与社会同构,人与天地万物相感应,音乐就是要与天地自然的脉搏一起跳动,体现出"天人合一"之和谐。

此外,儒家认为,"和"既是艺术所要达到的最高境域,也是个人品格修养的最高境域。孔子提出"乐而不淫,哀而不伤"的原则,认为艺术所表现的情感应该是一种有节制的、社会性的情感,它包含了儒家对人的尊严和生命的肯定,要求人正常合理地表达情感,反对沉溺于享乐。"郑声淫"就是孔子以"中和"美学思想来评判郑乐,儒家追求的是中正平和的心态,对于音乐自然推崇的也是舒缓幽静的乐曲。孔子极其欣赏韶乐,竟能三月不知肉味,儒家经典对颂乐的欣赏也可说明这一点。"宽而静,柔而正直者宜歌《颂》……其乐心感者,其声啴以缓。……治世之音,安以乐,其政和。"③"《颂》之所以为至者,取是而通之也。"④"至矣哉!直而不倨,曲而不屈……哀而不愁,乐而不荒……五声和,八风平,节有度,守有序,盛德之所同也。"⑤《战国楚竹书·孔子诗论》也为此提供了极其有力的佐证:"讼,平德也,多言后。其乐安而屖,其歌绅而逖,其思深而远,至矣!"孔子一方面认为"临丧不哀"是不能容忍的,另一方面又主张"丧致乎哀而止"。哀,而又适可而止,表明了孔子中和适度的"中庸"原则。总之,"中和"在儒家看来既是个人品格修养,也是艺术所要达到的最高境域,是儒家最高的人生追求与审美理想。

二、"和"的审美表现

和谐是儒家最高的审美理想。儒家认为,和谐是新生事物产生的原因,事物

---

① 《乐记·乐论》。
② 《乐记·乐礼》。
③ 《乐记》。
④ 《荀子·儒效》。
⑤ 《左传·襄公二十九年》。

存在的方式,是宇宙万物最终的根源或根据。同时,儒家也认为,"和"包括很多方面,有人与自然、人与社会、人与人,以及人与自身心灵的和谐。具体说来,"和"的审美表现有以下三个方面。

第一,是人与自然的和谐。在中国传统文化里,"天人合一"是一个非常重要的命题,这里所讲的"天",是指大自然,这里所讲的"人",是指人本身或人们的社会生活。儒家认为,"天"与"人"是相通的。《周易》指出:"夫大人者,与天地合其德,与日月合其明,与四时合其序。"董仲舒提出"天人感应"论,认为"人者天之象征也"。

儒家认为,宇宙是一个生生不已的、和谐的生命统一体,实现个人生命与宇宙生命的融合,以体验宇宙的真、善、美,是人生的最高境域。在儒家乃至整个中国古代人心目中,人生的终极理想,不是与肉体同朽的功名利禄,而是在超越物我,追求与大自然为一体中实现精神的不朽。

儒家认为,人类痛苦的根源之一是人与自然的分离,人本是万物中的一种,人源于自然,当然必须复归于自然,人只有返回自然,在与自然的结合中,才能得到安慰,消除苦闷。

孟子认为,"万物皆备于我……乐莫大焉"[1],他所讲的"万物皆备于我",指的是个体与大自然融为一体。他认为这种境域是一种最理想、最美的境域,他觉得自己已经达到了这种境域,并且体会到了其中莫大的快乐。

儒家将自然界精神化了,他们眼中的自然,不仅是客观的自然界,更是"人化的自然",这种自然已成为寄托情怀的场所,使人们有自我舒展的空间,并且成为审美活动产生的源泉。所以,儒家视人与自然的和谐为一种快乐,这是一种最自由的,也是最美的境域。

第二,儒家追求人与人、人与社会的和谐。就人与人、人与社会的关系看,儒家强调"允执厥中""允执其中",以行事不偏不倚,"中道""中正""中行""中节",个体与社会和谐统一为最高审美准则。所谓"礼之用,和为贵,先王之道,斯为美"[2],荀子云:"先王之道,仁之隆也,比中而行之。曷谓中?曰:礼义是也。道者,非天之道,非地之道,人之所以道也,君子之所道也。"[3]"和"是追求和衡量人伦关系、人格完美的审美标准与审美尺度。同时,"和"又必须"比中而行","中"

---

[1] 《孟子·尽心上》。
[2] 《论语·学而》。
[3] 《荀子·劝学》。

是"礼义"的别名,因此,人们必须在礼的节制下,来实现情感与道德、人伦与人格、个体与群体的和谐统一。

第三,儒家还追求一种"中和"的理想人格。在儒家美学思想中,"中和"之美与"中庸"之善在精神实质上是相通的。"中庸"是儒家美学所推崇的理想人格的重要审美特质,孔子依照"中庸"的原则,标举"文质彬彬"的君子。他说:"质胜文则野,文胜质则史,文质彬彬,然后君子。"[1]"质"是指人的内在道德品质,"文"是指人的文饰。孔子认为,一个人缺乏文饰("质胜文"),这个人就粗野了,一个人单有文饰而缺乏内在道德品质("文胜质"),这个人就虚浮了。只有"文"和"质"统一起来,避免"质胜文"和"文胜质"两种片面倾向,才能成为一个君子,也才符合"中和"的审美理想。

孟子在肯定孔子所推崇的君子风度的同时,更强调善养"浩然之气"的阳刚之美。这是继孔子之后进一步高扬了个体人格发展的主动性和实现以仁善为旨归的理想人格的可能性,为此他提出了"善养吾浩然之气"的说法:"'敢问夫子恶乎长?'曰:'我知言,我善养吾浩然之气。''敢问何谓浩然之气?'曰:'难言也!其为气也,至大至刚,以直养而无害,则塞于天地之间。其为气也,配义与道;无是,馁也。是集义所生者,非义袭而取之也。行有不慊于心,则馁也。'"[2]这种"配义与道""集义所生"和"至大至刚"的"浩然之气",是个体的情感意志与其追求的道德目标融合统一所产生的一种内在气质或精神状态,是个体人格精神美的表现。这种人格精神美强调的正是情感与道德、心理与伦理的和谐统一,体现出"和"的准则。

总之,"和"体现出了天人之间的亲和合一,人与人、人与社会之间的执中协调,以及个人的生命形态的调和,是儒家最高的审美理想。

第五节 人格修养

儒家是积极入世的,他们有着"天下大同"的社会理想并为此而孜孜于救世。但是,儒家所追求的社会理想和人格理想之间有着深刻的联系,这种深刻的联系即表现为"内圣外王之道"。《大学》对之做了详细的说明,有"三纲八条目",也就

---

[1] 《论语·泰伯》。
[2] 《孟子·公孙丑上》。

是说,儒家通过道德修养来实现政治抱负,将社会理想与人格理想追求紧密结合为一体,是一个人的知识学问、道德情操和社会功效三者的统一。其中,"一是以修身为本",社会理想是人格理想的客观化身,人格理想则是社会理想的主体展现,两者深刻遇合,最终统一指向理想的人格境域。而知识学问、道德情操和社会功效的统一也就是真、善、美的统一,所以,在儒家看来,真、善、美合一的人格就是一种完备的人格。

而这种真、善、美合一的人格又是统一于"善"的。孔子的理想人格"仁人",孟子所追求的"圣人"以及荀子所说的"全粹"之人,都是真、善、美合一而又统一于"善"的。因此,要达到完备的人格,道德的力量不可忽视。孔子虽然没有明确提出"性善论",但与孟子一样都认为人是生而向善的,所以,要不断充实内在的仁心,才能使人格臻于完善。荀子主张"人性本恶",那么,要塑造完美人格,"积善成德"的作用就更不可忽视。

另外,儒家认为艺术对理想人格的塑造也有重要的作用,也就是通常所说的审美教育。在儒家看来,美育就是一种情感的教育,他们倡导一种审美的学习境域。"诗教"与"乐教"是儒家艺术教育的内容,通过这种直观启悟和诉诸情感的方式,儒家使人生艺术化,同时,也使人格审美化。

儒家对人世有一种强烈的关怀之情,这就决定了他们的人生境域必然离不开道德的依托。虽然儒家最高的人生境域是与天地大化同流,与自然息息相通的审美境域,但他们并不仅仅以实现美的境域为目的,而是追求一种美善合一的整体境域。所以,在人格修养上,儒家也追求整体人格的完善。他们的理想人格是真善美合一的人格,真善美和谐发展而不偏执一方,也就是一种中庸的人格。而道德的挺立又决定了这种真善美合一的人格是统一于善的。

一、真善美合一的人格

儒家对于理想人格有多种说法,如圣人、贤人、仁人、志士、君子等。所谓圣人,也叫圣王,是做人的最高典范,在儒家看来,尧舜禹就是圣人。他们被赋予极其高尚的道德品质,圣明贤达,为万民所景仰。圣人是人的最高的精神境域,是全德、全智、全功的体现,圣王人格的核心是"仁",圣人就是"仁"者,圣人可以与"天地合德",就是说,可以达到"天人合一"的真、善、美的境域。所以,圣人就是一种真、善、美合一的人格。

儒家学说中最有代表性的理想人格模式当为"君子","君子人格"是儒家核心价值论的重要组成部分,也是孔孟为一般人所设计的做人的规范,是圣王人格的补充。孔子是君子人格的第一个建构者,对于君子人格有详细的阐释。后来,经过各位儒家学者的不断补充,君子的内涵变得十分丰富。一般来说,君子应当是富有才能和才智的,即所谓"君子不可小知而可大受也";君子是有高尚道德修养的人,即"君子应贞而不谅";君子要有渊博的知识,即"君子博学于文",学而不厌,诲人不倦;君子应奋发有为,"君子食无求饱,居无求安,敏于事而慎于言,就有道而正焉,可谓好学也矣"①。君子应具有忧患意识,即"君子忧道不忧贫";君子要有仁者情怀,即"博施于民而能济众""修己以安百姓";君子能律己成人,对自己严格要求,对他人真诚相待,善于成人之美;君子应重义轻利,要能够穷不失义,弱不失志。儒家把重义轻利作为君子的基本特征和标志,孟子的"尚义轻利"思想更胜孔子一筹。他们认为,"义"应是君子行为的标准,正像理学家朱熹所说:"义利之悦,乃儒者第一义。"总之,儒家所推崇的君子,就是具有大能、大德、大智、大怀等多种优秀品质的人,是多义多才的人。

儒家对君子的理想人格有多方面的规定,但概括起来主要有三方面,即真、善、美。孔子说:"君子有道者三……仁者不忧、智者不惑、勇者不惧。"②在君子的三德中,"仁"是核心。不管是"圣人"还是"君子",都首先是"仁者"。这种仁德可以包括所有的德目,是最高的德行,"仁"是理想人格的核心,是人格道德的至高境域,儒家对于善的追求是永无止境的。

同时,君子还必须是一个智者和勇者,这在儒家看来是从知识中获得的。儒家重视对于知识的掌握,以孔子为例,他就是一位孜孜不倦的学者,勤奋的学习贯穿了孔子的一生。

孔子曾说:"吾十有五而志于学,三十而立,四十而不惑,五十而知天命,六十而耳顺,七十而从心所欲,不逾矩。"③正是通过学习的积累,在不断的学习中,孔子一步步得到提高,从而达到了"从心所欲"的境域。孔子如饥似渴地学习,不断地寻找机会充实自己,"入太庙,每事问"④,孔子以学习为乐并对学习有很深的体会,他说:"学而时习之,不亦乐乎?"⑤还说:"温故而知新,可以为师矣。"⑥《论语·述而》记载:"子在齐闻《韶》,三月不知肉味,曰:'不图为乐之至于斯也!'"对

---

① 《论语·学而》。
② 《论语·雍也》。
③ 《论语·为政》。
④ 《论语·乡党》。
⑤ 《论语·学而》。
⑥ 《论语·为政》。

这一事件,《史记·孔子世家》所记略有不同:"与齐太师语乐,闻《韶》音,学之,三月不知肉味。齐人称之。"太史公多了"学之"二字。综合这两段记述可以看出,孔子在齐国与太师讨论音乐,欣赏了《韶》音之后被其所吸引,然后孜孜不倦地学习,以致"三月不知肉味",从中得到了极大的乐趣。这正符合孔子"知之者不如好之者,好之者不如乐之者"①的精神。孔子对学习要求极其严格,"学如不及,犹恐失之"②,他常常担心自己的学习不进则退,因此时时策勉自己。孔子好学,而对外界要求不高,"君子食无求饱,居无求安,敏于事而慎于言,就有道而正焉,可谓好学也已"。"士志于道,而耻恶衣恶食者,未足与议也。"③孔子把学习作为终身事业,在学习上不断修养自己,他说:"加我数年,五十以学《易》,可以无大过矣。"④

对孔子学习的最终目的,有人做过比较好的论述:"孔子注意学习传统文化,其目的并不仅在学习一些知识,而是通过学习来认识生命的意义,端正人生的态度,成就伟大的人格。"⑤

孔子又说:"文质彬彬,然后君子",作为一个君子,除了具备内心的仁德,还必须要有文采,要有对美的体认和自觉。强调任何一方面忽视另一方面都是不行的,必须两者兼顾并且要和谐发展,才能成为尽善尽美的君子。

可见,儒家的理想人格是真、善、美合一的人格,人格美学的实践从教育入手,"人生八岁……皆入小学,而教之以洒扫、应对、进退之节,礼、乐、射、御、书、数之文;及其十有五年……皆入大学,而教之以穷理、正心、修己、治人之道",达到"治隆于上,俗美于下"之目的,至真、至善、至美的人格便在实践中逐渐形成。

二、真善美统一于"仁"

前面我们讲到,儒家对理想人格的多方面的规定中,"仁"是最核心的,学习的目的是成就尽善尽美的人格,在真善美的统一中,又以"仁者爱人"为人格修养的最高标准。

孔子是先秦儒家中第一个提出理想人格设计的,他以"仁"为人生理想。孔子认为,仁且智,且有大功于人众,便是圣人。孔子强调"仁智统一",也就是道德与知识的统一,但在求真和向善的相互关系上,孔子主张真善统一而归于善的价值

---

① 《论语·雍也》。
② 《论语·泰伯》。
③ 《论语·里仁》。
④ 《论语·述而》。
⑤ 张文修:《孔子的生命主题及其对六经的阐释》,辽宁教育出版社2000版,第293页。

取向。他认为知性潜能的开发在很大程度上就是德性日趋完美的问题。所以,在孔子看来,"至善""尽善"是高于"至真""至美"的一种圆满境域。《论语·为政》中记载了孔子的一段话:"吾十有五而志于学,三十而立,四十而不惑,五十而知天命,六十而耳顺,七十而从心所欲,不逾矩。"这一段话,可以看作是孔子一生的求思之路,是他最终成为圣人的途径。它充分体现了孔子对真、善、美境域的追求和理解。在五十岁以前,是认识天命的过程,这也许可以看作是"求真"的阶段,距"同于天"的境域尚有一段距离。"六十而耳顺",诸家解释不一,汤一介在《再论中国传统哲学中的真善美问题》一文中,认为朱熹的注解最接近于孔子的原意,朱熹说:"声入心通,无所违逆。知之之至,不思而得。"①汤一介认为他说明了孔子达到的一种"不思而得"的超越经验的直觉感悟,六十岁可以按照自然规律辨明是非、美恶、美丑,等等。这种境域比"知天命"境域更高,它超于一般知识,所得到的是直觉意想,是一种审美境域,"美"的境域。"七十而从心所欲不逾矩",朱熹注曰:"矩,法度之器,所以方者也,随心所欲而不过于法度,安而行之,不勉于中。"也就是说,孔子在七十岁时无论做什么都能自然而然地符合"天命"的要求,能在天命原则下从心所欲,这就是最高境域了。人与天地万物已浑然一体,是在"求真""得美"之后达到的一种"至善"的圆满境域。孔子视"尽善"比"尽美"为高,认为"尽善"亦"尽美",而"尽美"未必"尽善"。《论语·八佾》记载:"子谓《韶》,'尽美矣,又尽善也';谓《武》,'尽美矣,未尽善也'。"舜的德性高,因而他的音乐("韶")是"尽善尽美"的;而武王德不如舜,故而他的乐("武")"尽美"而未"尽善"。所以"尽善"包含着"尽美",高于"尽美"。由此我们看到,孔子达到圣人境域的途径,是由"真"而"美"而"善",以"善"为最高价值,所以他的理想人格的真善美是统一于"善"的,"仁"是人格修养的最高境域。

对于"仁",孔子的解释很多,在《论语》中,孔子论"仁"的有几十条,具体地说,有以下重要的语句。

颜渊问仁。子曰:"克己复礼为仁,一日克己复礼,天下归仁焉,为仁由己,而由人乎哉?"②仲弓问仁,子曰:"出门如见大宾,使民如承大祭。己所不欲,勿施于人。"③樊迟问仁,子曰:"爱人。"④子张问仁于孔子,子曰:"能行五者于天下,为仁矣。""请问之。"曰:"恭、宽、信、敏、惠,恭则不侮,宽则得众,信则人任焉,敏则有

---

① 朱熹:《四书集注》。
② 《论语·颜渊》。
③ 《论语·颜渊》。
④ 《论语·颜渊》。

功,惠则足以使人。"①子曰:"唯仁者能好人,能恶人。"子曰:"里仁为美。"②"夫仁者,己欲立而立人,己欲达而达人,能近取譬,可谓仁之方也矣。"③"刚毅木纳近仁"④"君子笃于亲,则民兴于仁。"⑤

从这些解释看,"仁"的内涵是非常丰富的,但是"仁者,人也",即把"仁"作为人之为人的根本和人格美的核心,是他"一以贯之"的基本精神。在孔子看来,"仁"是人格美的最高境域,是人格美的最高标准,也是一个人应该时刻追求的人生境域。总之,在孔子所要求的真善美合一的人格中,"仁"是核心。

孟子曾对人格美做过等级的划分,他说:"可欲之谓善,有诸己之谓信,充实之谓美,充实而有光辉之谓大,大而化之之谓圣,圣而不可知之之谓神。"⑥这里指出了个体人格的六个等级,即善、信、美、大、圣、神,一个比一个高级。"善"与"信"指按仁义礼智办事,决不违背它,而"美"则是指道德的善与信充满了个体的全部人格,以至于从言行容色上表现出来了。这里,孟子把美与善区别了开来,并且与孔子不同的是,他认为美高于善,美来自善而又超越善。"美"之上是"大","大"充实而有光辉,比一般的美有更强烈的意味。而"圣"则是在"大"的基础上集中同化了所有的善、美、大而形成的楷模。"神"则是无需努力而自然天成,带有一点神秘的色彩。在这里,孟子为我们勾画了一个人格美的序列,虽然层层递进,但都离不开一个基础,那就是"善"。从人格善在个体人格内的充实出发,才有美、大、圣、神的人格美,所以,孟子的理想人格仍然是统一于善的。

三、道德修养

前一节我们讲到,儒家理想的人格是真善美合一的人格,而真善美又是统一于善的。孔子以"仁"作为人之为人的根本和人格美的核心,以"仁"作为人格美的最高境域,孟子对人格美的论述完全建立在人性善的基础上,可见,充实自我的仁心,加强道德修养对成就儒家的理想人格有多么重要。

1. 孔子的"一贯"之道

在《论语》中有两处谈到"一以贯之"。一是在《里仁篇》:"子曰:'参乎!吾道

---

① 《论语·阳货》。
② 《论语·里仁》。
③ 《论语·雍也》。
④ 《论语·子路》。
⑤ 《论语·泰伯》。
⑥ 《孟子·尽心下》。

一以贯之。'曾子曰：'唯。'子出，门人问曰：'何谓也？'曾子曰：'夫子之道，忠恕而已矣。'"这里，曾子把"一贯"理解为忠恕之道。曾子以笃实践行而著称，很重视实践功夫，他的理解是从实践的角度来说的，很笃实。忠恕作为"为仁之方"，是很重要的，并且是内心修养的关键之处，不过曾子这里的解释还不能代表孔子"一贯"学说的全部意蕴。

另一处是在《卫灵公篇》与子贡的谈话。"子曰：'赐也，女以予为多学而识之者与？'对曰：'然，非与？'曰：'非也，予一以贯之。'"这里，子贡并没有说出他的最后理解是什么，但是从孔子的话以及子贡在别处所说的"夫子之言性与天道，不可得而闻也"可以看出，孔子所说的"一以贯之"，决不是知识一类的问题，也不仅仅是实践的问题。那么，是什么问题呢？是仁的问题，仁是心灵存在的方式。

仁是心灵所具有的，是心灵自身的内在潜力，但并不是说我们拥有心灵，在人格修养上就已经达到了仁的境域，还有一个如何实现仁的问题。实现出来便是贯通一切的境域，不能实现则只能是潜存。所谓"为仁由己，而由人乎哉！"①这里的"为"，是自为，不是他为，只能在自己心中解决，不能到心灵之外去解决。也就是说，要使仁得以实现，完全是心灵自身的事情，无关乎他人之事，获得仁的境域，就是充实自我的仁心，也是人的自我实现。

充实自我的仁心，从根本上说，是实践和直觉体验的问题。因此，孔子并没有从概念上说明什么是仁，也没有从理论上进行分析与论证，而是从情感意向及实践上解决如何"笃志"与"笃行"的问题。因为实现仁并不需要高深的理论辨析，而是陶冶情性、坚定意志、自我修养、自我反省的问题。人的情感是多方面的，有感性的，有理性的，还有超理性的。人有"好色"之情，也有"好仁"之情，如果能将"好色"之情用到"好仁"上，就没有什么做不到的，"我未见其力不足者"。克服和战胜自己的感性欲望，超越感性自我，就能在心灵中展现一个新的精神境域，一种全新的人格也随之突显。

仁，作为人格修养的内在依托，是人的生命价值和意义的最高标志。所谓"仁者爱人"，有了这种品质的人，就能产生普遍关怀，而不计较个人的利害得失。有这种品质的人，就是"志士仁人"，"志士仁人，无求生以害仁，有杀身以成仁"②。为了实现人的价值和尊严，仁者能够献出生命，虽死而犹生。能"杀身"以"成仁"，说明肉体生命是有限的，但精神是永恒的。正因为如此，孔子把实现仁看作

---

① 《论语·颜渊》。
② 《论语·卫灵公》。

是君子人格所必备的,甚至是君子人格的根本标志。

从情感上解决如何行仁,便是超越个人的情感欲望,同时,孔子对行仁还有一些实践的要求。他说,"孝悌也者,其为仁之本",把孝悌作为"仁"的基础。要实践"仁",首先要从孝敬父母尊重兄长做起,即从家庭日常生活中上敬下和做起。推而广之,"泛爱众而亲仁""克己复礼为仁""恭、宽、信、敏、惠"之谓"仁"。并且还要求对人一视同仁,"无众寡、无大小、无敢慢",厌恶扬人之恶、诽谤上级、刚强无礼、抑制仁道的这些不仁行为;要求"成人之美,不成人之恶""己所不欲,勿施于人""见贤思齐焉,见不贤而内省也""忧道不忧贫""仁者不忧,智者不惑,勇者不惧"。总之,仁爱精神是人格美的本质,是最高的善,仁对于一个完整的人格而言是不可缺少的。

2. 孟子"养气说"

孟子的人格美建立在人性本善的基础上,但同时,他认为人又不能离开自我修养,这是一个事物的两个方面。《孟子·告子上》在论述了有名的"二者不可得兼,舍生而取义者也"之后指出,这种"舍生取义"的心理"非独贤者有是也,人皆有之",在《孟子·告子下》中甚至认为人"皆可以为尧舜"。但贤者之所以能把这种心理付诸行动,表现出来,成就人格美,就在于"贤者能勿丧耳",即能一直保持这种善的心理而一般人则不能保持这种心理,按孟子的说法就是:"此之谓失其本心。""失其本心"就是"放其心"。因此,在孟子看来,"学问之道无他,求其放心而已矣"①,孟子慨叹道:"仁,人心也;义,人路也。舍其路而弗由,放其心而不知求,哀哉!人有鸡犬放,则知求之;有放心而不知求。""求放心""勿失本心"就是要通过自我修养保持未失之本心,也就是说,通过充实自我的善心来成就人格美。

在自我修养上,孟子有他独特的方式,那就是"我善养吾浩然之气",孟子是在对北宫黝和孟施舍的勇气进行比较后,在对孟施舍之守气和曾子之守约,在对"志"与"气",思想与情感的比较论证后提出他的"浩然之气"说的,因而,它与一般的勇气、志气、意气等有很大的不同,下面一段话就可以说明。

"敢问夫子恶乎长?"曰:"我知言,我善养吾浩然之气。""敢问何谓浩然之气?"曰:"难言也。其为气也,至大至刚,以直养而无害,则塞于天地之间。其为气也,配义与道;无是,馁也。是集义所生者,非义袭而取之也。行有不慊于心,则馁也。"对这一段话解释颇多,一般都认为这个"浩然之气"十分神秘,或者说它十分奇特,因为连孟子本人也说"难言也"。当代学者一般把它解释为一种道德精神,

---

① 《孟子·告子上》。

也是有道理的,因为孟子本人也说"夫志,气之帅也;气,体之充也。夫志至焉,气次焉","其为气也,配义与道;无是,馁也。是集义所生者,非义袭而取之也"。也就是说"气"的灵魂是"志","气"的根源是"集义","气"的实质是"配义与道"。不过,这种"浩然之气"最根本的特征还在于它的"至大至刚",既无与伦比,又在于它的"塞于天地之间"的超拔。至大、至刚,可以说是一个人的人格成就的最高等级,有了它,就可以舍生取义,无所畏惧;有了它,就可以随心所欲,战无不胜。这"浩然之气"闪耀着人格美的光辉。

那么,如何形成这种"至大至刚""塞于天地之间"的"浩然之气"呢?孟子讲到他要"善养"这种"气",并且是"以直养无害"。实际上,这种"浩然之气"是人的自然生命和精神生命的有机构成体,是展示着人的存在性和创造性之统一的"气",所以孟子才说,"我善养吾浩然之气"。但孟子所"善养"的这种"气",不是凭空而就的,而是靠他"养心"而得,也就是说,通过"养心"而得"养气",是人格发展的过程。孟子曾说:"尽其心者,知其性也。知其性,则知天矣。"[①]人只有"养心"才能知性知天,显然这种"心"成为人生命存在的内在机制,尤其是精神生命存在的根本,人必须在生命活动中培养这种具有善良本心的品质,作为人之生存的本性,所以要"存其心,养其性"。孟子有一系列关于修养心性的说法,比如:"大人者,不失其赤子之心者也。"[②]再比如:"养心莫善于寡欲,其为人也寡欲,虽不存焉者,寡矣;其为人也多欲,虽有存焉者,寡矣。"[③]"寡欲"与"赤子之心"讲的都是保持心境的纯洁坦荡毫无挂碍,从而在身心两方面"配义与道"成为君子。所以,孟子养气说首先肯定的是道德人格的美。

同时,"从某种意义上说,修身养性就是养气,养气就是养心。养心以至于'善养吾浩然之气'的境域,便是'充实之谓美'。"[④]在这时,一方面,道德的力量升华为一种审美的境域,另一方面又往往使审美愉悦与道德快感浑然一体,难解难分。

孟子教导宋勾践在游说各国国君时不论能否被理解都保持自得其乐,他说:"人知之,亦嚣嚣;人不知,亦嚣嚣。"当宋勾践问"何如斯可以嚣嚣矣?"时,孟子回答说:"尊德乐义,则强以嚣嚣矣。故士穷不失义,达不离道。穷不失义,故士得己焉;达不离道,故民不失望焉。古之人,得志,泽加于民;不得志,修身见于世。穷

---

① 《孟子·尽心上》。
② 《孟子·离娄下》。
③ 《孟子·尽心下》。
④ 王振复:《中国美学史教程》,复旦大学出版社2004年版,第80页。

则独善其身,达则兼善天下。"①"嚣嚣"就是自得其乐的意思。不论穷达,不管成败,始终以自得其乐的精神和心理对待社会、对待自己,保持一种悦乐的审美胸怀,安身立命,兼济天下。有了这种审美胸怀,就会使自己的内心永远充实,就会产生"万物皆备于我矣"的奇特精神感受,一种我在宇宙中,宇宙在我中,我是宇宙的一部分,宇宙也是我的一部分的精神感受,即冯友兰所说的"同天"的境域。而这种万物皆备于我的充实又反过来使主体"反身而诚,乐莫大焉"②,"反身"即反躬自问,"诚"即忠诚踏实,的的确确感到自己与天地等同,从而产生"乐天"的审美境域。这时的人格已流溢着美,进入了尽善尽美的境域。

由此可见,道德力量的充实对于理想人格的塑造有着多么巨大的作用。

3. 艺术对人格修养的作用

孔子说:"兴于诗,立于礼,成于乐。"③"礼乐并重,并把乐安放在礼的上位,认定乐才是一个人格完成的境域,这是孔子立教的宗旨。"④孔子又说过:"志于道,据于德,依于仁,游于艺。"⑤在孔子看来,艺术能把人生带入一种自由的境域,所以,以孔子为首的儒家对艺术有一种高度的自觉,并且在这种最高艺术价值的自觉中,建立了"为人生而艺术"的典型,也塑造了完美的人格。

儒家如此重视艺术,还在于他们所认为的艺术的本质是美善合一的,而这种尽善尽美的艺术能够使人产生一种快乐。《论语》曾有这样几句话:"子曰,知之者,不如好之者;好之者,不如乐之者。"⑥"知之""好之""乐之"的"之",都指"道"。人仅知道之可贵,未必肯去追求,能"好之",才会积极去追求。仅好道而加以追求,自己仍然与道为二,有时会因懈怠而与道相离。只有以道为乐,人与道才融为一体,没有一丝间隔。艺术能给人这种乐,进而转为支持道的具体力量,使人永不懈怠地去追求道。这时的人格世界,便是安和而充实的。艺术与道德在最深的根底中,得到自然而然的融合统一,"道德充实了艺术的内容,艺术助长、安定了道德的力量"⑦,这就是儒家如此重视艺术的原因。

儒家用艺术来陶冶人格,主要体现在诗教和乐教两个方面。

---

① 《孟子·尽心上》。
② 《孟子·尽心上》。
③ 《论语·泰伯》。
④ 徐复观:《中国艺术精神》,华东师范大学出版社2004年版,第3页。
⑤ 《论语·泰伯》。
⑥ 《论语·雍也》。
⑦ 徐复观:《中国艺术精神》,华东师范大学出版社2004年版,第11页。

(1)诗教

除了道德的完备,孔子对人生的审美需求也是非常重视的,而对人进行审美教育的方法之一便是"诗教"。孔子如此重视诗教也有深刻的社会原因,因为中国上古的泛审美化和泛艺术化倾向在孔子时代尚未完全消失,人们还充满着"诗性智慧"。"不学诗,无以言"①在今天看来有点奇怪,但在当时,"诗"就是一种普遍的交流方式,在政事、外交中得到广泛应用,所以孔子才有不学习诗歌就难以用语言交际的论述。

但孔子的诗教,绝不仅仅是一种社会教育,更是一种情感教育。孔子说:"小子何莫学夫《诗》?诗,可以兴,可以观,可以群,可以怨,迩之事父,远之事君;多识于鸟兽草木之名。"②在孔子看来,"诗教"有伦理道德教化和认识的功能,但首先是一种情感教育,在"兴、观、群、怨"中,"兴",是就诗的欣赏而言,就是说诗歌可以使欣赏者的精神感动奋发,表现出自己的情感,这就规定了孔子的"诗教"是一种情感教育。"观"是指诗的认识功能,通过诗歌可以了解社会生活、政治风俗的情况(盛衰得失)。"群"是指诗的伦理凝聚力,诗歌可以在社会人群中充满思想情感,从而使社会保持和谐。"怨"则指诗歌对现实的社会生活带有否定性情感的表达。在孔子看来,诗所表现的情感(兴),最能打动人的是哀怨的精神(怨),不过从这种情感中既要能看到时代的盛衰(观)——"治世之音安以乐,其政和;乱世之音怨以怒,其政乖;亡国之音哀以思,其民困"③,又要有凝聚族类的伦理教化力量(群)。并且,在"兴""观""群""怨"四者之中,孔子把"兴"放在第一位,表明了孔子对"兴"的作用的特别重视。因为"兴"对人的灵魂有一种净化作用,如王夫之所说"圣人以诗教荡涤其浊心"④,也就是对人的精神从总体上起一种感发、激励、升华的作用,使人摆脱昏庸猥琐的境地,成为一个有志气、有见识、有作为的朝气蓬勃的人,从而上升到豪杰、圣贤的境域。"孔子把'兴'摆在'兴''观''群''怨'的首位,这表明,在他看来,艺术欣赏作为一种美感活动,它的最重要的心理内容和心理特点,就在于艺术作品对人的精神从总体上产生一种感发、激励、净化、升华的作用。"⑤因此,孔子的"诗教"在情感教育的旗帜下,强调了这种教育对于提高人的人格修养和人生境域的作用。

---

① 《论语·季氏》。
② 《论语·阳货》。
③ 《毛诗序》。
④ 《唐诗评选》卷一,孟浩然《鹦鹉洲送王九之江左》评语。
⑤ 叶朗:《中国美学史大纲》,上海人民出版社2001年版,第53页。

孔子"诗教"的教材《诗经》，由他自己删定而成，而他删《诗》的原则就是"取其可施于礼义""以备王道"①。经过删定，孔子断言："《诗》三百，一言以蔽之，曰：思无邪。"②"思无邪"本是《诗经·鲁颂·驷》最后一章中的一句，原是写牧马人知足自乐，安分守己、心无邪念、专心牧马的思想心态，孔子断章取义，以概括《诗经》的内容。"无邪"就是"归于正"③，就是"论功颂德，止僻防邪"④。孔子的意思是，《诗经》中的三百多首诗所表达的情志都是纯正无邪的，从情感教育和伦理道德上讲，都具有纯正性、崇高性，都可以起到排除人们头脑中的杂念，净化人类心灵，纯洁人的性情的作用。

孔子"诗教"对人的情感的净化作用如同卡西尔在其《论人》一书的第九章《艺术》里所说的"照明"作用一样，是使读者"见透了作品所表现出的感情活动，因而进入于感情活动的真正的性质与本质之中"，他又说："演剧艺术，能透明生活的深度与广度。它传达人世的事象、人类的命运及伟大与悲惨。与此相较，则我们日常的生存，是贫弱而有点近于无聊。我们都感到漠然、朦胧，与无限潜伏的生命力。此力一面是沉默，一面从睡眠中觉醒，等待着可以进入于透明而强烈的意识之光里面的瞬间。艺术优越性的尺度，不是传染的程度，而是强化以及照明的程度。"⑤这里的强化近似于孔子所说的"兴"，而"照明"正是孔子所说的"观"，艺术使人从麻痹的精神中苏醒，进而使这情感得到澄彻，成为纯粹感情，而经澄彻后的纯粹感情又支持了人生的道德，与道德自然而然地同化，这就是美与善的和谐统一，而孔子又说到"多识于鸟兽草木之名"，这是知识的意义，至此，便形成了真善美合一的人格。

（2）乐教

孔子一生都怀有复兴周礼的理想，但那时，礼与乐是密切联系的，乐教自然而然成为孔子十分重视的审美教育方式。同时，孔子重视乐教，还在于他本身是精通音乐的。他在齐国听《韶》乐，竟达到了"三月不知肉味"的地步，"不图为乐之至于此也"⑥，这说明孔子不仅是审美的行家，而且也深知音乐对人的孤苦、利害之心的超越。孔子本人在仕途不顺时，就将审美看得高于治国平天下。"吾与点

---

① 司马迁：《史记·孔子世家》。
② 《论语·为政》。
③ 何晏：《论语集解》引包咸注。
④ 刘宝楠：《论语正义》。
⑤ 转引自徐复观：《中国艺术精神》，华东师范大学出版社2004年版，第21页。
⑥ 《论语·述而》。

也"正说明了孔子向往的是一种审美的境域,孔子平时也经常操琴鼓瑟,击磬歌诗,"子与人歌而善,必使反之,而后和之"①。甚至,周游列国处于危境之时也仍然"弦歌不衰"。

孔子的理性人格是"文质彬彬"的君子。"文"即文采,就包括一个人的音乐文化修养;"质"当然指一个人的伦理道德品质,只有同时具有礼乐文化修养与仁义的品德才是完美的人。他还主张:"先进于礼乐,野人也。后进于礼乐,君子也。如用之,则吾从先进。"意思是说选用人才,以是否接受礼乐教育为准则,宁愿选用先受过礼乐教育的"野人",而不用后来才受过礼乐教育的"君子"。孔子还说:"文之以礼乐,亦可以为成人矣。""乐"之所以有如此重要的作用,在于"乐以治性,故能成性,成性亦修身也。"音乐是人生重要的修养手段之一。这里的"性"指性情,音乐使潜伏在生命深处的情感得以发扬,使生命得到充实。"潜伏于生命深处的情,虽常为人所不自觉,但实对一个人的生活,有决定性的力量。"不过,"儒家认为良心更是藏在生命的深处,成为对生命更有决定性的根源"②。所以才有"人而不仁,如礼何?人而不仁,如乐何?"乐的本质是仁,是内在的良心。那么,由音乐而引发的情感再向内深入,就与更根源之处的良心融合在一起了。于是,此时的人生,便由音乐而艺术化了,也由音乐而道德化了,此时的人格,也就是尽善尽美的人格,这就是儒家"致乐以治心"的意义。

荀子也是非常重视乐教的,并且还从人性论的角度强调了建立乐教的必要性和重要意义。

荀子曰:"君子知夫不全不粹之不足以为美也……生乎由是,死乎由是,德操然后能定,能定然后能应,夫是之谓成人,天见其明,地见其光,君子贵其全也。"③荀子认为,完全纯粹的人格才是完美的人格,有德性、有操守的人应当死守善道,终生由之,至死不变。有德操,才能坚定,才能正确地应付各种事物,定能应,才是真正完美的人格。正如天表现其高明,地表现其广大一样,君子最可贵的就是纯粹的人格。

然而,现实的人性与理想的人格却相去甚远,荀子说:"凡理义者,是生于圣人之伪,故非生于人之性也。"④荀子断定,人的本性就是食、色、性一类的自然本性,

---

① 《论语·述而》。
② 徐复观:《中国艺术精神》,华东师范大学出版社2004年版,第16页。
③ 《荀子·劝学》。
④ 《荀子·性恶》。

如果从道德上对之做评价,结论是:"人之性恶,其善者伪也!"①既然人性本恶,那么,要成就理想的德性,达至"成人"的境域,就需要"化性起伪"。

如何"化性起伪"？荀子认为,人所具有的"心虑"的理性能力是人得以改善人性,成就德操的内在根据。荀子认为,人不仅有情、有欲、有性,而且还有"心"和"虑"。荀子说:"心者,形之君也,而神明之主也,出令而无所受令。"②"心"是人的精神和肉体的主宰。心能够引导和调节人的情、欲,心对于情欲的选择作用就是"虑","心虑"实际上就是人的理性能力,它能确定情欲之可否满足,使人选择合乎礼义的行为,从而掌握"欲恶取舍之权"③,如此,人的恶的本性就得以改善,也就为"化性起伪"奠定了内在基础。

然而,仅此是不够的,还缺少成德的外在条件。是什么促使人的"心虑"发挥作用呢？荀子指出,礼乐教化可以养人之欲,导人之情,为"心虑"提供何者为善为美的准则、规范,乐能够引导性情,使之合乎礼义。荀子说,"夫乐者,乐也,人情之必不免也",人的情欲是不可避免的自然现象,然而若不对之加以疏通、引导,必然导致暴乱,"先王恶其乱也,故制雅颂之声以导之",乐可以使人的性情得到合理的节制、疏导,以达到"化性起伪"的目的。

可见,荀子的乐教,是建立在对人生而具有的各种情感欲望肯定的基础上的。人生而有欲,因此,乐是顺乎人情,合乎人性,适应人类社会生活的需要自然而然地产生的,"夫乐者,乐也,人情之所必不免也,故人不能无乐"④。乐,是快乐的感情的抒发,是人情所不可避免的天生的情感的表露,所以人不能没有乐。乐可以使天生恶的性情得到抑制和改善,感动人的善良之心,化道德为情感。荀子认为,乐教的作用就在于与礼教的外在教化、规范相配合,通过艺术的感染力净化人的心灵,培养人们对礼义道德的情感,从而使人格在一种自由的、和谐的美的境域中得到完善。

---

① 《荀子·性恶》。
② 《荀子·解蔽》。
③ 《荀子·不苟》。
④ 《荀子·乐论》。

第二章

儒家以仁义求同乐之人生审美域

中国人生美学产生于中国文化的基础之上。受人生美学的作用,在中国古代,无论是儒道人学,还是佛教禅宗,都把人生的自由与快乐作为最高的人生境域。如前所说,儒家孔子所标举的"从心所欲不逾矩",就是一种与天地万物合一的自由境域,是完美和完善的宇宙在人生中的再现。孟子更是认为人性乃是人心的本来属性,人生的最高追求就是要回复本心,使人性与天性合一,从而以达到"上下与天地合流",而万物皆备于我的自由完美、愉悦舒畅的人生境域。

第一节 乐以忘忧

在我们看来,儒家这种对自由愉悦的审美境域的追求还突出地表现在孔子"乐以忘忧"的人生理想追求上。我们知道,就总体倾向而言,以孔子为代表的儒家追求的理想人生境域是"修身,齐家,治国,平天下",是"博施于民而能济众"。孔子曾经非常热切地表达自己的抱负说:"苟有用我者,期月而已可也,三年有成。"①然而,这种理想人生境域的获得与人的自我实现并不是轻而易举的事,除了人自身方面的原因外,还受到现实生活的诸多限制。并且,"逝者如斯",人在时空中生活,还要受时空的限制。人在宇宙时空中的存在是不自由的,宇宙永恒、无限,人生短暂、有限。而人又总是不能够甘心与满足,总是不安于守旧与停顿,总是不安于平庸与单调,不安于失败,总是在不息地追求、寻觅并设法改变自己的环境与自己生活的世界。正如马克思和恩格斯所指出的:"已经得到满足的第一个需要本身,满足需要活动和已经获得的为满足需要的工具又引起新的需要。"②人

---

① 《论语·子路》。
② 《马克思恩格斯全集》(第3卷),人民出版社1960年版,第32页。

希望自我实现,并执著地追求着自我实现,但与此同时又受社会环境、宇宙时空,以及人自身的"内部挫折"的局限,使自我实现的需求不能达到。如何来缓解这一理想与现实的矛盾,使人从这一矛盾中解脱出来,以减轻人的痛苦,化"痛"为"乐",平衡人的心态呢?孔子曾经给我们描绘他自己说:"其为人也,发愤忘食,乐以忘忧,不知老之将至。"①这里,实际上孔子给我们设计了两种理想人生境域:一是"为仁由己""人能弘道""发愤忘食""知其不可而为之"而"乐以忘忧"的积极进取的理想人生境域;二则是"乐天知命""乐山乐水"安时处顺而"乐以忘忧"的理想人生境域。

这第二方面的内容又可以分为"孔颜乐处"和"曾点气象"。

先谈"孔颜乐处"。所谓"乐",《荀子·乐论》说:"君子乐得其道,小人乐得其欲。以道制欲,则乐而不乱;以欲忘道,则惑而不乐。故乐者,所以道乐也。"这里所提的"故乐者"的"乐"指的是音乐;"君子乐得其道""所以道乐"的"乐"指的则是人的一种精神状态,也就是愉悦快乐并且是一种审美愉悦。从荀子所说的这段话中,我们可以看出,儒家哲人所追求的"乐"绝不是肉体感受上的感官生理快感,而是指君子在获得"道"时的既建立在感官生理快感之上,又超越于感官生理快感的心灵感受,也即审美愉悦。因为荀子说的"道"仍是指社会人生的真谛,生命的真谛。《荀子·儒效》说:"道者,非天之道,非地之道,人之所以道也,君子之所道也。"儒家孔子则说:"志于道,据于德,依于仁,游于艺。"②孟子说:"仁也者,人也。合而言之,道也。"③"道"就是"仁",也就是"人",是人的生命价值与存在意义的集中体现。我们知道,在"天人合一"传统宇宙意识的作用之下,中国美学追求个人与社会、人与自然、美与真善的和谐统一,也正是由此,中国美学把人生作为出发点与归宿,肯定人的生命价值与存在意义,关注人的命运和前途,认为美在"里仁",即践履仁德,强调率性而动,直道而行,使自己自然而然地"处仁与义",舍弃欲求,忘却欲求,鄙弃"不义而富且贵";在审美境域营构中则追求超越生命的有限,从有限进入无限,赋予生命以深刻的意义,努力为人的精神生命创构出一个完美自由的审美境域。也正是在这一思想的支配之下,中国美学主张人与人之间、自身与心灵之间的和谐,力求克服人与自然和社会的矛盾冲突,以求得身心平衡、内外平衡、主客一体,从而进入自由境域。

---

① 《论语·述而》。
② 《论语·述而》。
③ 《孟子·尽心下》。

儒家哲人推崇"孔颜乐处""乐天知命""安贫乐道"的人生态度就是这一传统美学观念的具体体现。南宋罗大经曾经就"孔颜乐处"、安贫乐道的人生态度发表过一段议论："吾辈学道，须是打叠教心下快活。古曰无闷，曰不愠，曰乐则生矣，曰乐莫大焉。""夫子有曲肱饮水之乐，颜子有陋巷箪瓢之乐，曾点有洛沂咏归之乐，曾参有履穿肘见、歌若金石之乐。周程有爱莲观草、弄月吟风、望自随柳之乐。学道而至于乐，方是真有所得。大概于世间一切声色嗜好洗得净，一切荣辱得丧看得破，然后快活意思方自此生。"①所谓"曲肱饮水之乐"与"陋巷箪瓢之乐"就是中国人学与美学所标举的"孔颜之乐"。据《论语·雍也》记载，孔子曾称赞自己的学生颜回说："贤哉，回也！一箪食，一瓢饮，在陋巷，人不堪其忧，回也不改其乐。"又据《论语·述而》记载，孔子自己也曾表述过这样的人生态度与人生追求："饭疏食饮水，曲肱而枕之，乐亦在其中矣。不义而富且贵，于我如浮云。"在孔子看来，人生最理想的境域是"博施于民而能济众"②。他认为，只要符合道（义），那么，追求自身利益的实现就是正当的。反之，则"不义而富且贵，于我如浮云"。因此，只要符合正道，即使吃粗粮、喝冷水，弯着胳膊放在头下作枕头，也其乐融融。"孔颜乐处"、安贫乐道是区分君子与小人的一项标准，也是人生应该追求的一种理想境域。它要求人们以超越的、审美的态度来对待人生、乐天知命。

必须指出，安贫乐道决非安于现状、得过且过、麻木不仁，而是积极向上的人生态度与人生追求。孔子认为，人应该努力追求理想人格的建构。他所推崇的"君子"就是指的那种具有高尚品德情操的人。即如胡适在《中国哲学史大纲（上）》中所指出的，"君子"就是"人格高尚的人，有道德，至少能尽一部分人道的人"。故而，实际上"孔颜乐处"的人生境域实际上也就是一种"孔颜人格"。具有这种高尚人格的君子"乐""道"，"道"就是"仁"。所谓"君子忧道不忧贫"③。《论语·学而》篇云："君子食无求饱，居无求安，敏于事而慎于言，就有道而正焉，可谓好学也已。"《论语·雍也》篇云："子曰：知之者，不如好之者；好之者，不如乐之者。""知之""好之""乐之"的"之"，也就是"道"。孔子说，如果一个人仅仅知道"道"的可贵，那么还只是较低的境域，必须"好之""乐之"，"就有道而正焉"；只有达到以道为乐，才能使自己与道为一，也才能进入安和、充实、自得的最高人生境域。

---

① 罗大经：《鹤林玉露丙编》卷三。
② 《论语·雍也》。
③ 《论语·卫灵公》。

"孔颜乐处"强调"安贫乐道""乐天知命"。在孔子看来,达到最高人生境域的"君子"必须"知命"。他说:"不知命,无以为君子也。"①据《论语·为政》记载,孔子曾说:"吾十有五而志乎学,三十而立,四十而不惑,五十而知天命,六十而耳顺,七十而随心所欲,不逾矩。"孔子还说过:"君子喻于义。""君子立于礼。""君子义为正。""君子不违仁。"由此可见,知命的实质就是知礼,知仁义,也就是对人生与社会有比较自觉的认识。《韩诗外传》说得好:"天之所生,皆有仁义礼智顺善之心;不知天之所生,则无仁义礼智顺善之心;无仁义礼智顺善之心,谓之小人,故不知命,无以为君子也。"可见,"知命"与"知天命",也就是理解并能自觉地进行"仁义礼智顺善之心",以使自己达到一种高尚的人生境域。也正是从这个意义出发,钱穆在《论语新解》中指出:"天命者,乃指人生一切当然之义与职责。"可以说,以孔子为代表的儒家学者就是通过对安贫乐道、乐天知命的强调,把仁义道德内化为人内心的自觉追求,使其具有仁义无私的自觉与精神意义的觉解,"知行合一"。也就是说,作为"君子",不但要从内心深处理解仁义道德的神圣自然,而且还应自觉地去实行。所谓"知之真切笃行处即是行,行之明觉精察处即是知""不行不足谓之知"。只有"行"与"知"统一,才是真知,也才是顺"天命"。达到此,就可以做到"仁者不忧,智者不惑,勇者不惧"②,从根本上理解仁义礼智的价值观念乃"天之所生",主观境域与客观境域统一,从而超越自我,以获得生命自由。达到这种人生境域就不会为物欲所羁绊,胸怀坦荡、宁静淡泊,把生活中的坎坷曲折、艰难困苦作为磨炼自己意志的对象,人格操守卓然独立,心灵炯炯超乎其上,道德情操丰沛充实,其精神力量惊天地、泣鬼神。具有这样人格的人,自然不会因贫贱屈辱的生活遭遇而产生失落感和忧怨感,也决不会患得患失,为一时的得失、成败烦恼,也自然不会因为社会的动乱、生活的困苦、个人的荣辱、生命的安危而忧虑、颓丧,中止自己的人生追求,而总是无所畏惧,坚持操守,奋力搏击,超越社会人生的种种精神与物质的障碍,超越时空,"知行合一""天人合一",而与宇宙共呼吸、与人类共命运,成为一个"富贵不能淫,贫贱不能移,威武不能屈"的顶天立地的人。

可见,"孔颜乐处"所推崇的不仅是一种人生境域,而且是一种层次极高的审美境域,是"乐天知命""乐以忘忧",是"一箪食""一瓢饮","不改其乐",也是"发愤忘食""不知老之将至"。换句话说,就是"知行合一""天人合一"后所达到的主观境域的自由。"乐"作为自我表现的自由,它克服或超越了客体对主体的束缚,

---

① 《论语·尧曰》。
② 《论语·子罕》。

获得了"与人同""与物同""与无限同"这种广阔范围内的自由。"孔颜乐处"的"乐"是精神与心灵获得自由的欢乐与高蹈。在儒家哲人看来,宇宙万物、社会人生只有一个理,人的心中具备了这个理,就能够达到"仁者浑然与物同体"①的境域,超越名利物欲的羁绊,人的心胸有如天空一样的辽阔,如海洋一样深广,权势地位、富贵荣华就会像过眼云烟,而"学而不厌,诲人不倦""发愤忘食,乐以忘忧,不知老之将至"!在对人生理想境域的追求中,获得心灵的自由与精神上的满足。达到这种精神升华境域的人"与天地同体""上下与天地同流";"天下有道则见,无道则隐"②;"用之则行,舍之则藏"③;"达则兼济天下,穷则独善其身";无论"穷""达""出""处",都坚持自己的人格操守。可以说,安贫乐道,实质上是一种所向披靡、无穷无尽的精神力量,它促使人们尽管身处贫困境地,仍百折不挠;虽只是有限的七尺之躯,但其精神气节却"顶天立地""仰不愧于天,俯不怍于人"④,上下与天地同流、浑然与万物一体,"大行不加,穷居不损",不淫、不移、不屈,进而达到"乐以忘忧"的审美境域,并从这一境域中获得心灵极大的自由与高蹈。

次谈"曾点气象"。儒家不但强调人与社会的和谐,推崇"修己以安人",同时与道家"齐万物""齐物我",主张人应回归自然,与自然之间建构完整和谐的审美关系与审美境域的美学观念相一致,儒家也注重与自然的自由和谐统一。孔子曾经强调指出:"仁者乐山,知(智)者乐水。"《论语·先进》中曾记载了一段孔子和他的弟子们谈论各人的人生理想的话,其中曾皙描绘的自己理想的人生境域是:"莫春者,春服既成,冠者五六人,童子六七人,浴乎沂,风乎雩,咏而归。"孔子听后"喟然叹曰:'吾与点矣!'"与子路、冉有、公西华的社会政治理想相对,曾皙所向往的,是一种与自然亲和的境域。在这种境域中,人与自然山水和谐统一,心灵与山水景物融为一体,人在自然怀抱中,自然在人胸中,"浴乎沂,风乎舞雩",即如后来陶潜的"采菊东篱下,悠然见南山",王维的"行到水穷处,坐看云起时"诗句所表达的自由自在、随心所欲"与造物者游"的那种冲淡、高远的审美心态,挣脱樊笼,超越世俗物欲的羁绊,悦志悦神,高洁雅致,其乐融融,自得自然;既悠然意远又怡然自足,最切近自然又最超越自然,心灵与自然相与合一,自然与心灵相交融汇。在这种审美境域创构活动中,自然山水与人之间的生命意识相互沟通,所谓"在万物中一例看,大小大快活"。究其实质而言,这也就是中国美学所推崇的天

---

① 程颢:《识仁》。
② 《论语·泰伯》。
③ 《论语·述而》。
④ 《孟子·尽心》。

人合一的审美极境。

孔子所赞许的"曾点气象"表现了中国人对宇宙万物的依赖感和亲近感。朱熹在评价孔子的"吾与点也"之乐时说:"曾点之学,盖有以见夫人欲尽处,天理流行,随处充满,无稍欠缺。故其动静之际,从容如此。而其言志,则又不过即其所居之位,乐其日用之常,初无舍己为人之意。而其胸次悠然,直与天地万物,上下同流,各得其所之妙,隐然自见于言外。视三子之规规于事为之末者,其气象不侔矣。故夫子叹息而深许之。"①在中国人传统的宇宙意识看来,盈天地间唯万物。宇宙万物是大化流行,其往无穷,一息不停的。生气灌注的宇宙自然是生命之根、生化之本,是人可以亲近、可以交游、可以于中俯仰自得的亲和对象。在这种"天人合一"思想熏陶之下,中国人可以于中俯仰自得,"胸次悠悠,上下与天地同流",跃身自然万物,把整个自然景物作为自己的至爱亲朋。所谓"万物各得其所之妙""齐物顺性""物我同一""我见青山多妩媚,料青山见我应如是"。可以说,孔子所推崇的"曾点气象",以及曾晳所描绘的人生理想,都极为生动地表述了中国人"物我同质同构"的审美意识,以及审美活动的心灵体验中作为审美主体的人在自然山水之中舒坦自在、优游闲适、俯仰如意、游目驰怀的审美心态。

所谓"曾点气象",也就是物我两忘,天人一体,物我互渗,超然物外,主客体生命相互沟通共振,从而体悟到宇宙生命真谛的最高审美境域。据宋代理学家程颐与程颢回忆说,当初他们向周敦颐学习时,周敦颐就经常要他们"寻颜子、仲尼乐处,所乐何事"。还说:"某自再见茂叔后,吟风弄月以归有'吾与点也'之意。""周茂叔窗前草不除去,问之,云:'与自家意思一般。'"②所谓"吟风弄月以归""窗前草不除去",就是"顾念万有,拥抱自然",就是乐山、乐水,也就是物我两忘,天人一体,"人之自然"与"天地宇宙之自然"一体。在这种审美境域中,主体把自身完全融合在宇宙自然中,既拥抱自然,又超然物外,"胜物而不伤"③,"物物而不物于物"④,达到超越世俗功利,心灵完全自由的审美境域。所谓"窗前草不除",就是"万物各得其所之妙",是无此无彼,非我非物的审美境域。草即我,我即草,自然万物充满生意,心中胸中都泛爱生生之情。程颢《秋日偶成》诗云:"闲来无事不从容,睡觉东窗日已红。万物静观皆自得,四时佳兴与人同。道通天地有形外,思入风云变态中。富贵不淫贫贱乐,男儿到此是豪雄。"所谓"万物静观皆自得",实际

---

① 朱熹:《论语集注》卷六。
② 见《宋史·周敦颐传》。
③ 《庄子·应帝王》。
④ 《庄子·山水》。

上也就是超越时空、主客、物我、天人"以天合天""目击道存"的极高审美境域。

我们知道,中国美学是儒道互补、儒道相遇,因此,儒道结合才是中国美学的全部内涵。儒家人生境域观中所追求的这种"孔颜乐处""曾点气象",其中所表达的人与自然之间相亲相爱的自然之情以及人对自然的眷恋与顾念,人与自然和谐统一的审美境域创构等审美观念和道家人生境域中向往与憧憬自然,追求与自然合一,自由自在,逍遥自适的自然观相一致,并共同作用于中国美学,从而形成中国美学境域论所独特的"天人合一""以天合天"的审美境域创构方式。可以说,也正是受此影响,中国人的宇宙意识和西方是不同的,并且,中国人与自然万物的关系,以及审美活动中通过何种审美体验方式来把握审美对象的内在意蕴,也存在着和西方艺术家不同的地方。中国古代哲人对宇宙世界、万有自然的看法是对应的,在天与人、理与气、心与物、体与用、知与行等方面的关系上,中国人总是习惯于整体上对它们加以融汇贯通地把握,而不是把它们相互割裂开来对待。受"曾点气象"自然观的影响,在中国艺术家的审美意识中,所谓"仁者浑然与物同体",人与自然之间存在着一种亲和关系,人与宇宙造化都是浑然合一、不可分裂的。人与自然万有是一个有机的统一体,人可以"胸次悠悠,上下与天地同流",可以"拥抱""顾念"万有自然,天地万物的生命本原与人的生命意识可以直接沟通。即如程颢所说,天地万物与人"全体此心",因为人的"自家心便是鸟兽草木之心"[①],便是天地万物之心,原来就浑然一体。正是在这种"天人合一"的传统宇宙意识与审美意识作用之下,中国艺术家都将自己看成是自然万有的一部分,物和我、自然与人没有界限,都是有生命元气的,可以相亲相近相交相游。

自然既然是人的"直接群体",是人亲密无间的朋友,人"自家心便是鸟兽草木之心",便是天地万物之心,本来就浑然一体,那么,像曾晳一样,走向自然,以纯粹的自然作为审美对象遂成为中国艺术家的一种创作原则。盘桓绸缪于自然山水之中,"顾念万有,拥抱自然",把自然山水景色中取之不尽的生命元气作为自己抒情寄意的创作材料,感物起兴,借景抒怀,从而使噪动不安的心灵得到宁静和慰藉,使情感得到升华。

也正是如此,中国古代美学历来强调,在审美境域创构过程中,主体应将自己的淋漓元气注入对象之中,使对象具有一种人格生命的意义,以实现人与自然万有的亲和,从而在心物相应、主客一体中去感受美与创造美。如程颐在《养鱼记》中,就以养鱼为例,指出只有从人与万物一体的审美观念出发,鱼才能"得其所",

---

① 《遗书》卷一。

他才能"感于中"。并且，中国传统美学受"曾点气象"影响，所形成的这种在境域创构过程中"胸次悠悠"，"顾念万有，拥抱自然"，同自然景物发生情感交流与心灵感应的审美心态还同中国人重感受，在感物生情、触物起兴方面特别敏感分不开。所谓"物色之动，心亦摇焉"。无论长河落日、大漠孤烟，还是山川林木、清泉流水，都能触发创作主体的审美情怀，而顾念不已。诚如萧子显在《自序》中所指出的："登高目极，临水送归，风动春朝，月明秋夜，早雁初莺，开花落叶，有来斯应，每不能已也。"是的，正如我们所说的，受"曾点气象"影响，在中国人看来，山水是具有人的性情的，人心与自然景物之间有着相通的生命结构，存在着一种同质同构的亲和关系，因此，在审美创作中，主体应努力释放自己积极的审美意绪，到对象中去发现自我的生命律动。明人唐志契指出："要得山水性情"，"得其性情"，则"山性即我性，山情即我情""自然水性即我性，水情即我情"。① 在中国艺术家看来，人可以代山抒发审美情意："山不能言，人能言之。"②而山则能为人传达审美情绪："净几横琴晓寒，梅花落在弦间。我欲清吟几句，转烦门外青山。"③人和自然万物间是没有界限的，都具有生命性情，因而可以相游相亲、相娱相乐。即如朱熹所指出的："与万物为一，无所窒碍，胸中泰然，岂有不乐。"④是的，主体只要俯察仰视，全身心地去体验感应，茹今孕古，通天尽人，以相亲相爱的微妙之心去体悟大自然中活泼的生命韵律，"素处以默，妙机其微""顾念万有，拥抱自然"，投身大化，与自然万物生生不已的生命元气交融互渗为一体，就自然能够挥动万有，驱役众美，以领悟到宇宙生命精微幽深的旨意，并进而从"天地与我并生，而万物与我为一"之中获得精神的超脱和生命的自由与高蹈。

的确，通过对"胸次悠悠，上下与天地同流"的"曾点气象"的追求，在"顾念万有，拥抱自然"的山水游乐和审美体验中主体能够获得一种心灵的自由和解脱，因此，左思认为："非必丝与竹，山水有清音。"⑤谢灵运《酬从弟惠连》其五诗云："嘤鸣已悦豫，幽居犹郁陶。梦寐伫归舟，释我名与劳。"王维《戏赠张五弟湮》诗云："我家南山下，动息自遗身。入鸟不相乱，见兽皆自亲。云霞成伴侣，虚白待衣巾。"通晓人意的山水自然能给人身心愉悦的审美快感，使人从对自然生命微旨的深切感悟中，超脱物欲的羁绊，以获得心灵的静谧。朱熹说："凡天地万物之理，皆

---

① 《绘事微言·山水性情》。
② 《南田画跋》。
③ 杨慈湖诗，引自《鹤林玉露》丙编卷五。
④ 《朱子语类》卷三十一。
⑤ 《招隐》。

具足于吾身,则乐莫大焉。"①杨万里诗云:"有酒唤山饮,有蔌分山馔。""我乐自知鱼似我,何缘惠子会庄周。""岸柳垂头向人看,一时唤作《诚斋集》。"山能与人一同饮酒作乐,水中的鱼、岸边的柳会解人意,与人嬉戏。自然万物与人相亲相恋,顾念相依,主客体相融相洽,辗转情深,思与境偕,物我两冥。可见,"曾点气象"中人与自然"主客合一"的实现是在无物无我的空明澄澈的审美心境中产生的物我互渗活动。它是心灵体验的关键环节,也是在感性经验的基础上开拓新的意蕴,构筑新的审美意象的心理过程。这种物我互振共渗活动的基本特征是造化与心灵之间相互引发、交相契合。随着造化合心灵、心灵合造化的共振互动、相互渗透,最终以达到自然造化与意绪情思的统一整合,以完成审美境域的创构。

第二节 "与天地同和"

在人生理想方面,儒家还追求"与天地同和"的"大乐"。这种思想突出地表现在对"以和为美"的追求上。"和",其本义是指一种关系与状态的和谐,在儒家这里则形成为一种和乐观与和谐观。《礼记·中庸》曰:"喜怒哀乐之未发,谓之中;发而皆中节,谓之和。中也者,天下之大本也;和也者,天下之达道也。致中和,天地位焉,万物育焉。"从人格的建构来讲,则"和"指性情的适中,不偏不倚;从天地宇宙的构建来看,"和"指自然万物间的和谐统一关系。中国古代哲人认为,宇宙的自然万物雷动风行、运动万变,不断地运动、变化,同时又处于一个和谐的统一体中,阴阳的交替,动静的变化,万物的生灭,都必须"致中和",即遵循"中和"这种客观规律,以使"天地位""万物育",构成宇宙自然和谐协调的秩序,所以说,"中和",既是人道,也是天道。受这种思想的影响,中国古代遂形成一种和乐与尚"和"的文化传统;影响中国美学,使中国美学也充满着"和"的精神。在中国人的审美意识中,人与自然、人与社会,都是和谐统一的。"和"是万物生成和发展的根据,也是社会稳定和发展的要素。正如《乐记》所指出的:"和故百物不失""和故百物皆化"。《淮南子·氾论训》也指出:"天地之气,莫大于和。和者,阴阳调、日夜分而生物。"自然万物的消息盈虚、生化运动、氤氲化育、渐化顿变,都必须依靠"和"。"和"是一种遍布时空,并充溢万物、社会、人体的普遍和谐关系。

同时,"和"也是中国人生美学所极力追求的一种审美境域。就中国传统人生

---

① 《朱子语类》卷三十二。

美学价值体系的取向而言,所要努力达到的是"天人合一""知行合一""体用不二"的审美理想。"天人合一"强调人必须与天相认同,必须消除"心""物"对立之感,去我去物;"知行合一"则要求超越智欲所惑,去智去欲;由此始能达到"体用不二",使本体与现象圆融互摄,人心与天地一体,上下与天地同流,于内心达到和顺,于外物则求得通达。"和顺通达",也就是"中和"。可见,"和"或"中和"实际上也可以说是一种极高的审美境域。

在中国人生美学中,作为美学范畴,最早谈到"和"的是《尚书·尧典》。该文记载有舜帝涉及音乐美学的一段谈话:"帝曰:夔,命女典乐,教胄子。……诗言志,歌永言,声依永,律和声,八音克谐,无相夺伦,神人以和。"这里就提出"八音克谐""神人以和"的命题。"八音"是指由不同质料做成的八类乐器。这些乐器演奏的声音协调完美,自由和谐,不失其序,不相予夺,就会达到"神人以和",即使"神"与人和谐、融洽的极高审美境域。这既反映出上古时期巫术宗教盛行,音乐是用以调和人与神之间关系的审美观念。同时,也体现出一种追求人与天调、人与自然融合统一的普遍谐和的审美观念。因为,"神人以和"中所谓的"神",实质上是原始时期不能被人力所征服的自然力的神化与幻化形式,是经由人的心灵与想象而被夸张与变形了的自然。所以,"神人以和"的"和"是指音乐所应达到的一种表现人与自然和谐统一、与天地宇宙和谐统一的极高审美境域。这也就是《乐记》所推崇的"大乐与天地同和""乐者,天地之和也"的"和"的审美境域。是的,在中国人生美学看来,具有极高审美价值的音乐应体现出那种催使百物丰长、生生不已的天地之"和",那种充遍时空与万物的最为普遍的和谐关系。正因为依凭这种"和",才"地气上齐,天气下降。阴阳相摩,天地相荡。鼓之以雷霆,奋之以风雨,动之以四时,暖之以日月,而百化兴焉"。音乐艺术只有通过往复变化的旋律,色彩丰富的形式,使错杂成文而中律得度,"大小""终始"等相互对立因素互济互生,阳刚清扬,阴柔浊降,各种艺术风格的音型、乐句和乐段,此起而彼应,彼响而此和,在不同进行时段上呈现出不同的主导风格,由这些变化中的不同主导风格以构成一个个动态和谐过程,才能最终达到和谐统一的审美境域,体现出使"百物兴焉"的"和"。

同时,"和",又是作为音乐艺术审美意蕴表述方面的范畴被提出来的。它要求音乐艺术审美意旨的表现应该适中和平、和美相宜、恰到好处。春秋时期,吴公子季札访问鲁国,鲁襄公以诗、乐、舞待他,季札边鉴赏边评论,其中对《颂》乐就充分肯定其审美意蕴的表现中正平和、含蓄适当、恰如其分,完全符合"和"这种审美理想的要求。他说:"至矣哉!直而不倨,曲而不屈,迩而不逼,远而不携,迁而不淫,复而不厌,哀而不愁,乐而不荒,用而不匮,广而不宣,施而不费,取而不贪,处而不底,行而不流。五声和,八风平,节有变,守有序,盛德之所同也。"①《颂》乐对十四种因素处理得和谐适度,既不过,又无不及,各种因素相对相应、相反相成、协调统一地熔铸成整个乐曲内在节度与秩序的和谐完美,完全实现了"声和""风平""有变""有序"的审美理想。

第三节 "和"的审美理想域

具体而言,中国传统人生美学所推许的"和"的审美理想具有以下几方面的意义域。

首先,"和"体现为宇宙自然本身的和谐美。就物与物之间的关系看,中国人生美学所主张的"和",是指事物诸种因素间的多样性的和谐统一关系。在中国人生美学看来,作为审美对象的自然万物是和谐统一的。"万物同宇而异体"②"万物各得其和以生"③,宇宙天地间的自然万物是丰富的、开放与活跃的,而不是单一的、保守和僵化的。世界万物呈现出多样性的统一,正如《淮南子·精神训》所指出的:"夫天地运而相通,万物总而为一。"而"和"则是万物得以生成的凭依,是万物自然间普遍存在着的和谐统一关系。所以郑国的史伯说:"和实生物,同则不继。"④《淮南子·天文训》也说:"阴阳合和而万物生。"作为审美对象的客观世界、自然万物是千差万别、丰富多彩、千变万化的,同时,又是和谐统一的,此即所谓"物有万殊,事有万变,统之以一"⑤。只有这样,自然万物才能生生不息,大化流衍,不然,则只能归于灭绝。故而中国人生美学认为,"声一无听,物一无文,味一无果,物一无讲"⑥。的确,宇宙天地间的自然现象是种类繁多、气象纷呈的,这些纷纭繁复、气象万千的自然万物既是一个相互联系、相互制约的系统,同时又都受美的生命本体"气""道"的作用,从而呈现出作为审美对象的客观世界的多样与和谐、独特与一致、鲜明而生动的整体和谐的审美特性。这种审美特性,在中国人

---

① 《左传》襄公二十九年。
② 《荀子·富国》。
③ 《荀子·天论》。
④ 《国语·郑语》。
⑤ 《周易程氏传》卷三。
⑥ 《国语·郑语》。

生美学看来,也就是"和"。审美活动则必须体现出这种"和"。

其次,"和"体现为人与自然之间关系的和谐美。就人与物之间的关系看,中国人生美学强调"天地之和""天人之和"与人命之和,达到人与自然天地之间的和谐协调,是审美的最高境域。庄子说:"与天和者,谓之天乐。"①"与天和"就是与"天"同一,与宇宙内在运动节奏的和谐一致。故庄子又说:"知天乐者,其生也天行,其死也物化。静而与阴同德,动而与阳同波。……以虚静推于天地,通于万物,此之谓天乐。"②达到"与天和",即与宇宙自然合一,则能从中获得天地之间的"至美至乐",得到最大的审美愉悦。同时,作为人体之和的"和",在中国人生美学看来,又是指人的生态和生命基质的平衡与调和,是阴阳的对应与流转、对待与交合之"和",也就是人的生命和畅融熙,是生命的大美的体现。"和"意味着生命的活力,意味着阴阳的交感、相摩相荡与生命群体的绵绵不绝。"和者,天之正也,阴阳之平也,其气最良,物之所生也。"③"和气流行,三光运,群类生。"④"和"则"生","生"即强调生殖、生命和生发。有关这一方面的审美观念,在《周易》中阐述得最为明确。"和"既是"易"的基本审美观念,又是"易"所追求的基本审美理想。"生"则是"易"之根本,此即所谓"生生之谓易"。正如王振复在《周易的美学智慧》中所指出的:"整部《周易》的卦符体系,是对宇宙生命大化历程的观念性界定,其间有常与突易、冲变与调和、不齐与均衡、虚实与动静,实际上都是以生命'絪缊'为逻辑起点,以生命'和兑'为人生终极的。生命'絪缊'是大朴浑沦,生命'和兑'是人生所追求的最高、最美境域。"正是由于对生命和谐审美观念的推许,《周易·乾·彖传》认为:"乾道变化,各正性命,保合大和,乃利贞。"强调人之生命的本源在于男女的"保合大和"。"保合大和"之"和"是生命的最佳状态与最佳境域,达到这种阴阳"感而遂通"的"大和",使阴阳交感、乾与坤交合,从而才有生命的变化与人类群体生命的正固持久、繁衍昌盛。故而,在中国人生美学看来,这人之生命的"大和"是最崇高、最神圣、最美好的,也是审美活动所应努力追求的最高审美境域。

再次,"和"还体现为人与人、人与社会之间关系的和谐美。就人与人、人与社会的关系看,以儒家思想为主的中国人生美学强调"允执厥中""允执其中",以行事不偏不倚,"中道""中正""中行""中节",个体与社会和谐统一为最高审美准

---

① 《庄子·天道》。
② 《庄子·天道》。
③ 董仲舒:《春秋繁露》卷十六《循天之道》。
④ 严遵:《老子旨归》。

则。所谓"礼之用,和为贵,先王之道,斯为美"①。荀子云:"先王之道,仁之隆也,比中而行之。曷谓中?曰:礼义是也。道者,非天之道,非地之道,人之所以道也,君子之所道也。"② "和"是追求和衡量人伦关系、人格完美的审美标准与审美尺度。同时,"和"又必须"比中而行"。"中"是"礼义"的别名,因此,人们必须在礼的节制下,以实现情感与道德、人伦与人格、个体与群体的和谐统一。这样,以儒家思想为主的中国人生美学便将"中和"这一审美理想与礼结合在一起,形成了礼乐统一、文道结合、以礼节情、以道制欲的伦理美学思想。

最后,"中和"之美还体现出以儒家思想为主的中国人生美学对理想人格的追求。在儒家美学思想中,"中和"之美与"中庸"之善在精神实质上是相通的。"中庸"是儒家美学所推崇的理想人格的重要审美特质。孔子说:"中庸之为德也,其至矣乎,民鲜久矣。"《礼记·中庸》郑玄注云:"名曰中庸者,以其记中和之为用也。"朱熹也认为:"中庸之中,实兼中和之义。"又说:"中庸者,不偏不倚,无过不及,而平常之理,乃天命所当然,精微之极致也。"这就是说,"中和"与"中庸"相同,都是人的行为举止、人格修养等恰到好处的审美准则,其实质上是指人的性情之美。孔子自己"温而不厉,威而不猛,恭而安",就是性情达到"中和"之美的典范。在理想人格的造就上,儒家美学强调人的心理和伦理、情感与道德、心与身、知与行、内在的善与外在的美都必须达到高度的和谐统一。只有如此,才符合"中庸"之善与"中和"之美的要求,也才是儒家美学所推许的理想人格的完美实现。

以上我们大体上阐述了作为审美理想的"和"的几点规定性内容。总的说来,正是由于"和"体现了宇宙万物的和谐统一、天人之间的亲和合一、人与人之间的执中协调,以及人的生命形态的熙合调和,故而中国美学极为强调对"和"的审美境域的追求,把主体与客体、人与自然、个体与社会、必然与自由所构成的和谐、均衡、稳定和有序作为最高审美理想与审美境域。审美境域创构活动则被看作是促进人的健全发展,达到人与自然、个体与社会的和谐统一与主体自身的自我实现的重要途径。

---

① 《论语·学而》。
② 《国语·郑语》。

第四节 "和"的中西异质性

和西方人生美学相比较,中国人生美学所标举的"和"这种审美理想与西方人生美学是有差异的。周来祥说:"中西方都以古典的和谐美为理想,但西方偏于感性形式的和谐,而中国则偏于情感与理智、心理与伦理的和谐。"①这一点,特别是在儒家美学所提倡的"中和"之美的审美理想追求中表现得最为突出。

首先,儒家"和"的审美理想强调美善的和谐统一。孔子所提出的"尽善尽美""温柔敦厚""文质彬彬"等美学命题都是以美善"中和"统一为宗旨的。美总是和真与善携手同行的,没有真与善,就没有美。就审美意旨与审美表现的关系看,前者必须依靠后者得以表达。据现有文字记载,中国传统人生美学中较为明确的"善""美"概念出现在春秋时期。从哲学意义上比较早地给"美"下定义的是春秋后期楚国的伍举。他说:"夫美也者,上下、内外、大小、远近皆无害焉。故曰美。"②就提出"无害为美"的命题,认为善就是美。后来的《新书·道德说》也说:"德者六美。何谓六美?有道、有仁、有义、有忠、有信、有密,此六者德之美也。"这些说法都以为美与善其涵义是相同的,而忽视了美与善的差别性。换言之,即这些命题都没有揭示出美的相对独立性和美的感性显现形式,因而具有明显的局限性。墨子所提出的"非乐论"和韩非子提出的"文害德"论,就是从不同角度发展了这种局限。其实,关于"美"还有另一种说法。如《左传·桓公元年》:"曰:美而艳。"杜注云:"色美曰艳。"孔疏云:"美者言其形貌,艳者言其颜色好。"《墨子·非乐》云:"身知其安也,口知其甘也,目知其美也,耳知其乐也。"《韩非子·扬权》云:"夫香美脆味。"上述提到"美"的说法,都是着重从声、色、香、味这些审美表现方面强调了美的感性显现形式,而忽视了美的内在审美意旨,同样具有明显的局限性。儒家美学在处理美的审美表现与审美意旨的关系时,就避免了上述两种局限,既确认审美表现,强调美的感性显现形式,又注重美的内在审美意旨,指出美与善这两个范畴之间是既相区别,又紧密联系的,要求美与善的和谐统一。

儒家美学的代表人物孔子就非常注重美善的和谐统一,强调美与善牢不可破的神圣同盟关系,认为美离不开善的审美意旨,善更离不开美的审美表现,把文德

---

① 周来祥:《论中国古典美学》,齐鲁书社1987年版,第2页。
② 《国语·楚语上》。

皆备、美善统一作为文艺所应努力追求的最高审美理想。据《论语·八佾》记载："子谓《韶》,尽美矣,又尽善也。谓《武》,尽美矣,未尽善也。"《韶》相传为虞舜时的乐曲,说是表现舜接受尧的"禅让",继承其统业的内容,不但声音宏亮、气象阔大、旋律往复变化、音韵和谐、节奏鲜明,整个音乐形式色彩丰富、错杂成文而中律得度,其"乐音美",而且"文德具"①,故孔子赞许其是尽善尽美之作,曾使其听后陶醉得"三月不知肉味"。而《武》则相传为周武王时的乐曲,表现武王伐纣建立新王朝的内容,将开国的强大生命力灌注于乐舞中,其"舞体美",但含有发扬征伐大业的意味,"文德犹少未致太平"②,故孔子称其"尽美矣,未尽善也"。显而易见,孔子的这一美学思想就是基于"中和"之美的原则,强调美善的和谐统一。但孔子所标举的"尽善尽美",仍然是有侧重的,是以善为核心的。他把以"仁"为核心内容的伦理道德作为衡量美与不美的根本标准,重视完善的心灵和伟大人格的培育与塑造,体现出其美学思想中强烈的伦理道德色彩。正是基于其伦理美学的原则,在孔子看来,艺术审美境域的创构不仅仅是给人以美的享受,而且更应该起到净化人的心灵的审美教育作用。故而孔子提到艺术审美境域的创构,就必定把"仁""礼"贯穿其中,认为艺术审美创作必须符合伦理道德的规范,要以美好的品德去充实人的内心世界,陶冶人的道德情操,提高人的精神境域,使人实现身心的愉悦和心灵的满足与外化。此即所谓"兴于诗,立于礼,成于乐"③。其中礼是立足点,又是中心内容,诗和乐都要以礼为核心,以礼为旨归,为礼服务。这样,"善"才能于一种自由的状态中得到实现,与美相融一体、和谐统一。

所以,孔子强调美善的和谐统一,提出"尽善尽美"的审美理想,实质上也就是强调审美表现与审美意旨的完美统一。这在他所提出的"文质彬彬"的命题中表现得尤为突出。他说:"质胜文则野,文胜质则史,文质彬彬,然后君子。"④所谓"史",在古文字中与志、诗相通,引申为"虚华无实""多饰少实"的意思⑤。文饰多于朴实,缺乏仁的品质,就会显得虚浮;朴实过于文彩则未免显得粗野,只有避免"文胜质""质胜文"这两种片面性倾向,文质合度,两者完善统一,才能体现出"文质彬彬"的美,也才符合"中和"的审美理想。从人的角度看,这是具有高度品德情操的"君子"的心灵美与形体美的完满体现;从文艺作品的角度看,这才达到

---

① 刘宝楠:《论语正义》引《乐记》疏。
② 刘宝楠:《论语正义》引《乐记》疏。
③ 《论语·泰伯》。
④ 《论语·泰伯》。
⑤ 参见皇侃疏。

尽善尽美的审美境域，并且是真善美统一融合的完美实现。

　　孔子这种将美与善既相区别又相统一的审美观念，到孟子那里得到了继承与进一步发展。《孟子·告子上》云："……故理义悦我心，犹刍豢之悦我口。"认为人的道德品质、精神风貌也能给人以"心悦"，带给人以诉之于心灵的审美快感，就如同声、色、味能给人以诉之于耳、目、口的审美感受一样。显然，这里已经打破了把美仅限于感官声色的审美官能性快感的传统观念，强调人的道德精神也具有审美特性，也可以作为审美对象，给人以审美愉悦，从而发展了儒家美学关于美善和谐统一的审美观念，赋于"善"本身以审美价值，揭示了美善相互联系的内在根据。这一审美观念在孟子对"充实之谓美"这个命题的一段论述中，得到了更为明确的阐述。孟子将理想人格的标准分为六个层次："可欲之谓善，有诸己之谓信，充实之谓美，充实而有光辉之谓大，大而化之之谓圣，圣而不可知之之谓神。"①这就是说，"善"是指作为个体的人值得喜爱而不让人感受到可恶，这与孔子所说的"尽善尽美"不完全相同。孟子是针对个体人格而言的，而孔子则是针对舜乐和武乐的审美表现与审美意旨而言的。"信"是"有诸己"的意思，即诚善存在于个体人格中，并在行动中处处给人以指导，又叫作实在。相对而言，是"善"与"信"就心上说的，"美"则是就行上说的。换言之，则"美"是引起精神和感情审美愉悦的外在形式。朱熹在《孟子章句集注》和《语类》中解释"美"与"善""信"的关系时，指出，"心上说"与"行上说"是相互联系、相互统一的，把"善"与"信"扩充于个体的全人格之中，"美"就是在个体的全人格中完满地实现着的实有之善，美与善、信融合一体，美就是从心里流出的同善信融洽统一的外在形式。它既包容善又超越善。在孔子那里，美被看作是美的形式，有待于与善相统一。而在孟子这里，美已经包容了善，是善在和它自身相统一的外在感性形式中的完美实现。故而，和孔子相比，孟子更加深刻地发展了"尽善尽美"说，强调了美与善的内在一致性，使审美境域创构具有了道德价值，并且使儒家美学所标举的美善和谐统一的审美理想有了更为深刻、内有的根据。

　　其次，儒家"和"的审美理想要求情理的和谐统一、适中合度。孔子所提出的"思无邪""温柔敦厚"的诗教等有关诗歌审美创作的命题，其核心内容就是强调情与理的表现应中和适度。

　　在审美创作活动中，情与理是一对孪生姊妹。情感之所以能上升为审美情感，则是因为它具有审美理性，既包含了对客观事物的感受、理解和认识，同时也

---

① 《孟子·尽心下》。

包含了主观上道德的、美的意向、要求和理想。换句话说,即美的情感不是脱离理性的抽象的存在,而是有理性参与其中的,是感性和理性的和谐统一。没有感性参与活动的情感,谈不上是美的情感。审美创作活动中的审美情感,就是感性和理性的统一、感情和思想的统一、美的感情与美的意象的统一,是情理相生、情理交融、情理合一,其表现手法上则要求含蓄适中,所谓"理之于诗,如水中盐,蜜中花,体匿性存,无痕有味"①。

在情与理的表达方面,以孔子为代表的儒家美学就特别注重理性与情感的和谐与适度。因为儒家美学所信奉的是"为人生而艺术",这点和西方浪漫主义"为艺术而艺术"的信条不一样。儒家美学对诗、乐等艺术审美创作极为重视,但其重视的目的多半是出于"美善相乐"的教化作用,是要借助艺术的审美效应,将外在的"理"化为内在的"情",成为人们遵循"仁"的意旨行动的动力。其对审美创作活动的重视仅仅出于道德教化的目的,所以要"发乎情,止乎礼"②,以"理"节情、导情。孔子说:"《诗》三百,一言以蔽之,曰:思无邪。"③这里所说的"思无邪",实际上就是依据其"中和"的审美理想,强调诗歌审美创作中情理的表达应该谐和、适中、中正、和平。《论语集解》引包咸之说,解释"无邪",就认为是"归于正"。刘宝楠《论证正义》也解释说:"论功颂德,止僻防邪,大抵皆归于正,于此一句可以当之。"所谓"正",就是指中正和平,也就是"中和"。所以郝敬在《论语详解》中指出,"声歌之道,和动为本,过和则流,过动则荡",故而要求"无邪"。在孔子看来,诗歌的审美情感与审美意旨必须要健康,其表达不要过分偏激,要平和适中,符合中和之美的标准。所谓"乐而不淫,哀而不伤",乐与哀都不过分,情与理平衡适度、和谐统一,就是指审美情感与审美意旨的表达都达到了"中和"境域。故而何晏《集解》引孔安国语云:"乐不至淫,哀不至伤,言其和也。"节制、适中、和谐,就是"思无邪",也就是"中和"的审美理想。

由孔子提倡的"思无邪"这一体现"中和"之美的审美理想,对中国人生美学有极大的影响。在论及审美意旨与审美情感的表现时,以儒家思想为主的中国人生美学一贯讲"中和"之旨,强调以理节情,情理合一,情理适中。如刘勰就强调指出:"巨细或殊,情理同致";"情动而言形,理发而文见";"率志委和,则理融而情畅",等等。唐代皎然论及诗歌审美创作更标举"诗家之中道"。在皎然看来,审美

---

① 钱钟书:《谈艺录》,中华书局1984年版,第231页。
② 《毛诗序》。
③ 《论语·为政》。

创作中存在着多种矛盾关系,如体德与作用,意兴与境象,复古与通变,才力与识度,苦思与神会,气足与怒张,典丽与自然,虚诞与高古,缓慢与冲澹,诡怪与新奇,飞动与轻浮,险与僻,近与远,放与迂,劲与露,赡与疏,巧与拙,清与浊,动与静等等。创作主体在处理这些矛盾时最重要的审美原则就是要恰到好处,不偏不执。中和之诗境的创构必须做到"二是":"要力全而不苦涩,要气足而不怒张。"要做到"二废":"虽欲废巧尚直,而思致不得置;虽欲废言尚意,而典丽不得移。"还须做到"四离":"虽有道情,而离深僻;虽用经史,而离书生;虽尚高逸,而离迂远;虽欲飞动,而离轻浮。"①这之中所谓的"道情而离深僻",就是指诗歌审美创作应"道情",其长处在"识",所重在"理"。创作主体必须识高才赡,在审美创作中才能做到理周文佳,情与文并致;做到"力劲而不露,情多而不暗",使艺术作品既富情采,又充满理趣,情理相兼,和谐适度。

儒家"中和"审美理想所要求的审美境域创构情理和谐统一的思想最充分地体现在"温柔敦厚"的诗教与乐教之中。《礼记·经解》引孔子语:"温柔敦厚,诗教也。……其为人也,温柔敦厚而不愚,则深于诗教也。"孔颖达《礼记正义》解释说:"温,谓颜色温润;柔,谓性情和柔。诗依违讽谏,不指切事情,故曰温柔敦厚诗教也。"又解释说:"诗有好恶之情,礼有政治之体,乐有谐和性情,皆能与民至极,民同上情。"所谓要求"性情和柔""谐和性情",就是要求文艺审美创作在审美意旨的熔铸与审美情感的表现上,必须达到高度的平和适中、和谐统一,合乎"中和"的审美理想。正如朱自清在《诗言志辨》中所指出的:"温柔敦厚,是和,是亲,也是节,是敬,也是适,是中。"可见,"温柔敦厚"就是强调审美意旨与审美情感表现上应该节制、适中、宁静、和谐。

"温柔敦厚"的审美原则实际上是孔子美学所标举的"中庸之道"哲学思想和伦理道德观念在其美学思想中的运用。孔子的"中庸"原则强调理想人格的崇高德性应该不偏不倚一端而执中守和,应"允执其中",无过无不及。在性情方面,"喜怒哀乐之未发,谓之中,发而中节,谓之和"②。"中庸"原则运用到美学上,则要求审美创作应努力追求"中和"的审美境域。"中和"是真善美的和谐统一,也是情与理、感性与理性、审美与道德的和谐统一的理想境域。在发现美、感受美、认识美、追求美与创造美的审美活动中,在对现存审美关系的扬弃和改造活动中,无论是人与自然、个体与社会、主体与客体,还是身与心、心与物等各种相互对立

---

① 皎然:《诗式》。
② 《中庸》。

的因素、成分都应达到和谐统一,都应遵循"中和"审美理想的轨迹和目标。只有这样,才能通过审美活动以实现人与自然、人与社会、人与人和人与人自身个性的和谐全面发展。在审美创作活动中,也才能实现"耳目聪明,血气和平,移风易俗,天下皆宁"的理想,也即实现"美善相乐"的审美教化理想。

第五节 "和"的文化根源

中国传统人生美学有关"和"的审美理想的孕育和产生,离不开深厚的中国文化土壤。中国文化充溢着和柔精神,正直而不傲慢,行动而不放纵,欢乐而不狂热,平静而不冲动,执中守和,反对走到"伤""淫""怒"的极端,"柔亦不茹,刚亦不吐",心中有激情,表面却冲和平静,犹如底部潜藏着激流的平静水面。中国人所崇尚的美是一种均衡、稳定、宁静、平和、典雅之美,中国传统的审美观念是礼乐合一、文道结合、以礼节情、以道治欲;中国艺术所追求的极高审美境域是求响于弦指之外,如兰田日暖,良玉生烟,可望而不可置于眉睫之前,弥漫着冲淡氛围,深情幽怨,意旨微茫,表现出一种静默、温柔、闲远的和悦美。难以抑制的情感发泄通过以理导情、以理节情而恢复情感与理智上的平衡,百炼钢而化绕指柔。在我们看来,这正是形成中国美学所标举的"中和"审美理想的文化和审美的民族心理结构的深厚积淀层。

特别值得我们指出的是,"中和"说的形成,还同中国古代饮食文化的影响分不开。

中国古代人生美学的价值取向及其形态,是沿伦理与政治一体化的方向建构起来的,因而形成以"礼"为中心的文化形态。而中国古代的礼制,却是始于饮食的。《礼记·礼运》曰:"夫礼之初,始诸饮食。"又曰:"饮食男女,人之大欲存焉。"这表明了古代中国人对于饮食的看法。饮食是人们生活的主要方面,是人类最基本的生理需要,是生存和繁衍种族的重要条件。一个时代、一个民族、一个国家,其饮食观念从一个侧面反映着社会生活的实际。古人认为礼制始于饮食,揭示了文化现象是从饮食文化中产生和发展的,这符合自然生态的创造,反映了古代中国人重视生命、重视现实的原初心态。

中国古代饮食文化非常丰富,其烹饪艺术源远流长,闻名世界。中国烹饪史证明,古代中国人非常重视饮食,特别重视烹饪之术,讲究五味调和,追求"鼎中之变",因而在中国古代饮食文化中,"和"这个概念和范畴的产生和形成比较早。在商汤时期,古人的饮食已由简单的原始熟食制作,发展为一门综合性科学,反映了人们日益增长的物质与精神生活的需要。伊尹"说汤以至味",就是这一文化现象的生动反映。所谓"至味",也就是美味、最美的味。伊尹阐明了"调和之事"既是达到"至味"境地的重要途径,也是"鼎中之变"所追求的理想目的。并且指出"鼎中之变,精妙微纤,口弗能言,志弗能喻",认为"至味"的"调和"推崇精妙、适度,可以神会不可言得,随机通变,不偏不倚,秉和而作,完全依靠在长期实践中细细体味领悟。不难看出,这里所强调的"和"已经有创新化、审美化的倾向,其中融渗着审美因素。

中国古代饮食文化是审美文化的重要组成部分。饮食文化中的重要概念与范畴"和"积淀着十分丰富的文化的、哲学的、美学的内容。《国语·郑语》记史伯语云:"和五味以调口……和乐如一。夫如是,和之至也。"把酸、甜、苦、辣、咸等各种不同的味道配合调和起来,才味美爽口,五味调和才美。就审美心理感受层次上的实现而言,这些地方所提出的"和"是与人的口味、音声相联系的感官和谐状与官能快感。古代中国人正是基于这种错综复杂的味感现象,才重视"和"的作用,强调"和五味以调口",调和五味,以烹调出人们喜欢的具有"至味"的美馔佳肴来。作为饮食文化的重要范畴"和",既有作为动词的含义,指对食物的调和;又有作为名词的含义,指经过调和之后所产生的美味。对美味的调和与获得,常常是会于心而难达于口。加之,古代中国人在烹调艺术中讲究菜肴的美化装饰及食品雕刻,人们在品尝美味食品得到生理快感的同时,又从菜肴造型中获得美的享受,引起心理和精神愉悦,因此,早在商周时期,人们已经将"和"与"味""美"联系起来。这反映出古代中国人的审美意识的产生和审美心态的形成,同饮食烹调中的"和五味以调口"的味觉体验有关。"和"是人的审美心理的和谐与美感。它既是客观审美对象之"和"的能动反映和内化,也是客观审美对象属性的和谐统一。先秦时期的饮食观念,往往溶解于诸子百家的哲学思想中,而且已把饮食文化中的重要概念"和"借喻到精神领域,并使之成为一个重要的美学范畴。如《左传·昭公二十年》就记载了晏婴的一段著名言论。他指出"和如羹焉",举烹调与音乐为例以喻"和"。饮食烹调要得至味,达到和谐美,必须经过五味相调相和、互济互泄的交流转化融合过程,还必须要"齐之以味"。

在当时,大凡与审美标准及审美理想有关的概念,常常拈出饮食文化中的重要概念"和"来加以揭示,从而促进了"中和"审美观在先秦的相当发展,为儒家"中和"审美理想的基本完善打下了良好基础,也为它最终成为民族审美心理结构中的一种重要的有机构成,奠下了最初的但又稳固的基石。

第三章

理学之人生美学思想

曾见资料有载:"濂溪初扣黄龙南禅师教外别传之旨,南谕濂,其略曰:'只消向你自家屋里打点,孔子谓朝闻道,夕死可矣,毕竟以何为道,夕死可耶?颜子不改其乐,所乐者何事?'"

"濂一日扣问佛印元禅师曰:'毕竟以何为道?'元曰:'满目青山一任看。'濂拟议,元呵呵笑而已。濂脱然有省。"①

这里虽然是讲禅宗的故事,对于我们却不无启迪。这不可拟议的,"濂脱然有省"的,正是理学之审美境域的人生论的问题。同书又载:

"'颜子在陋巷不改其乐,不知所乐者何事?'先生(指程颐)曰:'寻常道颜子所乐者何?'侁曰:'不过是说所乐者道。'先生曰:'若有道可乐,不是颜子。'"②在理学家们看来,这人生之境域问题,不再只是体验的问题,而是上升到了超越的、本体的境域。

二程兄弟在周敦颐门下问学之时,周敦颐"每令寻颜子、仲尼乐处,所乐何事?"③曰:"某自再见周茂叔后,吟风弄月以归,有'吾与点也'之意。"④"周茂叔窗前草不除去,问之,云:'与自家意思一般。'"⑤"孔颜乐处"自此成为了理学家们追问的一段公案,并由此将理学的人生境域问题凸显入我们的视域。很明显,其真正含义已非如一般儒者所理解的单纯意义上的伦理道德内涵,或者说汉儒以来所认同的理想人格境域。儒学精神向以问学与德性合一,为学与为人不分;承载了这一传统的理学更进一步将问学引入对本体的探究,以德性与澄澈的人生境域相提并论。在这里,本体呈现了一个本然的世界,人的心性境域则是这一本然世界

---

① 〔日〕忽滑谷快夫《中国禅学思想史》,上海古籍出版社1994年版,第552页。
② 同上书,第569页。
③ 《河南程氏遗书》卷二上,《二程集》。
④ 《大学问》,《阳明全书》卷三。
⑤ 同上。

在世的展开所呈现出来的广阔人生,是对本然世界的自觉与澄明。

境域是澄明的。境域建构在境界的基础上。但我们不由要问:何谓境界?

张世英认为:"境界是浓缩和结合一个人的过去、现在与未来三者而成的思维导向(思维在这里是广义的)也可以叫作'思路'或'路子',它之表现于外就是风格。"①这恰与理学家所追问的"人生境域"的范畴不谋而合。我们讲境域,必将不期然地涉及与心性有关的"诚""仁"等理学范畴。但这个"诚"字,并非仅仅是人格品性中的美德问题。"寂然不动者,诚也;感而遂通者,神也;运而未形有无之间,几也。诚精故明,神应故妙,几微故幽,诚神几曰圣人。"②"诚"体现为一种精神风貌,此种精神风貌"寂然不动",是心性未发动、无污染的清净本然状态。"感而遂通,神也。"然而神、明、妙、幽,不过是对境域超越性的描述。那么到底通向哪里去呢?承继了儒学的入世传统,张载"为天地立心,为生民立道,为去圣继绝学,为万世开太平"③的横渠四句确然道出:通向人生的世界。"寂然不动"的无污染的精神本然状态,即理学的"天道";在平凡世间,使受污染的精神回复于这种状态,便乃"人生境域"。人们往往草率地忽略了这一点,而视"诚"为单纯的伦理德行范畴,便失落了对诚者作为"五常之本,百行之源"④的本体乃至人生境域之思。

第一节　理学人生境域之心性问题

按照张世英的说法,每个人生而为诗人,或者说,在某种意义上,每个人都有自己诗意的世界,"每个人都有自己的境界,都生活在有一定意义的境界或意境之中,也可以说都诗意地栖居于一定的境界之中,亲自经历和体验着自己的意境"⑤。这就好比禅宗所说的"如人饮水,冷暖自知"。无疑,对个体的重视奠定了提升人生之境域的基础与可能性,但这并没有否认人生境域的层次问题。冯友兰便将人生境界划分为自然境界、功利境界、道德境界、天地境界。⑥ 很显然,境域同样有层次问题。张世英也承认,"哲学应以人的境界为主要对象,以提高境界为

---

① 张世英:《天人之际》,人民出版社1995年版,第281页。
② 周敦颐:《周子通书·圣第四》,上海古籍出版社2000年版,第16、17页。
③ 《张载集·近思录拾遗》。
④ 同上书,第484页。
⑤ 张世英:《天人之际》,第283页。
⑥ 参阅冯友兰《中国哲学简史》。

主要任务,而不是以追求终极真理和绝对普遍之类为对象和任务。"①在理学的哲学体系中,"理""气"虽然被作为一系列的本体范畴而提出,但它们不过是对回归境域所做的理论奠基。现代社会中,众生如群蚁一般劳碌,却已然失却了自我。世间物欲横流,人们的私欲肆意膨胀,不仅迷蔽了本心,使得诗意的境域悄然退隐,更使得焦虑如同病毒般侵蚀着人们的心灵。在这一点上,理学的人生境域问题才进入我们追问的视域。

如果说传统儒学代表了道德境域的话,那么理学之人生境域就代表了天地境域。所谓"为天地立心",境域之成立,是就人的存在而言的。动物生活在世界上,但却不能体味到自身境域之确立,海德格尔也认为动物只会消亡,而不能体验到死亡。而对境域的提升,也并不是向外的探察,而是反躬自省般的向内做功夫。"人在这种境界中,只是把生命在深处之情向上提,即是向纯净而无丝毫人欲烦扰夹杂的人生境界向上提,层层向上突破,直至突破到为超快乐的大乐之境"②,理学正是以此心性论为哲学底蕴,强调主体内心情感体验与儒家伦道义理相结合,从而养持道德人格空灵澄明的精神状态,追求自然平静、萧散冲澹的人生境域。这不仅建构了理学之情性观,更创造性地构筑了一个以伦理纲常为哲学本体的理学思想体系。

但是何以理学家们对人生境域的追问要从"孔颜乐处"开始?何以理学家们如此执著地追问着"孔颜乐处"?

一、本体层面的超越

前面我们提到,所谓境域,乃"过去、现在与未来三者而成"的东西。此三者乃缺一不可的相互构成,"过去,作为曾是,在其存留中离去;未来在其仍未完成中到达。过去与未来都不应该按现在的恒久不变性来解释为尚未出现的东西"③。这便消解了现在的中心地位。因为我们知道,一个人是既不可能孤立地存在于世,也不可能孤立地存在于时的。同时,在对境域的阐释之流中,历史的、过去的东西已与当前的东西融合成为一个整体,其间并无分明的界线。④ 德里达更主张不在场的东西比在场的东西更为重要,更为本质,这也就是所谓"补充的逻辑"。而现

---

① 同上书,第286页。
② 徐复观:《中国艺术精神》,春风出版社1984年版,第26页。
③ Otto Poggeler:《海德格尔的思想道路》,Humanities Press Internationat, Inc, Atlantic Highlands, NJ, 1987年版,第203页。
④ 参阅伽达默尔《真理与方法》第二版序言。

在对过去的原本所作的"解释""补充"或"附加",就比原本更重要、更本质、更核心。这样一方面,"孔颜乐处"潜在地作为理学人生境域追问的对象,就成为理学范畴建构的"补充的逻辑";另一方面,理学家对"孔颜乐处"的阐释,已经不同于或者说超越了仲尼、颜渊所体会到的人生境域,进而探求其本体之乐。只是并且仅是在此追问中,人的生命意识开始浮现,不自觉进而自觉地修持人生之境域,体认天地之大道,但于此究竟,久久自然有个契合处。

让我们先一睹孔颜之"乐处"何在:

饭疏食饮水,曲肱而枕之,乐亦在其中矣。不义而富且贵,于我如浮云。①
其为人也,发愤忘食,乐以忘忧,不知老之将至云尔。②
一箪食、一瓢饮,在陋巷,人不堪其忧,回也不改其乐。③

表面上看起来,这里的引述有着对如过眼烟云般的不义、富贵的批判,对疏食饮水之安贫的肯定。从理学家们的眼中看来,事实是否如此?蒙培元即指出,颜子之乐并非乐贫,并不是以贫为乐,"乐与贫富贵贱不相干。乐是心灵自身之事,心灵净洁,虽贫贱亦能乐,心灵不净洁,虽富贵亦不能乐"。④ 这段话反过来说也成立,心灵不净洁,虽贫贱亦不能乐,心灵净洁,即富贵亦能乐。贫贱富贵并不是"乐"与"不乐"的前提条件。且看孔老夫子是怎么说的:

富与贵,是人之所欲也。不以其道得之,不处也。贫与贱,是人之所恶也,不以其道去之,不去也。⑤
富而可求,虽执鞭之士,吾亦为之。如不可求,从吾所好。⑥

这里的第一段话,我们同样可以反过来玩味:富与贵以其道得之,亦可欣然处之;贫与贱以其道去之,则去之未尝不可。第二段话则说得更加明白,只有在不可求的情况下,才"从吾所好"。从这层意义上来讲,尘世间的一切,无论是喜怒哀

---

① 《论语·述而篇》。
② 同上。
③ 《论语·雍也篇》。
④ 蒙培元:《情感与理性》,中国社会科学出版社2002年版,第363页。
⑤ 《论语·里仁篇》。
⑥ 《论语·述而篇》。

乐、饮食起居乃至过眼云烟都是值得人们去追求的。

但是我们不要忘记,孔子也讲"克己复礼谓仁"①。人们往往对仁的"克己复礼"这一规定性颇有微词,而忽视了其中的深厚底蕴。实际上,"克己",并不意味着一旦人欲与礼义发生冲突,就单纯地压抑自己的物欲而迎合礼义。这只是在较低层面上对"仁义"的曲解,是在"规范"角度对仁、诚的误读。相反,它意味着人高度体验到个体道德需求时对自身臻于澄澈的境域的内在呼唤。就此而言,"克己"这个词并非如字面上所示是对情感的压制,而意味着心性的修养;"复礼"意味着"克己"修养身性而与客观规范的契合。事实上,从来就只有内在的体验在前,而外在的礼、规范在后。在修证的过程中,规范不过是一种方便。如果执方便而为根本,那就真的是本末错置了,在这样的基础上,"仁"就标示着通过道德的修证而达到的超越的人生境域和天地境域。所谓"随顺皆应,使虽有喜怒哀乐,而其根皆忘""从心所欲不逾矩"是也。有了这个"矩"就把人的情感欲望等纷繁世间的欲求从功利境域导向道德乃至天地境域。

所以"孔颜乐处"所乐者并非"贫"。"颜子一箪食,一瓢饮,在陋巷,人不堪其忧,而不改其乐。夫富贵,人所爱也,颜子不爱不求而乐乎贫者,独何心哉?天地间有至贵至富、可爱可求而异乎彼者,见其大而忘其小焉尔。"②贫也是小,也是物欲,而不过是其在相反层面的体现。"孔颜乐处"所乐之"至贵至富"与富贵贫贱等物欲的东西不同,一旦体味到这种"至贵至富",便可做到宠辱不惊,视名利荣耀如水月,待人生际遇以平常之心,境域由此而凸显:

见其大则心泰,心泰则无不足,无不足则富贵贫贱,处之一也。处之一则能化而齐,故颜子亚圣。③

再进一步说,"处之一"则颇有齐万物、一对待的意味:

古人见道亲切,将盈天地间一切都化了,更说甚贫,故曰"所过者化"。颜子欲正好做工夫,岂以彼易此哉!此当境克己实落处。④

---

① 《论语·颜渊》。
② 周敦颐:《周濂溪集》,中华书局1985年版,第112页。
③ 周敦颐:《周濂溪集》,中华书局1985年版,第112页。
④ 《宋元学案》卷十一。

黄百家对此解释道:"化而齐者,化富贵贫贱如一也。处之一以境言,化以心言。"①这是凭借道德个体对客观必然的超越。"处之一以境言",正展现了一种胸中洒落,如光风霁月般的人生境域。而此般生意活泼,了无滞碍的超越,又正来自"化以心言"的心性作用。我们都知道,"心性"主要是关涉人的本质和存在价值的范畴,是一个融道德论、价值论、境域论为一体的重要范畴,是研究人的心灵问题的。在理学家那里,心性又有着宇宙生命本体的意蕴,是生生不息的,而且宇宙万物的"生生之德"更集中地体现在表现人的生命意识的"仁"上。由此就演绎着道德精神生命的自然化与天地万物的精神化浑然一体的新的生命境域。这种境域就是他们孜孜以求的"孔颜乐处"。"孔颜乐处"不是一种自然性的快乐,也不是一种道德的快乐,而是一种超道德具有本体意味的审美快乐。这种"乐"实际上就是人类所追求的一种本然状态意义上的审美境域(存在)。在理学家们看来,"孔颜乐处"不是在专门追求"乐"的情况下实现和获得的,而是在人们的日常生活中以一种平常的心态(心理态度)自然而然地获得的。由此,理学家们强调情感的"中和"、心灵的"平静"和"无欲"。最能体现理学美学性质和基本精神的,莫过于理学家们孜孜以求的"孔颜乐处"。这种对生命意识中审美境域的追求成了中国文化生命的发展方向。人性的问题,便始终成为理学哲学关注的核心内容。

二、心性之"无欲"问题

理学家们的描述向我们展开了一幅气势恢弘的画卷:"道德高厚,教化无穷,实与天地参而四时同"②"圣人'与天地合其德,日月合其明,四时合其序,鬼神合其吉凶'"。③但是此种"天人合一"的人生图式如何可能?如前面所提及,这须涉及"化以心言"的心性作用。《通书·圣学》便讲:"圣可学乎?曰:可。曰:有要乎?曰:有。请闻焉。曰:一为要,一者,无欲也,无欲则静虚动直。静虚则明,明则通,动直则公,公则溥,明通公溥,庶矣乎。"《太极图说》亦言:"圣人定之以中正仁义(自注:'圣人之道,仁义中正而已矣')而主静(自注:无欲故静)立人极焉。"然而"无欲"成了理学又一遭人诟病的切入点。无欲是否意味着理学成了冰冷无情的纯伦理学或思辨学的代名词?是否意味着理学完全消解了情感欲望在其中的作用?我们不该消极地去承载先人和环境加给我们的见解,而应和前人对话,

---

① 《宋元学案》卷十一。
② 《通书·孔子下》第十九章。
③ 《太极图说》。

发掘文本带给我们的启示。

在面对情感、欲望的问题时,大多数的思想家们都是欲言又止,这使得此问题几乎成了谈论的禁区。人们小心翼翼地靠近这一话题,因为人们始终没有办法回避这个至关重要的问题:如果人没有了情感与欲望,人的世界就几近崩溃了。早在《乐记》,古人就讨论了这一问题,"人生而静,天之性也;感于物而动,性之欲也。物至知知,然后好恶形焉。好恶无节于内,知诱于外,不能反躬,天理灭矣。夫物之感人无穷,而人之好恶无节,则物至而人化物也。人化物也者,灭天理而穷人欲者也"。这虽然没有摆脱将欲与自然之欲比附的窠臼,但《乐记》又讲:"乐由中出,故静。"此"中"便是性,这时问题已悄然从自然层面滑向了社会层面。但是,这一滑动并不意味着对"欲"的抹杀。实际上,欲也许可以没有性理,但性不可能不含有欲。乐由性的纯然自为的展示,才可以说是静。这里便不仅有伦道的问题,更有人生境域乃至审美的境域问题。

我们来看理学家们是怎么看待这个问题的。王畿讲"静者,心之本体。濂溪主静,以无欲为要。一者,无欲也。则静虚动直。主静之静,实兼动静之义……无欲则虽万感纷扰而未尝动也"[1]。所谓欲,便是物欲,而人的本性之善所以容易消失,便是由于欲的障蔽。然而濂溪的"主静",绝不是心如枯井木石般的死寂,而是使心境澄清,不受物欲的扰乱,使其灵秀的本质得以保全。

思虑不起,物欲净尽。在这里,虑是过虑,欲是贪欲。"欲,原是人本无的物。无欲是圣,无欲便是学。其有焉,奈之何?曰:学焉而已矣。其学焉何如?曰:本无而忽有,去其有而已矣。孰为有处?有水即有冰。孰为无处?无冰即为水。欲与天理,虚直处只是一个,从凝处看是欲,从化处看是理。"[2]由此可知,周子的"无欲"并非完全否定人的自然欲望,而只是要把欲统摄在他所认可的道德伦理体系中,他的这一思想也在同时代的张载那里得到印证。张载曾讲:"饮食男女皆性也,是乌可灭?"[3]黄宗羲在诠释周子的"主静"时也说:"学者须要识得静字分晓,不是不动是静,不妄动方是静。"[4]人的感官往往被"物(欲)"所蔽,但是"去蔽"并不是"去欲",而是"制欲"。须知"无"不是理性的抽象,而指的是精神上的无累,故"无则诚立明通"。"无"非没有,乃不过多也。

---

[1] 《明儒学案·浙中王门学案》(卷十二),《答吴中淮》,中华书局1985年版,第245页。
[2] 《宋元学案》卷十一。
[3] 《正蒙·乾称篇》。
[4] 《宋元学案》卷十二。

三、对性、情、识的梳理

"思之功全在几处用。几者,动之微,吉凶之先见者也。知几故通微,通微故无不通,无不通故可以尽神,可以体诚。故曰:'思者,圣功之本,而吉凶之几也。'"①所以,"学圣人者如之何?曰:思无邪"。②"微"是形而上的"诚"的本体,"通微"就是"体诚"。这样,达到"通微""体诚"就是"无思"了。在这里,"无思"可称之为"无不通"的"思",一切豁然开朗,圆融贯通,静虚动直,明通公溥,达到理学家们的一种理想的人生境域。《易传·系辞上》云:"《易》无思也,无为也,寂然不动,感而遂通天下之故。"《通书·思》云:"无思,本也;思通,用也。几动于彼,诚动于此,无思而无不通,为圣人。不思,则不能通微;不睿,则不能无不通。是则无不通生于微,通微生于思。故思者,圣功之本,而吉凶之几也。""无思"是儒家的即功夫即境域。对于儒家而言,所向往的是诚的境域,诚本质上是无我的。"无我而后大,大成性而后圣。"③"天地合德,日月合明,然后能无方体,能无方体,然后能无我。"④

然而,只有圣人才是不思而得的。而对于一般的人来说,要达到"不思而得",只有通过德盛仁熟的修养功夫,这一功夫就是在平时的人伦日用中,加强道德主体自身的修养。从否定方面讲,"无思"是"无我"的,"无我"之我,指的是"私己"(小我),指的是"有方"。不论是"私己",还是"有方",皆与天不相似,即不能合于诚。那么,化"私己"(小我)现真我(真己),化"有方"为"无方",这样就可以达到"无我"的诚的境域。

"诚无为,几善恶。"⑤周子借用"无为"范畴是要说明"诚"的本体,述说人生的境域。"诚无为,如恶恶臭,如好好色,直是出乎天而不系乎人,此中原不动些子,何为之有。"⑥"无为"是"诚"之本体的自然朗现,本无造作矫揉之意。作为境域,它体现了道德主体自我的充分实现。"诚"的"寂然不动","感而遂通"所反映的不累于物,不役于人,完全是一种自性无我之境,周子的胸中洒落,如光风霁月,恰恰体现的就是"诚"之"无我"。生生不已,天地之心。周敦颐的无我之境立足

---

① 《宋元学案》卷十一。
② 《宋元学案》卷十一。
③ 《正蒙·神化篇》。
④ 《正蒙·至当篇》。
⑤ 《通书·诚下》第二章。
⑥ 《宋元学案》卷十一。

于生生不已的"天地之心",这一"天地之心"通于"诚",不累于外物。程颢在《答横渠先生定性书》中谈及境域时便也讲道:"与其非外而是内,不若内外之两忘也,两忘则澄然无事。"显然,无论是这里的"无欲"亦或"无思",都已从单纯的伦道、认知问题转化成了一种态度,一种关于人生的态度,换言之,即人生境域的问题。

四、人生境域之情感与认知问题

在理学家们的文著中,有许多关于心、性、情的论述,聊举一二,"宇宙之间,一理而已,天得之而为天,地得之而为地,而凡生于天地之间者,又各得之以为性"①;"天地之间,有理有气。理也者,形而上之道也,生物之本也;气也者,形而下之器也,生物之具也"②;"性即理也,天以阴阳五行化生万物,气以成形,而理补赋焉,命犹令也。于是人物之生因各得其所赋之理,以为健顺五常之德,所谓性也"③。

这样,由理到人身之气到性,就自然地指向了天命之性,即心的本然之性,此乃至善至美的道德伦理规范;而心的发用之处,由理气混杂而成,善与不善并存,此即气质之性,也即情之发端处。如此一来,作为道德伦理规范的自觉主体,如能每时以持敬立其本,穷理致其知,反躬践其实为心性修养之法,并辅以未发而存养,已发时省察的存省之工夫,最终则定能以静贯动,存省两全,敬义夹持,消解气质之性中的不善因素,复归天命之性的至善境域,从而具备圣贤之气象。理学家对这一功夫的描述是很多的:

> 要之兼理气统性情者,心也。而性发之际,乃一心之几微,万化之枢要,善恶之所由分也。学者诚能精一于持敬,不昧理欲?而尤致谨于此,未发而存养之功深,已发而省察之习熟,其积力久而不已焉,则所谓精一执中之圣学,存体应用之心法,皆不可待外求而得之无此也。④

这里标举的主敬致知、正心诚意的心性修养,并不是纯粹理性的客观认识方式,而是伴随主体心灵情感体验的内在观照,它实际上是主体在空寂虚灵的心理境域中静观默察,通过直觉的体悟来把握心性伦理本体,从而实现道德人格自我

---

① 《朱子文集》卷七十。
② 《朱文公文集》卷五八。
③ 《朱子语类》卷六十。
④ 《退溪全书》册一,卷七,《心统性情图说》。

超越的精神活动。

　　因此,理学家关于情感的论述,并不是关于情感冲动的描述,而是对于道德情感的盛赞。这盛赞不是偏狭的道德说教,而是以参天地化育为目的的情感导向与修持。"大其心则能体天下之物,物有未体,则心为有外,世人之心,止于闻见之狭。圣人尽性,不以见闻梏其心,其视天下无一物非我,孟子谓尽心则知性知天以此。天大无外,故有外之心不足以合天心。"①显然,所谓天心的落实,天德天性的实现,正是要剔除"有外之心",从而以天德天性的立场观照天地万物。所以,张载认为孔子的"随心所欲"是"与天同德,不思不勉,从容中道"②,这就成为天人一德,或者说将天德完全落实于人生实践中了。这便不仅是在本体层面的超越,也是在涵盖情感之人生实践方面的超越。同时,这超越也就具有了人生认知与道德实践之终极归向的意义:

　　天之明莫大于日,故有目接之,不知其几万里之高也;天之声莫大于雷霆,故有耳属之,莫知其几万里之远也;天之不御莫大于太虚,故心知廓之,莫究其极也。人病其以耳目见闻累其心而不务尽其心,故思尽其心者,必知心所从来而后能。③

　　气之苍苍,目之所止也;日月星辰,象之著也;当以心求天之虚。大人不失其赤子之心,赤子之心今不可知,以其虚也。④

　　这其中便包含认知的层面,这认知不是单纯从科学认识方面讲的认知,而是在觉解之上的体认。冯友兰在这方面做出过精辟的分析。人生境域说首先定位于人的存在,在"觉解"程度最高的"天地境界"中,人与宇宙大全相合一,从而打通了天道与人道、本体世界与人的存在,建立了本体论与价值观的联系。作为终极意义存在的天道与作为人的存在最高形态的天地境域,都具有不可言说的一面,哲学言其所不可言说,一是使用"正的方法"即逻辑分析的方法,二是使用"负的方法"即讲形而上学所不能讲。天地境界所涉及的已不仅是"说"的问题,而更多的是"在"的问题,在"转识成智"的智慧之境中主体的存在融合了其境域,而境域又在主体的"在"中得到确证。对存在的沉思,既关联着天道,又涉及人道,后者

---

① 《正蒙・大心》。
② 《正蒙・三十》。
③ 《正蒙・大心》。
④ 《张载集・语录》中。

逻辑地引向了人生境域说。作为纯粹形式，它并不构成具体存在的事实上的根据，而仅仅是一种逻辑上的根据。这更使得其不是成为悬空的本体世界，而导向了现世世界，以个体为基元建构的现世世界。

"人生是有觉解的生活，或有较高程度觉解的生活。这是人之所以异于禽兽，人生之所以异于别的动物生活者。"①理性并不仅仅表现为对象性的活动，而且同时以主体自我意识（对理解过程本身的一种自觉意识）为内容。这种看法着重从理性的侧面考察了人的存在，并肯定了人作为主体性的存在，其特点在于能对自身的存在状态做反思。

对于冯友兰来说，所谓境界，也就是宇宙人生对人（存在主体）的不同意义："人对宇宙人生的觉解的程度，可有不同。因此，宇宙人生，对于人底意义，亦有不同。人对于宇宙人生在某种程度所有底觉解，因此，宇宙人生对于人所有底某种不同底意义，即构成人所有底某种境界。"②换言之，境界，或谓境域，其展开为一个对应于觉解的意义世界，这其中便有了觉解的高下之分，自然也就有了境域的高低之别。冯友兰将其区分为自然境域、功利境域、道德境域和天地境域。

在道德境域中，行义表现为一种有意的选择，而在天地境域中，行义已不是一种有意的选择，而展开为一个不思而中、不勉而得的过程。个体存在从本然到应然的演进，主要表现为一个自我努力的过程，其中包括在认知之维上求真、在评价之维上向善、在审美之维上趋美，而这一过程同时伴随着主体精神境域的提升。就人道而言，存在的最高形态是天地境界，这种境域在冯友兰看来是不可言说的。天地境域的特点是浑然与物同体，亦即与物无对。而言说总是有对，要分能与所、此与彼，换言之，所说总是在说之外，从而难以"合内外之道"。但对不可言说者，还是要加以言说，"不过言说以后，须又说其是不可言说底"③。天地境域是无对之域，其得（达到）、其达（表达）都要求突破对待，亦即超越己与物、天与人、内与外的对立。这便不仅仅需要正的方法，更需要负的方法。这种认识已不同于经验领域的知识，而是指向智慧之境。智慧不仅仅是对本体世界的认知，它同时也是人自身精神的提升。单纯意义上的智只能使人在抽象义理的层面知其境域，但却无法让人真正理解这种境域对他所具有的内在意义；而广义的智却指向了人生。总之，智慧之境作为人存在的境域，虽可用名言来描述，但它更多地是以主体自身

---

① 《三松堂全集》第四卷，河南人民出版社1986年版，第522页。
② 《三松堂全集》第四卷，河南人民出版社1986年版，第549页。
③ 《三松堂全集》第四卷，河南人民出版社1986年版，第635页。

的存在来确证:它已凝化为主体一种内在精神结构,渗入人的整个存在之中。在这里,问题已不仅仅是"说",而且是"在"。冯友兰肯定在天地境域中已"言语路绝",似乎亦注意到了这一点,而从真际本体到人生境域说,在某种意义上也表现为逻辑的"说"转向实际的"在"。

人的境域当然不限于向善,它同时指向审美之域。就后一领域而言,智慧之境展开为一种合目的性与合规律性相统一的意境。合目的性的内在意蕴是化自在之物为为我之物,合规律性则意味着自然的人化不能隔绝于人的自然化。人的本质力量与天地之美相互交融,内化为主体的审美境域,后者又为美的创造和美的观照提供了内在之源。

五、人生境域之修持

事实上,作为现实具体的主体之心并非古井无波般的死寂,主体在虚静空澈中所得到的内在心灵的精神体验,又须用语言来加以澄明和敞亮。主体的心境并非死水而是心泉荡漾。"半亩方塘一鉴开",言心之全体湛然虚明的气象,"天光云影共徘徊",言寂而能感,物来毕照之意。"问渠那得清如许?"言何由而有此虚明体段?"为有源头活水来"①,明天地之本然矣。这里并不是单纯的"静"的问题,而是动中取静,静寓于动。主体的体验与澄澈在"修"与"持"中呈现出那全体湛然虚明的气象来。

但是,我们不能忘记,在理学家那里,主体的情感体验与道德主体回归心性本体自我超越的精神相同构。我们必须关注和思索主体情感体验在建构心性哲学体系中的价值与作用。未发之性为心之体,已发之情为心之用,心则是贯通两者的主宰枢纽:"心之全体湛然虚明,万理俱足。无一毫私欲之间,其流行该遍,贯乎动静,而妙用又无不在焉。故以其未发而全体者言之,则性也,以其已发而妙用者言之,则情也,然心统性情,只就浑沦一切之中,指其已发、未发而为言尔。非是性是一个地头,心是一个地头,情又是一个地头,如此悬隔也。"②

如此一来,那诗与思的东西就融会于全体之中,人诗意地栖居于大地与自己的世界之中。诗歌,无形之中已成为理学家们表达"思"的东西:"或有问于予曰:诗何为而作也?予应之曰:人生而静,天之性也。感物而动,性之欲也。夫既有欲矣,则不能无思,既有思矣,则不能无言,既有言矣,则言之所不能尽,而发于咨嗟

---

① 《退溪全书》册四,《言行录》卷二,右记朱生讲辨之详凡三十四条。
② 《朱子语类》卷五。

咏叹之余者,必有自然之音响节奏,而不能已焉。此诗之所以作也。"①这个关于思的诗导向了何处？理学之"理"呈现出一种本体的建构,而诗则表现出审美和对于"人生"境域之思考的意味。在"理"之绝对本体意义上要求道德主体静观万物,在空灵澄明的心灵状态中实现精神的自我超越与回归,达到道义思理主体与宇宙万物融合为一的人生境域,所谓"万物皆备于我"②也。其基本审美意向是要求审美主体面对空寂的宇宙、静谧的自然,在澄明湛然之中领略宇宙万物的情理,并融于自身内在的心灵,"形于吾身以外者化(自然)也,生于吾身以内者心也,相值而相取,一俯一仰之际,几与为通,而浮然兴矣"③。

这个导向,既有本体层面的意味,也有方法论上的意义。"人之一身知觉运用,莫非心之所为。则心者固所以主于身而无动静语默之间者也。然方其静也,事物未至,思虑未萌,而一性浑然,道义全具,其所谓中,是乃心之所以为体,而寂然不动者也。及其动也,事物交至,思虑萌焉,则七情迭用,各有攸主,其所谓和,是乃心之所以用,感而遂通者也。"④主体心性本体纯静虚灵的精神修养和超越体验,即所谓"志必出于高明纯一之地"。如果诗人能在这一根本的基础上,加强存省持敬的修身工夫,力求道德涵养的沉潜深厚,主体便呈现超然自在、萧散澹静的情怀与风貌,并与自然平淡的心性道体圆通交融,从而达到主体之情感体验与儒家伦理道德规范和谐统一的境域,主体人格便突现出所谓"真味发溢"的审美品格。

"来喻所云潄文艺之芳润,以求真澹,此诚极至论。然恐亦须先识得古今礼制,雅俗乡背,仍更洗涤得尽肠胃间夙生荤血脂膏,然后此语有所措。"⑤格物致知洗涤心中世俗言语意思,便能使自己胸襟高远夷旷,不期于高远而自高远,主体之人生境域也就自然流溢出萧散冲淡的审美趣味。

第二节　理学之审美意义

前面我们所论及的人生境域,非常类似于康德所论及的消极自由,即道德个

---

① 《诗集传序》。
② 《孟子·公孙丑》。
③ 《诗广传》卷二。
④ 张伯行编:《朱子语类辑略》卷一。
⑤ 《朱子大全》卷六十四。

体与宇宙体系的决裂,道德个体不为自然的因果决定。当人在个体的道德层面得到了人生苦痛的消解后,必然会要求此消解的发散。此一发散既及整个宇宙体系,则既囊括了自然之"大地",亦涵盖了人类之"世界"。所以我们讲理学,必然要到审美的层面,一种积极的自由,即道德个体与宇宙体系的契合,道德个体与自然之无目的而合目的性。"于万物为一,无所窒碍,胸中泰然,岂有不乐?"①这种乐是在主客、物我、内外统一的境域中实现的,但又是一种超越的本体体验,是"物我两忘之地""仁智独得之天"。"物我两忘"既不是无物无我,又不是执著于物我,而是超越有限而达于无限,无限之中,有限仍在;超越暂时而达于永久,永久之中,暂时仍存。

如何消解创作主体的审美情感与社会伦理规范之间的矛盾。加强道德人格"敬静致知"的内在涵养,保持心性本体的纯静虚灵,使主体"已发"之情得"性情之正",含"君子之志",实现内心情感体验与性理规范和谐统一的人生境域,从而具有自然平静、萧散冲澹的情怀与风貌。既要追求着情感,又不得不落实到现实的社会人生境遇中。审美中的理性与感性、天与人、思想与情感、道与言等方面的矛盾,在今天完全可以得到全新的诠释。韩经太便曾指出:"作为理学家而提出的'作文害道'之论,与其说它反映了道学先生不了解文学价值(文章价值)的偏执,不如说是从另外一个角度提出了文学主体意识的文化品格问题,此亦即上文提到的人文关怀精神问题。"②实际上,理学家们是被迫从审美领域做出了撤退,是为了避免陷入伪审美的境地。粗看之下,这些和前面关于人生境域的论述无何不同,但其关键在于,如何迈出从"消极"到"积极"的第一步?亦即关于如何"发散"的问题?

一、审美之本体论

事实上,"人生境域"理论中的"天地境域"在很大程度上可以理解为审美境域。"天地境域"的不可思议的性质从根本上要求一种与之相应的"负的方法",这种"负的方法"在很大程度上可以理解为"审美还原"。通过"负的方法"所成就的是一种"圣人"的品格,这种圣人之品格其实就是一种人格美。

但是,此种境域并不是本然而存在的。"人对于宇宙人生底觉解的程度,可有不同。因此,宇宙人生对于人底意义,亦有不同。人对于宇宙人生在某种程度上

---

① 《朱子语类》卷三十一。
② 韩经太:《理学文化与文学思潮》,中华书局1997年版,第47页。

所有底觉解,因此,宇宙人生对于人所有底某种不同底意义,即构成人所有底某种境界。"①人生境域,也就是人生的意义世界。前面在讲关于人生境域之在世时我们已经谈到,此乃对个体体验而言,这便需要人在个体精神上的一种向上提升的精神。人生境域理论由此有一个潜在的美学维度。"不可思议者,仍须以思议得之,不可了解者,仍须以了解解之。以思议得之,然后知其是不可思议底。以了解解之,然后知其是不可了解底。"②天地境域毕竟不同并超越于道德境域,这就使它多少能够突破道德义理的范围,具有一定的生活情趣。因此,冯友兰说,"事物的此种意义(指人在天地境域中所领悟到的事物的新意义),诗人亦有言及之"③,并且同意也可以将天地境域称之为舞雩境域。如同杜夫海纳所说的那样,处于人类经验的根源部位上,"处于人类在与万物混杂中感受到自己与世界的亲密关系的这一点上"④。人首先是"在"这个世界,才去"打量"这个世界。从这层意义上讲,审美的问题是蕴涵在人生境域问题之幽隐处的。

从另一方面看来,人的情感之发散也可以得到审美化的解释。"忘情则无哀乐。无哀乐便另有一种乐。此乐不是与哀相对底,而是超乎哀乐底乐。"⑤如此一来,在审美或天地境域中的人并不要做一番特别的事业,只是自然地做事,自然地生活;在这种自然的生活中领略到一种不同寻常的意味。⑥ 正如李太白之诗云:天然去雕饰,清水出芙蓉。在这里,诗自然获得了其在提升人生境域乃至审美情趣方面的一席之地,因为诗从更广泛的意义上可以称其为审美,显示的是人与世界的本源关系,显示的是一种基本的生活世界,在这种生活世界中,可感觉者和不可思议者是融为一体、不可分割的。诗或审美的作用不是解释、说明这个世界,而是把人们带到、使人们想起这个世界,让人们在这个世界中自己领悟不可思议者。杜夫海纳说:"在其最纯粹的瞬间,审美经验完成了现象学还原。"⑦杜夫海纳把现象学还原后的剩余者称之为"灿烂的感性"(the sensuous in all its glory)。"真正抓住我的东西正是现象学还原所希望得到的现象,它也就是在呈现中被立即给予和

---

① 《三松堂全集》第四卷,河南人民出版社1986年,第549页。
② 《三松堂全集》第四卷,河南人民出版社1986年,第635页。
③ 《三松堂全集》第四卷,河南人民出版社1986年,第630页。
④ 张世英:《天人之际——中西哲学的困惑与选择》,人民出版社1995年版,第202页。
⑤ 《三松堂全集》第五卷,河南人民出版社1986年版,第354页。
⑥ 同上书第四卷,第643页。
⑦ M. Dufrenne, In the Presence of the Sensuous: Essays in Aesthetics, (edited and translated by Mark S. Roberts and Dennis Gallagher) Humanities Press International, Inc., Atantic Highlands, NJ, 1987, p.5.

还原为感性的审美对象。"①由审美还原所达到的境域在某种意义上就是天人合一的天地境域。

在这里进行的审美还原,所剩下的是最光辉的感性,实际上就是现象学上的直观。这里的直观并非单纯的直觉,它所呈现出的,实际上是丰富的生活世界。这里有洞见,有妙赏,更有深情。所谓洞见,就是不借推理,专凭直觉,而得来的对于真理的知识。显然,这里的真理并不是科学真理,而是生活世界中的情理,科学真理不借助推理是很难得到的,人情物理却很容易被直观所把握。这种"洞见"也就是美学中讨论得最多的审美直觉。所谓妙赏,就是对于美的深切的感觉。这里的妙赏也就是美学所说的用审美的眼光或态度来对待整个世界,正是由于有这种妙赏,我们才可以说宇宙的人情化和人生的艺术化。而所谓深情,并不是个人的儿女私情,而是超越自我之后,对宇宙人生的深切的同情。所以如我们在前面所谈到的,冯友兰称之为有情而无我。这种超越的情感还不是日常生活中最基本的哀乐,或者说一种更深切的哀乐。从其极致来说,超越的情感是忘情,忘情则无哀乐,无哀乐便另有一种乐。日常生活中的哀乐总是有什么与之相对,即总是对于什么的哀乐,忘情之乐在根本上与物无对,是一种没有原由的对整个宇宙人生的大乐。这种没有原由之乐也就是美学中常常讨论的审美愉悦。程明道有诗为证:"云淡风轻近午天,傍花随柳过前川。时人不识予心乐,将谓偷闲学少年。"正是这一审美愉悦所带来的体验。

理学家们追寻这一超越的审美愉悦的例子是很多的,在儒学经典中经常援引的例子便有:"子曰:饭疏食饮水,曲肱而枕之,乐亦在其中矣。不义而富且贵,于我如浮云。"②"子曰:贤哉,回也!一箪食,一瓢饮,在陋巷,人不堪其忧,回也不改其乐。贤哉,回也!"③"点!尔何如?鼓瑟希,铿尔,舍瑟而作,对曰:异乎三子者之撰。子曰:何伤乎?以各言其志也。曰:莫春者,春服既成,冠者五六人,童子六七人,浴乎沂,风乎舞雩,咏而归。夫子喟然叹曰:吾与点也!"④

从这些例子中,我们看到的正是理学美学的主题:关注人的生存状态以及关怀在人的生存领域中的人文问题,以完善人的心理结构使之成为完整的人而为终

---

① M. Dufrenne, In the Presence of the Sensuous: Essays in Aesthetics, (edited and translated by Mark S. Roberts and Dennis Gallagher) Humunities Press International, Inc., Atantic Highlands, NJ, 1987, p. 5.
② 《论语·述而》。
③ 《论语·雍也》。
④ 《论语·先进》。

极关怀。无论是周敦颐的"立人极""希圣""希贤",张载的"民胞物与""天人合一",程颢的"仁体",程颐的"理",朱熹的"心与理一""气象浑成",还是王阳明的"乐是心之本体",刘宗周的"慎独",王夫之的"情景妙合无垠"等,无不体现着这一极富道德意蕴的"乐"之基本精神和意义。

二、为理学审美正名

邹其昌认为,中国传统美学是一种人生美学,其性质和作用并不只在于传达美的知识,还在于培育和提升人的生存境界,其核心思想就是审美境域理论。对于理学美学来说,这是尤为重要的一点。有宋一代,诸多文豪、大儒,尽管其在人生见解方面有很大的差异,但在主体心灵方面则有着共同的理想与抱负、价值追求和审美境域。那就是道德与文章(道德与审美)走向统一,倡导"先天下之忧而忧,后天下之乐而乐"的宏愿,在人生中追求着主体崇高价值的实现与完善。在消解深度的今天,很多人将此讥刺为迂腐之谈,虽然不过是无知小人的井底之蛙般的谈论,却也正是伦道日丧的见证。对于今日所谓审美的"多元化",我实在不敢苟同,一味地消解中心,消解深度,固然在反对权威中心论方面卓有成效,但过犹不及,一旦走向绝对,也就适得其反了。

无论是哲学还是艺术,理学的思考对象都是直面现实生活及整个人生的。崇尚理性、面对现实人生,追求平淡的艺术风格和自然性的人生境界是理学美学的基本精神。理学学术包括美学也呈现出对儒、释、道三大学派的整合态势,无疑,其美学建构有着自身突出的特点。当代许多哲人都对此给予了高度的评价。潘立勇认为,"朱子理学美学以其特有的哲理性和系统性,在中国古典美学中别具一格,以其突出的伦理性显示着中国传统文化意识和审美意识的特点,在当时和后代产生着很大的影响"[①]。李泽厚虽然曾对宋明理学颇有微词,却也不得不承认:"宋明理学却又正是传统美学的发展者,这发展不表现在文艺理论、批评和创作中,而表现在心性思索所建造的形上本体上。这个本体不是神,也不是道德,而是'天地境界',即审美的人生境界。它是儒家'仁学'经过道、屈、禅而发展了的新形态。"[②]因此,"这也可以说是在吸取了庄、屈、禅之后的儒家哲学和华夏美学的最高峰了"[③]。

[①] 潘立勇:《朱子理学美学》,东方出版社 1999 年版,第 582 页。
[②] 李泽厚:《美的历程》,安徽文艺出版社 1994 年版,第 382 页。
[③] 李泽厚:《美的历程》,安徽文艺出版社 1994 年版,第 384 页。

李泽厚曾将理学的思考对象,即整个人生,称为"一个世界"。这"一个世界"主要是指理学家为人们设计的一种理性与感性、道德与审美、个体与社会相统一的生活世界,是一个既现实又超越的世界或境域。因此在理学家看来,人生的幸福就是在现实的人生境遇中如何实现人生的超越而达终极目的的问题,亦即"天人合一"的问题。理学家的美学便是从更理性、更深刻、更核心的方面去把握审美与人生价值的,即把道德与超道德的审美融为一体(文自道中流出、文道一体),从而在"一个世界"中实现人生价值的最高目标即审美境域。

这也正是中西审美观乃至美学的不同。与西方美学的求知及其主体如何获得对客体的真理性认识,其核心是"物"不同,中国古典美学重在追求人与自然如何和谐统一达到一种"天人合一"的审美境域,其核心是"人"。当然西方美学也讲"人",但人是在"理念""第一形式""神""我思""绝对精神""存在"的支配和统治下的,是没有真正获得意义和审美价值的。因此,这种美学的落脚点只能在于"物",表现为人对"物"的追求程度来确立审美之价值。在此"美"与"真"是统一的。中国美学也讲"物",但,"物"始终是与人结为一体的,是有情意、有道德的"人化"之"物",是人的生存和表现的一种载体。因此,中国古典美学的落脚点在于"人",表现为"物"如何向人转化及如何实现"天人合一"的境域,由此来确定审美之价值关系。在此,"善"与"美"获得一致。

历来对何谓审美,何谓美学的问题可谓是争论不休。事实上,这"第一义"的问题本非言语可以言说的,却又必须通过言语来言说。我们认为,美只能以人的存在而存在,美学的存在价值和意义在于对人的解读与阐释。从这个意义上说,美学是人学。人的存在无非是在两个基本维度上展开的:一个是自然性的维度,再一个是精神性的维度。这两个维度之间存在的张力与平衡构成了人(类)存在的丰富性,而精神性更能体现作为万物之灵的"人"的真正价值和独特意义。这也就是中国古代理学家常说的与动物有本质区别的"灵明",这一点"灵明"(精神性)体现着人的生命意识、道德意识和审美意识等基本层面。对人的"灵明"之着力挖掘是中国哲学的基本特征,中国的整个学问(包括美学)宗旨是如何"味道",即"究天人之际"。也就是在现实人生("一个世界")中如何实现超越,如何获得人生的最高境域。这种"以人为中心,基于对人的生存意义、人格价值和人生境域的探寻和追求的"人生境域理论,为中国古典美学提供了坚实的哲学基础。由此可以说,"中国古代美学是一种人生美学"。① 正是在这种人生美学的指导下,中国人的人生境域追求就不是由道德境域走向超现实的彼岸的宗教境域,而是由道德境域走向现实的("一个世界")此岸的审美境域,并将审美境域确立为人生的最高境域。在这里,"善"(道德意识)与"美"(审美意识)达到了高度的一致,成为了中国美学的基本精神。② 因此,对人生境域的追求是中国古典美学的核心问题,中国古典美学的性质是一种人生美学,在此,善与美是同一的。

三、审美之体验论

审美之体验,必然是个体之体验。禅家讲"如人饮水,冷暖自知",因此理学之审美体验,必然要归结于审美人格的建立。审美人格论是理学家们思想的重要内容,他们通过将"天道"与"人道"相会通,将"温柔敦厚"作为审美格调的基准,建构了自己的审美人格论,使自己的人格学说具有最高的精神意蕴。这当中,将人格审美化、神圣化是理学文化的一个明显特征,在前面论述人生境域时,我们引述过多段这样的论述。理学家们对审美与人格建设中的人性底蕴问题着力加以开掘,从而构建了自己的审美人格理论。

从生活实践中来看,中国古代艺术创作的依据直接来自自然,农业社会中的审美观大抵是观物取象,依天作乐,这种艺术在其生命本原上具备了现代工业社会中无法比拟的原创精神,培养出来的人格也是天人合一型的人格。荀子在《乐论》中说:"君子以钟鼓道志,以琴瑟乐心。动以干戚,饰以羽旄,从以磬管。故其清明象天,其广大象地,其俯仰周旋有似于四时。"荀子认为乐的美感肇自天地自然,乐的旋律秉承了天地四时的内在和谐,从而使人听赏后得到了至美至善的乐感。无疑,这里已经有了"天人合一"的雏形。天的作用是神妙而有序的,表现出一种至美至圣的德行,理想人格的实现,就是要与天地合其德。在赋予天以人格化的同时,实际上也将人格天道化了,天人合一,就是建立在这种天人交融的审美境域之上。由此,理学家也得以建构了一种审美化的人格。

当然,人的境域是有差异的,自然也是有层次的。相对而言,人格的建构也就有了一个循序渐进的过程,这就承认了人格层次上的差别。人格的最高层次是超越功利的,唯有超越功利的人格,才能面对各种艰难困苦,凭着道德的自觉,无私

---

① 皮朝纲等:《审美与生存——中国传统美学的人生意蕴及其现代意义》,巴蜀书社1999年版,第28页。
② 李泽厚,刘纲纪:《中国美学史》第1卷,中国社会科学出版社1984年版,第33页。

无畏地去履行自己的信仰,在论述道德与人格关系时,都始终以超越功利作为道德的内核与人格的基础。康德的名言"位我上者灿烂之星空,在我心中者神圣之道德律令"。这里有对道德的自我体认与自我超越,精神世界才可以说是找到了最后的归宿,才有了人格的最终依托,也才最终落实到了审美的层面。这便是诚,是敬,是静。

所谓诚其意者,毋自欺也,如恶恶臭,如好好色,此之谓自谦。故君子必慎其独也。小人闲居为不善,无所不至。见君子而后厌然,掩其不善而著其善,人之视己,如见其肺肝然,则何益矣。此谓诚于中,形于外。①

在《礼记·中庸》中还盛赞道:"唯天下之至诚,为能尽其性;能尽其性,则能尽人之性;能尽人之性,则能尽物之性;能尽物之性,则可以赞天地之化育;可以赞天地之化育,则可以与天地参矣。"作者以充满激情的笔调赞颂的理想人格一旦具备了至诚无欺的道德之后,就可以荡涤胸中偏私,使精神得到升华,于是与那万古长存、生生不息的日月星辰、江河大地相感应,自我融入了那无穷的造化之中,人格境域已不分天人、物我,进入了至一的神圣境域,这种境域既是善的境域,也是美的自由境域,就这样,中国古代的美善合一的人格论在儒家思想中得到了统一。这种诚不仅是一种无上的道德观与绝对的人格境域,更得以建构起一种审美的生活态度与情趣。

境域、人格既然有层次上的差异,其"诚"就需要求、需要"工夫"。冯友兰认为,这种"工夫"包含两部分,一部分是求对宇宙人生的"觉解"。觉解的程度不同,可得不同的境界(即境域)。人对于宇宙有完全的觉解是知天,对于人生有完全的觉解是知性。知性可得道德境域,知天则可得天地境域。然而,光有觉解的工夫还不够,因为"人心惟危,道心惟微",人在利欲场中很容易忘记自己的觉解,从而使已得到的道德和天地境域消失,又回到功利境域中去。永久在自然和功利境域中,是大多数人所本来都能的。对于宇宙或人生的觉解,可使我们"日月至"道德或天地境域,但要想永久在此等境域中,除有觉解外,还必须有另一部分工夫。这另一部分工夫,就是"敬与集义"。敬就是指人对于宇宙人生有觉解而得到道德和天地境域后,常注意于此等觉解,令其勿忘;集义则是指在实践中常本此等觉解以行事,如此,所行之事必是道德之事,行此等事,谓之集义。②

但是,正如冯友兰所指出的,理学中的理、心两派,其在求觉解的程序乃至方

---

① 《礼记·大学》。
② 参看冯友兰:《贞元六书》,华东师范大学出版社1996年版,第650－652页。

法上都有所不同:"程朱的方法是:'涵养须用敬,进学在致知。'用敬是常注意,致知是觉解。此派的方法是:一面用敬,一面求觉解。陆王的方法是:'识得此理,以诚敬存之','先立乎其大者'。此派的方法是:先有深的觉解,然后用敬。"①

事实上,两派在求觉解的过程中,都不免有偏颇的论述。立足于自己理论的出发点上讲,这本也是无可厚非的。心学派有时忽视自然境域与道德或天地境域的分别。孟子说:"孩提之童,无不知爱其亲者。及其长也,无不知敬其兄也。亲亲,仁也;敬长,义也。"②这几句话是心学派所常引用的,但这里的知的意思,很不清楚。可以是事实上爱其亲、敬其兄,而不自觉其是如此,亦不了解如此是应该的;也可以是不但爱其亲、敬其兄,而且自觉其是如此,并了解如此是应该的。前者是自发的、合乎道德的行为,而不是道德行为,因为他的行为虽是出于本心,但他对于本心并无觉解,所以他的境域只是自然境域,而不是道德境域,更不是天地境域。后者对于本心良知有觉解,并努力顺此行事,其行为是道德行为,其境域则是道德境域。若更进一步觉解本心良知是"明德"的表现,是与天地万物一体的本心"发窍之最精处",这时就可进一步达于天地境域。心学派有时忽视了上述自然境域与道德或天地境域的区别,致有"满街都是圣人"之说。从自然境域到天地境域,并不是循环式的往复,而是螺旋状的提升。冯友兰于这一点,是颇有见地的。

反观理学一派,朱熹说敬,有时指有觉解后,有时指有觉解前。有觉解后是真正的诚敬工夫,有觉解前只是教育程序中的一种集中注意的方法。所以必须先立敬,即悟,即觉解,这颇似禅家中的"顿悟渐修"。不澄清这一点,朱熹关于"修"的理论建构中,就有很多矛盾的地方。因为从理论上说,增进人对于客观具体事物的知识是一回事,提高人主观上的精神境域又是一回事。老子说"为学日益,为道日损","为学"是增进知识,"为道"则是提高人的精神境域。程颐把自己的方法总结为"涵养须用敬,进学则在致知"③两句话,"涵养"是提高精神境域之事,"进学"则是增加知识之事。这本来是两回事,二者有何关系,如何统一于修养方法中,程颐没有说,从而使其方法成为"两橛"。人类虽然也是自然的一部分,但人类与物类有一个重要区别,那就是人有心,有"知觉灵明",因此,他能自己向自己提出要求,做一个完全的人。能做一个完全的人,就是穷人之理,尽人之性,因为理本为"天理",性是人禀受于天,也可说是受天的命令而得,所以程颢说:"穷理尽性

---

① 参看冯友兰:《贞元六书》,华东师范大学出版社1996年版,第652页。
② 《孟子·尽心上》。
③ 《二程集》,中华书局1981年版,第188页。

以至于合,三事一时并了。"也就是说,"穷理""尽性""至于命"三事本为一事,每一个人都是人类的一员,他要穷理,首先就是穷人之理,要尽性,就是尽人之性,而且要从他自己做起。《中庸》所言尽人性尽物性赞天地之化育,《大学》所言三纲领八条目,都是说先要从自己做起而穷人理。张载在《两铭》中所讲的"穷神""知化"就是增加知识,但同时就可以理解为对于天的"继志""述事",有了这样的理解,求增加知识也就是所以提高精神境域,懂得了这个道理,"穷物理就是所以穷人理……穷物理不必是'支离',而不穷物理必定流于'空疏'"①。

这样,求"知"与求"诚""敬"就在审美的人生态度一维取得了合一。从这一点来看,哲学(诗学、美学)在于提高人的境域,是每一个人都应该追求的,它不在于给人以积极的知识,而是使人的精神生命得以提升,是每一个人精神生命的需要,是每一个人自我完善的必由之路。这是冯友兰毕生孜孜以求的,也是值得今天的我们反思的。

四、朱子之人格美学

程勇认为,朱熹的审美思想以人格美为核心,辐射播撒于全部生活世界,建构起"于现世伦理中求形上超越"的生存论向度,并且认为,"美的境域即仁的境域""美是人生理想存在的呈现""善是美的前提性依据"构成了朱熹审美思想的三个方面。事实上,今天讲美学,不是单纯地说古代美学与哲学、伦理学合一,而是要从古代哲学、伦理学中发掘美学意蕴。然而,尽管是"于现世伦理中求形上超越",但朱子更多的是"返身内求"。这一向内的工夫往往招人诟病。但是,撇开复杂的历史因素不谈(诸如"清谈误国"、昏君赵构带给人们的潜置印象。但是,我们可以说清谈家不是好的政治家,赵构不是一个好国君,却不能否认清谈在哲学上的影响力,不能无视赵构在艺术成就乃至人才选拔上的号召力。我们承认其失当,但要以此否定其在哲学、艺术方面的贡献却的确是有失公允的),我们不得不承认其在审美心理建构上的突出贡献。这一"内求"的超越性表现即是理,是道。荆成曾对此做出过美学意义上的精妙诠释:"讲无欲、穷理,并不是对生命的否定,而是追求澄明自如、万物与我为一的天道之乐,体认永恒的造化之妙。"②朱子试图通过心灵境域的提升,超越个体感性存在的有限性,在对功利欲望的否弃中,呈现心体的本然存在,而这正是人生最深刻的意义和价值。

---

① 冯友兰:《三松堂全集》第十卷,河南人民出版社2000年版,第172-173页。
② 荆成:《心性和谐之美与天道和谐之美》,《云南学术探索》1996年4期。

这是所谓"心体浑然"①"浑然一理"②般境域与体验的合一。这是主观心理上的"天人合一",从现实性上讲是为了建立内在伦理自由的人生理想。并且,心本体与宇宙本体的合二为一使这一境域超道德而升为廓然大公的天地境域,"理"作为终极真理、绝对存在便成为真、善、美的化身,"形下之心""血气之心"与此终极真理的合一即"心与理一"就成为最高的人生体验。用经验哲学的术语讲,这是自我直觉的体验和享受,是对本真存在的发现和呈现。"人欲尽处,天理流行,随处充满,无少欠阙……而其胸次悠然,直与天地万物上下同流"③"与万物为一,无所窒碍。胸中泰然,岂不可乐!"④这里体现出来的便是"终极关怀",它追索人生的根本意义及其实现,其根本不在于获取对存在真理的认知,而是通过精神感悟与洞察寻求精神寄托与归属。如此一来,"呈现物我交融,列为一体的境域。所以这道德经验同时也是美感经验。仁者与天地万物为一体的境界,也就是美的最高境界"⑤。从经验层面到逻辑层面,最终上升到美学层面。朱熹的理论架构最终指向了与人生密切相关的以理性为基础、以审美为旨归的终极关怀。

从美学上讲,心物交融浑化成形上境域,根本在于"和"。在朱子这里,"和"一指心性和谐,一指天道和谐。前者反映为"天理""人欲"、"道心""人心"、"本然之性"与"气质之性"即理与欲、精神与肉体、类理性与个体理性的冲突,关键在于精神状态上的无欲无为、虚静自然,至于"吾心之全体大用无不明";后者即"听天所命者,循理而行,顺时而动,不敢用其私心"⑥。这就需要"即物而穷其理"。二者虽分属两端,而其实一致,因为"若知得事物上是非分明,便是自家心下是非分明"⑦。在朱子哲学中,主体内在的道德意志,就是世界的根本意义,天道和谐其实内在于心性和谐,是后者的外在呈现或象征,因而形上之美无非是"心体"即人生理想存在的呈现。朱子以伦理诠释形上,以主体内在道德意志为宇宙人生的根本意义,因此以善规定、诠释美就是他必然的思路,这也是儒家对审美所持的一般看法。单纯对于感官印象的愉快感受缺乏超越性,即缺乏对于本真存在的确证,因此对象不是美的对象,对于对象的经验也不是美的经验。在朱子这里,"美"

---

① 《孟子或问》卷一。
② 《论语集注》卷二。
③ 《论语集注·先进》。
④ 《语类》卷三十一。
⑤ 李泽厚:《华夏美学》,《李泽厚十年集》,安徽文艺出版社1995年版,第95页。
⑥ 《文集》卷六十四。
⑦ 《语类》卷三十。

就是人本真存在的全幅呈现,是人格本体的自然显现。

既然美是"心体"的呈现,是"心"赋予世界以意义,那么,世界就转化为人的内部存在,人则通过自我反思和直觉证悟,实现主体意识的超越,并在"心""物"交流互动的过程中,获得基于道德经验而又超越的心理满足。所以,能不能自我反思从而实现自我超越,是实现人本真存在的关键,因而也就是审美得以发生的关键。"孔颜乐处"与"曾点气象"是审美境域的两种形态,究其实则同是对于存在的真理的直觉体悟,当此真理显现时,美与美感也就出现了。这样的观点是否封闭?其实不然,自然科学已经告诉我们,人是有选择地来"看"这个世界,这本身就是人自身对于世界的建构。所不同的是,古人选择了"心性"这一概念。要注意的是,我们这里称其为概念,而不是生理性上的器官。如此,朱子的审美论便以人格美为核心,辐射播撒于全部生活世界,建构起于现世伦理中求形上超越的生存论向度。

五、理学之主导审美范畴"乐"

"乐"之成为理学在审美境域上的一个范畴,主要是指"天人合一",亦即人和天地自然合一的情感体验,同时,这也是一种审美意识或观念形态。作为一种本体论的超越的体验,它既是情感的,又是超情感的;既是理性的,又是超理性的。它和人生境域理论中"诚""仁"等范畴一样,代表天人合一、心理合一的精神境域,但它是从审美意义上说的,在理学真善美合一的范畴体系中,它代表美的境域。它和"诚""仁"一样,都属于整体性思维,但乐更强调直观体验,也更强调主体性和主观性。

在理学家眼中,这一乐的审美境域俨然成了人生修养、认知乃至人生境域的旨归。邵雍说:"学不至于乐,不可谓之学。"①同"学不际天人,不足以谓之学"一样,代表了理学家的共同看法。"乐"因而渗透了伦理学的内容,也有认知的参与。在这种体验中,天地自然打上了人的烙印,它不再是纯客观的外在的大自然,而是包涵着人的情感色彩;同样地,人也不再是纯粹主观的、与自然相对立的存在,而是融化到整个天地自然之中,这就是所谓"在万物中一例看,大小大快活"。这也就是天人合一的整体境域。

在这种美学境域说的指引下,理学家们发现,孔子有"吾与点也"②之叹,又有

---

① 《观物外篇》卷十二。
② 《论语·先进篇》。

对颜渊"不改其乐"①的赞赏,还有"知之者不如好之者,好之者不如乐之者"②以及"仁者乐山,智者乐水"等的议论,都是指主体所达到的一种美学式的精神境域。《乐记》也从一般人性论上提出"人生而静,天之性也;感于物而动,性之欲也"的命题,把出于天性并感物而后动的情感活动看作是乐的主要特点,把"反躬"以存"天理"看作是实现乐的重要方法。由此,理学家更普遍地建立起了关于"乐"的审美本体论哲学,乐的境域便具有了超越的性质。它不仅仅是心理学的或经验论的情感体验或感受活动,而且是出于情感而又超情感、达于理性而又超理性的本体境域。它更多地具有直觉和直观的性质,表现了理学和传统哲学的整体性和直观性这两大思维特征。

在理学家的言论中,我们不难发现他们从"天人合一"契入而展开的对审美境域的论述。据二程说,在向周敦颐学习的时候,周敦颐"每令寻颜子、仲尼乐处,所乐何事"。又说:"某自再见茂叔后,吟风弄月以归,有'吾与点也'之意。""周茂叔窗前草不除去,问之,云:'与自家意思一般。'"这都说明,周敦颐已不是一般地谈论乐的问题,而是从心性本体和情感体验的天人合一之学提出了审美的境域说。人在自己的内心深处摆脱了世俗的困扰,这并不是脱离实际的臆想,而是在精神境域上获得飞跃而产生的欢乐颂:"夫富贵人所爱也,颜子不爱不求而乐乎贫者,独何心哉?天地间有至贵至爱可求,而异乎彼者,见其大而忘其小焉尔。见其大则心泰,心泰则无不足,无不足则富贵贫贱处之一也。处之一则能化而齐。"③所谓"大"者,就是心所性之仁;所谓"小"者,就是耳目之欲。富贵只能满足耳目之欲,只是身外之物,只有心所具有者,才是至贵至爱者。这是道德和美的自我体验,自我评价,这种体验和评价就是同宇宙本体合一,与天地变化齐一。这是一种真正的"乐"。这种乐,不是单纯地乐"贫",它不为富贵贫贱所转移,也不是道德感觉论者所说的乐,它是从仁的境域中感受到的自我精神的满足。所谓"吾与点也"之意,就是物我两忘,天人一体,把自己完全融化在天地自然中,超然物外,达到了超功利的美学境域。所谓"窗前草不除",就是人化的自然或自然的人化,物即我,我即物,大自然充满了生意,整个天地凸显出来的就是生生不息之心。这种"意思",只有在直观体验即"静观"中才能体会到。这是一种意境,体现了人和自然界的完美的和谐一致。这种乐,是语言所不能表达的,它是一种意象思维,超出

---

① 《雍也篇》。
② 同上。
③ 《通书·颜子》。

了一般语言的界限。但是,它并不是不可把握的。"学至于乐则成矣。笃信好学,未知自得之为乐。好之者,如游佗入园圃;乐之者,则已物尔。"①所谓"自得""己物",就是本体论的审美意识。从方法上说,则是自我体验的结果。在这里,"天人合一"再一次得到了印证。

这就是从审美意识所理解的"万物一体"境域。这种境域既是道德的,又是美学的;既是客观的,又是主观的;既是理性的,又是直观体验的。它融理性与情感为一体,以主观体验为主要特征,审美主体和美感对象合而为一,进入物我一体、内外无别的美感境域,超出了形体的限制,深入到美的本质,因此,才有最大的精神愉快。把乐看作是天人合一、心理合一的重要内容,也是人的精神境域的最高点。但在理学家看来,只有一心之中,天理流行,无一毫人欲之私,才是乐的境地。因此,朱子把孔子所谓"七十而从心所欲不逾矩",看作是真正的"乐"。所谓颜子之"乐",也不是乐贫,因为乐与贫富贵贱不相干,原来心中自有乐地,这就是"私欲克尽,故乐"②。这说明,朱熹进一步把美的境域和道德境域统一起来了。但仁是从道德本体上说,乐是从美感体验上说,二者又不能互相代替。这种乐,必须在主客体的统一中才能实现。而要实现这种统一,又必须去掉形体之蔽,有我之私,"于万物为一,无所窒碍,胸中泰然,岂有不乐!"③在朱熹看来,从万物中感受到的快乐,还只是一种美感经验,只有进入了超验的本体境域,这才是真正的"乐",即所谓"物我两忘之地""智仁独得之天"。

前面已经提到过,这种与天地自然的变化融为一体的美感体验,以"静观"为其特点。这是直观思维和想象力的结合,是主体能动性在美学境域中的具体运用和表现,它把主体意识带入自然界,使之具有情感特点。没有"静观",则物是物,我是我,不可能产生美感体验。所谓"万物静观皆自得",就是指直观思维而言,它不需要任何中介,是一种直接的"体会",或自我反思层次上的体验活动,由此达到"体天地之化"。其实"言体天地之化,已剩一体字,只此便是天地之化"④。这便是说,以"静观"为特征的体验过程,也就是天地变化的过程,主观目的性和客观必然性是合而为一的。这是一种超神入化的境域或意境,在这种境域中,如人看云卷云舒,云自卷自舒,但在这一过程中,人获得了最大的审美愉悦。因为天地万物之化即我之化,如"鸢飞鱼跃",并不是自然界活泼泼地,而是我体验到它活泼泼

---

① 《遗书》卷十一。
② 《语类》卷三十一。
③ 《语类》卷三十一。
④ 《遗书》卷二上。

地,体现了人和天地万物的和谐统一,因此具有美学意义。所谓"道通天地有形外"就是进入到这种超神入化的整体境域,从有限达到无限,从相对达到绝对。但这种境域,并不离天地万物而存在,不离审美对象而存在,它既在有形之外,又在有形之中,它必须有审美感受的对象,如春风沂水,风月花草,鸢飞鱼跃之类,也必须依存于具体对象的审美感受之中。这就是"思入风云变态中",也就是"万物生意最好观"。所谓托物寄意而意出言表,就是这个意思。

在人的这种审美体验中,情感的参与无疑起到了莫大的作用。但是,这种境域虽然是情感体验的结果,但却是超情感的普遍形式和审美原则,即物我浑然一体的本体意识。它和仁始终没有分开。它是动态的而不是静态的,在自然界的风云变态和生生之意中,审美主体在主观体验中,完成了向最高境域的超越,因而具有超功利的特点。这真正的超越,达到了"无我"的境域,"乐"蕴涵在"理"里面,但是却又不离审美主体及其感受对象而存在:"自家心便是鸟兽草木之心"[1],便是天地万物之心,本来浑然一体,无物我内外之别。但主体意识始终占主导地位,天地之用皆我之用,因此,"反身而诚,乃为大乐"[2]。可见,乐的境域和诚又是合而为一的,只有实现真理境域,才能达到美的境界。所谓大乐,不是一般的或具体的审美感受,而是主体精神的自我"升华",即真正体会到心即是天,即是理,由此而油然产生一种内心的精神愉悦。这种乐,既是美感,又是道德感。"既能体之而乐,亦不患不能守也。"[3]同时,理学家更把乐的直观体验和认识结合起来,把认识过程作为体验活动的组成部分,在体验中渗透了认识功能,这也是其一个特点。所谓天理流行之乐,虽是从心中流出,但必须通过对天地万物的理性认识,只有在认识的基础上,才能进入美感体验。因此,朱熹便强调要在事物上学,在事物上穷理。曾点之志,虽然"如凤凰翔于千仞之上",超妙而高远,但如果都"不就事上学,只要便如曾点样快活,将来却恐狂了人去也"[4]。这就是说,必须有经验知识的积累,要有认识活动的参与,有了丰富的知识,再从"身心上著切体认",便能达到乐的境域。因此,他认为曾点之乐,虽达到了很高的境地,但由于缺乏学的积累和体认功夫,只是偶尔说到,还缺乏更为深厚的基础。

必须澄清的是,这里所说的认识,并非就是主体对客体的认识。它不是技术含义上的对某物的把握,因为理学的认识,归根结底是体现到了道德乃至美学意

---

[1] 《遗书》卷一。
[2] 《遗书》卷二上。
[3] 同上。
[4] 《语类》卷四十。

义上的对于人的把握。所以学以至圣人之乐,在于"正其心,养其性而已"①,也就是"性其情"而不是"情其性"。但基本特征仍然是情感体验,重点在自我超越,自我"升华",使喜怒哀乐之情不至"炽而益荡",故"觉者约其情而使合于中"②。这个"中"就是性,这个"觉"就是直觉。"学而无觉,则何益矣,又奚学为?"当然,程颐在直觉中,纳入了思,但思也是为了觉。"若于言下即觉,何啻读十年书?"因此,他反对不求诸己而求于外的"博闻强记""荣华其言"之学,主张以直观体验为根本途径。学而至于好,好而至于乐,便是这样的途径。这种乐也是超神入化的美学境域。"所谓化之者,入于神而自然,不思而得,不勉而中之谓也。"③人的主体精神和自然界的化育之道合而为一,不须用思、勉等功夫,便自然而然达到了这种境界,这就是孔颜之乐。应该说,在这里的乐的境域和仁的境域合而为一,美的评价与道德评价合而为一,在审美境域中表现了强烈的道德色彩。

昔庄子濠上观鱼而知鱼之乐,程颐在《养鱼记》中,也通过这样的例子表达了"天人合一"的思想。他通过养鱼的例子,阐发了人与万物一体的美感体验。如果鱼能"得其所"而人能"感于中",这便是一种乐,这种乐同时又是"养物而不伤"的仁的境域。由此推而广之,至于天地万物,如果都能各得其所,各遂其生,那么,吾心之乐"宜何如哉?"④这种普施万物而各遂其性的快乐,正是理学家所追求的理想境界。它体现了人与社会、自然的整体的和谐一致,在这一过程中,人也由此获得了内心的精神平衡和宁静。

总之,曾点之学,不仅"有以见夫人欲尽处,天理流行,随处充满,无少欠阙。故其动静之际,从容如此",而且达到"胸次悠然,直与天地万物上下同流,各得其所之妙,隐然自见于言外"⑤。理学家们往往用"襟怀""气象""胸次"等形容这种飘逸洒落、超然物外的境域,实际上,这种描述已经超出了一般语言的范围。但是一切美感体验及其评价,都有一个普遍的审美原则,这就是"理"。由于心与理完全合一,故能上下与天地万物同流,心广体胖,悠然自得,"在在处处,莫非可乐"⑥。这便是说,只要心中有一个普通原则、普遍规律,用这个原则观察万物,便见得事事物物莫非天理,莫非可乐。当此心"纯以不已"之际,便是天理流行之时,

---

① 《文集》卷八。
② 同上。
③ 同上。
④ 同上。
⑤ 《先进第十一》,《论语集注》卷六。
⑥ 《语类》卷四十。

人与自然合为一体,故事事物物上皆是天理,事事处处都有可乐。这种乐不仅是万物各得其所,从而表现了主体原则的运用及其移情说,而且表现了理性主义特点。一切审美体验,必须从这一原则出发,才能得到美的感受,进入美的境域。

第三节　理学之主体修养

一、知行与人生境域

前面我们谈到过,人只有在觉解之后的"修"才是真正的修。这颇似禅家"顿悟渐修"的成佛方法。所不同的是,禅家讲成佛,儒家讲如何成圣人。今天,我们所谈论的是,借用存在主义的术语,如何"在"的问题,如何诗意地居于此世界。因此对于老问题,我们也要用新的眼光来打量,来审视。好比冯友兰所说:"只能是用近代逻辑学的成就,分析中国传统哲学的概念,使那些似乎是含混不清的概念明确起来,这就是'接着讲'与'照着讲'的区别。"[1]

冯友兰还提到,"哲学是人类精神的反思"[2]。这一反思带给人们的"受用"是什么呢? 就是提高精神境域。中国哲学的永久性价值不是使人获得知识,而是提高精神境域。[3] 在《中国哲学史新编》"总结"中他还特别明确地提出,这正是哲学的性质及其作用,不只是学习哲学史的目的。"哲学不能增进人们对于实际的知识,但能提高人的精神境界。"[4]"一个人所有的概念就是他的精神境界;一个人所有的概念的高低,就分别出他的精神境界的高低。"[5]这本身就需要引起人们在修持方面的注意。

然而,对于哲学概念,不能仅作文字上的了解,不只是"知",还要身体力行,不能变成"口耳之学",而要真正受用。"哲学的概念,如果身体力行,是会对于人的精神境界发生提高的作用。这种提高,中国传统哲学叫作'受用'。受用的意思是享受。哲学的概念,是供人享受的。"[6]因此,哲学概念是属于"理解"的,不是属于

---

[1] 冯友兰:《中国现代哲学史》,广东人民出版社1999年版。
[2] 冯友兰:《中国哲学史新编》第一册,人民出版社1982年版,第9页。
[3] 参看《三松堂自序》,三联书店1984年版,第370页。
[4] 冯友兰:《中国哲学史新编》第七册,人民出版社1982年版,第240页。
[5] 冯友兰:《中国现代哲学史》,广东人民出版社1999年版,第214页。
[6] 冯友兰:《中国现代哲学史》,广东人民出版社1999年版,第241页。

"知识"的;"理解"不能离开人和人生,"知识"则是有关具体对象的。正因为如此,哲学概念看似无用,实际上却有"大用",这就是提高精神境域,提高精神境域就是最大的"受用"。因此,理学强调"身体力行"而反对只作"文字上的了解",强调"受用"而反对"口耳之学"。另一方面,既然哲学是讲概念的,而概念是认识问题,概念分析也是认识方法的问题。因此,要提高人的精神境域,就要解决认识的问题。但是,在理学哲学系统中,最高概念是"宇宙""大全",最高境域是"自同于大全",而"宇宙""大全"是不可思议、不可言说的,亦即不能对象化的,这就不是逻辑概念所能直接说明的了,这便从认知过渡到了敬畏之心。但是,所谓"超越"认知,又并不是抛弃认知,这一点是需要澄清的。

理学哲学的根本性质和功能就是提高人的精神境域,在这一点上,理学一派与心学一派是一致的,并无根本区别。正如禅宗也有顿悟渐修、渐修顿悟、顿悟顿修、渐修渐悟的法门差别。熊十力在《新唯识论》中便认为:"关于理的问题,有两派争论。一、宋代程伊川和朱元晦等,主张理是在物的。二、明代王阳明始反过程、朱,而说心即理。二派之论虽若水火,实则心和境本不可截分为二,则所谓理者本无内外。……如果偏说理即心,是求理者将专求之于心,而不可征事物。这种流弊甚大,自不待言,我们不可离物而言理。如果偏说理在物,是心的方面本无所谓理,全由物投射得来,是心纯为被动的,纯为机械的,如何能裁制万物,得其符则? 我们不可舍心而言理。二派皆不能无失,余故说理无内外。"[①]其实说理在物,我们不应忘记人也是一物,所不同的一点是人之"灵明"。这虽然是王阳明提出来的,但在理学一派中也不乏对主体的褒扬,只是侧重各有所不同而已。心学与理学的分歧,主要不是心与理的问题,而是方法问题,即直觉与概念的问题。这里所谓"方法",当然不只是单纯的方法论,同时还有观念的问题。冯友兰评论的虽然是新理学、心学的差别,于宋明理学、心学却也不无借益。

中国古代哲学家对于哲学中的主要概念,更看重的是直觉的感受,而不仅仅是理智的理解。沿着同样的传承,理学中的道就是"大用流行",不是静态的,而是动态的,对此不能用概念,而要用直觉,所谓"体道"就是直觉。但同时,这一超越又并不抛弃认知。前面我们已经提到过这一点,必须把直觉变成一个概念,其意义才能明确,才能言说。概念与直觉,不可偏重,亦不可偏废。理学和心学的分歧,其根源就在于此。程颢的《识仁篇》很清楚地说明了概念与直觉的结合(以今天的体系进行分析),"浑然与物同体"是直觉,"识得此理"则是概念,只有"识得

---

① 转引自《中国哲学史新编》第七册,人民出版社1982年版,第234-235页。

此理",才能"与物同体"。王阳明《朱子晚年定论》中的一条资料也表明,朱子承认"向日支离之病",这恰恰说明理学与心学实现结合与统一的必要。实际上,我们应该超越理学与心学的争论,将二者结合起来,发展中国的未来哲学。一方面,仍然要进行概念分析,使哲学概念清楚明白;另一方面,还要运用直觉,实现"与道同体"的最高境域。这应是理学与心学的共同任务。如果认识到真正的哲学是理智与直觉的结合,心学与理学的争论也就可以平息了。注意这里的直觉并非是如柏格森所说的生命本能冲动。这里运用的也是冯友兰的"负的方法",我们不能去说直觉是什么,只能说它不是什么,从而得窥其真面目。这直觉的体验便和情感的体验是不可分的,情感体验之所以在人的生命活动中占有重要地位,是因为与人生的价值、意义等根本问题不能分。人生如何才能有价值?人生的价值是什么?在儒家看来,这类问题并不是靠概念认识能够解决的,而是靠直觉体验获得的。从理论层面上看,这里既有哲学的问题,又有美学与宗教的问题,由于儒家从整体上理解心灵存在,其中又特别突出了道德情感,因而并没有形成独立的美学,如同西方美学那样,是一种艺术化、诗学化的道德哲学。其特点是:将审美与道德合而为一,从道德情感及其形而上的超越中体验美的境域,这就是所谓"乐"的体验。这里所说的"乐",不是作为情感中之一种的乐,比如喜、怒、哀、乐之乐,而是整个人生的快乐。

"天理流行"之乐是指从心中自然流出,不需要任何外在的指点,也没有任何物欲功利的考虑。但是,要实现这一点,却仍然需要有认识这一个环节,我们要澄清的是,认识不一定具有功利性。我们还是要在事物上"穷理",就是说,要把乐的体验建立在真理认识之上。正因为如此,朱子认为曾点之乐,虽然"如凤凰翔于千仞之上",既超妙又高远,但由于缺少学问积累和认识准备,只是偶尔说到,因此有点近于庄子。在朱子看来,庄子虽是个大秀才,但"他却理会得,只是不把做事",而且"跌荡""不拘绳墨"[1],能将道理掀翻说。这当然与儒家的要求不相符。如果要学"曾点之乐",而"不就事上学,只要使如点样快活,将来却恐狂了人去也"。这说明,朱子是很重视理性认识的,只有在认识的基础上,进而"在身心上着切体认",才能体会到"天理流行"之乐。

在今天,从更高一层意义上说,我们可以认为,认识与实践都是一种认知。境域既为一种认知,但又不仅仅是认知,境域还是一种"存在",即自我超越的存在"状态"。存在是指人的存在,这便同人的主体意识密切相关(这里的主体意识并

---

[1] 《朱子语类》卷一百二十五。

非吞并一切的诸如黑格尔的"绝对精神");人的存在不能离开宇宙自然界,因此又有其宇宙本体论的来源。这就是中国的"天人之际"的学问。天人关系不只是认识关系,首先是"存在"的关系,人既是理性的动物,也是情感的动物,情感正是人的最基本的存在方式。所谓境域,既有认识的问题,也有情感的问题,它不仅是一种概念,而且是一种情操、情趣,二者又是很难截然分开的。所谓认识,也不只是对象认识(包括对人自身的认识),更重要的是存在认识。所谓存在认识,就是人的存在及其意义和价值的"自觉",既有体验,又有直觉。"概念"在认识中起什么作用呢? 就是使人的认识理性化,具有理性精神或理性特征,也就是使人的存在具有意义和价值。但这所谓"概念",不仅要同科学认识中的概念相区别,而且要同以知识论为特征的哲学相区别,它在本质上是实践的,如同冯友兰所说,是"身体力行"的。它不是解决因果必然性一类的问题,而是要解决自由的问题;不是解决真理认识的问题,而是要解决意义和价值的问题。境域之所以为境域,不只是对对象有所认识,而且是对人的存在状态的一种自觉意识,亦可称之为精神状态。这种状态不能离开人的具体存在,包括人的情感态度、需要和情感内容。因此,如果说境域是"概念",那么,它是"具体概念",不是"抽象概念",是"具体理性",不是"抽象理性"。而且,它直接与人的实践相联系,由人的生命活动的目的所决定。它所表现的,是整个的人及其对待一切事物的态度,包括人生态度。那么,昨日佛老的成佛成仙,儒家的内圣外王到今天主体境域的提升,从不食烟火的缥缈幻境到充满生命气息的人世间,在人格上的修持也就并非玄虚的海市蜃楼了。

二、格物致知说

在理学家看来,"知"的问题是始终和情感、道德的问题联系在一起的。情感是我需要什么或应当如何的问题。情感也有对象,无论是人还是物,都可以成为情感对象,但不是认识与被认识的关系,而是如何相处、对待与交流的问题,亦即如何"感应"的关系。另一方面,张载讲"不知以性成身而自谓因身发智,贪天功为己力,吾不知其知也。民何知哉? 因物同异相形,万变相感,耳目内外之合,贪天功而自谓己知尔"。[①] 这便将"德性之知"提到很高的地位,而将"见闻之知"降到次要地位。

张载又讲:"大其心则能体天下之物,物有未体,则心为有外。世人之心,止于闻见之狭。圣人尽性,不以见闻梏其心,其视天下无一物非我。孟子谓尽心则知

---

① 《正蒙·大心篇》。

性知天以此。天大无外,故有外之心不足以合天心。"①如此一来,"知"不再是一种对象之知,而是一种情感态度即情怀,人与万物的关系不是认识与被认识的关系,而是生命意义上的有机关系。事实上,主体认知的"心"有两面:"合性与知觉,有心之名。"②就性而言,心就是诚,就是仁,就是天德;就知觉而言,心就是体验,就是直觉,合而言之,就是"体物之心";就其性质而言,是一种价值认识,而不是事实认识,是对人的存在及其意义的认识,而不是对客观事物及其性质、规律的认识;从存在上说,心是情;从功能上说,心又是思,由情而有其性,由思而知其性,"四端"之情方能成为自觉的道德理性。这也是"由博反约"的过程。博与约的关系不只是学习外在知识的问题,更重要的是由情感的丰富多样性反到简约化的理性层面,这样就获得了普遍性,要实现这一点,只能靠思。但这又不是将心截然分作两片,而是有机统一在一起的。孟子有言:"耳目之官不思,而蔽于物。物交物,则引之而已矣。心之官则思,思则得之,不思则不得也。此天之所与我者。先立乎其大者,则其小者不能夺也。此为大人而已矣。"③从认识论的意义上说,耳目之官作为认识主体的一部分,可以获得感觉经验即知觉,即便是经验知识不可靠,容易受欺骗(如同西方某些理性主义哲学家所说),也不能说是"蔽于物",而只能说是耳目之官不可靠,因而所得的认识不可靠。既然感官与外物相交而"蔽于物",就说明人与外物的关系不是认知关系而是与人的欲望相联系的。

从审美的角度讲,"认知"乃至"思"也是不可或缺的。为了提高人文素质,培养艺术鉴赏能力和生活中的艺术化水平,这种认知能力可以说是"诗学"的一部分。这种"知识"是美学的,而美学是满足情感需要的。只是由于陌生化使得人们追问,而妨碍了坠入审美的沉思境域,我们才需要进行这样的训练。

从道德的超越性讲,"不知命,无以为君子"……"知天命"就成为实现仁德的重要条件。"知命"与"知仁"实际上是相通的,不知命,何以知仁?仁就是天之生道之命于人者,是天生之德。

德性之知不是经验知识的排列组合,其中有"思"的问题,但也不是抽象的概念认识,而是人生的智慧,生命的结晶,它本是人的自我认识而不是对象认识,其核心则是知仁。仁从根本上说是情感,是情感的理性化,"仁者爱人"是仁的最本质的规定,知则是仁德的一种自觉,需要"心通而默识"即自我直觉,而不是概念分

---

① 《正蒙·乾称篇》。
② 《正蒙·太和篇》。
③ 《孟子·告子上》。

析。因此"知及之,仁不能守之,虽得之,必失之"①。在理学家那里,智作为人性的重要组成部分,虽然由心理知能而来,但它必须服从于情感需要并由情感内容所决定。"尽心知性知天"是从知上说,"存心养性事天"②是从实践功夫上说。其实,二者是统一的,同时并行的,在运思的同时就有实践的问题,其目的不是获得某种知识,而是"立乎其大者",成为"大人"。孟子的"大人"之学,就是儒家的"圣人"之学,即实现"天人合一"的境域。由于心(亦即情)性是天之所与我者,思也是天之所与我者,"尽其心,知其性",就是运思的过程,思而尽其心,思而知其性,就能知天;"存其心,养其性",就是实践的过程,实存其心,实养其性,就能事天。"天之所与我者"还只是自在的存在,本然的存在,只有尽人之道即运思而知其"皆备于我",才能成为自为的存在,应然的存在。

作为德性主体,心首先是存在意义上的情与性,思作为心之官是从功能上说的,其职能在于使性情得以自觉,因此必须是"反求诸己"。在理学家那里,思知与性情是不能分开的,思不仅是思其在我者(即性与情),而且思本身就是由性情带出来的,它不能成为独立的认识主体。《大学》便讲:"知止而后有定。""致知"是"推及吾之知识,欲其所知无不尽也"③。朱熹《补格物致知传》也说:"所谓致知在格物者,言欲致吾之知,在即物而穷其理也。盖人心之灵莫不有知,而天下之物莫不有理,惟于理有未穷,故其知有不尽也。是以《大学》始教,必使学者即凡天下之物,莫不因其已知之理而益穷之,以求至乎其极。至于用力之久,而一旦豁然贯通焉,则众物之表里精粗无不到,而吾心之全体大用无不明矣。"情感与认知活动都是心体之发用,都源于心体,而又回到心体,可谓之一体而异用。情与知虽有分,但最终都要合于一体。

人虽然有先天的德性之知,但不能保证其完全实现,只有心之作用、功能充分展开,亦即充分发挥其作用,才能使德性之知、本体之知得以实现。而心之作用、功能就在于"知"(非"致知"之知),即向外穷理,而穷理在格物。这时,只有这时,心与物形成认知关系,表现为认知活动,这正是"心用"之所以为"心用"者。但"心用"归根到底是实现"心体"的,"格物穷理"的过程实际上就是"发明本心"的过程,实现德性之知的过程,格物格到"极"处,德性之知也就完全实现了。这就是"明体达用"之学。同时,自然界的事物是有价值的,其价值源于宇宙生生之理。

---

① 《论语·卫灵公篇》。
② 《孟子·尽心上》。
③ 《大学章句》。

"枯槁有性"的自然界不是机械论的物理世界,而是有机论的生命世界,自然界的"物理",就是生生不已之"生理",从本源或根源上说,人与万物来自同一理。这就是"穷物理"可以"尽吾知"的原因。

知与情是不能分开的。前面说过,知与情都是"已发",不是"未发",都是作用,不是本体。"未发"是性,但性之中便有情有知,其发便是性之情与性之知。知、情二者虽然有分,但从"全体"上说是统一的,其作用虽然有异,但又是密切相关的。情表现为情感意志,知表现为理性自觉,二者结合,才可称之为"大用","大用"就是表现"全体"的。进一层说,知与情虽然都是作用,但情是从存在上说,是"心之所存",是本体存在(即性理)的具体表现;而知则是其功能,是情的自觉状态。无知之情可能是盲目的,有知之情则是自觉的。因此,说到底,知只是情之自觉,离开道德情感,所谓德性之知就什么也不是了。

三、德性与意志说

前面我们曾经讨论过情感与欲望的关系。实际上,在儒学的描述中,"欲"不一定是指欲望。孔孟第一层意义上的"欲",如"养心莫善于寡欲"①,在这里,尽管欲也是人心,情也是人心,但两者还是有所不同,欲是受外物之"引"而有的,这就会出现冲突。"其为人也寡欲,虽有不存焉者,寡矣;其为人也多欲,虽有存焉者,寡矣。"②"寡欲"并不是不要欲,"寡欲"和"无欲"还有所不同,但总要以不妨碍心之所存即道德情感为限。孔孟第二层意义上的"欲",如"己所不欲,勿施于人"③"己欲立而立人,己欲达而达人"④,欲与不欲,主要是在我与别人的交往关系中说的,而我与别人的交往首先是情感的交流,因此欲或不欲,正是从情感上说的。

孔子还曾讲,"七十而从心所欲,不逾矩"⑤。从他所说的"志于道,据于德,依于仁,游于艺"⑥这一纲领式的表述来看,"矩"显然是指道而言的。可见,作为自由意志之"欲",是和道、德、仁不能分开的,这不是"人为自己立法",这是人与天道的合一。就心理机能而言,这里所说的"欲"是有特殊意义和用法的,这个"欲"与人生的终极目的有关,且有其内在的依据,即仁德。这就又同情感联系起来了。

---

① 《孟子·尽心下》。
② 《论语·颜渊篇》。
③ 《论语·卫灵公篇》。
④ 《论语·雍也篇》。
⑤ 《论语·为政》。
⑥ 《论语·述而篇》。

"可欲之谓善。"①这里所说的"欲",与孔子所说"我欲仁,斯仁至矣"②之"欲",其意义是相同的。这里似乎同样有一个对象,这个对象是值得欲求的或者是欲望所追求的,但实际上并没有一个对象,因为欲者心之欲,可欲者心之存在,即"四端"之情或者就是"四性"("扩充"而成)。因此,这个"欲"是心所本有之欲,也是自己对自己的欲求,换句话说,是心之存在即道德情感的自我实现之功能。因为孟子所说的"欲",不是对心之外的某种对象有所欲求,而是我的情感的目的性的自我实现的心理机能,才能说成是"欲"。

从上面的论述我们可以很明显地看出,孔子的"从心所欲",孟子的"可欲之谓善",实际上是讲道德意志的,是实现自由的意志行为。这是同感性物质欲望不同的另一类"欲望",即意志自由。如果说这里有认识论的意义,那么,这是一种德性之知,即"明德"之自我直觉,与所谓横向的"摄取"之知不是一码事。这里所说的"心",不是一个物质器官(当然不能离物质器官),而是指人的精神或意识的某种存在状态及其功能,也就是本然之"明德"及其"明"的功能。只知说些孝弟的话,从一般知识论的角度而言,未尝不是一种"知",比如何谓"孝"、何谓"弟",如何"孝"、如何"弟"之类,但却是小和尚念经,有口无心。这样如果与实践没有关系,未曾变成行为意志,这种"知"就不是"真知",也可以说是"不知";只有变成行为意志,"打定主意"去实践,并且见之于实践,才可称之为"知"。这样的"知",就不是一般知识论意义上的知,而是意志之"知",成为实践动力与目的,且只能在实践中存在,由实践得以验证。

再做一番深入的比较。我们可以说,欲望是下行的,与人的生理需要相关;意志则是上行的,与人的道德目的相关:问:"意是心之运用处,是发处?"曰:"运用是发处了。"问:"情亦是发处,何以别?"曰:"情是性之发,情是发出恁地,意是主张要恁底。如爱那物是情,所以去爱那物是意。"问:"情、意,如何体认?"曰:"性、情则一。性是不动,情是动处,意则有主向。如好恶是情,'好好色,恶恶臭',便是意。"问:"情比意如何?"曰:"情又是意底骨子。志与意都属情,'情'字较大。'性、情'字皆从'心',所以说'心统性情'。心兼体用而言。性是心之理,情是心之用。"

李梦先问情、意之别。曰:"情是会做底,意是去百般计较做底。意因有是情

---

① 《孟子·尽心下》。
② 《论语·述而篇》。

而后用。"①

显然,从不同的角度来看,两者都是不可或缺的。而前面这种所谓先后的关系,不是从时间上说的,而是从心理结构的层次上说的,由于情感处于更基础的层面,因而决定了意志的活动。这里有了更多的审美的意味,所谓"上下与天地同流",王阳明晚年更加追求超越的境域,更加向往人与自然的和谐统一,因此更加强调要"体当自家心体,常令廓然大公"②,即在"源头上"用功。

四、敬畏之心

但是,在理学家的理论系统中,主体性始终没有成为决定性的一维。反过来,"天"也没有成为具有人格性的上帝。一方面,天不是上帝,不是实体,而是自然界运行的过程,因此并无所谓目的,从这个意义上说,孔子否定了神学目的论;但另一方面,天的运行过程是"生生不息"即不断生成、不断创新的过程,而在这一过程中便有一种无目的的目的性,从而使人类获得一种道德的潜能,以完成其德性。"生"是有目的性的,其目的性就是善,目的即善,善即目的。但这目的是靠人来实现的,因此,天以生为"大德",而人以仁为德性。这就是"天命"的真正含义。所谓"夫子之言性与天道,不可得而闻也"③,这类问题不是言说的问题,从根本上说是体验的问题,实践的问题,这正是孔子主张"下学而上达"的原因所在。这种体验与实践,就有着敬畏之心在里面。

这种敬畏,有着对生与死的体验,儒家向来很重视这一类问题。孔子讲"未知生,焉知死"④。曾子临终前也曾叹曰:"启予手,启予足,而今而后,吾知免夫!"⑤这正是对孔子关于生与死学说的最好的实践。生死无疑是人生的大事,但死后如何,儒家采取存而不论的态度。但这并不是说,儒家并不重视死亡,正好相反,儒家是很重视死亡的。儒家提倡祭礼,主张"祭如在,祭神如神在"⑥,就能说明这一点。所谓"慎终追远"⑦,就是把死亡看作生命延续过程中的重要事情来对待的。死亡既是生命的结束,也是生命的开始,对生者而言,具有重大意义。正因为有死

---

① 《朱子语类》卷五。
② 《传习录》下,《阳明全书》卷三。
③ 《论语·公冶长》。
④ 《论语·先进》。
⑤ 《论语·泰伯》。
⑥ 《论语·八佾》。
⑦ 《论语·学而》。

亡，所以要重视生，死亡的意义，就在于如何对待生，生命的意义由死而显示出来。要知道死亡是怎么一回事，就要在生命中去寻找，不知道生命的意义，怎么能知道死亡的意义？这就是孔子的"未知生，焉知死"这句话的真正含义。这一敬畏颇类似陀氏宗教。因为当人们发觉自己可以肆无忌惮的时候，世界也就变成了地狱。正因为有了束缚，人们才有了安定；正因为有了死，人们对生才格外地向往与珍惜。

这种敬畏又并不是宗教式或迷信的。对于鬼神，儒家不问其有无，作为一种信仰，可以去敬且必须去敬，但不要从鬼神那里得到什么，而是以敬鬼神之心敬奉人事。这与迷信信奉现世和来生的回报形成了鲜明的对比。《中庸》讲"天命之谓性"，这种敬畏心又不是赎罪式的、忏悔式的，而是转到德性的实践和修养上，也就是"敬德"上。所谓"敬德"，不是将德性看成是后天获得的（经验、教育、学习、习惯，等等），而是必须看作是天之所命，即由自然界的超越层面上的目的性而来，所以才会去敬，文王之德之纯，就是以天命为其保证的。"敬德"从一个意义上说就是"敬天"。德性和天命不是对立的，德性由天命而来，德性即是天命，但天命的绝对普遍性与客观性的意义是不能否定的，其本源性、根源性的意义是不能否定的。所以必先说"天命于穆"，才能说"德之纯"。所谓"纯"，是纯粹之义，也就是后儒所谓"惟精惟一"的意思。"纯"不仅是状其德，而且有动词的含义，即不断纯化自己的德性。文王虽然是圣人，但文王之德也是在实践中不断纯化的。人要纯化自己的德性，就要意识到这是天之所"命"，因此要有敬畏之心，只有保持敬畏之心，才能真正纯化自己的德性，否则就容易放肆。

理学家（包括一般儒家）虽然讲理性，但他们所说的理性既不是所谓的"纯粹理性"，也不是数学逻辑式的形式理性，而是一种"自然理性""目的理性"，这其中便包含了宗教性的问题。"能尽其性，则能尽人之性；能尽人之性，则能尽物之性；能尽物之性，则能赞天地之化育；能赞天地之化育，则能与天地参矣。"从己到人，从人到物，从物到天地化育，最后与天地并立而为三，确实表现出人的主体性，但这并不是与天地争地位，而是与天地合其德，其关键则是参赞天地之化育。惟其能与天地"合其德"，才能参赞天地之化育；而要实现与天地"合其德"，就要将"尽其性"当成非常严肃的事情去实践，也就是心存一个敬字。这样做实际上暗含着对天德、天道的诚敬之心。如果没有对天道（分言之有天道、地道，合言之则是天道）的诚敬之心，并以此诚敬之心实现诚性，这一切都是不可能的，也是无从谈起的。

"生"之目的性（出于自然，因而是无目的的目的性）既是仁性的宇宙论、本体论的来源,也是宗教情感即敬的基本前提。仁性固然在心中,心就是仁,也就是天,因此"合天人"之学,连"合"字也不用谈,"只此便是天"。但是,仁之所以为仁,正是由天之"生理""生意"而来,"只为从那里来",而没有别的来源,这是"不知其所以然而然"(小程子语)之事。从天之"生理"在心而为仁性言之,人不可"自小",因为"涵养须用敬,进学则在致知"①;从天之"生理"普在于万物而万物皆有"生意"言之,人不可"自大"。正因为如此,人要有诚敬之心,敬畏之心。因此,当大程子讲到"先识仁"(这个"识"字是讲体知即体验直觉,而不是一般所说的认识)时,必须讲"认得为己,以诚敬存之而已"②。所以孔子对子夏说:"汝为君子儒,无为小人儒。"《论语·雍也》敬畏天命,只是对君子而言的,对于小人,则"不知其可也"。

归结起来,敬一是"主一无适",亦即"专一"而不"放逸"。③ 这是一种高度的全身心生命力的凝聚,是建立在一个坚定的信念之上的。这个信念就是天命流行而赋予人者即是心之体,即是性,即是太极。所谓"主一",就是专注于此一而不二之心体即性,这样才能纯一而无杂,进入"心体浑然""天理粲然"的境域。这里已有审美的成分。

二是"收敛身心",即所谓"居事敬"。朱子并不否定静坐,他晚年对其老师李延平的"静中涵养"就很重视,但在朱子看来,人不能整日静坐,而要应事接物,静坐中固然要敬以涵养,应事接物中也要敬以省察,这就需要收敛身心而不可放纵自己。这所谓"收敛"完全是出自内心的命令,而不是由于某种外在的力量,但似乎有一个主宰者在命令自己。这主宰者只能是"帝",但"帝"不是别的,就是心中之理,而不是心外又有一个理来作主宰。朱子明明讲性命之理,而且心能"统"之,"统"又有"兼"义,即体用情性兼而有之,却为什么又要提出"帝"之"主宰"这一类词语以说明心性之地位与作用呢?这正是朱子的超越意识之所在。在他看来,理的客观普遍性、绝对性、无限性与永恒性足以使人有一种敬畏之心而不得不收敛身心,虽然它就在每个人的心中,但人只有超越自我,才能心与理一。这也是陀氏之敬畏的宗教学说所谈到过的。

三是"整齐严肃"④,包括"动容貌,出辞气"之类,也包括"沐浴斋戒"之类。这便体现了温润、严毅等的人格美。

---

① 小程子《河南程氏遗书》卷十八。
② 《河南程氏遗书》卷二上。
③ 《语类》卷十二。
④ 《语类》卷十二。

四是"敬畏","敬只是一个畏字"。康德有一句名言:"头上星空,心中自律。"这其间便包含着深深的敬畏之心。所谓敬畏,当然是对"心中自律"之敬畏。虽是"心中自律",却具有绝对普遍性,虽是"自我立法",却具有无上权威性。至于"头上星空",究竟是讲美学,还是讲道德,我们不必去追究,但决不是讲自然界(现象界)的因果必然性,则是可以肯定的。如果是讲道德,当然是讲敬畏之心这种道德情感;如果是讲美学,那更是情感之事,且不说这是何种美,比如自然美还是神圣美。康德关于敬畏心的思想,可以同朱子进行比较。所谓宗教精神,就表现在对此超越的终极目的之追求,它是合审美与道德而为一的,同时又是超越于美学与道德之上的。在这里,只有求之于敬,求之于实践,而纯粹的理性认识是否能达到就很难说了。最终,这种以敬畏之心为基础的终极关怀与体验转向了审美。

第四章

心学之人生美学思想

　　心学是儒学在宋明时期的新发展,它是儒、释、道三家有机融合的产物。因此,冯友兰将其与朱熹理学一起称为"新儒家"。心学集儒、释、道三家之成在身,充分体现出中国哲学关注人生、关注生命的特征。而美学,尤其是中国传统美学在我们看来是一种人生美学、生命美学。所以我们认为,心学与中国传统美学有着密切相连的共同平台,它们都关注人生和生命。因此,心学人生美学思想是一个值得探讨的课题。这一课题不仅能挖掘心学体系中的美学思想,而且还能够为中国传统美学的理论建设注入新的活力。当然,在探讨和研究的过程中,我们必须对"心学"这一范畴进行指明。通常言及的心学是指由程颢开启,经陆九渊发展,最后由王阳明集大成的这样一个流派,因此又被称为"陆王心学"。这一流派从学术渊源上则可以追溯到先秦的心性学说,影响则波及到明朝后期的泰州学派、李贽甚至于清朝的黄宗羲等。所以说,心学是中国哲学的一个重要组成部分,传承并营造着中国的哲学智慧。但是,这样一个庞杂的体系为我们的研究带来了很大的不便。并且,被称为心学家的学者本身的学说也有不相一致之处。所以,为了使研究能够具有系统性和说服性,我们主要以王阳明的心学为主来探讨心学的人生美学思想,毕竟阳明心学是心学发展的一个巅峰,它总结前人的理论成果,又为后人进行了理论奠基。

　　王阳明,名守仁,字伯安,浙江余姚人,生于明成化八年(1472),卒于明嘉靖七年(1529),终年58岁。因为他曾经隐居会稽阳明洞,又创办过阳明书院,故世称为阳明先生。王阳明28岁中进士,历任庐陵知县、刑部主事、兵部主事、吏部主事、左佥都御史、南京兵部尚书等,他一生文治武功俱称于世,敕封新建伯,著有《王文成公全书》三十八卷。[①] 王阳明一生为朝廷建功立业甚多,却不被统治者重用,被人诬陷排挤,生活的坎坷促使他更多地思考人生,叩问人之"良知",建构起

[①] 参见舒大刚《中国历代大儒·心学大师王守仁》。

其心学体系。然其为学之路也非顺畅，黄宗羲在《明儒学案·姚江学案》对其为学求道的历程做了简要的概述："先生之学，始泛滥于词章，继而遍读考亭之书，循序格物，顾物理吾心，终判为二，无所得入，于是出入于佛、老者久之。及至居夷处困，动心忍性，因念圣人处此，更有何道？忽悟格物致知之旨，圣人之道，吾性自足，不假外求。其学凡三变而始得其门。自此以后，尽去枝叶，一意本原，以默坐澄心为学……江右以后，专提致良知三字，默不假坐，心不待澄，不习不滤，出之自有天则……居越以后，所操益熟，所得益化，时时知是知非，时时无是无非，开口即得本心，更无假借凑泊，如赤日当空而万象毕照。是学成之后又有此三变也。""纵观阳明一生，极富传奇色彩。几经变难而屡建奇功，虽建奇功而屡遭打击诬陷，阳明先生于百死十难之中，根据自己亲自经历体验，提炼出良知学说，开始心学流派，表现出勇往直前、信念不移的大无畏精神。……惟阳明先生集内圣外王于一身，立德立功立言，为秦汉以来所罕有，盖当以千古豪雄人格视之。"[1]可以说，王阳明是以其实际的人生践履着美的诗篇，整部《王阳明全集》更可以说是其人生体验的最后结晶。当我们临近这位古代文武双全者时，感受到的是他对人生、社会的厚重的使命感和责任感，我们借用张载的四偈对其人生底蕴进行描述："为天地立心，为生民立命，为往圣继绝学，为万世开太平。"这就是王阳明一生践履的抱负，也是我们从其"心学"中体会到的最基本的人生美学意蕴。

第一节　人生境域

阳明心学继承了中国哲学究天人之际的传统，并且在这一问题上走向了心体的道路。究天人之际就是要在探讨天、人关系构成的基础上，着重回答人类的生存困惑和理性追问。在天人关系上，中国哲学在本体论上就有性体与心体两种学说。朱熹的理学就是以性体为基础，因而在天人之学上，着力于在人这一生存主体之外又立一恒常的"理"。王阳明则与其不同，他摒弃了程朱理学将"理"抽象为外在的道德法则与规范的做法，而是在尊重和关注个体生命的基础上，提出"良知"与"致良知"的学说，以心体为本体规范将成圣与成己的过程统一起来。王振复提出："宋明理学的精神无他，仅高远而深邃的'头上的星空'与'心中的道德律令'之双华映对而已。'头上的星空'使道德问题上升到本体，具有哲思品格；'心

---

[1]　王国良：《明清时期儒学核心价值的转换》，安徽大学出版社2002年版，第109页。

中的道德律令',因'星空'之灿烂的映照而达于精神的超拔。"①这一观点切实地道出了宋明理学的本质构成,但落实于程朱理学与阳明心学哲学基础上所呈现出的具体特征仍然存在很明显的差距。程朱理学将"理"做了外在的本体提升,形成的是心与理的分离,所以构成的是本体—工夫—境域互相分离的学理体系;相比之下,阳明心学提出"心即理""良知是心之本体",将本体、工夫、境域三者归一,道德本体、道德践履与境域达成最终归于生存主体的人生践履。所以说,当我们研究阳明心学人生美学时,必须觉察到其理论的独特品质,然后才能深入挖掘其中的美学思想。

既然阳明心学的本体论、工夫论和境域论是一体相关的,那么,当我们探讨其人生境域时,必然要进行三路合一的观照。也就是说,我们要从本体论出发,并进而带出工夫论和境域论的相关规定,从本体论上来明晰心学的人生境域特征。关于中国传统儒家的人生境域或人生境界,冯友兰做了层次性的划分:自然境界,功利境界,道德境界,天地境界。他认为:"这四种人生境界之中,自然境界、功利境界的人,是人现在就是的人;道德境界、天地境界的人,是人应该成为的人。前两者是自然的产物,后两者是精神的创造。"并且,"生活与道德境界的人是贤人,生活于天地境界的人是圣人"②。而学做圣人是心学,乃至儒家所积极憧憬的人生境域,王阳明就曾多次提到"圣人之学,心学也"。王阳明就是以心学的学理形式来探讨成圣之道的。

一、天地境域的本体确立

阳明心学以成圣为第一等事。在论述如何才能成圣的问题上,中国哲学主要在心性之域来展开。程朱理学以性为体,并且又认为性与理合而为一,所以其学说表现出的是以性说心、化心为性,最终以性体作为第一理论原则的形上特征。相比之下,阳明心学则着力于心体的重建,他扬弃了程朱理学把性体抽象成具有超验性质的做法,而是尊重个体的生命价值,以心即理为内在的规定性,心体在阳明心学中成了首要的理论原则。可以说,阳明心学的构造平台就是一"心"字,其学说的本体、工夫、境域都将落实于此。"王阳明所说的心,含义较为广,指知觉、思维、情感、意向等等……"③由此可见,心学的"心"不是指人类的身体器官,而是

---

① 王振复:《中国美学史教程》,复旦大学出版社2004年版,第209页。
② 冯友兰:《中国哲学简史》,北京大学出版社1996年版,第292页。
③ 杨国荣:《心学之思——王阳明哲学的阐释》,三联书店1997年版,第72页。

理性化、感情化的多元存在。王阳明称:"心也者,吾所得于天之理,无间于天人,无分于古今。"①并且,他又提出:"所谓汝心,亦不专是那一团血肉。若是那一团血肉,如今已死的人那一团血肉还在,缘何不能视听言动?所谓汝心,却是那能视听言动的,这个便是性,便是天理。"②所以,在阳明心学中,心是与性和理相联系的。心性之学,孟子曾云:"尽其心者,知其性也。知其性,则知天矣。存其心,养其性,所以事天也。"③在孟子看来,心、性与天(理)是密切相关的,并且,心是本原和起点。王阳明则明确提出:"心即理也。天下又有心外之事,心外之理乎?"④所以,我们认为心体的确立不仅是价值核心的转换,而且在本体论上奠定了阳明心学的理论构造基础。当我们思考其人生境域时,将不能逾越这一本体论的规定。

同时,必须指出,天地境域是阳明心学追求的圣人境域,它是心学所构造起来的人类的理想生存模式,是对人类生命的真切关注。在冯友兰看来:"一个人可能了解到超乎社会整体之上,还有一个更大的整体,即宇宙。他不仅是社会的一员,同时还是宇宙的一员。……他了解他所做的事的意义,自觉他正在做他所做的事。这种觉解为他构成了最高的人生境界,就是我所说的天地境界。"⑤那么我们就要看阳明心学在本体论上怎样规定了天地境域的可能性与实现途径。

(一)王阳明"心即理"的理论蕴涵

"何谓'本体'?'本体'是指终极存在,是指存在的根据和根源。何谓'本体论'?就是对本体加以描述的理论体系,亦即构造终极存在的理论体系。"⑥既然阳明心学以心体来构造其理论体系,显而易见其本体就是"心"。王阳明将实现天地境域的可能性在心的范畴下做了学理的规定。如冯友兰所说,生活于天地境域中的人就是圣人,圣人能够对自己的作为与生存状态产生自觉的意识。天地境域是自由的境域,人类体悟到了生命的真谛,以"理"的规定性自觉、自由地生存。王阳明以"心即理"作为自己学说的本体论,本体论规定的是本然的世界,王阳明说:"人心与天地一体,故上下与天地同流。"⑦在阳明心学中,天和天理不是高高在上的抽象本体,"头上的星空"与"心中的道德律令"获得了完全的统一。然而,王阳

---

① 王阳明:《答徐成之》,《王阳明全集》,上海古籍出版社1992年版,第809页。
② 王阳明:《传习录上》,《王阳明全集》,上海古籍出版社1992年版,第36页。
③ 《孟子·尽心章句上》,《四书章句集注》,中华书局,1983年版,第349页。
④ 王阳明:《传习录上》,《王阳明全集》,上海古籍出版社1992年版,第2页。
⑤ 冯友兰:《中国哲学简史》,北京大学出版社1996年版,第292页。
⑥ 皮朝纲:《禅宗美学思想的嬗变轨迹》,电子科技大学出版社2003年版,第22页。
⑦ 《传习录下》,《王阳明全集》,上海古籍出版社1992年版,第106页。

明的学理构造不在于否定客观世界的自在性存在,而是阐明意义世界的本质构成方式与运作方式。我们从王阳明的两个规定论述可以体会出其中的道理。其一是:"意之所用,必有其物,物即事也。如意用于事亲,即事亲为一物;意用于治民,即治民为一物;意用于读书,即读书为一物;意用于听讼,即听讼为一物。凡意之所用,无有无物者,有是意即有是物,无是意即无是物矣,物非意之用乎?"①如果这还不够说明的话,我们可以再看其二:"先生游南镇,一友指岩中花问曰:'天下无心外之物,如此花树,在深山中自开自落,于我心亦何相关?'先生曰:'你未看此花时,此花与汝心同归于寂。你来看此花时,则此花颜色一时明白起来。便知此花不在你的心外。'"②由此可见,王阳明并没有否认事物的客观存在,他所指的是事物的意义生成必须要在人心的参与过程中显现。而天地境域的表述与追求显然是人类对自己生存状态的意义性构造,所以天地境域必须经过"心"本体的挺立才能显现。作为阳明心学最基本的本体论"心即理"(因为王阳明对本体还有更丰富的论述,但都以此作为最根本的学理基础)则规定了天地境域的存在论以及实现的途径。"心即理"说明人心在本体上已经是圆满具足的,最大的可能性已经存在于此心当中。

(二)本体与境域的同一化

在冯友兰对天地境域的述说中,我们可以发现:天地境域的本质是一种精神境域,是人类的精神达到对自己生存状态、生存方式、生存理想的深刻觉解。所以,境域不是实体的存在,它是人类从内心升华起的对"意义"的明觉。因此,阳明心学就必然对境域进行"意义"的追问。

如前文所述,阳明心学的本体论并不是对世界演化模式的构造,而是对意义世界形成的本原、模式的理论追问。当阳明心学以"心即性、性即理"的方式将心、性、理作了划等号的处理之后,人心的活动就决定了性和理的是否现身。心在本体上是圆满自足的,它蕴涵了无限的可能性,封建的道德性在阳明心学的本体论中已经与人的思维特性结合为一了。在这样的规定之下,道德的实现具有了更加切实可靠的基础,境域的达成也具有了目标性。境域的层次性在中国古代哲学看来主要是人对"理"(封建道德性)的觉知程度的差别。天地境域(圣人境域)就是对"理"的最大程度的明觉。那么,根据前文的理论准备,我们就可以发现:天地境域的实现可以转化为人对本身心性最彻底的发挥。在心体的理论建设中,本体世

---

① 《传习录中》,《王阳明全集》,上海古籍出版社1992年版,第47页。
② 《传习录下》,《王阳明全集》,上海古籍出版社1992年版,第107-108页。

界的最大处意味着天地境域的现身。那么,本体与境域之间从某种程度上来说就是同一的,只不过从本体的决定到境域的实现还需要人类的现实道德践履,这在阳明心学中就是工夫论的构造。也就是说,只有在工夫的挺立下,境域才能达到本体的最高层面,天地境域才是真实可盼的。

对境域的追求就是还心以本然,实现境域则意味着对本体存在状态的回归,所以我们认为:在阳明心学看来,本体与境域是趋于同一的。王阳明在贵州龙场期间,悟出的"圣人之道,吾性自足,向之求理于事物者误也"。也可对我们的观点做出证明。阳明心学主张心、性、理的完满合一,是出于对人类生存困顿的深刻思考而提出的洞见。王阳明扬弃了程朱理学将心和理分割为二的支离做法,在论证实践道德的需要的基础上,使主客观实现了完满和谐的统一。这样的论证不仅把封建社会固有的仁、义、礼、智、信等道德规范自觉化,而且还将之与人类的一些天然本性结合了起来。从而使中国古代哲学的内圣之学走向了终结,也为人类追求诗意、和谐的生存和理想的人格提供了切实可行的途径。由于阳明心学既强调了理想的营造,又不失对人类真实的、感性的现实生活的高蹈,所以,我们认为阳明心学与美学的对话与联系是非常密切的。美学,在我们看来,它不仅是学理的构造,而且更应该是对人类生命的关爱。只有这样的美学才是历史的选择,才能成为人类的共同话语,否则,美学就将成为学院式的、象牙塔式的玄谈和构造。而阳明心学恰恰就是在这个层面上与美学有了共同的视域,这也是我们研究心学美学的根据和平台。

二、天地境域的美学意义

在梳理与论述天地境域时,我们不能忘记的是:我们是在对阳明心学的人生美学思想进行研究。所以,心学的学理构造只是我们研究的起点和平台,我们还要对之进行美学层面上的升华和挖掘,否则我们就是在谈论哲学或伦理学问题,而不是对心学进行美学观照。那么,我们就要思考天地境域的美学意义何在。

(一)中国传统美学的特征

在我们看来,"中国古代美学思想是以人为中心,基于对人的生存意义、人格价值和人生境域的探寻和追求的,旨在说明人应当有什么样的精神境域,怎样才能达到这种精神境界。因此,中国古代美学具有极为鲜明和突出的重视人生并落实于人生的特点"[①]。中国古代美学不是以对艺术的研究来构造体系,它更多的

---

① 皮朝纲:《禅宗美学思想的嬗变轨迹》,电子科技大学出版社2003年版,第281页。

是在深切关注人类自身生存的基础上进行美学探讨的。所以,就中国古典美学而言,它与中国哲学、伦理学有着更加密切的联系。有的学者往往在中国哲学、伦理学、美学三者的关系中陷入困顿,从而出现在探讨美学问题时遗忘了自己的目的,在哲学和伦理学的学理中难以自拔。以此为鉴,我们必须要明晰阳明心学的这些哲学和伦理学思想是怎样向美学向度转化的。

"中国美学认为,所谓美,总是肯定人生,肯定生命的,因而,美实际上就是一种境界,一种心灵境界与人生境界。"①那么从这个层面上来说,中国古代美学的审美境域论与中国古代哲学、伦理学(可以说是中国古代的人学思想)的人生境域论是趋于合一的。孔子曾经提出:"里仁为美。"②而仁,在孔子看来就是要"爱人",孟子则明确提出:"仁也者,人也。合而言之,道也。"③和"仁,人心也。"④在中国古代,美总是与这些人生规范紧密联系的。最高的人生境域(天地境域)是心灵的超越与升华,超越是对人类生存状态中片面性的超越;升华则是在超越的基础上对生存状态的自由感悟和体会。由此可见,中国古代的美学与哲学在境域论上是共通的。所以,当我们在探讨中国哲学、伦理学的人生境域论时,实际上已经为其在美学意义上的地位奠定了基础。阳明心学是重在道德层面上来探讨人类的安身立命之途的,并且王阳明将道德法则、道德律令在心本体上做了落实。也就是说心学已经为道德做了本体上的立论,"而道德一旦与本体联姻,便必然地趋向于审美"⑤。所以,我们认为:中国传统美学给予人生和生命特别的关注,它具有独特的风采,是人生美学、生命美学。

(二)天地境域是最高的审美境域

前文我们提到,中国古代美学的审美境域论与中国古代人学的人生境域论是趋于合一的。并且,我们认为,天地境域实质上是最高的审美境域,它是审美境域对生命和人生深切关注的体现。当然,我们不是在这里论述中国传统美学的审美境域,因为这将是我们后文论述的一个重点,我们在此关注的是天地境域究竟为我们思考阳明心学美学思想提供了怎样的平台。问题的实质就是哲学话语向美学话语的转换。

先秦时期,孔子在论"美"时,对美且善的"韶乐"大加赞赏,可见中国古代论

---

① 皮朝纲、李天道、钟仕伦:《中国美学体系论》,语文出版社1995年版,第62页。
② 《论语·里仁》。
③ 《孟子·尽心》。
④ 《孟子·告子》。
⑤ 王振复:《中国美学史教程》,复旦大学出版社2004年版,第209页。

美常常是与道德紧密联系的。并且,中国古代的命题:"美不自美,因人而彰"(柳宗元语)更是指明了中国古代美论的本质所在。在这样的文化基调下,中国古代美学论美就必然以人学作为基点。因此,中国古代人学思想就对中国古代美学理论的建构起了决定性的作用,中国古代美学思想的丰富将直接来自人对自身的认识程度。在"美不自美,因人而彰"的文化感召之下,中国古代美学注重的是人这一审美主体的挺立,强调的是主体审美心理结构的建构。所以,人学思想中对人生价值、境域等主体因素的论述必然就进入美学的视域了。然而,人这一生存主体不是抽象虚空的存在,在他的生存过程中必须处理好与自然、社会、他人、自身等多维的关系。而人与这些维度的关系本质上,或者说最高层面上,可以转化成人与天的关系。而人的最高生存理想就是追求人与自然、社会、他人、自身的完满统一,也就是"天人合一",亦即海德格尔提出的"天地人神共属一体"。所以,美学的关注也必然由于人这一生存主体多元性而涉及人与其他存在的关系,在梳理和探讨人与这些存在的关系中构建人类的理想生存模式或状态,这一构建是趋于审美化和诗意化的。那么,人学与美学就在视野和理想层面上有了共同的话语,它们都是对人类生存的思考,都试图对人在世界中的和谐生存做出理论阐明。由此,天地境域虽然是人学的话语,但也具有了美学品质,可以转化成美学的话语。

阳明心学在构造天地境域时,有着不同于其他人学的方式,他是以"心"作为本体来落实境域的。这样的理论特征必然对人类的"感情"这一维度有独特的关注,既不乏理性的思考,又具有对人类实际生活的高蹈。(如前文所述)而美学作为一个独立的学科产生时,被认为是"感性学",注重的是对人类的感性思维的研究和对人类感情的高蹈。所以,我们认为,阳明心学与美学的契合更加合理,我们研究阳明心学美学思想就更顺理成章了。

三、良知的境域构造意义

前文我们已经对天地境域在本体论上的构成和意义做了探讨,但是"心即理""心外无理,心外无物"只是阳明心学扬弃性体、挺立心体的轮廓性建构,阳明心学中对人生境域的论述还有更具体、更详细、更令人信服的论据。而"良知"和"致良知"的学说则显得尤其重要,有人甚至认为阳明心学用此二者足可概括其理论体系和理论特征。由此可见"良知"与"致良知"在阳明心学中的重要地位。那么下面我们就将对这两个命题做出探讨。(我们偏重于其对人生境域的构造意义)

(一)"良知"说的提出及其涵义

"良知"一词来自孟子,"孟子曰:人所不学而能者,其良能也;所不虑而知者,其良知也"①。程颢也曾提及过"良知":"良能良知,皆无所由,乃出于天,不系于人。"②并且又说:"盖良知良能久不丧失。"③而良知在阳明心学中却是一个根本性的问题,他曾说:"吾良知二字,自龙场以后,便不出此意,只是点此二字不出,于学者言,费却多少辞说。今幸见出此意,一语之下,洞见全体,真是痛快,不觉手舞足蹈,学者闻之,亦省却多少寻讨工夫,学问头脑至此已说得十分下落,但恐学者不肯直下承当耳。"④并又说:"吾平生讲学,只是致良知三字。"⑤由此可见,良知在阳明学说中的重要地位,所以阳明心学的构造在于作为本体之良知和工夫之致良知之间的合一。然而,对于阳明何时提出"良知"这一问题却存在一些争议。黄绾认为阳明良知之旨始发于正德九年,时年阳明43岁;钱德洪则指出阳明于正德十六年提出良知之教,时年50岁。所以,陈来认为:"在致良知思想的形成方面,需要把有关良知的基本思想何时形成与致良知话头何时揭出区分开来。"⑥因此,他认为阳明良知之旨的基本思想在龙场时已经确立,但阳明一直没有找到一个既能概括其基本思想,又适合于引导常人从事为己之学的简易恰当的表述形式。王阳明在积极探索的过程中,逐渐提出知行合一、心外无理、心外无物、立诚等思想,试图找到最合适的理论表述形式。那么"良知""致良知"就是王阳明探索的结果,陈来最后认为:"以致良知为宗旨,当倡自庚辰,时阳明四十九岁。"⑦

"良知"一词在孟子那里,强调的是不学、不虑,主要指的是先天的道德意识、道德情感,具有某种先验性或先天性。而阳明将这一范畴引入其学理体系,在心体的基础上赋予了它丰富的内涵。王阳明以心体立说,为了使其本体论更加充实而可信,他又以多种道德因素来阐释心,良知只是其中一个最根本的因素。然而,如前文所述,我们认为王阳明以心为本体不是构建宇宙世界的演化生成模式,而是构造天地万物对于人的意义。所以,当王阳明以良知为本体时,其学说中心物的关系必然转化为良知与物的关系,这是其良知说最重要的内涵。王阳明说:"人的良知,就是草木瓦石的良知,草木瓦石无人的良知,不可以为草木瓦石矣。岂惟草木瓦石为然? 天地无人的良知,亦不可以为天地矣。盖天地万物与人原是一

---

① 《孟子·尽心上》,朱熹《四书章句集注》,中华书局1983年版,第353页。
② 《程氏遗书》卷二。
③ 《程氏遗书》卷二。
④ 《传习录拾遗》,《王阳明全集》,上海古籍出版社1992年版,第170页。
⑤ 《寄正宪男手墨二卷》,《王阳明全集》,上海古籍出版社1992年版,第990页。
⑥ 陈来:《有无之境——王阳明哲学的精神》,北京大学出版社2002年版,第161页。
⑦ 陈来:《有无之境——王阳明哲学的精神》,北京大学出版社2002年版,第164页。

体,其发窍之最精处,是人心一点灵明。"①王阳明没有否认草木瓦石、天地万物的自在性,但强调的是唯有人的一点灵明亦即人的良知才能够赋予天地万物以存在的意义。(对于灵明与良知的关系,王阳明在《答顾东桥书》中说:"心者,身之主也;而心之虚灵明觉,即所谓本然之良知也。"所以我们认为人的灵明即是良知。)所以人的良知不仅关乎自身的自在,而且还关系到宇宙万物的生机。良知在阳明心学中是人类心中内涵的本然道德属性,但当它与物相接、赋予万物以意义时,它自身也显得生机无限,具有了历史实践性。在阳明心学中,"心即理"是最基本的命题,既然良知与心相关,那么说明良知与天理的关系就成了其良知说所必须包含的内容了。王阳明说:"良知是天理之昭觉灵明处,故良知即是天理。思是良知之发用,若是良知用之思,则所思莫非天理矣。"②可见,阳明把良知视为天理之最精粹部分,良知成了天理的主要形式。当天理以良知的形式现身时,就完全地把程朱理学视为外在规范的"天理"真切地落实到人这一生存主体身上,内圣之学就成了达成圣人境域的必然选择了。而良知也就成了实现圣人境域和圣人人格的内在品质和本原规定了。王阳明也对此进行了有效的论述:"心之良知是谓圣。圣人之学,惟是致其良知而已。"③由此,德性就于良知之上寻了个落处,而且个人的情感结构与道德原则也合理交融。他说:"七情顺其自然之流行,皆是良知之用,不可分别善恶,但不可有所著着;七情有着,俱为良知之蔽。"④"盖良知虽不滞于喜怒忧惧,而喜怒忧惧亦不外于良知也。"⑤此外,王阳明还通过论述"良知与知""良知与意"来界定良知的内涵。他指出:"孟子曰:是非之心,知也;是非之心,人皆有之,即所谓良知也。孰无是良知乎?但不能致之耳。"⑥"良知只是个是非之心,是非只是个好恶,只好恶就尽了是非,只是非就尽了万事万变。"⑦并且认为"良知之外,别无知矣"⑧。王阳明以是非之心来诠释良知,使良知染上了某种程度上的直觉理性色彩;以良知统知则将具有先验性的德性与经验的知识做了融合。在"良知与意"上,他强调良知需与一般的意念区分开来:"意与良知当分别明白。凡应物起念处,皆谓之意。意则有是有非,能知得意之是与非者,则谓之良

---

① 《传习录下》,《王阳明全集》,上海古籍出版社1992年版,第107页。
② 《答欧阳崇一》,《王阳明全集》,上海古籍出版社1992年版,第72页。
③ 《书魏师孟卷》,《王阳明全集》,上海古籍出版社1992年版,第280页。
④ 《传习录下》,《王阳明全集》,上海古籍出版社1992年版,第111页。
⑤ 《传习录中答陆原静书》,《王阳明全集》,上海古籍出版社1992年版,第65页。
⑥ 《与陆原静》,《王阳明全集》,上海古籍出版社1992年版,第189页。
⑦ 《传习录下》,《王阳明全集》,上海古籍出版社1992年版,第111页。
⑧ 《传习录中》,《王阳明全集》,上海古籍出版社1992年版,第71页。

知。依得良知，即无有不是矣。"①实质上，王阳明依然是以是非的直觉理性来维护良知的纯粹性与先验性，从而防止意向欲转化。

总之，王阳明在其学说中极力维护良知的先验性，"盖良知之在人心，亘万古，塞宇宙，而无不同，不虑而知，恒易以知险，不学而能，恒简以知阻，先天而天不违，而况人乎"？②但就在他将"良知"作为天地万物主宰和本原的同时，他又是在人的主体性上大作文章，突出了人自身的价值，试图在理论上证明"良知"内在与人类本性，所以才有"人皆可以为尧舜"的观点。王阳明的良知内涵与物、是非之心、知、意以及情等因素是紧密联系的，他认定"良知"乃心之本体，"动静一源""人皆有之"。所以，在王阳明看来，"良知"就是"道""天理""本心"；那么他提出的"致良知"就是将"良知"扩充、推及到万事万物中去，从而将人的潜在道德意识、道德理性转化成人生实际的价值。这也是我们下面要论述的内容。

(二)"良知"如何关乎境域

前文我们已经指出，王阳明将"良知"以本体的形式在起心本体上做了切合的落实。而在论述本体与境域的关系时，我们曾得出：在阳明心学体系中，本体和境域在心体之上是趋于一致的。所以当良知成为本体规定时，它必然关系到阳明心学的人生境域和美学境域的营造和构成。然而，良知只是一种本然的存在，此种道德意识或道德理性如何在人生境域中获得实际存在的价值还需要进一步地说明和论述。而这个过程就是王阳明"致良知"的意义。"致良知"是阳明心学的工夫论，它与"良知"共同构成了心学体系中"本体"——"工夫"的基本脉络。良知固然重要，但致良知更加重要，它使良知的本然规定实现于当下，并进一步实现了本体与境域的真实转化。致良知的过程实际上就是扩充良知，将良知的本质规定于事事物物上获得证明。

良知作为本体在阳明心学的心性论上落实时，其实已经与"性"同一化了，每个人自心都蕴涵着这种圆满的本体，个人的私心也不能增减良知的本质，而只能暂时使良知蒙蔽，所以良知是天下古今相同的。那么追求的最高人生境域就莫过于与本体规定同一。但这里有个问题是，既然人在本性上已经具有圆满的本质了，人生境域却为何又难以实现呢？这就要以"致良知"的方法将受到蒙蔽的良知本性做本真的呈现。如果说，良知作为本体是"先天之知"的话，那么致良知显然就是"后天之致"了，这两者相映成辉，才能营造出最高的人生境域，达到精神的

---

① 《答魏师说》，《王阳明全集》，上海古籍出版社1992年版，第217页。
② 《传习录》，《王阳明全集》，上海古籍出版社1992年版，第75页。

超拔。

　　致良知是王阳明在长期的道德修养中摸索出来的一种实践道德的方法。正如良知说在理论上以孟子作为渊源,致良知的理论渊源则可以追溯到《大学》,王阳明在《大学》正心、诚意、格物、致知的理论影响下发展起自己致良知的观点。但是,王阳明在致良知的涵义上却有着自己独特的规定。在他看来,致良知一定包含两方面的内容,一方面是回归内心,寻找本然心的状态;另一方面是在平常日用的事事物物中见其本心。这种观点通过其对致良知的"致"的理解就可见出。他认为"致"有两方面的涵义,一方面是"至":"易谓'知至,至之。'知至者,知也;至之者,致知也。"①相关说法还有"致者,至也,如云丧致乎哀之致。易言'知至至之','知至'者,知也;'至之'者,致也。'致知'云者,非若后儒所谓充广其知识之谓也,致吾心之良知焉耳。"②很显然这里的"致"是以达到内在的良知为旨归的。另一方面,他认为"致"的涵义是"为":"良知所知之善,虽诚欲好之矣,苟不即其意之所在之物而实有以为之,则是物有未格,而好之之意犹未诚也。"③在这里,他认为就是要将良知切实地在事事物物中彻底地实现。然而,他所提的这两种涵义其实并没有本质的差别,这是其"知行合一"说的具体体现,知是本体,那么无论是"至"还是"为"都是要将良知的本体规定完整地呈现出来,其本质是要充分地高扬良知内涵,也只有这样才能达到最高的人生境域。并且此一人生境域就不仅仅是学理的构造,而且是能在平常日用之中切实地体悟和感知得到的。

　　通过这些论述,我们可以把握王阳明心学中良知与人生境域的规定了,那就是:良知为人生境域规定了最高的可能,但只有以"致良知"的方式才能在生命中展现出真实的人生境域,否则任何的规定都是无意义的,从这个层面上来说,我们认为王阳明其实更加重视行对知的成全。其"知行合一"说最终是以行来实现的,而良知规定也只有通过"致良知"才能显明。也就是说,良知虽然是自在完满的,但是它要成为活生生的世界、一个可以把握的生命整体还需要在人的生命实践、生命体验中来实现。这种生命体验的方式就是"致良知",它避免了对良知世界的支离,而是在强调"知行合一"的基础上,实现人用自己全身心的情感、生命等去体验、发现良知规定的意义世界。由此,阳明心学的人生境域说其实就是强调人在平常日用中对良知世界的生命体验,实质上就是一种良知体验,而一切的话语就

---

① 《与陆原静》,《王阳明全集》,上海古籍出版社1992年版,第189页。
② 《大学问》,《王阳明全集》,上海古籍出版社1992年版,第971页。
③ 《大学问》,《王阳明全集》,上海古籍出版社1992年版,第972页。

自然转化为对主体话语的超拔。那么,良知如何关乎境域的问题就转化成人的这种良知体验如何实现的问题了。只有经过这样的生命体验,良知作为境域才能由本然达到明觉,就如禅宗大师参禅悟道的三个过程,"见山是山,见水是水""见山不是山,见水不是水""见山只是山,见水只是水"。虽然达到最高境域时,其实在本体已经有了规定,但只有通过精神的修养,才能真正体悟到本体的真正内涵。那么,在经过"致良知"后所达到的精神境域也与此是同理的。

良知最大处就是境域,良知又是人自心的圆满,那么"致良知"在阳明看来就是要对自心进行高扬。他说:"是故君子之学,惟求得其新。虽至于位天地,育万物,未有出于吾心之外也。孟氏所谓'学问之道无他,求其放心而已矣'者,一言以蔽之。"①那么,上文提到的"至"和"为"就有了落实之处。求放心就是从本体到境域的"致良知"的有效途径。王阳明讲:"良知者,心之本体……"②又讲"知善知恶是良知"③因此,求放心和致良知从生命体验角度来说就具体展开为行善去恶。王阳明在《大学问》中对本体的展开做了深刻的论述,他把《大学》中的"格物,致知,诚意,正心"在其心本体上做了新的解释。他说:"此正详言明德、亲民、止至善之功也。盖身、心、意、知、物者,是其工夫所用之条理,虽亦各有其所,而其实只是一物。格、致、诚、正、修者,是其条理所用之工夫,虽亦皆有其名,而其实只是一事。何谓身心之形体?运用之谓也。何谓心身之灵明?主宰之谓也。何谓修身?为善而去恶之谓也。吾身自能为善而去恶乎?必其灵明主宰者欲为善而去恶,然后其形体运用者始能为善而去恶也。"④王阳明对问题做了分解,层层深入其本质。在其心学体系中,心乃本体,自我完满,所以心本无不正,只是当心发为意时,才有善恶之分。那么,扩充心本体就必须要诚意,然意是心之动,诚意之举又要良知本体的担保。所以,良知才是大本,诚意、格物都是良知在道德实践中的具体体现。但是,这种道德实践又反过来真正使良知本体现身。王阳明认为:"良知所知之善,虽诚欲好之矣,苟不即其意以所在之物而实有以为之,则是物有未格,而好之之意犹为未诚也。良知所知之恶,虽诚欲恶之矣,苟不即其意之所在之物而实有以去之,则是物有未格,而恶之之意犹为未诚也。今焉于其良知所知之善者,即其意之所在之物而实为之,无有乎不尽。于其良知所知之恶者,即其意之所在之物而实去之,无有乎不尽。然后物无不格,而吾良知之所知者无有亏缺障蔽,而得

---

① 《紫阳书院集序》,《王阳明全集》,上海古籍出版社1992年版,第239页。
② 《答陆原静书》,《王阳明全集》,上海古籍出版社1992年版,第61页。
③ 《传习录下》。
④ 《大学问》,《王阳明全集》,上海古籍出版社1992年版,第971页。

以极其至矣。"①只有这样，良知才能以至善的本真状态显现，世界中的万物也各安所归，人的潜在德性才于德行的实践中转化成人生境域。

通过论述，我们可以发现，良知关乎境域的方式和途径就是良知现身的过程，也是良知展现其真实价值的过程。良知与人性相系只是一种潜在的德性，只有在展开为德行时，它才真正是一种本体，也才实现为境域。这种展开方式不仅仅体现在阳明心学的人生境域中，而且还在其审美境域和人格修养中得到充分表现，后文我们将对之进行相关的论述。

四、"乐"的人生境域阐发

中国文化向来被认为是乐感文化，在中国的文化精神中有许多对"乐"的阐释和认知。先秦时期就有"孔颜乐处"的文化事件，并且还有"曾点气象"与之呼应，共同对乐感文化的精神进行深刻的阐明。在阳明心学中对"乐"也有深刻的见解，王阳明把乐作为人心的本体规定之一，从而展开了更为切合人类情感生存的论述。阳明心学对"乐"的论述既有对以往乐感文化精神的继承，也有自己深刻的创见。对人类谋求诗意生存、提高人生境域等各个方面都有深远的意义。所以对阳明心学中"乐"的精神的把握，不仅要体会其对历史话题的继承，而且还要明晰其在自身历史语境中的独特特征和意义。

（一）"乐"的精神本质

在先秦儒家那里，就有对"乐"的深刻论述。孔子有"知之者不如好之者，好之者不如乐之者""仁者乐山，智者乐水"和"饭疏食饮水，曲肱而枕之，乐亦在其中矣"，而孔子观点中最能体现"乐"的精神本质的就是"曾点气象"和"孔颜乐处"了。（对孔子思想进行命题概括的是宋明理学家，孔子本人并没有做出确切的指明）在《论语·先进》中有这样一段，子路、曾晳、冉有、公西华分别向孔子道说自己的理想，轮到曾晳时，他认为自己与其他三人不同，并将其理想或志向概括为："莫春者，春服既成，冠者五六人，童子六七人，浴于沂，风乎舞雩，咏而归。夫子喟然叹曰：吾与点也！"朱熹在《论语集注》中注为："曾点之学，盖有以见夫人欲尽处，天理流行，随处充满，无少欠缺。故其动静之际，从容如此。而其言志，则又不过即其所居之位，乐其日用之常，初无舍己为人之意。而其胸次悠然，直与天地万物上下同流，各得其所之妙，隐然自见于言外。"②我们认为："所谓'曾点气象'，也就

---

① 《大学问》，《王阳明全集》，上海古籍出版社 1992 年版，第 972 页。
② 《论语集注卷六》，《四书章句集注》，中华书局 1983 年版，第 130 页。

是物我两忘,天人一体,物我互渗,超然物外,主客体生命相互沟通共振,从而体悟到宇宙生命真谛的最高审美境域。"①可见,"曾点气象"实际上是人对天地万物深刻觉解之后所表现出来的一种生存理念和状态,而其实质就是宋明理学(包括程朱理学与陆王心学)所倡导的"去人欲,存天理"之后的精神挺立。我们再来看"孔颜乐处"。《论语·雍也》中有,子曰:"贤哉,回也!一箪食,一瓢饮,在陋巷。人不堪其忧,回也不改其乐。贤哉,回也!"。颜回就是在贫困之中,以泰然处之的心态不为外在的恶劣环境而损害自己的快乐,可见他所体会到的不是得到物欲满足之后的快乐,而是同曾点一样,是对天地精神觉解之后所得到的天乐。先秦儒家对"乐"的论述还很多,例如,孟子就说"反身而诚,乐莫大焉"。而我们主要以"曾点气象"和"孔颜乐处"这两个集中体现儒家乐感精神的命题来叩问"乐"的精神本质。"曾点气象"如朱熹所云,体现的是人在排除外界干扰之后"与天地参"的精神境域,这样表现出来的快乐才是本真的快乐,是不受外界限制的最大快乐。那么,实际上这样的精神境域也是孔子所谓的"从心所欲不逾矩"的自由境域,此自由是人类积极追求的最高人生理想和生存境域,"孔颜乐处"其实与"曾点气象"有着共同的精神本质,它们都是对人生境域的一种描述,只不过表现的方式不一样。如果说"曾点气象"还只是理想表述的话,那么,"孔颜乐处"则以实际的生存状态来证明这种人生境域和精神觉解。如此自由的境域恰恰是美学强调超越、幸福的理论体现,儒家的精神本质其实是对审美境域的追求,它不仅高扬感性的快乐,更注重精神的超拔。由此可见,儒家所积极追求的"乐"是指人的一种精神状态,也就是愉悦快乐,同时也是一种审美愉悦,它是精神与心灵获得自由的欢乐与高扬之后的状态,所以表现出来的既是一种人生境域,也是一种极高的审美境域。而形成这种"乐"境域的根本原因就是孔子讲的"君子忧道不忧贫"②颜回虽然处于物质环境的困苦中,但仍然保持快乐的精神状态,其所乐者便是"道",曾点也是在随道而动的基础上表现出了洒脱风度。所以,我们可以发现,所谓"乐"不是指简单的、直接的感性愉悦,其本质在于人能够在自己的生存过程中贯彻着"道"的精神,从而体悟到宇宙的生命本质,保持最大的精神愉悦和自由。其在理想人格中体现出的特征就是"乐以忘忧",在境域上则体现为"天地境域"。

无论是"曾点气象"还是"孔颜乐处"都是对儒家"天人合一"观念和人生境域

---

① 皮朝纲等:《审美与生存——中国传统美学的人生意蕴及其现代意义》,巴蜀书社1999年版,第94页。

② 《论语·卫灵公》。

理想的呈现,它们的精神也成为后世儒家所积极追求的理想。而宋明理学正是在追求和把握先秦儒家这种精神的基础上展开其学理构造的。宋代理学开山鼻祖周敦颐就最早提出"寻孔颜乐处,所乐何事"的问题,而宋明理学就是以此为基础展开了各自的探讨之路。阳明心学恰恰就是在其心体基础上建构起对"乐"的追寻方式,并体现出了高度的理论创新。

(二)阳明心学对"乐"的阐释

我们再回过头来看先秦儒家提出的关于"乐"的论述,就可以发现一个问题:那些命题都是从一般的人生审美式精神境域及其情感基础的角度来谈"乐",并没有更加深入地涉及其本原问题。王阳明则在把握"乐"的精神本质基础上,对"乐"进行了本原性的构造,他提出了"乐是心之本体"的命题,使"乐"成为人心自在圆满的经验论的情感体验,同时又使其成为出于情感而又超越情感,达到理性又超越理性的本体论境域。

王阳明说:"乐是心之本体。仁人之心,以天地万物为一体,欣合和畅,原无间隔。来书谓'人之生理,本自和畅,本无不乐,但为客气物欲搅此和畅之气,始有间隔不乐'是也。时习者,求复此心之本体也。悦则本体渐复矣。朋来则本体只欣合和畅,充周无间。本体之欣合和畅,本来如是,初未尝有所增也。就使无朋来而天下莫我知焉,亦未尝有所减也。来书云'无间断'意思亦是。圣人亦只是至诚无息而已,其工夫只是时习。时习之要,只是谨独。谨独即是致良知。良知即是乐之本体。此节论得大意亦皆是,但不宜便有所执著。"①

这是王阳明对"乐"的集中论述,从论述中我们可以发现,他指的"乐"也不是一般意义上的感性刺激的快乐,而是具有本体意义的。他在提出"乐是心之本体"的同时,又提出"良知即是乐之本体",良知和乐在阳明心学中有着紧密的联系,这也是王阳明对先秦儒家的发展。王阳明是在其心本体上来构造其为圣之路的,他提出过"良知是心的本体",现在又以"乐"来规定心本体,自然就要涉及"乐"与良知的关系,那么"良知即是乐之本体"显然就是对这种关系的直接阐明。

上文我们已经论述过,阳明心学以"心即理"作为最基本的本体论界定,并进一步将"理"与"性""良知"作了内涵上的等同,那么实际上心本体就犹如一个家园,它本身就是一个本原或起点,而真正构成本体论的则是心与其余相关命题的交合。这些命题首先与心体结合,并且又在共同的心体平台上互相勾连,互相阐释。在与心体相合的诸命题中,良知是王阳明对本体的最重要论述,它与"致良

---

① 《与黄勉之》,《王阳明全集》,上海古籍出版社1992年版,第194页。

知"一起关系到本体—工夫—境域的整体。所以,当"乐"成为新的本体时,其内涵的展开必然就会与"良知""致良知"相关。因此,我们就可以体会到王阳明论"乐"那一段话的意蕴了。在王阳明看来,"乐"是本心具足的,人心本无不乐,只是受到物欲的牵制而遮蔽了本身圆满的乐本体。那么追求最高的人生境域——圣人境域就是不向外求,他认为"圣人亦只是至诚无息而已",而实现这一境域的工夫则是"时习","时习"的关要就是"谨独","谨独"即是"致良知"。绕了一圈,问题的实质仍然又回到了"良知"与"致良知"之间的境域构造关系上。所以说,"良知是一种境域,是王阳明追求的最高人生境域。这种境域就是理学家们孜孜以求的'孔颜乐处'的圣人境域"①。由此可见,"乐"是对阳明心学人生境域的一种表述,实质上就是良知境域,而"致良知"就是达成此种人生境域的工夫。所以说:"这里的'乐'是说良知本体与天地万物为一体就是最大的快乐,这种精神状态也就是孔子所说的'学而时习之''有朋自远方来'的那种志同道合的快乐心情。"②

大体上我们已经将"乐"与人生境域之间的关系做了解释,但隐隐中我们仍体会到,"良知"与"乐"对人生境域的阐发似乎有所不同。虽然最终的落脚点都是达成圣人境域,但"良知"因为在内涵上更偏重于德性,所以它在构造人生境域过程中是明显地体现了儒家的特色,注重的是封建伦理道德在本体上的落实和在境域上的高扬;与此不同,"乐"由于与"道"相联,因此它所构造的境域更集中地体现了人生境域中的宇宙精神,也更可以见出儒释道三家融合的成果。下面,我们就要对"乐"的这种特点做简单的论述。

"'至乐'——'孔颜乐处'是王守仁追求的最高人生境域,也是其最高的审美境域。'至乐'或'乐',在王守仁看来不同于人们日常生活中的生理感官愉悦的'七情之乐'。'至乐'虽出于'七情之乐',但已是一种超越于此的高级精神境域。"③所以,王阳明将道心和人心做了详细的分别:"问道心人心。先生曰:'率性之谓道'便是道心。但杂人的意思,便是人心。道心本是无声无臭,故曰'微'。依着人心行去,便有许多不安稳处,故曰'惟危'。"④要达成"至乐"的人生境域就是要以道心来净化人心,从而实现与道同游的自由境域,只有这样才能体味宇宙

---

① 邹其昌:《良知与审美——王阳明美学思想核心问题研究》,《浙江学刊》2002年第3期,第151页。
② 韩强:《竭尽心性——重读王阳明》,四川人民出版社1997年版,第7-8页。
③ 邹其昌:《论王守仁美学的体验性质》,《武陵学刊》1997年第1期,第33页。
④ 《传习录下》,《王阳明全集》,上海古籍出版社1992年版,第102页。

之精神,认识到自己乃是宇宙的人,这也是冯友兰对天地境域的阐述之一。虽然要以道心来安放自己的人生境域,但是王阳明并没有刻板地强调人对快乐的追求,他把人的这种追求又安放在人的平常日用之中。"问'乐是心之本体,不知遇大故于哀哭时,此乐还在否?'先生曰:'须是大哭一番方乐,不哭便不乐矣。虽哭,此心安处,即是乐也,本体未尝有动。'"①从王阳明的论述我们可以发现,他所谓的"乐是心之本体"并没有说要在人的"喜、怒、哀、乐、声、色、臭、味"等感情和感性因素之外去寻找抽象的快乐和愉悦,而是把对"至乐"境域的追求立足于人的生存实践之中,落实到人的真实感情之上。这就是阳明心学美学的特色,他的美学思想既以追求最大的审美愉悦为理想,又使这样的追求不落于空,直接对人的实际生存特征和状态进行关怀,显得非常自然。那么,道心和人心有何分辨呢?王阳明认为圣人、常人在乐之本体上并没有本质的区别,而只是常人不像圣人那样表现出"真乐",自己的感情难以恰当地安顿。寻得最大的快乐在王阳明看来并不是遥不可及的,只要人能够保持"致良知",使自己的感情等生存因素各归其所,那么达到的就是最高的人生境域,也是真善美合一的最高审美境域。而人的感情不能恰当安顿就要表现出欲望的增长,从而遮蔽了本来的乐本体。因此,王阳明认为:"人生山水须认真,胡为利禄缠其身?高车驷马尽桎梏,云台麟阁皆埃尘。"②人生在世只有不为世迁所累,才能够使精神充实,获得最大的自由快感。只有保持这样的心灵状态,才能够以诗意的角度来看待世界万物,才能从万物中体会到活泼泼的生命力,才可以达到"你来看此花时,则此花颜色一时明白起来"的物我相交相合,感动宇宙生命流行的律动。也就是王阳明所说的"闲观物态皆生意,静悟天机入窅冥,道在险夷随地乐,心忘鱼乐自流行"③的那种超越物欲、时空,消融物我的高度自由的精神境域。此种境域完全摆脱了个人的名利、贫富,达成的也正是儒家的"安贫乐道""乐以忘忧"的人生境域,也是对"孔颜乐处""曾点气象"精神的最合理解释和实现。这样的境域不仅是人生境域的提升,更是审美境域的营造。

　　阳明心学的人生境域是对传统儒家精神的继承和发扬,王阳明在自己的人生实践中真正实现了"为天地立心",就如他所说的那样"圣人之学,心学也",他在心本体上建立起了"本体—工夫—境域"互相统一的追求天地境域(圣人境域)的

---

① 《传习录下》,《王阳明全集》,上海古籍出版社 1992 年版,第 112 页。
② 《送邰文宾方伯致仕》,《王阳明全集》,上海古籍出版社 1992 年版,第 777 页。
③ 《睡起写怀》,《王阳明全集》,上海古籍出版社 1992 年版,第 717 页。

模式。以"良知"为境域的本体规定,又以"致良知"为实践境域的工夫。最终所达成的就是"至乐"的人生境域,也是宋明儒家所积极追求的"孔颜乐处"的境域,此一境域不仅是王阳明对先秦儒家精神本质的继承,而且也是他在心本体上的创新。他以"道心"和"人心"来共同阐释人生境域,既体现了对"道"的超拔,又真切地关怀了人的"七情之乐"。所以说,阳明心学对人生境域的营造是温情的,也是充满丰富的美学意蕴的。

第二节 审美境域

阳明心学并没有明确提出审美境域的问题,但是,当阳明心学以极大的热情关注人生境域的营造时,其实已经蕴涵着深刻的审美精神,在第一章中我们就提到王振复的观点"道德一旦与本体联姻,便必然地趋向于审美",那么事实上这就是阳明心学透露出美学意蕴的本质原因。肖鹰认为:"阳明哲学的两个基本原则,即知行合一、体用一源,决定了本体、工夫(原文为功夫,为了文字的统一,我们将其改为工夫,在阳明心学中的意思都是一样的,只是学界有这样不同的用法。)和境域三者的同一。这三者的同一,也就成为阳明美学的前提。在这个前提下,阳明美学认为,对天地的审美观照,就是对天地万物的本体和生命的'道'的观照……"[1]对天地的审美观照是与人类的生存空间和状态紧密联系的,阳明心学无非是想通过对道德的高扬而实现人类的最理想的生存。那么,阳明心学的审美境域其实与其人生境域有着一而二、二而一的关系,虽然从不同的角度去切入,阳明心学对"道""良知"的重视,乃至对天地万物的态度,会呈现出"人生境域"与"审美境域"的不同样态,但是这两种样态因为有着共同的观照视域又体现出某些共同的特征。

我们认为:"中国美学追求心与物、意与境、神与形、情与景的相融相合、相惬相兼,以人与自然、再现与表现、现实与理想的和谐统一、相互整和为最高审美境域。中国美学尽管也强调主体审美感兴的引发与生成来自外物的感召,但是,中国美学更多的还是强调主体的自我实现与自我超越,审美活动所向往的主要还是

---

[1] 肖鹰:《与天地为一的审美精神——王阳明对中国传统美学的继承和发展》,《哲学研究》2001年第2期,第45页。

心灵的抒发,是要在现实人生中达到一种精神解脱、超越的审美境域。"①由此,我们在论述阳明心学的审美境域时,与第一章"人生境域"有着共同的话题。中国美学受"天人合一"观念的影响至深,所以在审美理想和审美境域上也以追求人与自然、社会、自身的完满统一为旨归,体现出的是以"和谐"为理想,以"天人合一"为最高境域的美学精神。下面的内容就是我们结合中国传统美学的精神,对阳明心学美学境域论的认知和感悟。

一、"天人合一"境域的理论基础

我们曾提到过,人生的最高境域与审美境域的合一是中国美学的特色,那么上一章中我们对阳明心学的人生境域进行的探讨不就意味着对其审美境域已经做出论述了吗?我们认为,人生境域与审美境域虽然在境域话语上具有相同的地方,但两者仍然存在着巨大差别。人生境域在理论上是哲学的,而审美境域则更多是美学的。审美境域既注重审美理想的达成,又强调人类实际的感性生存。我们就试着从这两个方面对阳明心学的审美境域进行恰当的探讨。

（一）阳明心学对"天人合一"涵义的理解

"天人合一"在中国哲学和美学中经常是作为"最高境域"的形式出现的,但此一命题自身的涵义是逐渐在古代学人不断探讨的过程中丰富起来的。所谓"天人合一"既可以说是一个命题,也可以说是一个成语,其思想源于先秦时代,而这个成语则出现得比较晚。汉代的董仲舒就提出了"以类合之,天人一也"和"天人之际,合而为一",但没有直接地提出"天人合一"这一成语。宋代的邵雍也有与天人合一相关的思想,但是真正明确提出"天人合一"这一成语的则是张载,他说:"儒者则因明致诚,因诚致名,故天人合一,致学而可以成圣,得天而未始遗人。"后来的程颢也讲"天人一也"。张载等人在讲"天人合一"时的观念并不是继承董仲舒的思想,而是本于孟子思想和《中庸》中的思想。孟子虽然没有直接提出"天人合一"的观念,但是他的"性天同一"观点则是宋明理学中"天人合一"思想的主要渊源。孟子曾经提出"知性知天""圣人之于天道也"等命题;《中庸》也有"尽性参天""天命之谓性""与天地参"等学说;孟子和《中庸》关于性与天道的思想对于宋明理学有着深刻的影响,宋明理学的"天人合一"观念基本上是孟子、《中庸》思想的进一步发展。我们认为这些探讨都是在针对"天人"关系时发出的,在中国古代哲学和美学中都是一个方向性或基础性的命题。虽然我们明晰了"天人合一"观

---

① 皮朝纲、李天道、钟仕伦:《中国美学体系论》,语文出版社1995年版,第66页。

念的学理脉络,但是这一观念在历史的过程中被赋予了非常丰富的意蕴,我们必须对"天人合一"的不同涵义做一些简单的解释。张岱年认为:"中国古代哲学中所谓天,在不同的哲学家具有不同的涵义。大致说来,所谓天有三种涵义:一指最高主宰,二指广大自然,三指最高原理。由于不同的哲学家所谓天的意义不同,他们所讲的天人合一也就具有不同的涵义。"①那么对于古代哲学中的"合一"的涵义,我们也需要有一个正确的理解。在这一点上张岱年指出:"'合'有符合、结合之义。古代所谓'合一',与现代语言中所谓'统一'可以说是同义语。合一并不否认区别。合一是指对立的两方彼此又有密切相联不可分离的关系。"②那么,所谓"天人合一"就具有三个方面的涵义,即人与最高主宰的统一;人与广大自然的统一;人与最高原理的统一。依照这样的线索,我们就可以对阳明心学的"天人合一"思想进行一些探讨,以对其涵义进行正确的把握。

阳明心学立足于天人关系来探讨人的成圣之道,具有相当的理论创新性。我们需要从几个层次来对王阳明的思想进行合理地把握。首先,我们来看他对天人关系的最基本规定。基本规定就是一个方向的问题,是对天人关系的基本界定,在这点上,王阳明继承了陆九渊提出的命题"心即理",并且还进行了更为彻底的贯彻和规定,进一步提出"心外无物,心外无理"的命题,把心、性、理作了等同。当然,我们已经讲过王阳明的观点是出于构造意义世界而提出的,所以是存在论而不是宇宙演化论。通过这样的规定,"王阳明明确否认有超乎人心和具体事物之上的形而上的理的世界,主张唯一的世界就是以人心为天地万物之心的天地万物。王阳明这种融人心于世界万物的'天人合一'说,大大超过了程朱以至老庄的'天人合一'的思想"③。王阳明实现了以人来解释或揭示万物,他的学理也真正成为"为天地立心"的道路。其次,我们要结合王阳明的独创成果来探讨他的"天人合一"说。王阳明在中国哲学史上第一次明确提出了知行合一的学说。知就是良知,行就是致良知,知行不是二事。而且,知行合一与儒家的的"天人合一"有着非常紧密的联系,张世英认为"知行合一就是为了达到天人合一的最高境域,知行合一是方法,是手段,天人合一是理想,是目标"④。王阳明正是以"良知"和"致良知"的知行观来表达他的"天人合一"思想的,良知是天地万物之心,并且人人都具有圆满自足的"良知",只是因私欲障碍,良知被遮蔽,而"致良知"就是去蔽,要使

---

① 张岱年:《宇宙与人生》,上海文艺出版社1999年版,第76页。
② 张岱年:《宇宙与人生》,上海文艺出版社1999年版,第77页。
③ 张世英:《天人之际——中西哲学的困惑与选择》,人民出版社1995年版,第10页。
④ 张世英:《天人之际——中西哲学的困惑与选择》,人民出版社1995年版,第186页。

人的"良知"完完全全地显现出来,只有这样,人才能复归本然,天地万物也才能各安其是,世界才能实现和谐圆融的境域。去蔽的过程在王阳明看来,就是克服"一念不善"的过程,通过对人心的道德净化来达到他的天人合一的宗旨。再次,我们试图对王阳明"天人合一"思想的意图做一些简单的明确。王阳明提出"心即理"的命题来探讨"天人合一",实际上有一个自明的前提,那就是,在人类的实际生活中存在着天人间隔的事实。那么我们认为,中国古代哲学"天人合一"的观念就是人对这种实际状态的觉解和改造。王阳明正是以"人是天地万物之心"的良好意识,自觉地通过对人的追问来探讨"天人合一"之道。虽然,从他提出的"理"中可以看出其学说的局限性,但是从历史的眼光来评价的话,他就是一个以自己实际的行为对人类生存状态和生存理想进行追问的"诗人"。(借用海德格尔的提法)最后,总结一下王阳明"天人合一"思想的意义。王阳明并不是凭空拈出"心外无物,心外无理"这样的规定的,这其实是一个历史的选择。他是在用自己的生命体验了朱熹的学说之后才走上创新的道路的,他的"天人合一"思想是对人类地位的拔高。在王阳明的学说中,"此理不是独立化、客观化或绝对化了的理,而就是人心之理,就是人的本性,故在王阳明看来,无心即无理,所谓天理者,乃人心本然之理也,'天理'之天在王阳明这里实本然之意,并非人心之上和之外的天"[1]。可见,在阳明心学中,天理并不是最高的主宰,更确切地说,它应该是一个支点,但是,这个支点自身的模糊性也为我们的研究带来了很多的不便。那么,在王阳明的追问中,天很显然是人解释后的天,在中国哲学中,它的涵义和"最高的原理"或有相近,因为原理也是由于意义的阐发而现身的。所以,王阳明将天作了意义性的转化,实现了对人自身的尊重,在这过程中就隐含着对人的感情的承认,王阳明"天人合一"思想也正因此而显得温情而具有审美意味。

(二)"天人合一"的审美境域构成

我们对王阳明"天人合一"思想进行的涵义挖掘,其实是为继续追问"天人合一"成为审美境域做了基本准备。虽然前面我们已经指出,"天人合一"是阳明心学的最高审美境域,但"天人合一"如何才是审美的,我们并没有深入地说明,那么下面我们所要做的就是对此进行积极有效地探讨,否则,审美境域又只是大而空的理论构想。

无论是人生境域还是审美境域,我们必须要通达的是:境域不是一种实体,它指向的是人类的心灵或精神,是人类的精神超越,作为境域,我们无法捉摸,但是

---

[1] 张世英:《天人之际——中西哲学的困惑与选择》,人民出版社1995年版,第151页。

我们可以通过人类的行为来感知其境域的层次。所以,境域是人类的精神境域,那么,它就必须关怀人类的感情、理性等多方面的因素,只有实现对人的真切关怀,才能真正达到精神的超拔。中国的境域说也没有逾越这样的特征,"中国传统哲学所提倡的,是美学的、伦理的、宗教的高级情感,决不是情绪反应之类;是理性化甚至超理性的精神情操、精神境界,决不是感性情感的某种快乐或享受"①。"人的精神境域当然不只是情感问题,它还有认识问题,以及本体论问题。中国传统哲学所主张的,正是与生命情感有联系的本体存在,意义与情感体验相联系的存在认知。而中国传统哲学所提倡的境,正是'天人合一'的境域"②。天人合一的观念是中国人在自己的生命体验中提炼出来的理想,试图通过对自身的修养来达到这样的境域。"中国的天人合一给中国人带来的好处是人与自然和谐交融的高远境域和思诗交融的诗意境域……"③此一诗意境域也正是美学上苦苦追寻的"诗意栖居"境域。荷尔德林说:"……充满劳绩,但人诗意地栖居在这片土地上。"海德格尔的努力就是要建立这样一种诗意的家园,他以艺术作为追寻诗意栖居的基本方式,认为"艺术的本质就应该是:'存在者的真理自行设置入作品'"。④而"真理是存在者之为存在者的无蔽状态。真理是存在之真理。……美属于真理的自行发生"⑤。由此可见,人类所憧憬的诗意家园就是要存在者完全、自主地显现于大地上、世界中,使世界保持圆满有序的运作方式。天人合一实际上就是中国人对诗意栖居的探讨之路,通过对自己心灵的超越来实现世界的无蔽,从而来达到最完美的生存,这样的生存方式是美学的,是诗意的。"人与世界关系的最高阶段是审美意识,它是'高级的天人合一'境界。审美意识的天人合一以'原始的天人合一'和'主客二分'的诸阶段为基础,它依存于前此诸阶段,包含前此诸阶段,而又超出前此诸阶段。审美意识的天人合一是原始的天人合一的回复,但又不是简单的重复,而是经历了主客二分之后的回复。"⑥"总起来说,要达到高级的天人合一境域,需要超越本能欲望……"⑦对天人合一境域的诸多规定中,其实阳

---

① 蒙培元:《心灵超越与境界》,人民出版社1998年版,第21页。
② 蒙培元:《心灵超越与境界》,人民出版社1998年版,第21页。
③ 张世英:《天人之际——中西哲学的困惑与选择》,人民出版社1995年版,第174页。
④ 海德格尔:《艺术作品的本源》,孙周兴:《海德格尔选集》,上海三联书店1996年版,第256页。
⑤ 海德格尔:《艺术作品的本源·后记》,孙周兴:《海德格尔选集》,人民出版社1995年版,第302页。
⑥ 张世英:《天人之际——中西哲学的困惑与选择》,人民出版社1995年版,第239页。
⑦ 张世英:《天人之际——中西哲学的困惑与选择》,人民出版社1995年版,第241页。

明心学是极力去做到的,王阳明的超越正是在意识到人类生存的被遮蔽,从而试图挣脱这样的困扰所做出的。万物在人类的观照之下才能呈现出存在的意义,王阳明抓住了问题的症结,要求人从对心的净化开始,他认为:"此心无私欲之蔽,即是天理,不须外面添一分。"①可见,王阳明的天人合一思想是具有高级的审美境域意义。王阳明的天人合一思想不是对人类生存状态的简单回复,是超越的,"禁止超越,也就是禁止美"②。阳明心学正是以自己的超越性来证实自身的审美意蕴和审美境域的。

  阳明心学所积极推崇的心灵超越,本质上是要求达到人类生存的自由状态,上文我们所分析的人生境域就是证明。"去人欲,存天理"如果剥除封建的道德规范的话,其实是对人类局限性的认知和超越,人类过多地沉浸在欲望的追求中,对自己的生存会产生极大的偏移,人已经不是自主的主体,而是成为欲望的奴隶了。所以人类的探讨的自由之路必然伴随着对这些人类局限性因素的超越,只有这样,人才能够在大地上自由地生存。而"人愈是自由,美就愈是丰富。所以美的存在,反过来说,也就是人类自由的象征。对象世界有多少美,反过来也就表明人有多少自由。"③美与自由的关系,不是我们所要探讨的话题,但是,美在一定程度上是对自由的评价,人类要追求的审美境域无疑是对自由的挺立。因为"对于人类来说,生命是自由的前提,而自由是生命的意义"④。王阳明在对人的极力尊重下,使人获得了自我实现和自我确证。他以心释理,以意释事、物,树立起人心的宽大存在性空间,在其哲学体系中就根本没有了超乎人心和具体事物之外的抽象的形而上世界。"王阳明心目中的世界只是一个现实的世界,即以人心为天地万物之心的天地万物;人心与世界(天地万物)原为一体,人心是整个实际的'发窍'之处。"⑤以人心为天地之心,不但在本体上归竟了天人合一的本然状态,而且也为"美"的现身作了本根性的铺垫。中国古代就有"美不自美,因人而彰"的命题,将美的现身归于人的参与。宗白华也指出"一切美的光是来自心灵的源泉,没有心灵的映射,是无所谓美的"⑥。由此可见,王阳明的理论在本源上就与美学有着最密切的契合,所以,他的理论体系从美学角度来阐释也是无可厚非的。阳明心

---

① 《传习录上》,《王阳明全集》,上海古籍出版社1992年版,第2页。
② 高尔泰:《美是自由的象征》,人民文学出版社1986年版,第106页。
③ 高尔泰:《美是自由的象征》,人民文学出版社1986年版,第54页。
④ 高尔泰:《美是自由的象征》,人民文学出版社1986年版,第53页。
⑤ 张世英:《天人之际——中西哲学的困惑与选择》,人民出版社1995年版,第328页。
⑥ 《中国艺术意境之诞生》,《艺境》,北京大学出版社1999年版,第139页。

学理论中对天人合一境域的论述也就自然地具有了美学的意义,其天人合一审美境域的构成也自然从论述中显明了。

一、"四句教"的审美境域营造

"四句教"是王阳明晚年论述心学的理论宗旨,曾引起他身边两位弟子钱德洪、王畿的争辩。嘉靖六年(1527),王阳明奉命去平息广西思恩、田州地区的少数民族造反,在他将出发时,钱、王二人在天泉桥上,各抒己见,师生之间也有一番问答,集中讨论了四句教的问题,这后来被人称为"天泉证道"。天泉证道展示了四句教本身存在的矛盾以及丰富的涵义,集中地揭示了阳明心学存在的问题和特征。因此探讨四句教的审美境域意味具有重要的意义。我们也将从钱、王二弟子所展开的途径来探讨四句教的审美境域意味。

(一)从本体直入的审美境域

我们先来看关于四句教存在的两种不同的态度。"丁亥年九月,先生起复征思、田。将命行时,德洪与汝中论学。汝中举先生教言,曰:'无善无恶是心之体,有善有恶是意之动,知善知恶是良知,为善去恶是格物。'德洪曰:'此意如何?'汝中曰:'此恐未是究竟话头。若说意有善恶,毕竟心体还有善恶在。'德洪曰:'心体是天命之性,原是无善无恶的。但人有习心,意念上见有善恶在,格致诚正,修此正是复那性体功夫。若原无善恶,功夫亦不消说矣。'"[①]由此可见,对王阳明的四句教,钱德洪与王畿在观点上存在着很大的分歧,这也造成了王学的分化。王畿强调四句教中的本体意义,形成了"四无"说;钱德洪强调其中的工夫,形成了"四有"说。而实际上,在王阳明看来,他的四句教应该是"四无"与"四有"的完满的统一,是本体与工夫的合理协调。"先生曰:'我今将行,正要你们来讲破此意。二君之见,正好相资为用,不可各执一边。我这里接人,原有此二种。利根之人,直从本原上悟入,人心本体原是明莹无滞的,原是个未发之中;利根之人一悟即是本体,人己内外一齐俱透了。其次不免有习在,本体受蔽,故且教在意念上实落为善、去恶,功夫熟后,渣滓去得尽了。汝中之见,是我这里接利根之人的;德洪之见,是我这里为其次立法。二君相取为用,则中人上下皆可引入于道;若各执一边,眼前便有失人,便于道体各有未尽。'"[②]王畿和钱德洪的不同看法是对王阳明四句教思想所进行的不同角度的阐释,虽然他们最后对王阳明的精神有所偏移,

---

① 《传习录下》,《王阳明全集》,上海古籍出版社1992年版,第117页。
② 《传习录下》,《王阳明全集》,上海古籍出版社1992年版,第117页。

但是他们都在不同程度上阐发了四句教的内涵和存在的问题。而他们的不同阐述也为我们更具体地理解阳明心学的审美境域乃至人生境域的构造提供了可贵的参考。"'审美意识'的天人合一境域,不是本能欲望的满足,不是知识的充实,不是功利的牵绕,不是善恶的规范,但它又不是和这些没有任何关系,它不是对这些绝对抛开不管,好像根本没有发生这些似的,它是对这些的克服和超越。"①很显然,四句教所要规定的就是点拨人去超越对立,以达到内外合一、天人相融的审美境域。而王畿和钱德洪就是从不同的向度来实现这种超越。他们两位在四句教的第一句上是没有争议的,分歧就出现在后面三句。"无善无恶是心之体",是对天人合一境域的可能性规定,而后三句则是这一本体规定的具体展开,在这展开的方式中,王、钱二位就走上了不同的道路,这也是天人合一的审美境域在构造方面具有不同途径的体现。对这种途径的论述和明晰将使审美境域更加丰富而充实。

我们在这部分先来分析王畿所给予我们的启发。在此我们还必须说明的是,我们的这种分别阐述的方法并不代表我们认同了钱、王二子对阳明精神的理解,只是为了言说的方便,我们才进行了这样的分解。王畿从王阳明的本体无善无恶出发,进而认为意、知、物都是无善无恶的。用王阳明的话说,这是一种从本体悟入所达到的境域,也就是说,是直接从本体进入境域的做法,这一做法直接将本体的承诺转化成了境域,达到"天人合一"的完满和谐的审美境域。从本体直入审美境域的途径必须要对本体的内涵和承诺做完全、完整的贯彻。我们来看王阳明是怎样来论述本体的善恶规定的,"问'先生尝谓善恶只是一物。善恶两端,如冰炭相反,如何谓只是一物?'先生曰:'至善者,心之本体。本体上才过当些子,便是恶了。不是有一个善,却又有一个恶来相对也。故善恶只是一物。'"②由此可见,王阳明在对心体进行规定时,无善无恶的规定仍然是和至善结合在一起的。杨国荣认为:"王阳明以至善与无善无恶对心体作了双重固定,至善是就其为成圣提供了根据而言,无善无恶则强调了个体存在的可能向度;在晚年的四句教中,王阳明将着重点主要放到了后一方面。"③当至善与心体相连时,心体与性体具有相近之处;而无善无恶的规定又表现出心体不同于性体的品格。那么,当本体具体地展开为境域的营造时,无善无恶必然蕴涵着可善可恶,这也是王阳明对性体的反驳

---

① 张世英:《天人之际——中西哲学的困惑与选择》,人民出版社1995年版,第239页。
② 《传习录下》,《王阳明全集》,上海古籍出版社1992年版,第97页。
③ 杨国荣:《心学之思——王阳明哲学的阐释》,中国人民大学出版社2009年版,第238页。

和对人类自我重视的结果。王畿在论述审美境域的营造时,将"无"字贯穿四句教的全体,此无不是虚空,而是以至善作为本体保证的,所以他认为的境域构造近似于禅宗所说的"顿悟",直接从心灵的本体上体悟到万物一体、内外圆融的审美境域和人生境域,这种营造方式是"瞬间—永恒"的模式。此种顿悟获得的审美体验和人生体验是以"无善无恶是心之体"作为根本规定的展开途径,所表现出来的是对世界万物的自在任运的态度,因为"阳明四句教'无善无恶心之体'思想的意义已经完全清楚了,它的意义不是否定伦理的善恶之分,它所讨论的是一个与社会道德伦理不同面向的问题,指心本来具有纯粹的无执著性,指心的这种对任何东西都不执着的本然状态是人实现理想的自在境界的内在根据"[①]。王畿就是以无善无恶这样一种涵义为保证,以审美直觉的方式来观照人生与世界万物,以"无"作为超越方式来超越烦恼和自我的执着,最终实现的是来去自由的精神境域,也就是天人合一的审美境域与人生境域。王畿的这种审美境域营造方式和超越方式在王阳明看来是着重于本体上的观照,却没有完全地落实于工夫之上,因为这样的境域构成方式只有"利根之人"才能实现,虽然在学理上是可能的,但实际上却是容易落入虚无缥缈之中。然而,王畿在超越中体现的审美直觉方式却应该引起我们的重视,因为"直觉是自在与自为的统一,通过心灵的自我觉解,实现自然的呈现,其结果便是获得一种精神境界"[②]。而这种境域的获得也是阳明心学所积极憧憬的理想,王畿的探讨在本质上并没有背离阳明心学的理论,只是在对于达成审美境域和人生境域的途径或方式上体现了与王阳明所提倡的不同的品质。但是,这样的偏移反过来又在境域营造的一种方式上做出了深刻的论述,在我们看来,这也是王畿的最重要的贡献。

(二)修养达成的审美境域

在王阳明看来,钱德洪所理解的审美境域和人生境域的营造方式,主要是针对那些中等资质的一般人而言的,而实际上王阳明又说明了利根之人世上难求,所以钱德洪提倡的境域构造方式是对全体人类都有意义的。钱德洪认为:"心体是天命之性,原是无善无恶的。但人有习心,意念上见有善恶在,格致诚正,修此正是复那性体功夫。若原无善恶,功夫亦不消说矣。"[③]钱德洪和王畿一样,都是在承认"无善无恶是心之体"的基础上来构造审美境域的,只是钱德洪非常强调人

---

① 陈来:《有无之境——王阳明哲学的精神》,北京大学出版社2013年版,第212页。
② 蒙培元:《心灵超越与境界》,人民出版社1989年版,第55页。
③ 《传习录下》,《王阳明全集》,上海古籍出版社1992年版,第117页。

的"习心",认为是人的习心对本来明莹无滞的心体有所遮蔽,而人的所有行为就是涤除这种遮蔽,从而使本自完满的本体呈现出来,也就是转化为具体的境域。这其实是审美境域在构成上的重要方式之一,并且,我们认为这是一种比"顿悟"更有章可循的"渐修"式的境域构造方式。这种境域的构造方式其实在王阳明的论述中也有着丰富的理论基础。

虽然钱德洪在达成审美境域的方式上与王畿有所分歧,但是,实际上他们在理论的基础上仍然是以"良知是心之本体"和"至善是心之本体"作为最基本的担保的。否则,审美境域和人生境域将无实落处。王阳明以"无善无恶是心之体"作为四句教的首要规定,其实已经是扬弃了本体的超验性,更加真切地对人类面临的实际问题进行有效的关注。王阳明认为:"然不知心之本体原无一物,一向着意去好善恶恶,便又多了这分意思,便不是廓然大公。书所谓无有作好做恶,方是本体。所以说'有所愤懥好乐,则不得其正'。正心只是诚意工夫里面体当自家心体,常要鉴空衡平,这便是未发之中。"①王阳明在此又对心体的规定做了说明,教人不可自生好善恶恶之心,心体所提供的是可以实现最大可能性的理论担保,就如上一章我们所论述的,心体在本然上是与境域同一的,只是,从本体到境域还需要工夫的参与与展开。这一展开的过程,就是对审美境域和人生境域的营造,而营造的首要条件就是对习心的去蔽,使心回归于本然。所谓习心就是普通人未经过修养工夫顺着意念去做,有时善有时恶,很不稳定。这就是四句教第二句所谓的"有善有恶是意之动",意随物而动容易引起对本体的遮蔽。"无善无恶者理之静,有善有恶气之动。不动于气,即无善无恶,是谓至善。"②因此,意念又是与气紧密相连的,它们都是在某种程度上对心体的背离。而钱德洪对四句教的认知和理解,恰恰证明他注意到了先天的可能形式与现实的存在形态之间的距离,证明了后天的习染使无善无恶的心体规定在人类个体的现实生存中取得了有善有恶的具体形式。其实,这个问题就是先天本体的多重可能在展开过程中必然面临的问题,是先天规定与具体现实之间的差异。这也就是从本体到审美境域和人生境域的过程中仍然需要工夫来护航的原因。心体作为本体,其所规定的涵义具有普遍性,而意则是与个体的生存相联系的现实观念。在人类的生存过程中,面临着来自多方面的诱惑和挑战,但心体上的规定仍然保留着人类可以达成最高的生存境域——审美境域的可能,所以,人类其实是在不断地努力着用自己的生存来体

---

① 《传习录上》,《王阳明全集》,上海古籍出版社1992年版,第34页。
② 《传习录上》,《王阳明全集》,上海古籍出版社1992年版,第29页。

验着这样的境域营造过程。"人的精神境域当然不只是情感问题,它还有认识问题,以及本体论问题。中国传统哲学所主张的,正是与生命情感有联系的本体存在,以及与情感体验相联系的存在认知。而中国传统哲学所提倡的境域,正是'天人合一'的境域。"①天人合一的境域既是人类的人生境域,也是最高的审美境域。它是人类生存的寄望,也是人类生存必须实现的超越。所以,钱德洪理解了王阳明的四句教"无善无恶是心之体,有善有恶是意之动,知善知恶是良知,为善去恶是格物"的精深的工夫意义。钱德洪在此基础上体会出来的营造审美境域和人生境域的方式无疑是对人类生存境遇的关注,是对审美境域的超越性的真切体验。世界上没有本然的境域,任何的境域都是人类积极努力的结果。王阳明论述过:"圣贤只是为己之学,重功夫不重效验。仁者以万物为一体,不能一体,只是己私未忘。全得仁体,则天下皆归于吾。"②对人生境域的追求离不开超越自己的片面欲望,对审美境域的营造同样也是要实现对那些因意念形成的对本体的遮蔽的超越。只有这样,心体所规定的那种"无善无恶"在现实的人类生存中展开成"可善可恶"的可能性才能转化成心体与境域的至善与至美。

如果如上文所讲的,王畿在审美境域的营造方式上,是从本体直入的顿悟式,方法是以人类的审美直觉为主的话,那么,钱德洪所积极推崇的审美境域营造更多是基于对人类真实生存状态的体验上展开的渐修式,在方法上就以审美体验为主。审美直觉以心灵的自我觉解为根本的解决方式,它过多地要求了心体上的理论担保,却缺乏对人类真实生活的关注;相比之下,审美体验作为一种心灵活动,它既有对心体规定的寄望,又有对现实人类生活的重视,所以它不是那种纯粹的形而上的构造,它出于经验而超越经验,出于情感而又超越情感,最终归于心体所憧憬的审美境域和人生境域。

但是,"体验与直觉不可分,直觉是在体验中的直觉,体验是在直觉下的体验"③。回到王阳明的四句教也是一样,王阳明认为:"此原是彻上彻下功夫。利根之人,世亦难遇,本体功夫,一悟尽透。此颜子、明道所不敢承当,岂可轻易望人!人有习心,不教他在良知上实用为善去恶功夫,只去悬空想个本体,一切事为俱不着实,不过养成一个虚寂。"④王阳明对王畿和钱德洪的不同理解是进行综合处理的,也就是说,在阳明心学中,四句教呈现出来的审美境域构造方式是由本体

---

① 蒙培元:《心灵超越与境界》,人民出版社1998年版,第21页。
② 《传习录下》,《王阳明全集》,上海古籍出版社1992年版,第110页。
③ 蒙培元:《心灵超越与境界》,人民出版社1998年版,第57页。
④ 《传习录下》,《王阳明全集》,上海古籍出版社1992年版,第118页。

与工夫的有效合理的统一而完成的。总之,四句教给我们展示的审美境域思想中,对本体和工夫都是高扬的,本体是保证,但过于执着于本体就将使审美境域落于虚空;工夫是实现从本体到审美境域转化的有效途径,但没有本体的担保,它将难以实现根本的超越。

三、"道德"的审美境域化及其当代意义

阳明心学从本质上来说是以道德律令为基础来营造境域的,所以对其所要求的"道德"如何成为审美的论述也成了必然之举,而且这也是研究中国古典美学必然面对的问题,更是研究中国古典美学的一个最重要的切入点。在此基础上我们还要继续深入,探讨阳明心学的道德审美化为当代美学视野和人类的生存提供了怎样的借鉴。这也是我们研究古典美学的根本意义,即探讨其在理论上为当代中国美学的构造在方式、方法与境域等各方面提供的经验和教训。

(一)道德如何审美境域化

阳明心学在学理构造的本质上是以道德律令为基点的,王阳明所积极推崇的"良知""至善"等范畴都带有明显的道德意味,所以说,阳明心学所积极论述的圣人境域也是以道德践履为根本实现方式的。那么,在研究阳明心学的人生美学思想时,我们就必须要对它的这种理论特征给予十分的关注,否则我们的研究就将是一厢情愿的自我猜想和编造,从根本上脱离了阳明心学的理论基础。然而,我们必须说明的是,我们在研究道德如何审美境域化时,其实切入的是美学研究中的一个重要话题,那就是美与善的关系问题。这个问题在美学研究过程中引起了人们的关注,也引起了不少的争议,并且至今也没有得到完满的解决,所以我们在此承接这样的历史话题,或许无利于解决美学上的美善关系,但就阳明心学美学思想的挖掘这方面来说,我们是试图通过这样一条途径更确切地明晰其美学思想的特征。

对于道德如何审美境域化,先要问的是:道德如何审美化,所以我们就顺着这样的探讨之路来对阳明心学的思想进行一些研究。王振复认为,全部宋明理学的基本文化主题,是彼此关联的道德本体与道德实践工夫问题。他将道德审美化的问题又转化为道德是否能够成为本体,之后怎样才能审美化。人类在世界中生存,具有多方面的生存空间和纬度,而社会则是最根本的纬度,社会以人际关系的勾连来组成。为了维护社会的安定协调,人类自然就要制定出一些根本地对人际关系进行有效调节的形式。道德以善、恶作为评价的方式来规范人的行为,就具有调节人际关系的社会功能,道德标准的设置是社会约定俗成的结果,但具体又

是落实于生存的个体身上的。它体现的是人类试图通过"自我完善"来达到人类的合理化生存的社会愿望与人格愿望。王振复指出:"人格有多种模式,宗教崇拜、科学求知、艺术审美与道德趋善,等等,是人格的基本模式。由此可知,审美人格不等于道德人格。"[1]然而,这些人格模式都是人类在生存过程中通过真实的生存体验而构造起来的,事实上它们必定都契合了某种人类的愿望。王振复恰恰就是抓住了这一点,从快感的角度对这些模式进行了有效的考察,并进而提出:"因此,幸福与否,总是与理想的是否实现,是否感到满足相联系。在笔者看来,这便是道德感与审美感之间本在的一种精神联系(也同样是崇拜感、理智感之间的精神联系)。道德何以能够走向审美,在快感这一点上,是因为两者共通于'幸福'的缘故。"[2]所以,王振复的探讨之路将道德与审美之间的关系做了明白的解答,道德的"自我完善",在"幸福"的关节点上,是相通于艺术与审美的,"幸福"就是从道德到审美的精神通道。道德是人类在对人生进行思考的基础上构建起来的,它所要做的就是消解人在生存过程中遇到的一些紧张关系,而审美其实也不外于此,道德与审美同样都是通向对人类美好生活的营造。在这个意义上,王振复认为:"道德与审美,都以宗教为终极,或者说,两者都以宗教般的境域为栖息之所。所以,道德与审美最后可能追寻同一精神极致,这便是静穆、庄严、伟大甚或迷狂。两者都体现出人之精神品格的提升,让主体体验到精神性的崇高境域。"[3]并且最后总结为:"道德一旦与本体联姻,便必然地趋向于审美。"[4]那么从这个层面上来说,王阳明以良知和至善作为本体,已经将道德审美化了,心学所积极憧憬的人生境域——天地境域(圣人境域)也就自然成了审美境域了。王振复从一个重要的向度论述了道德的审美境域化途径,为我们的研究提供了可贵的参考和借鉴。

但是,在道德审美境域化的过程中,我们认为还具有更为丰富的内容。那就是道德在中国古代与审美构成方式中具有极为重要的作用。中国古典美学的最重要构成模式就是"美不自美,因人而彰",重视人的参与在审美关系中的突出地位。我们认为:"中国美学尽管也强调主体审美感兴的引发与生成来自外物的感召,但是,中国美学更多的是强调审美主体的自我实现和自我超越,审美活动所向往的主要还是心灵的抒发,是要在显示人生中达到一种精神解脱、超越的审美境

---

[1] 王振复:《中国美学的文脉历程》,四川人民出版社2002年版,第587页。
[2] 王振复:《中国美学的文脉历程》,四川人民出版社2002年版,第587页。
[3] 王振复:《中国美学的文脉历程》,四川人民出版社2002年版,第590页。
[4] 王振复:《中国美学的文脉历程》,四川人民出版社2002年版,第590页。

域。"①在这种追求精神解脱、超越的过程中,人类就是要寻找在自然、社会、宇宙以及自身等向度上的完满与和谐,而自然、社会、宇宙在某种意义上就属于中国古代哲学中的"天"这一范畴。那么,人类追求的超越性的和谐就是追求与"天"的和谐,与"天"的认同。道德与审美都是在人追求与"天"认同过程中现身起作用的。然而,人类在追求与天认同的过程中,遇到一个残酷的事实,那就是"天"不随人愿,"天"具有绝对的权威性。我们无力于要求"天"来迎合人的情感乐趣,所以,要实现天人之间的和谐完满,唯一出路就是人实现自我的超越。中西哲学其实都在着力于这一问题,苏格拉底提出的"认识你自己"正是人类寻求天人合一所必然抱定的理念。道德与审美恰恰就是人类认识自我所体现出的两大特征,它们在本原上就具有了共通之处,都是人类总结出来的超越途径。或许,有人将要责问,宋明理学以封建道德为标准,呈现出来的是"存天理,灭人欲"的残酷性。在此,我们要对此进行简要的解说,我们姑且不论"存天理,灭人欲"在阳明心学中是否具有完全的合法性,我们认为最应该引起追问的是:超越应该是个人的,还是人类群体的。事实上,中国古代哲人的探讨在他们各自的历史语境中大都是基于对社会群体的关注而进行的,他们的理论成果就是人类追求"天人合一"境域的方式与方法中的一部分,我们不能以阶级的观点对之进行完全的学术否定。道德虽然在一定程度上以自律为理论特征,但是,如果站在整个人类的历史高度来看,它在最终的目标和境域上莫不是与审美一样通向于最大的生存自由的。从这个角度来说,道德就呈现出一种自我否定的特征,因为当人达于"天地境域"时,就实现了与"万物同体",能够从宇宙的高度上来观照世界与生命,亦即人的与天认同。"就美学意义而言,'同天'境域也就是'乐天'境域,它不仅是一种理解和认识,而且是一种体验和快乐,是一种最高的精神愉快,这也就是人与自然合一、主观与客观合一的审美体验。"②那么,我们就可以说,道德实际上与审美一样,都是对人类生命意义的追问,道德在最大程度上必然趋向于审美。

(二) 道德审美境域化的当代意义

由于道德和审美总是伴随着人类的生存历史,那么探讨道德审美化、审美境域化在当代的一些意义就具有重要的历史价值和现实价值。尤其是阳明心学在这方面的一些理论特征,应该受到我们的关注。

在这一节的前半部分,我们着力阐述了道德趋向审美化、审美境域化的方式

---

① 皮朝纲、李天道、钟仕伦:《中国美学体系论》,第66页。
② 蒙培元:《心灵超越与境界》,人民出版社1998年版,第393页。

与途径,但真正要对阳明心学进行这样的观照,上文的阐述显然还是不够的。阳明心学在构造人类"与天认同"的途径上选择的是以心体作为本体论规范的,所以它在走上境域化的道路上就具有自己独特的方面。在阳明心学的理论体系中,"天"已经不是外在于人心的存在,"心外无理,心外无物"在人类生存意义世界的构造方面取得了主体地位,"心即理"从道德的层面上将"与天认同"生存理念转化成了人追求与自身"良知"的认同,那么所谓的"天人合一"境域就体现为"与己认同"的境域了。这也是上文我们没有论述人与自身关系的原因,因为我们认为,阳明心学在这个方面为人类提供了一条很重要的建议。而且,在王阳明将心与理做了整齐划一的处理之后,实际上已经将人们普通视野中的那种僵化的道德律令变得更加人性化了,与人类的感性生命层面、感情因素具有了更加密切的联系。道德审美境域化的过程也充满着对人类全方面的真实生命的关爱,体现出对人类这一历史主体的极大尊重。在新的历史时期,新的历史语境之下,我们再来体会这样的生命精神,将会重新发掘道德审美境域化的一些现实意义。

当代语境之下的人类生存,其实中西方的学人一直给予充分的重视。海德格尔以极大的努力对"上帝死了"之后的人类生存意义进行真切的追问,试图建立人类可以"诗意栖居"的精神家园。在中国,我们没有对上帝的信仰,甚至我们没有宗教信仰来支撑我们的生存信念,(当然,其中是有佛教、道教这样一些宗教形式,但是在中国古代都没有获得完全的宗教地位,佛教在中国本土化后形成的禅宗就证明了这一点,中国人向来更重视对自身价值的追问。)但是我们有自己的生存信念,那就是以道德的形式来追求自身的完满,无论是"圣人""至人",还是"神人"都体现着中国人的这样一种努力。但在进入近代以后,中国遭受了巨大的考验,在面临诸多的考验之后,我们的价值体系发生了重大的变革。我们对所谓的封建道德进行了前所未有的反思,同时也在中西思想的激烈碰撞中重新寻找着生存的支撑意义。而蔡元培提出的"美育代宗教"就成了一种典型的形式,也为20世纪的中国美学精神注入了新的活力。然而,中国的传统文化底蕴却是无法从人们的心理结构中轻易退场的。那么,寻求道德的审美化、审美境域化就必然成为历史的选择,道德的话语如何在审美的视野中合理呈现也就必然是当代学人必须认真思考的问题。

当代社会,人们在经历了20世纪的两场世界浩劫之后,已经越来越体会到美好生活的可贵,对人与自然、社会、宇宙以及自身的和谐也给予了前所未有的期望。在以"美育代宗教"的影响之下,人们在积极地探索生活的审美化,"追求审美的生活肯定会摒弃宗教,起码要摒弃迄今被称为宗教的那种宗教;由于已将精神和感性双方整合在一个世界里,因此,审美的生活绝不会承认独立的精神世界;它的思想太'一元化'了,所以不可能容忍独立的精神世界"①。审美给予个体以充分的自由,但是我们认为审美不能走向完全个体主义,它仍然需要一些最基本的社会原则的贯彻。审美个体主义从某种程度来说,不仅与宗教冲突,而且还与道德有着巨大的裂痕,这是我们所不期望的,毕竟道德作为社会运作的法则仍然具有其独特的价值和现实意义。阳明心学的理论特征,事实上为我们当代的诸如此类的问题提供了学理上的借鉴。王阳明以"至善"和"乐"作为本体在心体上来建构自己的理论,事实上,他已经将道德因素和审美因素在心体的基础上做了和谐的处理,在他看来,对这两个维度的追求是人类的生存的本能要求和反应。道德和审美都是对生命的关注,如果它们能够和谐交融,共同为人类的生存提供意义和理想,那么人类就能实现所谓的"……充满劳绩,使人诗意地栖居在这片土地上"。

　　社会前行,越来越需要每个生存主体对我们的生存环境抱着重大的责任心。人类在生存的过程中,创造了诸多的科学奇迹,但是也创造了足以瞬间毁灭自身的强大武器,更造成了对生态环境的极大破坏。这些都为我们在当下进行意义追问提供了新的课题,并且也是我们不能回避的问题。如果我们的研究和探讨不对这些实际的重大问题进行关注的话,那么学术将真正走向象牙塔,成为个体主义的形式。在这样的情境之下,道德与审美的结合就具有深厚的历史依据和现实需要,道德告诫人类对自然、社会、宇宙、自我等各个层面要有浓厚的责任感;审美则对人类的生存进行诗意化的、艺术化的处理,给予人类以生存的自由、理想。其实,当代人类追求的"日常生活审美化"仍然是应该建立在对道德挺立之上的,这也是我们对道德审美化、审美境域化进行关注和论述的根本原因。在这样的论述中,我们深刻体验到孔子积极提倡的"美善合一"的审美理想的特别涵义。

　　阳明心学在心体的基础之上,构造起了"天人合一"的审美境域,在审美境域的构造当中,王阳明注意到了各种构成方式的差异与综合,为我们理解和构造审美境域的意义提供了可贵的经验。同时,我们对阳明心学在审美境域的深刻内涵——道德的审美化、审美境域化做出了专门的深刻探讨,并对道德审美境域化给予当代人类现实生存的一些启示以及它为中国当代美学提供的借鉴做出了简要的论述。这些努力,不仅仅是对阳明心学在审美境域上的意义发掘,而且还是对美学在理论范式上所必须解决的问题的极大关注。我们认为,只有这样的研究

---

① 鲁道夫·奥伊肯:《新人生哲学要义》,中国城市出版社2002年版,第78页。

和探讨才是有意义和价值的。

第三节　人格修养

从人开始,我们的探讨又将回到人的话题上,甚至更确切地说是,我们始终就是围绕着人的话题而展开论述的。很多人都说中国哲学是人学,其实就某种程度来说,任何的哲学都是对人的探讨,都是人学,但是中国古代的哲学在这方面体现得更为显明一些。在我们看来,中国古典美学在本根上就是对中国古代人学思想的一种超拔,对人类自身的认知和研究达到什么程度将直接影响到审美境域的达成和美学视野开阔与否。前面两章我们对阳明心学的人生境域和审美境域做了较为详细的论述,但在文中我们也提到过,对境域的构造不能落入虚空,应该既要重视境域本身的涵义,又要关注境域构成的途径和方式。在前两章中,我们努力去做到对这两方面的兼顾,但终究没有对境域的构成做系统的阐明。那么,在这章中我们就有意对阳明心学达成境域的途径做一些层次性的阐述。

我们认为,中国古代哲学和美学的中心就是对人的认识和叩问,阳明心学就是以心体的模式来探讨为圣之道的。而圣人又不是轻易可以达成的最高境域,也是中国古代士人憧憬的最高的人格理想。在通向圣人境域的过程中,还有许多更为具体的人格规范对圣人境域做具体的落实,这样就使理想与步骤合理地结合,从而为人类的成圣做了更详实的铺垫。有人认为阳明心学就是本体与工夫的有效结合,这在前文我们已经做出了相应的说明,我们认为阳明心学就是"本体—工夫—境域"的一体化。那么从这个层面来说,我们的论述就是围绕着这个一体化是如何实现的问题展开的,而我们单列一章"人格修养"来阐明阳明心学的人生美学思想,主要也是出于此目的,对阳明心学的工夫论在美学上做一种提升。

一、知行合一的修养之道

知行合一是王阳明对心本体的又一层论证,它本质上是以"心即理"为基础的。在阳明心学的工夫论中,知行合一是非常重要的,它与致良知说紧密相联,并且可以说是对致良知说的展开,它就是以如何致知作为基本的内涵规定的。所以说,知行合一不仅是对良知说和致良知说的深化,而且它还以实践的形式把良知规定在人的实际生存中做了具体的落实。对阳明心学知行合一的研究可谓关联着"心即理"与"致良知"等几个命题的涵义深化,也是我们理解阳明心学人生美学思想的一个非常重要的方面。

（一）知行合一的涵义

知行合一说是阳明心学中关系到本体和境域之间怎样有机联系的工夫论，对其涵义的准确把握将是我们研究的基础。刘宗贤认为："'知行合一'在理论上是面对着双重课题而提出：一是解决朱熹的'格物'说在修养方法上所产生的'心、理为二'之弊；一是彻底铲除'外心以求理'的理论根源。王守仁'知行合一'的具体内容也就是以上面两点为依据的，故他强调：其一，'知行本体合一'，指出'心'作为道德行为根源与认识根源的一致性、统一性；其二，知行'功夫'合一，从主体的心身关系上说明'心外无物——心外无理'，因而'格物'就要从主体的'身心'上用功，格物即是'诚意'，即在人的意念发动处做'为善去恶'的功夫。①"我们认为这是对阳明心学"知行合一"思想的准确把握，而实际上这两点只是在理论说明时可作分开，在实践中却体现出"体用不二"的特征，这正是阳明心学融合三家之后的理论创造。

王阳明认为："知之真切笃实处，即是行；行之明觉精察处，即是知，知行工夫本不可离。只为后世学者分作两截用功，失却知行本体，故有合一并进之说。'真知即所以为行，不行不足谓知。'"②可见，王阳明提出知行合一乃在于纠正以往学者的知行观点，将知、行做了二合一的处理，使这两者紧密相联而不可分，这也就是我们所说的"体用不二"的关系。然而，在这个命题中，我们还不能切近王阳明所说的知、行究竟是何种涵义。那么我们可以回到《传习录》中的一段徐爱问知行关系的话："爱因未会先生'知行合一'之训，与宗贤、惟贤往复辩论，未能决，以问于先生。先生曰：'试举看。'爱曰：'如今人尽有知得父当孝、兄当弟者，却不能孝、不能弟者，便是知与行分明是两件。'先生曰：'此已被私欲隔断，不是知行的本体了。未有知而不行者。知而不行，只是未知。圣贤教人知行，正是安复那本体。'"③在这段话中，王阳明对知与行的不可分离做了关键性的论述，并且对知与行的内涵也做了最基本的界定。在王阳明看来，知并不是如我们所讲的知识，而是只为人们提供安身立命的道德律令；行则明确指人们的道德践履。所谓人们要积极安复的本体也不是别的，就是王阳明积极推崇的良知，"所谓'生知安行'，'知行'二字亦是就用功上说；若是知行本体，即是良知良能；虽在困勉之人，亦皆

---

① 刘宗贤：《陆王心学研究》，山东人民出版社1997年版，第316—317页。
② 《答顾东桥书》，《王阳明全集》，上海古籍出版社1992年版，第42页。
③ 《传习录上》，《王阳明全集》，上海古籍出版社1992年版，第3—4页。

可谓'生知安行'矣"①。王阳明的这段话似乎又使我们刚刚提到的"知是道德律令;行是道德践履"的观点难以立足了,其实我们只是为了论述的方便才做了这样的分解,我们依然要遵照阳明心学的实际理论来进行探讨。我们在王阳明的论述话语中,所要达到的就是对知行的提出原因、目的和涵义有一种根本的把握。王阳明提出"知行合一"命题的原因是对以往学者的反驳,也是他在以心为本体在理论上的必然趋向;而他所期望的目的就是实现复归"知行本体",也就是对良知良能这种人类的本来面目的返回,这个返回的过程即是"知行合一"的过程,也是人格修养和境域达成的过程。所以说,"知行合一"的修养之道是紧密与"知行本体"相联系的,是与"良知"相联系的,这是它的首要涵义。

带着对以往学人的反驳,王阳明对"知行合一"进行了更深刻的论述和指明。在《传习录》中有这样一段:"问'知行合一'。先生曰:'此须识我立言宗旨。今人学问,只因知行分作两件,故有一念发动,虽是不善,然却未曾行,便不去禁止。我今说个知行合一,正要人晓得一念发动处,便即是行了。发动处有不善,就将这不善的念克倒了。须要彻根彻底,不使那一念不善潜伏在胸中。此是我立言宗旨。'"②王阳明提出"知行合一"显然是为了更彻底地贯彻他的"心即理"的理论宗旨,试图在人的意念上就将不善的因素完全扫除,那么他所达到的就是"至善",这就是王阳明论述"知行合一"的最基本的理论基础。在此基础上,我们再联系他所说的:"知是行的主意,行是知的功夫;知是行之始,行是知之成。若会得时,只说一个知,已自有行在,只说一个行,已有知在。"③就可以发现,王阳明的"知行合一"说在本体上是以"良知"作为担保,从而教人从两个维度来展开的。杨国荣认为:"知行的统一作为一个过程,以知(本然之良知)—行(践履)—知(明觉之知)为其内容。"④那么两个维度就表现在:一是对先验本体的确立;二是在经验中对本体的展开和回复。本体的确立主要是境域的达成,而细化到人格修养时,主要是指人类在平常日用中对道德本体的展开。当然这一展开的过程又是回复的过程,是对至善本体的回复,从而也自然带出了境域的达成。人在心体上虽然隐含了"良知",但是只有在经过"行"的践履才能"在场"、现身、被证明。"问'圣人生知安行,是自然的,如何有甚功夫?'先生曰:'知行二字即是功夫,但有浅深难易之

---

① 《答陆原静书》,《王阳明全集》,上海古籍出版社1992年版,第69页。
② 《传习录下》,《王阳明全集》,上海古籍出版社1992年版,第96页。
③ 《传习录上》,《王阳明全集》,上海古籍出版社1992年版,第4页。
④ 杨国荣:《心学之思——王阳明哲学的阐释》,生活·读书·新知三联书店1997年版,第196页。

殊耳。良知原是精精明明的。如欲孝亲,生知安行的,只是依此良知,实落尽孝而已;学知利行者,只是时时省觉,务要依此良知尽孝而已;至于困知勉行者,蔽固已深,虽要依此良知去孝,又为私欲所阻,是以不能,必须加人一己百、人十己千之功,方能依此良知以尽其孝。圣人虽是生知安行,然其心不敢自是,肯做困知勉行的功夫。困知勉行的,却要思量生知安行的事,怎生成得!"① 良知本体只是一种可能,每个人在先天本体上并没有本质的分别,但是在人类的现实生存方面却由于私欲遮蔽程度的不同而呈现差异性。那么,要使静态的可能真正在人类的生存中现身,除了要在心体上存养,还要在现实中锤炼,这就是人格修养的过程。在这个层面上来讲,知行合一的涵义就是:行要以知来范导,知则需通过行来获得自我实现的机会,两者相互依存。杨国荣将这种涵义概括为:"行在其展开中已包含了知的规范,知的存在则已蕴含了走向行的要求,知与行在此似乎表现为一种逻辑上的统一,所谓说知,已有行在;说行,已有知在,这种'说',主要便是一种逻辑上的说。"② 这就是阳明心学的特点,在心本体上既孕育着无限的可能性,又召唤着实践在心体平台上的有机参与,知行合一说在阳明心学中的突出作用就在于将本体、工夫、境域三者统筹起来,使其学理体系更加完善。

(二)知行合一与人格修养及其美学启示

阳明知行合一说扭转了以往学者将知、行两分的价值认同,在其心体上以知、行互释的形式将它们做了一体化的处理,从而树立起自身的人格修养之道。对于阳明心学的这种修养方式,潘立勇认为:"阳明'知行合一'说强调'知'与'行'作为一种工夫在其本体上的合一,它在伦理哲学上的基本涵义是指道德实践中内在自觉与外在推致的同时性和不可分割性,强调意向的道德性必须通过实践把自己真正实现为现实道德性。"③ 所以,王阳明的"知行合一"说在人格修养上给我们的启示是:人格修养要在内外两方面展开,并进而达到内外兼修的程度,以现实的话语来说就是养心与养身的双华映对。

在把握阳明知行合一说的内涵时,杨国荣认为:"从逻辑上看,知行合一如果抽象地加以引申,往往蕴含着二重衍生方向,即知合一于行或行合一于知。王阳明在以行释知的同时,又常常以知涵盖行,从而表现出销知入行与销行入知的双

---

① 《传习录下》,《王阳明全集》,上海古籍出版社1992年版,第111页。
② 杨国荣:《心学之思——王阳明哲学的阐释》,生活·读书·新知三联书店1997年版,第201页。
③ 潘立勇:《"知行合一"与阳明的"行动美学"》,《浙江学刊》2004年第1期。

重倾向。……当然,在王阳明那里,知行关系的这种种辨析,并不仅仅具有认识论或本体论的意义,它的内在关注之点更在于德性的培养及如何成圣。如果说,以行释知突出了德性的外在展现(德性在德行中的确证)这一面,那么,以知为行则强调了净化内在人格(拒不善之念)在成圣过程中的重要性。"①其实,他也是在理解阳明知行合一思想的基础上,得出了人格修养的双重倾向,与潘立勇的观点并没有本质的区别,都是对知行合一说影响下的人格修养途径的准确理解。

王阳明的知行合一说将原来难以调和并造成争论的"尊德性"与"道学问"在心体上做了消解和重构,使两种修养的方法实现了完满的和谐。但为了论述的方便,我们将从养心(尊德性)与养身(道学问)两个方面来切近阳明知行合一说所启示的人格修养之道。

养心(主要是取义为这个过程的隐含性,它是在纯粹的精神层面完成的)是阳明心学对道德法则挺立的过程,它所要做到的就是树立"心中的道德律令",也就是"尊德性"的问题。我们在切近阳明的知行合一的立言宗旨时,引用了这样一段话:"我今说个知行合一,正要人晓得一念发动处,便即是行了。发动处有不善,就将这个不善的念克倒了。需要彻根彻底,不使那一念潜伏在胸中。"②那么,我们可以发现,王阳明的尊德性的修养方式也就是要在意念上为善去恶。在意念上的为善去恶就是要以道德的标准来净化、端正人类的动机,以道德涵养为主要修养内容,消除人的不良动机。从而在潜在的层面上截断了恶的源头,树立起"至善"的崇高地位,为可能性的完美展开奠定了坚实的基础。

养身与养心相比,它是指人类在平常日用中的人格修养。这种修养方式的提出表明:"显然,王阳明所面对的是这个事实:人们了解社会通行的道德准则,但并不依照这些准则去行动;明知为道德律令所禁止,却仍然违背禁令去行动。"③所以,养身就是将"心中的道德律令"在实际生活中贯彻,也即"在事上磨练做功夫"。正是王阳明体会到人类的这种心理,他提出"行"来对"知"进行补充和强调,所以他说:"凡谓之行者,只是著实去做这件事。若著实做学问思辩的工夫,则学问思辩亦便是行矣。"④行就是将意念中的良好动机体现于事上,使心中的道德律令可以被明察,实现其存在的价值。王阳明在此就提出了道德实践中主体能动性这个根本原则的问题,强调了主体在道德实践中的亲身体验的重要性,从而从

---

① 杨国荣:《心学之思——王阳明哲学的阐释》,三联书店1997年版,第210页。
② 《传习录下》《全集》第96页。
③ 陈来:《有无之境——王阳明哲学的精神》,北京大学出版社2002年版,第107页。
④ 《答友人问》,《王阳明全集》,第208页。

实际行为上扫除了人们对伦理道德的违反意识。这个过程也暗含着道学问,但此种道学问已经不是独立的了,而主要是对道德标准的体认和恭行,在人们的行为上将尊德性和道学问联系在一起,使两方面有机结合,为人们的生存营造美好的环境。

当然,如我们前文所讲,养心与养身的修养方式其实是一个不可分的有机整体,在阳明心学中也是不可分割的过程。王阳明以此作为人们的修养之道"把实践的主体能动原则提到空前的高度,'知行合一'变成了主体自身的自我实现,也是实现'天人合一'的根本途径"①。所以说,王阳明提出的"知行合一"说不仅是人格修养的有效途径,也是达成境域(人生境域和审美境域)的必然之途。从这个层面来说,阳明知行合一思想对美学也具有重大的意义,也是王阳明美学思想的一个重要方面。"从美学的角度讲,'知行合一',随事尽道意味着美学不能仅仅是一种'口舌观听'之学,而更应是一种'身心践履'之学,这就把思辨美学或观赏美学引向了'行动美学'。"②这其实是王阳明心学人生美学思想的最重要的理论品格,这种美学思想不是纯粹的学理构造,而是直接面对人类的生存状态的美学观照。王阳明的美学思想既体现了对理论品格的合理认知,又实现了对审美实践的真切高扬,为当代中国的美学之思提供了可贵的经验。当代的美学宛如进入死胡同一般,学人在一片狭隘的空间里构造着自己的"理想国",满足着最大的理性愉悦而忽视了美学关注生命的理论品格,王阳明的美学思想无疑可以为我们的美学研究注入一些现实性的基因,促进美学在理论和实践上的双向发展。潘立勇对王阳明的这一美学思想的认识就为我们提供了这样的可能:"从'知行合一'的角度来看,美即存在或呈现于经由'知行合一'化潜在德性为显示德行过程中,审美的功能就不在于仅仅满足人的感官享受或认知欲求,而在于通过'事上磨练'的审美实践完成人格美的修养,使其'良知'的价值潜能在审美实践的'知行合一'过程中充分地体现。"③我们认为这不仅是对阳明心学的理论研究,更是我们美学研究的一个重要维度,这也是我们在本文中经常强调的宗旨就是以研究为手段来寻求当代美学的构造途径。

二、主体心胸的建立

德性是阳明心学所关注的主题,它作为主体的内在品格,必须要以人的自我

---

① 蒙培元:《理学范畴系统》,人民出版社 1989 年版,第 332 页。
② 潘立勇:《"知行合一"与阳明的"行动美学"》,《浙江学刊》2004 年第 1 期。
③ 潘立勇:《"知行合一"与阳明的"行动美学"》,《浙江学刊》2004 年第 1 期。

作为承担者,成就德性也就必然指向建立主体、成就自我。阳明在心体上来追问成就主体的途径和方式,所以呈现出对主体心胸的重视,那么我们就有必要对阳明心学的这一理论特征给予关注。这是阳明心学在人格修养上的落脚点,但人的自我并不是独立的、封闭的,自我的人格修养必须在与他人共在时才能呈现出层次和意义,所以主体的建立又必须发生在人与人之间,需要考察自我与群体的关系。

(一)豪杰人格,狂者胸次

求学成圣一直是中国儒家的传统,也是儒家积极践履的人格理想。王阳明在本体论上将成就这一人格的方式落实于人的内心之中,从而摆脱了对人的能力、才识的高要求,强调存天理、灭人欲的工夫,人们实现了对程朱理学那种通过无穷地追求知识向外逐物的成圣之道。在人格修养上,程朱理学塑造的理想人格是"醇儒"。"醇儒气象给人的印象就是坚守内圣之学,循规蹈矩,四平八稳,动作周旋皆中礼。"①相比之下,王阳明虽然也以圣人为理想人格,但是他更倾向于圣人的豪杰人格,注重人的豪杰性格和狂者胸次。

在王阳明的人生历程中,经历了诸多的磨难,为朝廷尽心立功但终被奸人所害而仕途坎坷,在王阳明却有着一份对理想人格的独特信念。面临世人的诸多非议,他向他的门生宣告:"'诸君之言,信皆有之,但吾一段自知处,诸君俱未道及耳。'诸友请问。先生曰:'我在南都以前,尚有些子乡愿的意思在。我今信得这良知真是真非,信手行去,更不着些覆藏。我今才做得个狂者的胸次,使天下之人都说我行不掩言也罢。'"②王阳明是以狂者自居来反抗天下的非议,其胆识和气量可谓雄迈古人,而从其行为和言行中,我们也可以多少体会到狂者的内涵和胸襟。"王阳明这里所指出的'狂者'胸次就是自作主宰、自强不息,只按自己的良知准则信手行去,荣辱毁誉尽听于天下之人,这就把狂者与孔子所反对的'乡愿'人格区分开来。"③狂者人格不是人的狂妄自大,而是在能够对自我进行确切认知的前提下,对他人无所依傍,从而做到自作主宰,达到独立不移、不惧的人格。相比之下,乡愿人格则是指那种左右逢源、灵活多变,有时还为了迎合他人的意思而违背自己的意愿,没有独立坚定的信念和志向的人。王阳明对这两种人格形式就做了详细的区分:"乡愿以忠信廉洁见取于君子,以同流合污无忤于小人,故非之无举,刺

---

① 王国良:《明清时期儒学核心价值的转换》,安徽大学出版社2005年版,第152页。
② 《传习录下》,《王阳明全集》,上海古籍出版社1992年版,第116页。
③ 王国良:《明清时期儒学核心价值的转换》,安徽大学出版社2005年版,第154页。

之无刺。然究其心,乃知忠信廉洁所以媚君子也,同流合污所以媚小人也,其心已破坏矣,故不可与入尧舜之道。狂者志存古人,一切纷嚣俗染,举不足以累其心,真有凤凰翔于千仞之意,一克念即圣人矣。惟不克念,故阔略事情,而行常不掩,惟其不掩,故心尚未坏而庶可与裁。"①在乡愿与狂者之间的抉择中,王阳明倾心于狂者人格,这是其良知本体的自然呼唤。因为,在王阳明的心体之上,人自性圆满具足的,具有本然的是非之心,从而具有了自主自立的自性前提,为高尚人格的形成奠定了扎实的理论基础。狂者人格的养成是在充分尊重心体的规定和个人的生存情感基础上进行的,是对人类自我的超拔,也是"为己"之学的展开和成果。

王阳明对狂者人格可谓评价甚高,他说:"非夫豪杰之士无所待而兴起者,吾谁与望乎?"②无所待也是狂者人格的一种外在表现,而且它还展示着狂者人格在修养过程中所要遭遇的几个维度。这几个维度主要包括:世界、自身、他人以及道等。人就是在这些维度中来进行人格修养并营造生存之道和境域的。在这几个维度中,人是具有充分的主动性的,人对这几个维度的理解将直接呈现为人的人格层次。而能养成狂者人格的就是能在这些维度中做出适当调整的人,王阳明认为:"绝学之余,求道者少;一齐众楚,最易摇夺。自非豪杰,鲜有卓然不变者。"③一齐众楚,意思是指人在楚地为楚所化,至齐地而为齐所移。其本质的涵义在于阐明人在世俗世界中,往往容易被环境同化,而人格修养的价值就在于改变人类在世的这种状况。在阳明心学中,王阳明就极其强调对人自身价值实现方式的强调:"人须有为己之心,方能克己;能克己,方能成己。"④只有对自己有独立的认识,才能做到进行独立、高尚的人格修养。所以,怎样保持自己的独特品格就是进行人格修养必然要解决的问题。在中国古代哲学中,人怎样去与天认同是一个主题,那么怎样树立自己的品格也是在这个主题的范畴中来进行的。在前面提到的几个维度中,自身是具有能动性的主体,而这个主体所蕴含的潜力就在于能够对其他几个维度进行认知和择取。世界是人类的生存处所,它提供人格修养的平台以及人格层次呈现的机遇;他人在人格修养方面表现的最大意义在于它是一种价值牵引;道则既是人和世界的本原,又是人格修养和境域达成所向往的最高理想。经过这样的解释之后,我们就可以把握人格修养中最需要面对的问题,那就是他人和道。在上文我们其实已经指出,"醇儒"和"乡愿"与"狂者"的主要差别就在

---

① 《年谱》,《王阳明全集》,上海古籍出版社1992年版,第1287-1288页。
② 《启问道通书》,《王阳明全集》,上海古籍出版社1992年版,第57页。
③ 《与辰中诸生》,《王阳明全集》,上海古籍出版社1992年版,第144页。
④ 《传习录上》,《王阳明全集》,上海古籍出版社1992年版,第35页。

于与他人共在时表现出来的价值趋向,"醇儒"和"乡愿"都没有挺立自我的全面价值,而"狂者"则极力呵护自身的价值。所以,要挺立自我就要积极肯定自己的价值观念,如何肯定,王阳明认为"务要立个必为圣人之心"①。立志为圣人就是要通过立志确立价值目标,通过这样一个内在的目标确定,人格修养外化时就能以此为依据,从而做到挺立自我。那么,为己、克己、成己的涵义也就自明了,为己是人格修养的方向问题,教人将修养的平台放在人自身上;克己是要人确立价值目标,排除他人的价值牵引;成己则表现为对自我的呵护和挺立,是修养的具体外化过程。但是,到这里为止,这个价值标准还没有明晰。我们只是说要立志、挺立自我,但这也隐含着价值完全个体化的倾向,如何澄明价值标准就成了我们要面对的关键性问题。那么,我们不能忘了人类生存中的另一个维度——道,道其实就是宋明理学所讲的理,它其实就是一套价值标准体系,是人类生存、人格修养过程中的主角。王阳明以"心即理"的命题确立了心的本体论涵义,他所讲的立志其实就是对"理"这一价值标准的高扬,由此,挺立自我就是确立人格修养的根本价值趋向。这样一来,王阳明的人格修养方式才是合理的,又是有针对性的。

人生在世,难免会遇到多种因素的牵引和诱惑,在这些诱惑当中人类如何抉择将是决定命运的举动。如果人类依附在这些诱惑当中,那么人就走向了沉沦,丧失了最基本的人格品质。王阳明在自己的人生体验基础上,为我们提供了生存的方向——立志为圣人,走向人格修养的道路。而"通过立志以超越沉沦,体现了内在人格的力量,这种人格的外在形式,即是所谓豪杰"②。豪杰亦即狂者,这种人格层次表明了自我价值的在场,是对人的自我意识的肯定。王阳明的人格修养道路在实质上就是审美的道路,挺立自我其实即是人要保持自己的审美独创性。人格修养是对人类审美的观照,因为它充分体现了生存主体的个体性(包括个体情感和个体价值),在尊重个体价值的基础上自然也就保证了主体的自我确证。此种人格修养的美学思想是对人类生存世界的去蔽,是对人类本真生存状态的唤回和呵护,其透露出的审美意蕴和审美精神将引领我们走向"天人合一"的人生境域和审美境域。

(二)人皆可以为尧、舜

狂者人格虽然实现了对"醇儒"和"乡愿"人格的突破,尊重了人类生存个体的情感和特点,体现了个体性,但是它始终不是阳明心学(甚至可以说包括整个中

---

① 《传习录下》,《王阳明全集》,上海古籍出版社1992年版,第123页。
② 杨国荣:《心学之思——王阳明哲学的阐释》,中国人民大学出版社2009年版,第143页。

国哲学)所向往的最高人格理想,阳明心学的理想人格最终仍是成圣成贤。所以,阳明心学中对圣人人格的向往和构造是一个最基本的理想,也是我们认知其人格修养理论的一个重要平台。

王阳明在高扬"狂者"人格时,注重人要以为己之学为手段挺立自我。在这个过程中王阳明面对的是人的自我价值如何重建的问题,也就是说是关乎怎样将人从沉沦中唤醒,成就独立人格的问题。然而,我们必须要把握的一点是:狂者人格只是人格修养中的一个层次,它有着重大的突破意义,但不是终极意义上的人格境域。阳明心学所向往的最高人格乃是圣人,即使是在论述挺立自我时,王阳明也以立志为根本,而所立之志就是"立个必为圣人之心"。所以,要全面地把握阳明心学的人格修养实质,还必须对"圣人"人格进行认知。

王阳明在论述圣人人格时认为圣人是可学而至的,但是他还认为:"人皆可以为尧、舜。""学者学圣人,不过是去人欲而存天理耳,犹炼金而求其足色。"①在此,王阳明从心体基础出发,认为每个人都具有成为圣人的本质规定,而且他还对如何进行修养做了最基本的规定,即"去人欲而存天理"。那么,阳明心学的人格修养的突破点就呈现在我们面前了。"去人欲,存天理"其实就是圣人人格修养的方法论,"去人欲"不仅仅是对人类欲望的去除,而且更高层面上是对人类不合理生存状态的摒弃;"存天理"则是人格修养的本质标准,也是人类生存状态能否得到根本改变的标志。然而,这两者之间其实是一个命题,实质上它们是在一个方面呈现出来的。在阳明心学中,"心即理"的命题就保证了天理是圆满具足地存在于人心之中的,而"人欲"的意思不是说人不应该有自己的欲望,主要是指那些违背天理、遮蔽天理的物欲。所以说,人们只要在自己的生存过程中去除那些物欲,天理自然就呈现出来了。由此可见,"去人欲而存天理"是二合一的过程,人欲是对人类先天秉承的天理的遮蔽,去人欲则是去蔽,是对天理的重新唤回和呵护。所以,王阳明说:"吾辈用功只求日减,不求日增。减得一分人欲,便是复得一分天理;何等轻快脱洒!何等简易!"②而去人欲的过程就是对人类不合理生存状态和理念的否定,表现的是"无我"的境域。"所谓'无我'是与'真我'相对的,耳目口鼻的视听言动如果不受心体良知的'真我'控制就成了累害,而'无我'就是指要去掉这些累害。"③因此,只要人们积极地去人欲,修养成圣人是必然的结果。

---

① 《传习录上》,《王阳明全集》,上海古籍出版社1992年版,第28页。
② 《传习录上》,《王阳明全集》,上海古籍出版社1992年版,第28页。
③ 韩强:《竭尽心性——重读王阳明》,四川人民出版社2997年版,第60页。

修养圣人人格是阳明心学的乃至整个儒家所积极探讨的主题,王阳明在以心为本体的基础之上,赋予了人们皆能修成圣人的可能,但不是说人人就是圣人。人皆可以为尧、舜这样的表达方式其实已经为我们指明了理论限定,对这个观点不能理解为每个人就是圣人,当下现成就是圣人。如果做此种理解的话,就有可能导致人们忽视实践的必要性,从而使人道德实践,消解积极有为、自强不息的生命精神。所以我们应该对这个命题保持一分警觉,否则人格修养又会重新滑落到遮蔽之中。圣人人格的修养,如前文所述,是以"无我"的形式来实现对"真我"的守护而达成的。"我"作为主体在人格修养中的涵义是非常重要的,也是需要认真界定的。"我"作为一个生命的实体,是人格修养的承载者,也是具体存在的"我",但是他却不是"真我"。因为具体存在的"我"虽然具有修养成圣人的潜能,但是其心中蕴涵的天理有可能是被遮蔽的,所以去人欲就是对这个被遮蔽的"我"的消除,在这个层面上呈现出来的就是"无我"的人格境域。但是,人格修养本质上是对"我"(具体存在的主体)的精神境域的提升,又必然是对自我的挺立(这在论述狂者人格时,我们已经做了介绍)。这个自我的挺立事实上是对"真我"的守护,它所达成的是人格修养上的"有我之境"。王阳明正是通过这样的区别来阐明其人格修养理论的。总之,"王阳明的有我之境和无我之境是建立在以良知为本体的基础之上的,他所追求的不是有形的我的肉体情欲,而是无形的天理良知,也就是王阳明的有我之境是'有'无形之真我之境"[1]。只有经过这样的人格修养的锤炼,才能出现"一日,王汝止出游归,先生问曰:'游何见?'对曰:'见满街都是圣人。'先生曰:'你看满街人是圣人,满街到看你是圣人在'"[2]中的人文景观,人们才能在实际的生存维度中见出高尚的人格内涵。

三、万物一体:走向完满

人格修养是人类对自我精神的超拔,它是一个内化而成的过程,但是它可以通过人在生存中的几个维度来现身。人格修养的层次在现实中的现身其实就是对其价值的确证和肯定,它将关乎人生境域、审美境域的达成,也会为人类的真实生存提供精神支柱和意义追求。在阳明心学中,以万物为一体的思想具有典型的人格修养价值,也是王阳明全部学问和精神生活的一个重要部分。它是人格修养所要达到的最高层次,在这种人格层次中,人不但挺立了自我,而且还与自身的几

---

[1] 韩强:《竭尽心性——重读王阳明》,四川人民出版社1997年版,第64页。
[2] 《传习录下》,《王阳明全集》,上海古籍出版社1992年版,第116页。

个生存维度达到了完满的和谐。所以对王阳明"万物一体"思想的阐明就必然要提到重点上来。

(一)"大学"之道

万物一体是王阳明始终坚守的一个信念,也是其学理体系的必然结果,他认为:"自'格物致知'至'平天下',只是一个'明明德'。虽亲民,亦明德事也。明德是此心之德,即是仁。仁者以天地万物为一体,使有一物失所,便是吾仁有未尽处。"①王阳明在此实际上是将儒家的"修身、齐家、治国、平天下"这一系列的圣人事功在心体上做了落实,他将这些事功转化为对人格的修养,也即对良知的培养。(因为明德就是良知)所以,万物一体思想的内涵是极为丰富的,它关系到阳明心学对圣人的形成和圣人事功的落实这些关键性的问题。万物一体思想以明德作为基础,而明德又是以仁作为呈现的形式,所以王阳明自然就将问题落实到仁的思想实质上了。

仁与天地万物的关系问题其实不是王阳明的独创,程颢就曾在《识仁篇》中指出:"仁者,与天地万物为一体。"所以说,万物一体的思想是王阳明继承传统儒家,并进而在自己的学理体系中实现重新观照的价值平台,它不仅体现了儒家的基本精神而且还表现了王阳明的独创性。在王阳明的思想中,他晚年在讲授《大学》时就特别地体现了其"万物一体"的思想,所以我们将集中对王阳明思想的这一层面进行关注。

其实万物一体的思想是王阳明一直都在关注的,并且直接将圣人人格与万物一体联系了起来,"夫圣人之心,以天地万物为一体,其视天下之人,无内外远近,凡有血气,皆其昆弟赤子之亲,莫不欲安全而教养之,以遂其万物一体之念。天下之人心,其始亦非有异于圣人也,特其间于有我之私,隔于物欲之蔽,大者以小,通者以塞,人各有心,至有视其父子兄弟如仇雠者。圣人有忧之,是以推其天地万物一体之仁以教天下,使之皆有以克其私,去其蔽,以复其心体之同然"②。可见,王阳明的万物一体思想是与心体直接勾连的,是针对人们的实际生存状态的反思之举。万物一体是要去除人们的私欲,唤回生存的本然,所以说"以天地万物为一体"就意味着以万物一体作为人与生存维度交往的基本出发点。这是万物一体思想所要解决的根本问题,也是它发生作用的根本原则。

万物一体思想是对圣人人格修养的深化,在《大学问》的开篇就明确地指明了

---

① 《传习录上》,《王阳明全集》,上海古籍出版社1992年版,第25页。
② 《答顾东桥书》,《王阳明全集》,上海古籍出版社1992年版,第54页。

王阳明是"借学、庸首章以指示圣学之全功,使知从入之路"。所以,在《大学问》中中国传统哲学的诸多问题都有体现,尤其是为圣之学,王阳明是将他的心学的主要命题都于其中做了综合性的阐明。王阳明说:"大人者,以天地万物为一体者也,其视天下犹一家,中国犹一人焉。若夫间形骸而分尔我者,小人矣。大人之能以天地万物一体也,非意之也,其心之仁本若是,其与天地万物而为一也。"①在此他已经将圣人人格与心体做了根本的关联规范,并且将圣人人格向最高的人生境域——天地境域的转化做了铺垫。在讲人格修养时,我们不能忘记人格修养是通向人生境域的途径,最高的人格就意味着最高的人生境域。那么王阳明在以大人来阐明人格时,实质上已经做了这样的指明,大人就是圣人。这样一种人格已经意识到自己是宇宙的一员,天地意识已经生成,在人生境域上已然达到了天地境域的层面。

在王阳明看来,大人之学即在于"明明德",第一个明其实是人格修养的过程和本质,而明德则为:"是乃根于天命之性,而自然灵昭不昧者也,是故谓之'明德'。"②明德乃是天理,是人人具有的本性,只是由于受到私欲的遮蔽才使其不能现身,明德既然已经规定了万物一体的先天性,那么如何实现万物一体就转化为如何去蔽的问题了。"故夫为大人之学者,亦惟去其私欲之蔽,以自明其明德,复其天地万物一体之本然而已耳;非能于本体之外而偶所增益之也。"③然而,明明德只是如何达成万物一体的基本方向,还需要更加细致的方法。所以王阳明又将明明德与亲民联系了起来:"明明德者,立其天地万物一体之体也。亲民者,达其天地万物一体之用也。故明明德必在于亲民,而亲民乃所明其明德也。"④至此,王阳明就将万物一体确立在人与万物的感情沟通上了,万物一体的大我之境的实质就呈现为"仁"与"爱"。那么只要人们抱着仁爱恻隐之心来对待天地万物,则万物一体的宇宙本然就能现身在场。但是,此种仁爱恻隐之心不是空穴来风,它有着学理的依据和现实可行性。它是以至善作为本体担保的,"至善者,明德、亲民之极则也。天命之性,粹然至善,其灵昭不昧者,此其至善之发见,是乃明德之本体,而即所谓良知也。……故止至善之于明德、亲民也,犹规矩之于方圆也,尺度之于长短也,权衡之于轻重也。"⑤所以,无论是明明德还是亲民最终在本原上

---

① 《大学问》,《王阳明全集》,上海古籍出版社1992年版,第968页。
② 《大学问》,《王阳明全集》,上海古籍出版社1992年版,第968页。
③ 《大学问》,《王阳明全集》,上海古籍出版社1992年版,第968页。
④ 《大学问》,《王阳明全集》,上海古籍出版社1992年版,第968页。
⑤ 《大学问》,《王阳明全集》,上海古籍出版社1992年版,第969页。

都归于心体的至善本体，其根本上就是对致良知的展开。由此，王阳明在人格修养上的方法就总结为："此正群言明德、亲民、止至善之功也。盖身、心、意、知、物者，是其工夫所用之条理，虽亦各有其所，而其实只是一物。格、致、诚、正、修者，是其条理所用之工夫，虽亦各有其名，而其实只是一事。"[①]王阳明就是以万物一体作为总的论纲，对人格修养的各个层面都进行了关系上的阐明，不仅对传统儒家的精神有所继承，而且又在其心体之上对人格修养做出了体系性的构造和创新。而其《大学问》就是一篇对人格修养的体系性的论章，对人格修养的具体层面和境域都进行了有机的论述，是我们把握阳明心学人格修养思想的一个重要平台。

（二）教育思想对人格修养的意义

王阳明不仅是一位思想家、政治家，也是一位教育家。他以弘扬"圣学"为己任，一生讲学不辍。无论遇到何种坎坷，王阳明都始终坚持着推行教育的行动，以实际的行为来营造人们的成圣之道，并以此来阐明、宣扬他的思想。所以，对王阳明主要教育思想的研究将使我们对其人格修养理论有更加全面的把握。

在王阳明看来，成才由性。人格修养始终都是围绕着现实的"我"来进行的，问题由这个主体提出，最后的解决必然也将落实于该主体。那么，在人格修养过程中有一个至关重要的问题必须要解决，那就是如何处理"我"这一主体的"个体性"与人格修养所要求的"普遍性"之间的二重紧张。人格修养既然面对的是现实中的人，就有必要做到对人的个体性和普遍性的双重高蹈，如此才能使人格既有理想境域的超拔又不乏个性的丰满。在儒家传统的人格修养中一直被这个问题困扰着，宋明理学在这点上出现了两种不同的趋向。程朱理学以性体为平台构造人格修养方式，在某种程度上对人的个体性是忽视的；心学尤其是王阳明的心学以心体作为出发点，在本原上就将人的个体性与普遍性有机地结合了起来，从而走上了一条个体性和普遍性双华映对的人格修养道路。

上文我们对阳明心学所阐述的狂者人格的探讨就充分显示出这样的特点。但狂者人格毕竟不是最终的人格层次，它必然向圣人人格过渡才能达成最高的人生境域——天地境域。而圣人是一种具有宇宙意识，体会到万物一体的人格层次，当人能以这样的视角观照万物时，其实就已经达到了主体的历史新高度。也就是说万物一体不是说万物同化，没有个体性，王阳明其实是从此出发阐发出万物平等的思想。这样就赋予了高高在上的天更多的人

[①] 《大学问》，《王阳明全集》，上海古籍出版社1992年版，第971页。

情味,人的"与天认同"就不再是对个体性的否定了。王阳明的对个体性的关注在上文中我们已经略有涉及,但在人格修养上最突出的还在于他提出的"成才由性"的教育思想。

"圣人教人,不是个束缚他通做一般:只如狂者便从狂处成就他,狷者便从狷处成就他。人之才气如何同得?"①王阳明对人的性格给予了充分的重视,并没有以对普遍性的片面追求而压制个体的丰富的生存品质。由于王阳明强调了个体性,所以在他看来,圣人人格的表现形式也就不是单一的,是在共同的平台上表现出的不同气象。圣人人格不是一个固定的模版,他在不同的人身上会呈现出不同的气象,所以王阳明说:"圣人之学,不是这等困缚苦楚的,不是装做道学的模样。"②人格修养在此呈现出的是人类的自由发展途径、面貌,但是王阳明并没有完全地放任人的性格,否则圣人人格修养将走向私欲的重新勃发。所以王阳明又认为:"大抵七情所感,多只是过,少不及者。才过便非心之本体,必须调停适中始得。……非圣人强制之也,天理本体自有分限,不可过也。人但要识得心体,自然增减分毫不得。"③在天理的担保之下,王阳明"成才由性"的教育思想就可以保证人格修养过程中,人的个体性与圣人的普遍性的双重高扬,实现了对人的自身价值的肯定和人格理想的共同观照。只有这样,人格修养才能实现万物的平等,仁爱之心也能常存,人也因此可以走向完满。

(三)美育思想

王阳明在论述为圣之学时,并没有刻板地、单调地强调道德对人格的塑造,而是采用了更加符合人类个性的美育方式。审美教育是为了个体的审美发展,而个体的审美发展又是人格走向完善的必要条件之一,所以,对阳明心学的美育思想进行挖掘是对其人生美学思想的深度理解。当然,无论在何时,审美教育的功能都具有自己适合的范围,它不能取代智育、德育对人格的塑造,"换句话说,美育与智育德育是同一层次上并列的三种教育形态,是人格完善的三个必要方面,而不是超越智育和德育之上或统辖智育和德育的更高范畴"④。王阳明的美育思想正是与智育和德育结合起来的,共同对人格的塑造产生作用。上文我们对阳明心学对"乐"的境域的论述其实已经多少涉及了王阳明的美育思想,它是追求人类诗意

---

① 《传习录下》,《王阳明全集》,上海古籍出版社1992年版,第104页。
② 《传习录下》,《王阳明全集》,上海古籍出版社1992年版,第104页。
③ 《传习录上》,《王阳明全集》,上海古籍出版社1992年版,第17页。
④ 叶朗:《现代美学体系》,北京大学出版社1999年版,第304页。

生存的方式。

　　王阳明十分强调审美教育对人格的塑造,审美教育也成了他良知体验美学的一个重要落脚点,它有利于人生境域和审美境域的营造,也有利于人类体悟万物一体的宇宙精神和生命走向完满。王阳明的审美教育也是对传统美育思想的继承,他在解释孔子的"志于道,据于德,依于仁,游于艺"时说:"譬做此屋,志于道是念念要去择地鸠材,经营成个区宅。据德却是经画已成,有可据矣。依仁却是常常住在区宅内,更不离去。游艺却是加些画采,美此区宅。艺者,义也,理之所宜者也,如诵诗读书弹琴习射之类,皆所以调习此心,使之熟于道也。"①由此可见,阳明心学的美育思想是与其良知说紧密联系的,是对传统儒家美学思想的继承和发扬。

　　王阳明的美育思想最集中地体现在《训蒙大意示教读刘伯颂等》一文中,他在该文中提出:"其栽培涵养之方,则宜诱之歌诗以发其志意,导之习礼以肃其威仪,讽之读书以开其知觉。今人往往以歌诗习礼为不切时务,此皆末俗庸鄙之见,乌足以知古人立教之意哉!"②可见,王阳明是非常重视歌诗、习礼、读书三种审美教育的方式的,他认为这是教育应该存有的状态。并且他还将教育与人的自由发展结合起来:"大抵童子之情,乐嬉游而惮拘检,如草木之始萌芽,舒畅之则条达,摧挠之则衰痿。今教童子,必使其趋向鼓舞,中心喜悦,则其进自不能已。"③这样的审美教育对人格的塑造是全面的,是尊重人类的个体性和情感特征的。王阳明在阐述了自己的美育理论后,还对美育与德育、智育的结合方式做了有效的指明:"每日工夫,先考德,次背书诵书,次习礼,或作课仿,次复诵书讲书,次歌诗。凡习礼歌诗之数,皆所以常存童子之心,使其乐习不倦,而无暇及于邪僻。教者知此,则知所施矣。虽然,此其大略也;神而明之,则存乎其人。"④在此,王阳明阐述的是他的一套审美教育理论,通过这一套美育理论,王阳明对人格修养的构造显得更加完美,人类走上完满的道路也更加显明。

　　概言之,阳明心学中对人格修养的论述是对人类个体性和普遍性的双重观照,是对人们生命精神的审美审视。人格修养对生存主体的塑造,同时也是对审美主体的构造,所以它关系到人生境域和审美境域的达成,这也是王阳明心学人生美学思想的基本特点。在阳明心学的逻辑体系中,美总是落实于人的,美既是

---

① 《传习录下》,《王阳明全集》,上海古籍出版社1992年版,第100页。
② 《训蒙大意示教读刘伯颂等》,《王阳明全集》,上海古籍出版社1992年版,第87页。
③ 《训蒙大意示教读刘伯颂等》,《王阳明全集》,上海古籍出版社1992年版,第87-88页。
④ 《训蒙大意示教读刘伯颂等》,《王阳明全集》,上海古籍出版社1992年版,第89页。

本体的呈现,也是境域的圆成。而审美就是体认本体和澄明境域的过程,在这个过程中,人受到高度的重视,人生的最高境域本质上也与审美境域相通。王阳明对人生境域的构造是其人生美学思想的切入点,由此而入,他为我们展开的是丰富的美学内涵。

下编

第一章

道家以无为求至乐之人生审美域

儒家哲人追求"孔颜乐处""曾点气象",道家哲人则把"同于道"与"无所待"的"逍遥游"的理想境域作为人生的最高追求与一种极高的人生境域。在道家哲人看来,人生的意义与价值就在于任情适性,以求得自我生命的自由发展,回归自然,摆脱外界的客体存在对作为主体的人的束缚羁绊,发现自我,认识自我,实现自我,以达到精神上的最大自由。

道,是中国哲学范畴系统中的一个核心范畴。如前所说,老子认为"道"与"气"是宇宙万物的生命本原。要在审美活动中生成并显现这种宇宙之美,就必须返朴归真,使自己"复归于婴儿""比于赤子",保持一颗澄明空静、天真无邪、能法自然之心,经由这种"虚静"的心灵以超越有限、具体的"象",始能体悟到"道"这种宇宙大化的精深内涵和幽微旨意,并进入极高的自由境域。此即司空图在《诗品》中所推崇的"超以象外",才能"得其环中",走入宇宙生命之环的审美体验方式。因此道家哲人给我们设计的人生境域与审美境域是"返朴归真"与"逍遥无为"。

第一节 "赤子之心"

怎样做人和人应该追求什么样的人生境域,人的一生,是积极进取、自强不息,还是消极悲观、倦怠无聊;是宁静淡泊、以默为守,还是功名利禄、权重社稷,等等,历来就是中国哲人所关注的基本问题之一。老子认为,人生最宝贵的就是真,就是心灵的自由、高洁。故而,他把"赤子之心""婴儿"状态作为人应该追求的最高境域。

在老庄看来,人生最大的乐趣就是清心寡欲。所谓的功名利禄、是非利害、荣辱得失,都不过是过眼云烟。只有像婴儿那样的纯真,无忧无虑,无牵无挂,无是非得失，任性而为，率性而发，不做作，不矫饰，纯洁无瑕、天真烂漫，才是应该追求的最高理想境域。《老子》第二十八章说："知其雄，守其雌，为天下溪。为天下溪：常德不离，复归于婴儿。"第五十五章又说："含德之厚，比于赤子。毒虫不螫，猛兽不据，攫鸟不搏，骨弱筋柔而握固。未知牝牡之合而全作，精之至也。终日号而不嗄，和之至也。"在老子看来，婴儿时期的人，明智未开，还没有受到世俗的污染，内心世界柔和淡泊，表现在外的心理天真无邪，保持着一种自然天性，能随自然的变化而变化。这样，"复归于婴儿"，就自然而然地使人超越世间的利害得失、是非好恶的私欲干扰，消弥主客观世界的区分界限，而进入无知无欲、无拘无碍、无我无物，以玄鉴天地万物，与生命本原"道"合一的最高人生境域。达到这种境域，则会如老子所指出的，感受到一种"燕处超然"，一种广远宁静，与天合一的极境，而妙不可言。老子说："众人熙熙，如享太牢，如登春台。我独泊兮，其未兆。"①人世间众多的人熙熙攘攘，挤来挤去，为虚名而争，为利益而忙，就如赴国宴，享受山珍海味，咀嚼美味佳肴，又如春天里结伴游玩，登高远眺；只有超越于这种情欲，回归自我、体知自我和行动自我，拭净心灵尘垢，实现对真实自我的复归，保持婴儿之心，心灵恬淡，"虚怀若谷"，静如水碧，洁如霜雪，才能怡然自适。而审美体验活动中，只有通过这种心态的营构，也才能臻万物于一体，达到与万物同致的境域。

这种思想与老子的"道"论是分不开的。受"道"论的作用，以老庄为首的道家哲人把"同于道"与"无所待"的"逍遥游"这种实现自我、保持心灵自由的理想境域作为人生的最高追求，在老子看来，"五色令人目盲，五音令人耳聋，五味令人口爽。驰骋田猎令人心发狂，难得之货令人行妨"②。"罪莫大于可欲，祸莫大于不知足，咎莫大于欲得，故知足之足恒足矣"③。人的欲望是没有止境的，特别是物质方面的欲望，可以说是欲壑难平；然而对物质利欲的无限追求是无益于人的身心健康，有损于人的生命发展的，它只能使人成为自身欲望的奴隶，损害人的身心生命。故而老子认为，对于物质欲望，不应该刻意去追求，而应以超然的心态去看待它。因而，老子说："虽有荣观，燕处超然。奈何万乘之主，而以自轻天下。"④的确，一切外在的东西、外部修养，都属于人为的范围，而一切人为的东西都只会损害人的本性，使人丧失其天真、自然、纯洁的心态，人只有"见素抱朴，少私寡欲"，保持心境的纤尘不染、澹泊恬静，超越功利，摆脱与功名利禄等私欲相关的物

---

① 《老子》第二十章。
② 《老子》第十二章。
③ 《老子》第四十六章。
④ 《老子》第二十六章。

的诱惑,求得精神的平衡与自足,才能进入人生的最佳境域。

因此,老子主张"返朴归真""见素抱朴"。"朴"是指未经雕饰过的木头,老子用来形容事物与人心所原有的天然素朴的状态。"返朴归真""见素抱朴"就是清除后天的、非自然的、人为的种种桎梏枷锁,废除仁义礼乐,超越物质欲望,不让尘世的喜怒哀乐扰乱自己恬淡、自由、纯洁的心境,自始至终保持自己得之于天地的精气,归于原初的自然无为、自由自得的心态。

第二节 虚静淡泊与返朴归真

老庄所推崇的这种虚静淡泊、返朴归真的人生境域观对中国传统人生美学具有极为深远的影响。的确,受老庄哲学的影响,中国人生美学漾溢着一种强烈的超越意识,超越俗我,使自我清淡、飘逸、空灵、洒脱之心与自然本真浑融合一是中国古代艺术家在审美创作中所追求和向往的至高审美境域。而平居淡泊,以默为守,通过明净澄澈的心去辉映万有,神合宇宙万物,以吞饮阴阳会合的冲和之气,则是贯穿于整个审美体验活动的一种特殊心理状态,或谓审美心境。正是由此,遂熔铸成中国人生美学"澄心端思"的审美心境论。

"澄心端思"命题的提出见于王梦简《诗学指南》:"夫初学诗者,先须澄心端思,然后遍览物情。""澄心",又称"澄怀",意为澄清净化心怀和心灵空间。作为营构审美心境的一种心理活动,"澄心"主要是指进入审美创作构思之实,创作主体必须洗涤心胸,澡雪灵府,以获得心灵的澄清和心怀的宁静。可以说,"澄心"就是一种空明审美心怀的构筑,或者说是造成一种审美心理态势,其实质是通过"澄心"以虚廓心胸,涤荡情怀,让主体的心灵超然于物外,进入一种和谐平静、冲淡清远的审美心境,造成无利无欲、无物无我的静态的超越心态,以能够于审美体验中"遍览物性",能够沉潜到特定的审美对象的生命内核,体悟到蕴藏于其深处的生命意义。

"端思"则是集中心意,摆正心思,用志不分,用民不杂。"端思"又谓"凝神""专志"。明代唐顺之就认为审美创作构思活动以"解衣盘礴为上",因为"若此者凝神而不分其志也"[①]。通过"端思""凝神"可以使心神凝聚,意识集中。黄庭坚

---

① 唐顺之:《荆川先生文集·与田巨山提学》。

说:"神澄意定……用心不杂,乃是入神要路。"①又说:"得之于心也,故无不妙;用智不分也,故能入于神。夫心能不牵于外物,则其天守全,万物森然,出于一境。"②"用志不分"是审美创作构思的关键。

从现代审美创作心理学思想来看,以老庄美学为主的中国人生美学所主张的创作主体在进入审美创作构思之初必须"澄心端思"的观念,对于审美创作活动的开展的确是极为重要的。就其审美心理活动的实际而言,"澄心端思"即排除外在干扰,中止其他意念活动,使意念思绪集中到一点,进入一种虚静空明、心澄神充、聚精会神的心理状态,获得"内心的解脱",确实是审美创作活动中心灵体验得以进行的首要条件。没有构筑起这种虚灵清静、神充气盈的审美心理态势,则不可能有真正的审美创作活动。气和心定、虚明空静的审美态势的意义,在于它能使创作主体的各种审美能力都集中到审美构思上来。停止或淡弱主体意念中的其他活动,使其服务于即将开始的审美构思活动,通过澄怀静虑、安定心神以创构出一个适宜进入审美活动的心灵空间,集中审美能力,准备审美活动的开展,这就是"澄心端思"在审美创作活动之初的主要作用。我们知道,进行审美创作构思活动需要主体"心""思""神""想"的整体投入。中国人生美学所主张的审美体验活动是主体心灵的睇由与契合,这不仅需要主体必须具备独特的审美能力,还需要主体必须营构出一种特定的审美心境。这同审美创作所追求的目的分不开。在中国美学看来,审美创作构思的目的是"欲令众山皆响",是要在物我的同感共通和情景的相交互融中铸造审美意象和审美意境。而客体的多方面的特性和主体纷繁杂乱的思绪必然会影响这种审美创作活动的深入,在此,创作主体在进入构思活动之初必须去物去我,使纷杂定于专一,澄神安志,意念守中,在高度入静中达到万念俱泯,一灵独存的心境,以保证审美创作构思活动中心灵的自由。即如恽南田在《南田画跋》中所指出的:"川濑氤氲之气,林岚苍翠之色,正须澄怀观道,静以求之。若徒索于毫末者,离也。"

是的,"遍览物情"与"妙悟自然"的审美创作活动离不开心灵的活力与心灵的能动。心灵自由是审美创作活动取得成功的保证,而"澄心端思"、澄怀净虑、忘知虚中、抱一守中,以构筑出空明虚静的心理空间则是对心灵的解放。只有达到虚明澄静的审美心境,创作主体才能在审美创作中充分调动其审美能力,最大限度地发挥心灵的主动性,去"凝神遐想",以领悟宇宙人生的生命妙谛。即如宗炳

---

① 黄庭坚:《书赠福州陈继同》。
② 黄庭坚:《道臻师画墨竹序》。

所指出的,通过"澄怀"才能"味象""观道"①。要体味到宇宙自然间所蕴藉着的"象"与"道"这种真美、大美,就要求审美主体进入清澄浩渺、虚寂无涯的审美心境,这便需要"澄怀",这是"味象"与"观道"的先决条件。如此,方能去"心游万仞"②,让心灵尽性遨游,任意驰骋。

通过"澄心端思""用心不杂",现实心灵的自由,以"味象""观道",对于审美构思活动的重要意义及其在审美创作中作用的体现,可以从明代的文艺美学家吴宽分析唐代诗人兼画家王维的创作的一段精彩评论中得到进一步说明。他说:"至今读右丞诗者则曰有声画,观画者则曰无声诗。以余论之,右丞胸次洒脱,中无障碍,如冰壶澄澈,水镜渊停,洞鉴肌理,细现毫发,故落笔无尘俗之气,孰谓画诗非合辙也。"又说:"穷神尽变,自非天真烂发,牢笼物态,安能匠心独妙耶?"③这里所谓的"胸次洒脱,中无障碍",就是指心灵的自由与精神的超越;而"冰壶澄澈,水镜渊停",则是指经过"澄心端思"、澡雪精神中的理性思维,扬弃非我,以达到心如止水、空明灵透、不将不迎的审美心境。如此,在审美创作构思中主体就能够"洞鉴肌理,细现毫发",使玲珑澄澈的心灵突破"物"与"我"的界限,与自然万物中幽深远阔的宇宙意识和生命情调相互契合,妙悟人生奥秘。

第三节 "心斋""坐忘"之域

这种"澄心"观的孕育与产生是多种因素作用的结果,它和地域的、社会的与文化的作用分不开。仅就中国传统文化来看,其中老子提出的虚静淡泊、返朴归真的人生理想,就起着不可低估的作用。

老庄哲学强调道德的自我约束与心理修炼,着重探讨人在养生实践中如何解决各种内外因素对心理的干扰和思想意识活动以及各种官能欲求同清静养神炼气的关系问题,并提出了炼性养心的原则与方法。它讲求清心寡欲,由清净虚明、自然恬淡的心理境域中以明心性,静以体道。这种思想在中国人生美学的发展进程中,特别是在中国人生美学以心为主,应物斯感,要求主体的审美神思宛转徘徊于心物意象之交,俯仰自得于千载万里之间的独特审美体验方式的产生与形成

---

① 宗炳:《画山水序》。
② 辛文房:《唐才子传》。
③ 吴宽:《书画鉴影》。

中，具有催化与发酵的作用。它丰富并完善了中国古代审美体验论的思想内容。我们认为，就其对审美体验与审美创作构思之初，创作主体必须构筑出虚明澄净、无欲无念的审美心境，亦就是"澄心"说的影响来看，主要有以下几个方面。

老子哲学认为宇宙生成的本原是"道"。"道"也就是充斥在自然万物与一切生命体之间的一种至精至微、阴阳未分的先天元气。它大化流衍，窈窈冥冥，恍兮惚兮，似有似无，既决定和支配着宇宙万物、生命人类的存在，又将人的生命同社会自然的存在沟通、联结起来，形成一个同构的整体。审美主体只有在一种静寂入定的心理状态中，依靠心灵感悟，始能体会得到这种宇宙的真谛与生命的意味。因而，老子主张"抱一""守中""涤除玄鉴"，庄子则提出"心斋""坐忘"，要求解脱外在的束缚，清净心地，使精神专一、心不旁骛，"致静笃"，清除心中的杂念，排除外部感觉世界的各种干扰，保持心灵的洁净无尘，表里澄彻，内外透莹，以创构出一种自由宁定的心境。只有这样，才能如空潭印月，以照万物，直观宇宙自然，天地万物的生命本原。后来的道家哲人整个吸收了这一思想，提出"泯外守中""冥心守一""系心守窍"等修炼功法，要求精神内聚，思想集中，抱元守一，返观内照，通过精神和意念的锻炼，以使生理和心理状态得到调节与改善。所谓"人能以气为根"[1]，天地万物都是由"气"所构成。既然气是人与万物的生命之根，那么，养生健身的基本手段与法则就是清心正定，排除邪想杂念。只有澄神安体，意念守中，在高度入静中以达到万念俱泯，一灵独存的境地，这样始能内视返听，外察秋毫，感悟到人自身与宇宙自然的生命精微。此即东汉早期道教重要典籍《老子想尔注》注文所谓的"清静大要，道微所乐，天地湛然，则云起露吐，万物滋润"，"情性不动，喜怒不发，五藏皆和同相生，与道同光尘也"。收敛感官，神不外驰，在情绪与心理上实现自我控制和解脱，专诚至一，是养精炼神的基本要求。是的，在以老庄美学为核心的中国美学来看，人的意念活动是最富于能动性的、高度自主的。气和心定，闲静介洁的心境，以保证意念活动的专一，有利于体内的气体过程和气的运行，也有利于人与自然之间元气的交换，因而能强化主体自身的生命运动；反之，则会导致人体内部气机运行混乱，阻塞天人交通的渠道，从而损害自身的生命运动。故而，老庄美学认为，修炼身心的第一要旨就是清净心地，冥目冥心，检情摄念，息业养神，以遵循人体生命整体观的自然规律，自觉地、能动地运用自己的意念，内而使神、气、形相抱而不离，外而与天相通，茹天地混元之气以强化自身的生命运动，变人的潜能为自为的智能，进而内外交融，天人合一，返归天道。这种

---

[1]《老子河上公章句·守道章》。

专心一意,使形身精神相抱相依,合而为一,就是道教养生学所谓的"守一"。通过"守一",不但能够强身健体、祛病延年,而且还可以激发人体潜在的特异功能。如《太平经》就指出:"守一复久,自生光明,昭然见四方,随明而远行。""使得上行明彻,昭然闻四方不见之物,希声之音,出入上下,皆有法度。"达到"行天上之事,下通地理,所照见所闻,目明耳聪,远和无极去来事";"开明洞照,可知无所不能,预知未来之事,神灵未言,预知所指"。就老庄美学来看,通过"抱中""守一",则能在审美体验中以洞照天地上下,人身内外,深入宇宙万物的底蕴,直观生命的本原,从而回归到混融滋蔓的生命之所。

由此,我们不难看出,以老庄美学为起源的道教美学所强调的这种"冥心守一",专心专意的生命意念活动具有高度的集中性与明确的指向性,从修性入手,以进行心理、精神、意识、道德等方面的"性功"修炼,进而达到"明心见性"体道返根的思想与美学"澄心"说所规定的内容是相通相关的。

从审美创作的视角来看,"澄心"说要求创作主体入审美创作构思之先应当"澄心端思",即切断感官与外界联系,排除外在干扰,中止其他意念活动,使意识思绪集中到一点,进入一种虚静、空明的心理状态,以获得"内心的解脱"。王梦简说:"先须澄心端思,然后遍览物情。"[1]张彦远也说:"凝神遐想,妙悟自然,物我两忘,离形去智。"[2]进行审美创作构思活动的主体是"心""思""神""想",是心灵的契合,因此,创作主体在审美创作构思活动中必须具有心灵的自由。是的,"遍览物情"与"妙悟自然"的审美创作活动离不开心灵的活力与心灵的能动,心灵自由是审美创作活动取得成功的前提,而"澄心端思",澄怀净化,忘知虚中,以构筑出空明虚静的心理空间则是对心灵的解放。只有这样,创作主体才能在审美创作活动中最大限度地发挥心灵的主动性,去"凝神遐想"以领悟宇宙人生的妙谛。

老庄美学指出:"虚者心斋也。"[3]是的,通过"澄心端思",可以使心神凝聚,意识集中,使自己的心境达到空明虚灵。从这里我们可以看出,"澄心"说所主张的"澄心端思"实际上是虚以待物,以静制动的审美态度,它是一种高度平衡的心理状态。这种心理状态相似于老庄美学所谓的通过"抱一""守中""心斋""坐忘""冥心守一""系心守窍"以达到的"安静闲适,虚融澹泊"的"自性""本心",也就是老子所说的"如婴儿之未孩","比之赤子"的归复本初,犹如初生婴儿时的心理

---

[1] 《诗学指南》卷四。
[2] 《历代名画记》。
[3] 《庄子·人间世》。

状态。我们认为,无论是炼养身心,还是审美创作,都只有达一这种心理境域,"用心不杂"。"其天守全",克服其主观随意性,"不牵于外物",顺应宇宙大化的客观规律,在自然的徜徉中,逍遥无为,物我两忘从而与造化融汇为一,直达道的本体,以获得最真确的生命存在。

第四节 弃欲守静之域

以老庄美学为起源的道教美学提倡"弃欲守静",认为保持虚空明净,无欲无念的心理境域是修炼心性,启迪智慧通乎天气,直达万化生命本原,求得长寿幸福的重要途径。这种思想对古代美学"澄心"观也有很大影响。宋曾慥《道枢·坐忘篇》说:"静而生慧矣,动而生昏矣。学道之初,在于收心离境,入于虚无,则合于道焉。"这里所谓的"收心离境",就是指涤尽心中尘埃,洗却烦忧,超脱于纷纷扰扰的世事,摆脱与功名利禄等私欲相关的物的束缚,以创构出一个明净澄澈、虚灵不昧的性灵空间。故书中又说:"《庄子》云'宇泰定,发乎天光。'何谓也?宇者,天光者慧也,则复归于纯静矣。"是的,养生健身,激发智能至关紧要的是要"心静""心定""心明"。破除烦恼,不为物欲所役使,虚静至极,始能使精、气、神得到修炼,与形相合,身心一体,形神依存,"则道居而慧生也"。因此,去物去我,使纷杂定于一,躁竞归于静,澡雪精神,"心心离境""复归于纯静"是道教美学所追求的炼养身心,开发智能,陶冶性情的特定的心理境域。正如南宗传人萧廷芝所说的:"寂然不动,盖刚健中正纯粹精者存。"①扫除不洁,净化心灵,以产生一个虚灵清明,神静气通的性灵空间,从而才能使自己的心性、意识、精神状态复归到小孩一样无分别、平等、真率的那种纯朴、天然上来,灵魂得到净化,情性获得陶冶,智慧受到增益,道德达到升华,真正进入真、善、美的崇高境域。

以老庄美学为起源的道教美学所注重的这种"收心离境",归朴返真的思想与中国美学"澄心"说的规定性内涵是完全一致的。"澄心"说不但规定创作主体在进入审美创作构思之前必须"澄心端思",而且还要求"澄心静怀",以摆脱与功名利禄相干的利害计较,创造出一个清静虚明、无思无虑的心理空间。徐上瀛说:"雪其躁气,释其竞心。"②沈宗骞也指出,在进入审美创作构思活动时,主体必须

---

① 《金丹大成集》。
② 《溪山琴况》。

要"平其竞争躁戾之气,息其机巧便利之风。……摆脱一切纷争驰逐,希荣慕势,弃时世之共好,穷理趣之独腴"①。只有使心灵经过"澄心静怀",摒弃奔竞浮躁、汲汲以求、生活情趣不高的意念,做到无欲无私,少思少虑,胸无一丝俗念,才能在审美创作构思中超越自我,通过直觉观照与内心体验,以体味到宇宙自然的"大美",感悟到审美对象中所蕴藉的深远生命涵意和人生哲理。

　　道教美学内炼理论所强调的"弃欲守静"与中国人生美学所要求的"澄心静怀"在观念上是相互沟通的。首先,道教炼心养性中收心离境的目的与"澄心静怀"就可以沟通、道教主张通过炼精养气,修养心性以陶冶性情、增益禀赋,并获得清静无为的生活情趣与"少私寡欲,见素抱朴"的最佳心理境域。而以老庄美学为核心的中国人生美学所主张的审美创作构思中"澄心静怀"的目的亦是要使审美创作主体的内在心理境域摆脱世俗的欲念,清心净虑,以达到一种清净虚明、澄澈空灵的审美心境。进行审美创作活动必须脱俗,必须与世俗功利拉开一定的距离,在这一点上,"澄心"说与道教美学是可以相通的。道士田良逸说:"以虚无为心,和煦待物,不事浮饰,而天格清峻,人见者褊吝尽去。"②道士徐府也说:"寂寂凝神太极初,无心应物等空虚。性修自性非求得,欲识真人只是渠。"③超脱于纷扰的世事,摆脱功名利禄等与私欲相关的物的诱惑,寄心于太极之初,使自己丰富活泼的内在世界荡涤澡雪成为空旷虚地的心灵空间。这样,去体味宇宙万物的幽微之旨,始不至于让纷繁复杂的外色物象迷乱自己的心神,以直达宇宙的底蕴,体悟到生命的本原。从而可能获得心理上的平衡与精神上的永恒。与此相通,审美创作活动亦是脱俗的、无功利目的,应摆脱有关衣食住行等种种烦恼和焦虑。如果在审美创作活动中掺入某种世俗欲念,则势必影响审美心境的构成,进而影响审美创作活动的开展。故以老庄美学为主的中国美学主张"澄心静怀"。虞世南说:"澄心运思,至微至妙之间,神应思彻。"④李日华也说:"乃知点墨落纸,大非细事,必须胸中廓然无一物,然后烟云秀色,与天地生生之气,自然凑泊,笔下幻出奇诡。若是营营世念,澡雪未尽,即日对丘壑,日摹妙迹,到头只与髹采圬墁之工,争巧拙于毫厘也。"⑤

　　其次,从心理效应上看,道教美学要求的"收心离境"与中国美学强调的"澄心

---

① 《芥舟学画编》卷一。
② 《因话录》卷四。
③ 《自咏》,《全唐诗》卷八五二。
④ 《笔髓论》。
⑤ 《紫桃轩杂缀》。

静怀"亦可以沟通。道教养生学静功内炼理论注重神、意、气的修炼,认为神在人的生命的整体层次上,起着沟通天人的联系作用。如果人的心理状态很宁静,在神这个天人通道里很清明,人就有可能自觉地直接运用宇宙的元气,以获得超乎常人的智能。正如道士司马承祯在《坐忘记》中所指出的,修炼之始就收敛心志,固守元神,"要须安坐,收心离境,住无所有因,住地所有,不著一物,自入虚无,心乃合道"。这种通过"收心离境",以恬静虚无而达到的返观守神的最好心理境域,即日本川烟受义博士所谓的"超觉静思",能够使人"把意识集中于一点","从而能够最有效地使用它"①。我们认为,这对于以老庄美学为主的中国美学所推崇的"澄心"说也同样适用。从现代审美心理学理论的视角来看,尽管审美创作的发生是创作主体自我实现的需要,要"感物心动""发愤之民为作",基于功利的需求。但是,它却不仅仅是功利需要。因为依照心理学有关神经活动的优势原则,假使功利需要成为主导需要,那么,自我实现的需要就只能处于被抑制与服从的地位,这样,创作主体当然就无从进入审美创作活动了。所以,只有当自我实现的需要成为主导需要时,才有可能实现审美创作。故创作主体在进入审美创作活动时,必须摆脱尘世俗念的干扰,从宁静平和的生活情趣中,求得神清气朗、静明清虚、晶莹洞彻的审美心境,使心灵获得一种自由、解放与活跃。只有如此,审美创作主体才能在心灵观照中,突破客观物象的束缚,和审美对象的生命本旨与内在律动融为一体,于心物合一中与审美对象进行心灵和生命的交流,荣辱俱忘,心随景化,以达到审美的超越境域。

  总之,老子所主张的虚静淡泊、返朴归真的人生理想,以及庄子所推崇的静以体道、游于无穷和后来在此基础上所形成的道教美学内练理论所强调的"安心澄神"与中国美学"澄心"说所规定的内容是相互沟通的。炼养身心"先定其心",始能"慧照内发,照见万境,虚忘而融心于寂寥"②。审美创作构思中,"澄心端思",实现心灵的自由、专一和"澄心静怀",超越名利、好恶得失等世俗杂念,保持心灵的净化与空明,从而才能于心灵观照中达到与宇宙自然合一的"至美至乐"境域,以创作出艺术珍品。恬淡自然、透明澄澈的喜悦和解脱心态既是道教美学养心益性心理进程中关键性的第一步,亦是以老庄美学为主的中国人生美学所推许的审美创作构思活动的首要前提。其思想间的相互影响也不言自明了。

---

  ① 王端林、冯七琴译《健脑五法》,科学普及出版社1998年版,第19—20页。
  ② 司马承祯:《坐忘篇》下。

第五节 "以妙为美"的审美理想域

在人生理想方面,道家还追求"以妙为美"的审美理想。受传统生命哲学的影响,中国人生美学洋溢着一种"生"和创新精神。中国古代艺术家在审美体验活动中追求对作为审美对象的自然万物鲜活灵动的内在生命的妙悟和"体妙",要求超凡脱俗,独标孤傺,一任慧心飞翔,以进入高远奇特、大道玄妙的审美境域,获得对生命微旨的体悟,以打开创造力的闸门,创构出新颖奇妙、光辉灿烂的新境域。此即所谓"妙悟天开"。

这种"妙悟天开"的审美追求首先强调审美体验中的心领神会与"妙机其微"。"心"指澄静空明之心境,"神"则为腾踔万物之神思;"妙"又谓"玄妙",指宇宙大化中潜藏着的那种神变幽微的生命奥秘;"机",或称"气机""动机""化机"。机的本字为"機"从幾,具有微隐之意,指人的生命的一种隐微物质,是生命的原生状态、原生之美。同时又指生命历程中的美妙契合与最佳契机。"机"是宇宙万物相生相化、相摩相荡中美满的瞬时与闪光的亮点,也是人的生命的化境,故又称"生机"与"妙机"。审美创作活动中审美主体应"素处以默",屏绝理性的束缚,将自己超旷空灵的艺术之心投入审美对象,去迎来这种与生命"化境"的美妙契合,去体悟有关人与自然、社会及宇宙的幽深玄妙的生命微旨。中国古代美学家认为"天地有大美而不言"。这种宇宙之美"有情有信""可得而不可见""可传而不可受""神妙寂寥",它就是"妙"。"妙"是宇宙自然的生命节奏和旋律的表现,故不可道破,不落言诠。审美主体只有用心灵俯仰的眼睛去追寻与感悟,于空虚明净的心境中让自己的"神"与作为审美对象的自然万物之"神"汇合感应,"心合于妙",从而始能体悟到宇宙间的这种无言无象、"玄之又玄"的"大美",即"妙",直达生命的本源。"妙"还是审美创作的极致境域,正如明代诗论家安磐所指出的:"思入乎渺忽,神恍乎有无,情极乎真到,才尽乎形声,工夺乎造化者,诗之妙也。"[①]这里就提出"妙"来作为审美创作所应追求的最高审美境域。

中国人生美学对"妙"这种审美境域的追求同道家美学的影响分不开。"妙"又称"神妙""要妙""微妙""深妙""玄妙""妙道""妙境"。作为审美范畴,"妙"与"玄""微""无""气""道"等,都是对宇宙生命本原,即"天下母""天下之大美"

---

① 安磐:《颐山诗话》。

的称谓。在道家美学看来,"道""气"是宇宙间万事万物所共有的生命本原,并决定着万物自然的蓍变渐化与往来不穷。而"神"与"妙"则是这种幽微深远的生命本原在个体中存在的体现。《老子》第一章云:"玄之又玄,众妙之门。"《易·系辞上》云:"知变化之道者,其中神之所为乎。"《荀子·天论》亦云:"列星随旋,日月递照,四时代御,阴阳大化,风雨博施,万物各得其和以生,各行其养以成,不见其事而见其功,夫是之谓神。"日月星辰的运转周行,四时晦明的变更交替,烟雨晨暮,和实化合,都是由于鸿蒙微茫的"神"与"妙"之幻化,"神"与"妙"是宇宙的灵府,天地的心源,因而也渴望"通天尽人""参天地之化育",以冥合自然,畅我神思,"体妙心玄"①的中国艺术家所努力追求的审美境域。即如朱景玄在《唐朝名画录》中所指出的,审美创作应当达到"妙将入神,灵则通圣"的审美境域。张彦远在《历代名画记》中也强调指出,审美创作必须"穷神变,测幽微",必须"穷玄妙于意表,合神变乎天机"。故而,入神通圣,"穷玄妙""合神变",以穷尽宇宙大化的神变幽微,体悟到生命的玄机和奥秘,借审美创作活动来表现人的心灵要妙,展示人的心灵空间,传达宇宙的精神和妙道,以美的意象呈露冥冥中的超妙神韵遂成为中国人生美学所标举的审美理想,并积淀进深层民族审美心理意识结构中,汇合成民族审美心理源远流长的潜流,影响着中国人的审美趣味。

一

在中国传统人生美学中,最早提出"妙"这一审美范畴的是道家美学的代表人物老子。《老子》一章云:

> 道可道,非常道;名可名,非常名。无,名天地之始;有,名万物之母。故常无,欲以观其妙;常有,欲以观其徼。此两者,同出而异名,同谓之玄,玄之又玄,众妙之门。

这里所谓的"妙",从语义学看,意指深微奥妙;从美学看,它又是老子美学的中心范畴"道"的别称,最能体现中国美学的精神。在老子生命美学范畴系列中,"妙"是同"道""气""无""玄"等属于同一层次的。所谓"常无,以观其妙"的"无"

---

① 嵇康:《养生论》。

是对"天地鸿蒙、混沌未分之际的命名"①,为宇宙天地的本初形态,故"无"实质上又是"有"。同时,在老子生命美学中,"无"和"道"又是相通相同的。《老子》云:"天下之物生于有,有生于无。"②又云:"道生一,一生二,二生三,三生万物。"③显然,这里的"一"指由"道"所生化而成的阴阳未分的混沌统一体,古代哲学家又称此为元气、太极;"二"则指由元气所分化而出的阴阳二气和天地;"三"指由阴阳二气相摩相荡、相生相养而成的和气。也就是说:"一""二""三"都属于生命美学中"有"的范畴。由此可见,老子生命美学中,生"一"的"道",就是生"有"的"无","道"和"无"都属于同类同列的审美范畴。即如王弼在《老子注》四十章所指出的:"天下之物,皆以有为生,有之所始,以无为本。"在《论语释疑·述而》中,他还指出:"道者,无之称也。无不通也,无不由也,况之曰道,寂然无体,不可为象。"台湾学者童书业在《先秦七子思想研究·老子思想研究》中也指出:"'无'和'有'或'妙'和'徼',这是'同出而异名'的。从'同'的方面看,混沌而不分,所以称之为'玄'。""妙"与"徼"、"有"与"无"都同出于道,只不过称谓相异。从生命的生成过程及其深邃的生命美学意义来看,"无"与"有""同出而异名",是指"天地之始"的"无"与"万物之母"的"有"而言。"道"之所以是"无"与"有"的统一,则是因为具有"玄"和"妙"的审美特性。"妙"与"徼""同出而异名",是指两者都体现出道的深微玄妙的审美特性和无穷广大的审美效应。作为美的生命本体,"道"是幽隐无形的存在,是"玄之又玄"的"众妙之门",它"无状之状""无物之象",是高度抽象和不可感知的,故可以称之为无。但是,这并不意味着"道"是绝对虚无,它虽幽隐无形,可是"其中有象""其中有物""其中有精",是真实美妙的生命存在,故可以称之为有。"有"与"无"统一于"玄之又玄,众妙之门"的"道",于是,审美活动中主体便可以从"无"去体悟"道"的奥妙,从"有"去体验"道"的审美效应,以获得生命的微旨。

从"无"和"有"、"妙"与"徼"同出于"道"而异名来看,也可以说,在老子生命美学中,"妙"就是"道"。它是宇宙间万物美的生命本原,决定着宇宙的活力和生机,也决定着审美体验的生成与心灵指向。它是天地万物的生存运动、社会和人生的一切美妙的变化生存、大化流衍的造化伟力,同时也是审美创作所追求的极致境域和审美创作物化结构的精神与生命。

---

① 何浩堃、黄启东:《从道的二重性看老子哲学体系的特点》,引自陈鼓应《老子注译及评介》。
② 《老子》四十章。
③ 《老子》四十二章。

在老子生命美学中，同"妙"与"道"密切联系的还有"气"和"象"两个审美范畴。道是有与无的统一体，它具体体现在以弥漫天地，充塞寰宇，氤氲聚散的气为本体的感性形态中，使之成为一个具有勃勃生机，并且千变万化，生生不息的美妙的生命体。由于气的作用，万物皆有阴阳这两种既相互对立又相互生合的方面或倾向，并表现出神妙深微的审美特性。"象"则不能离开"道"和"气"。在作为审美对象的自然万物中，"象"是"道"与"妙"的媒介；在审美创作活动中，"象"既是审美创作活动生成的契机，也是审美创作活动得以展开和深入的动力和审美境域得以营构的根本标志。中国美学讲"澄怀味象""澄怀观道"①"无为自得，体妙心玄"②"素处以默，妙机其微"③；审美体验讲"取之象外""比物取象，目击道存"④"超以象外，得其环中""得妙于心""妙悟天开"；审美境域的营构则追求"文外重旨""象外之象""味外之旨""空处妙在""无画处皆成妙境"，都是受老子生命美学的影响，强调审美体验的目的并不在于把握自然万物的形式美，而在于体悟其中所蕴的作为美的生命本体的"道"与"妙"。故而中国美学法自然，入天地，合造化，契动机，悟道妙的审美理想与审美追求要求审美创作活动必须从具体的感性出发，进而超越感性，直探宇宙内核的道心、真宰和机妙，以体悟到生命的本旨。

如果说在老子的生命美学中，"玄"和"妙"既是"道"的别名，同时又是描述"道"的幽深微妙的审美特性和范畴，那么，到东晋时的葛洪，则干脆直接地把"妙"与"玄"提升到与"道"并列的生命本体范畴。《抱朴子内篇·畅玄》云："玄者，自然之始祖，而万殊之大宗也。眇昧乎其深也，故称微焉；绵邈乎其远也，故称妙焉。""其唯玄道，可与为永。"称之为"玄道"，是因为"道"是万物生成的美的生命本源，玄妙莫测。"玄"即"妙"。正是基于这一观点，成玄英《老子义疏》云："玄者，深远之义，亦是不滞之名。有无二心，徼妙两观，源乎一道，同出异名，异名一道，谓之深远，深远之玄，理归无滞，既不滞有，亦不滞无，二俱不滞，故谓之玄。"认为"道"的本质是："妙本非有，应迹非无，非有非无，而无而有，有无不定，故言惚恍。"王弼《道德经注》云："妙者，微之极也。万物始微而后成，始于无而后生。故常无欲空虚可以观其始物之妙。"他也指出，"妙"就是"玄"，就是"道"："名也者，定彼者也；称也者，从谓者也。名生乎彼，称出乎我。故涉之乎无物而不由，则称之曰道，求之乎无妙而不出，则谓之玄。妙出乎玄，众由乎道。"他们认为"妙"就是

---

① 宗炳：《画山水序》。
② 嵇康：《养生论》。
③ 司空图：《二十四诗品》。
④ 许印芳：《二十诗品跋》。见《诗品集解·续诗品注》，人民出版社1963年版，第73页。

"道",也就是美的生命体。

二

作为中国人生美学的重要范畴,"妙"体现出中国美学重视人生与生命境域的审美追求与审美理想。追求美学意义的"妙""搜妙创真"①,也就是追求那永远无法穷尽的、具有永恒魅力的美的生命本体"道"。可以说,中国人生美学重"生",以生命为美,肯定人生,强调自我实现的美学精神,正是通过对"妙"这一永远无法达到的终极目标的永远追寻以表现出来的。同时,在中国人生美学发展的历史长河中,也正是以"妙"同"神、悟、象、境"等为一组有机的审美范畴,演化出一系列重要的审美观念和审美理想,规定着中国美学的精神风貌。

首先,对"妙"的推崇导源了中国人生美学的"传神"说。在审美境域的营构上,中国人生美学标举"神似",重视对自然万物奇妙莫测的精神气韵的传达,提倡"传神"以表现"道"和"妙"的审美特性。所谓"传神",又谓"以形传神""传神写照"。据《世说新语·巧艺》载:"顾长康画人或数年不点目睛。人问其故,顾曰:'四体妍媸,本无关于妙处,传神写照,正在阿堵中。'"在这段话中,顾恺之就提出"传神"的命题。他认为绘画不必过多注意四体的妍媸,似与不似无关妙处,眼睛才是"传神"的主要之处。他自己在审美创作实践中,就极为重视"传神",强调对人物内在的精神气质的表现。唐李嗣真曾高度赞扬他的绘画"思侔造化,得妙物于神会"②。张怀瓘也指出:"象人之美,张(僧繇)得其肉,陆(探微)得其骨,顾得其神,神妙亡方,以顾为是。"③具体来说,"传神"就是要求审美创作应"由形入神""神会物妙",以体验到蕴藉于自然万物个体内部结构中的生命意旨之"神",把握生命本体"道"的变幻莫测、出神入化、不可言状的微妙玄幽之美,并通过对自然万物物象的生动"写照",含蓄深邃地传达出这种精神气韵与微妙之美。

"传神"说的提出是中国人生美学以"妙"为审美理想自然发展的结果。作为美学范畴,"神"与"妙"分不开。中国人生美学所推举的"神"与"妙"都是那种潜伏于自然万物的深层结构中的美的生命体"道"与"气"的体现。换言之,即"道""气"幽微不测的变化消长,和无穷尽的氤氲化醇的显现就是"神"与"妙"。而"妙"又体现着"神"。"神"又指玄妙之道。老子说:"玄之又玄,众妙之门。"又说:

---

① 荆浩:《笔法记》。
② 李嗣真:《续画品录》。
③ 《历代名画记》。

"虽知大迷,此谓要妙。"①"要妙",即幽邃深远,变化不测之"神"。《楚辞·远游》云:"神要眇以淫放。""要眇"就是"要妙"。《集注》云:"要妙,深远貌。""道""气"这种流贯宇宙的生命之源、天地之美,迷离缥缈,恍惚无形,变化无极,故又称"玄"。"玄之又玄",激荡化合无限,以生成天地,孕育万有,滋生万物,促成鸢飞鱼跃,山峙川流,此即为"众妙之门"。因此,作为美学范畴,可以说"神"就是"妙",它同"道""气"相互联系、相互依存、密不可分。和"妙"一样,"神"既是中国古代文艺家在进行审美创作构思中所希望领会到的自然造化的生命微旨,也是中国古代文艺家在审美创作活动中所追求的精神的自由与高蹈,以及由此而达到的最高审美境域。

同时,"神"又必须依靠"形"以获得表现。只有通过一定的符号来作为物质载体,使文艺家通过审美观照所体悟到的"神"物化并转变为具体存在的美,才可能被人接受,并给人带来审美愉悦。此即所谓"以形传神",也就是审美创作应抓住那种最能表现其内在之"神"与"妙"的"阿堵",即审美对象所特有的个性化特征,以表达其生气神态。仅仅是物的形似是不够的,审美创作必须达到"传神",必须传达生成天地万物气韵精神之"神"与"妙"。即如宗炳在《明佛论》中所指出的:"神也者,妙万物而为言矣。若资形以造,随形以灭,则以形为本,何妙之言乎?"故而,只有达到体"妙""传神"的审美境域,才是本质与现象、个体与共体、有限与无限、个性与共性、精神与形体、独特性与普遍性的有机统一。其审美特色也才表现为虚实结合、实中求虚、空处见妙,既形色又超形色,既感观又超感观,具有妙造自然、神超理得,"不离字句而神存乎其间"②的水月镜花、流霞回风之美。

其次,对"妙"的审美理想的追求启示出中国美学的"妙悟"说。在审美创作活动构思方式上,中国人生美学偏重体验,追求生命的传达,提倡"妙悟"。所谓"妙悟",其实是悟"妙"。徐瑞《雪中夜坐杂咏》云:"文章有皮有骨髓,欲参此语如参禅。我从诸老得印可,妙处可悟不可传。"谢榛《四溟诗话》也说:"诗有天机待时而发,触物而成,虽幽寻苦索不易得也。……非悟无入其妙。"在中国传统人生美学中,提出"妙悟"说的是南宋美学家严羽。他在《沧浪诗话》中说,"唯悟乃为当行,乃为本色……大抵禅道惟有妙悟,诗道亦在妙悟"。"悟"的本义是心领神会。谢灵运《从斤竹涧越岭溪行》诗云:"情用赏为美,事昧竟谁辨。观此遗物虑,一悟得所遣。"就以"悟"来表述审美活动中的一种审美心理现象。作为美这命题,

---

① 《老子》二十七章。
② 彭辂:《诗集自序》。

严羽所标举的"妙悟"则是指审美活动中,主体深深地沉入对象的生命内核,于物我俯仰绸缪之际,天趣人心猝然相逢,生命激荡,瞬息之间,电光石火之机,以领悟到天地之精华,造化之玄妙,生命之意旨,直接把握到蕴藉于对象深层结构中的审美意蕴。中国美学把这种审美体验方式称之为"妙悟",和禅宗美学的影响分不开。在禅宗美学看来,"真如"湛然常照,本不可分为现象与本质,悟入"真如"的"极慧"也不允许划分阶段。只有凭借不二的"极慧"观照不分的"真如",才能达到豁然贯通的极高境域。故禅宗美学主张"道由心悟""道由悟达",要求于"如击石火,似闪电光"的刹那迹近生命律动,直探生命的本源,获得个体体验,从而进入禅境。著名的"世尊拈花,迦叶微笑",与灵云志勤禅师"见桃花而悟道"的典故,就是这种"顿悟"的生动写照。

审美创作活动与参禅悟道有相似与相通之处。美的生命本体"道""气""妙",微妙精深,"玄之又玄",对它的审美体验也"只可意会不可言传",因此,达到极高审美境域而熔铸出的作品都是入禅之作。正如王士祯《带经堂诗话》所指出的:"其妙谛微言,与世尊拈花,迦叶微笑,等无差别,通其解者,可语上乘。"沈祥龙在《论词随笔》中也指出:"词能寄言,则如镜中花,如水中月,有神无迹,色相俱空,此惟在妙悟而已。"中国艺术家重视师法自然,但并不只是重视外物的形貌物象,而是要透过其表相,直探其生命本旨,直达其生命本源,体悟其内在精神。故而中国美学强调"妙在象外""神妙无方",强调审美感悟的超越性,推崇"妙悟"。对于儒家美学来说,通过审美超越与"妙悟",方能够使主体达到美善相乐的伦理境域;对于道家美学来说,通过审美超越与"妙悟",方能够使主体进入"饮之太和"的自由境域;对于禅宗美学来说,通过审美超越与"妙悟",方能够使主体通过"自心顿现真如本性"而契证宇宙万物的最高精神实体,进入一种禅境,也就是与大自然整体合一的审美境域。中国艺术家大都主张性道合一。"道"虽微妙恍惚、玄深幽微,但却离不开具象的物而存在。"道"是客观存在,为宇宙自然和社会人生的美的生命本体和底蕴,但又"视之不见""听之不闻""抟之不得",不能用感官去把握,而只能通过心灵的体悟,去除物象,通过"超象",采用"心灵玄鉴",去体味其"象外之妙"与微茫惨淡之生命意旨。正如谢赫《古画品录》所指出的:"若拘以体物,则未见精粹,若取之象外,方厌膏腴,可谓微妙也。"苏轼《答谢民师书》也指出:"求物之妙,如系风捕影。"他们都强调体妙,求"妙"必须"超以象外""取之象外",而不能局限于有限的物象。

再次,对"妙"的审美理想的追求还影响中国人生美学的"澄心"说。中国人生美学所标举的艺术心灵的诞生,在人生忘我的刹那,即审美心境构筑中所强调的"澄心""静怀"。"妙悟"或"悟妙"的起点在于空诸一切,心无挂碍。这时一点觉心,静观万象,而万象如在镜中,光明莹洁,充盈自得,各得其所。故刘勰《文心雕龙·神思》云:"疏瀹五脏,澡雪精神……此盖驭文之首术,谋篇之大端。""澄心",亦称为静观、静思、空静、虚静等,指的是摆脱任何外在干扰、自由愉悦、空虚明静的审美心境。陆机《文赋》:"罄澄心以凝思。"杜甫《寄张十二山人彪三十韵》论诗云:"静者心多妙,先生艺绝伦。"这里的"澄心""静者",都是指的这种审美心境。要"悟妙"或者"妙悟",审美主体就必须进入这种虚空明静的心境。即如僧肇在《维摩经注》中所指出的:只有"空虚其怀,冥心真境",才能"妙存怀中"。因为"玄道在于绝域""妙智存乎物外";而"玄道在于妙悟,妙悟在于即真";"至人虚心冥照,理无不统。怀六合于胸中而灵鉴有余,镜万有于方寸而其神常虚。……淡渊默,妙契自然"。① 在此之前,老子就认为,要体悟到"道"的生命意义,从"无"中体验到"妙",则必须"致虚极,守静笃",即要求审美主体必须排除主观欲念和一切成见,保持心境的虚静空明才能实现对"道""妙"的体验与观照,感受到宇宙自然的极隐秘之处,觉察出万物自然的极玄妙之地。只有这样,才能进行"玄鉴",才能深观远照,深则悟及极微,远则照见一切。李世民说:"当收视反听,绝虑凝神。心正气和,则契于妙。"②虞世南也认为,"书道玄妙,必资神遇"③"心悟非心,合于妙也"④"必在澄心运用,至微至妙之间,神应思彻"⑤。

老子之后,庄子也曾大力提倡"静虚"说。他指出:"惟道集虚;虚者,心斋也。"⑥认为只有凭借"心斋""坐忘""虚而待物",才能自致广大,自达无穷,契合妙道。玄学传承了"老聃之清净微妙,宁玄抱一"⑦的审美观念,着力提倡"有以无为本,动以静为基"的有无动静说,认为"万象纷陈,制之者一;品物咸运,主之者静"⑧,强调通过审美静观以"含道应物""澄怀味象"⑨,指出"凝神独妙"⑩,只有通过静穆的观照才能与自然万物的节奏韵律妙然契合。正如嵇康在《养生论》中

---

① 僧肇:《涅槃无名论第四》。
② 《书法钩会》卷一《唐太宗论笔法》。
③ 《笔髓论》。
④ 《笔髓论》。
⑤ 《笔髓论》。
⑥ 《庄子·人间世》。
⑦ 嵇康:《卜疑》。
⑧ 汤用彤:《魏晋玄学论稿》,中华书局1962年版,第235页。
⑨ 宗炳:《画山水序》。
⑩ 宗炳:《明佛论》。

所指出的"夫至物微妙,可以理知,难以目识",所以只有保持"无为自得"的心境,才能达到"体妙心玄"的审美境域。是的,审美体验要得万物之灵妙,必须"心与物绝",通过"澄心",然后去"玄照""玄鉴",方能够造万物之妙,达于不朽。宗炳《明佛论》云:"是以清新洁情,必妙生于英丽之境;浊情滓行,永悖于三涂之域。"要在审美活动中体验到万物本体"道"的宇宙精神,达到"妙"的审美境域,则先要使心灵"清新洁情",保持"心与物绝"的虚明空静的审美心境。这也就是司空图所强调的"素处以默,妙机其微;饮之太和,独鹤与飞"①。因为"大音希声,大象无形""大美无言",美的生命本体"道"弥纶万物而微妙难测,所以只有通过静默的审美观照,方能够体悟到最精深的生命隐微,契合其生育化合的"化机",获得对"妙"的心解感悟,于细微处攫取大千,于刹那间得见永恒。

再次,对"妙"的审美理想的追求启迪了中国人生美学的"象外"说。在意象的建构上,中国美学提倡"象外"说。司空图在《与极浦书》中说:"戴容州云:'诗家之景,如蓝田日暖,良玉生烟,可望而不可置于眉睫之前也。'象外之象,景外之景,岂容易可谈哉? 然题纪之作,目击可图,体势自别,不可废也。"这里就提出"象外之象,景外之景"的美学命题,要求审美意象的熔铸必须含蓄隽永,以发人深思,摇荡情性,引发无穷无尽的遐思妙想,保持历久不衰的魅力。

司空图所提出的"象外"说与佛学求理象外的思想有密切关系。佛学认为"所求在一体之内,所明在视听之表"②,故而领悟佛教真理必须于"象外"。如慧琳说:"象者理之所假,执象则迷理。"③又如僧卫说:"抚节于希音,畅微言于象外。"④僧肇也说:"穷心尽智,极象外之谈。"⑤显然,佛学所主张的这种于"象外"求理的思想对美学意义上的"象外"说有直接影响。但追究起来,"象外"说的更深根源还是扎在富有中国传统特色的道家美学的土壤中,受道家美学所提出的"言有尽而意无穷"与从"无"观"妙"审美观念的影响。如前所述,道家美学强调"有无相生",推崇"无言之美",要求从"无"观"妙",认为美的生命本体"道"是精微的、绝妙的,无法用语言表述,不能言传只可意会,只有凭借本体自己的心灵去感悟、体味。《老子》二十一章云:"道之为物,惟恍惟惚。惚兮恍兮,其中有象。恍兮惚兮,其中有物。"《庄子·大宗师》云:"大道,有情有信,无为无形,可传而不可

---

① 《二十四诗品》。
② 范晔:《后汉书·效祀志》。
③ 《龙兴寺竺道生法师诔》。
④ 《十住经合注序》,《全晋文》卷一百六十五。
⑤ 《般若无知论》,《全梁文》卷一百六十四。

受,可得而不可见。"《庄子·秋水》又云:"可以言论者,物之粗也;可以意致者,物之精也;言之所不能论,意之所不能察,不期精粗焉。"郭象注云:"夫言者意者有也,而所言所意者无也,故求之于言意之表,而入乎无言无意之域,而后至焉。"成玄英疏曰:"神口所不能言,圣心所不能察者,妙理也。必求之于言意之表,岂期必于精粗之间哉!"受生命本体"道"的作用,任何"象"都表现出"恍惚窈冥"的特性,故而审美创作要通过"象"来传达美的生命本体"道"的精义,只能"求之于言意之表,而入乎无言无意之域"。可见,老庄的论述是从美学的高度揭示审美创作的真谛:即"物之精"者,是只可意会不可言传的。审美创作中意象与意境的构筑也应于言意之表含蓄妙理,"言有尽而意无穷"。"道"的本涵是"无"与"虚",所谓从"无"观"妙""虚室生白""唯道集虚"①。以此为思想基础,中国人生美学所推崇的审美创作追求蹈光蹑影,抟虚成实,"墨气所射,四表无穷"②,讲求"咫尺而有万里之势"③,于有限中见出无限,于充实处见出空灵,"无字处皆其意"④,"无画皆成妙境"⑤,并由此形成中国艺术意境虚静、空灵、深邃,洋溢着整个宇宙本体和生命之美的审美特性。

所谓"常无,欲以观其妙"⑥,从"无"观"妙",审美创作取景在世间而悟境在景外,涉象而不为象滞,只有这样,方能够创构出中国人生美学所称许的艺术意境。这也正是司空图所强调的"韵外之致""味外之旨"⑦和"象外之象,景外之景"⑧。所谓"超以象外"方能"得其环中"。也正因为审美意蕴在于"象外""言外""韵外""味外",所以才能"不著一字,尽得风流"⑨。苏东坡云,"萧散简远,妙在笔默之外……发纤秾于简古,寄至味于澹泊"⑩"欲令诗语妙,无厌空且静。静故了群动,空故纳万境"⑪。审美创作要达到"妙"的审美境域,就不要怕"空"与"静",愈"空"、愈"静"就愈"妙"。因为"空"境才能包容宇宙万象,"静"境才能涵

---

① 《庄子·人间世》。
② 王夫之:《姜斋诗论》卷二。
③ 王夫之:《姜斋诗论》卷二。
④ 王夫之:《姜斋诗论》卷二。
⑤ 笪重光:《画筌》。
⑥ 《老子》一章。
⑦ 《与李生论诗书》。
⑧ 司空图:《与极浦书》。
⑨ 司空图:《二十四诗品》。
⑩ 《苏东坡集》后集卷九《书黄子思诗集后》。
⑪ 《送参寥师》。

摄宇宙"群动"。黄庭坚《大雅堂记》:"子美诗妙处,乃在无意于文。"郑允瑞《题社友诗稿》云:"诗里玄机海样深,散于章句领于心。会时要似庖丁刀,妙处应同靖节琴。"戴复古《论诗十绝》云:"欲参诗律似参禅,妙处不由文字传。"静中生动,动静相成;无中生有,有无相生;无中生妙,妙存言外,方能体现出意境艺术魅力生生不息、味之不尽的审美特质。中国画总是以虚实相生、空处见妙来表现其审美意蕴,来体现宇宙生命的节奏,并且从中显现灌注于自然万物中的不尽的生气。正如清人郑绩在《梦幻居画学简明》中所指出的:画的审美本质就在于虚实,"生变之诀,虚虚实实,实实虚虚,八字尽矣"。笪重光在《画筌》中也指出:"空本难图,实景清而空景现。神无可绘,真境逼而神境生。位置相戾,有画处多属赘瘤。虚实相生,无画处皆成妙镜。"王翚、恽格评曰:"人但知有画处是画,不知无画处皆画。画之空处,全局所关……空处妙在,通幅皆灵,故去妙境也。""无画处皆成妙境""空处妙在",揭示了中国画把满幅的纸看成一个宇宙整体,其中蕴含着不尽的生命力,而画面中的审美意象正生存于这种空间之中,体现出宇宙大化的美的生命本体"道"的审美特性。

宗白华在《中国艺术意蕴诞生》中说:"中国艺术意境的创成,既须得屈原的缠绵悱恻,又须得庄子的超旷空灵。"而"超旷空灵"之由来,"超以象外"之产生,则与道家美学所高扬的"妙"这一审美理想的追求密不可分。正是对"妙"的追求,才使得中国人生美学的"超旷空灵"与特有的有无虚实审美观念结合在一起,体现出中国人生美学对宇宙生机的把握方式,也显示出中国人生美学从有限中获得无限,从瞬间获得永恒的无穷的生命力特性。

第二章

庄子之人生美学思想

中国传统文化源远流长,绵延几千年。在漫长的古代社会中,道家学说及其人文精神慰藉着一代又一代文人学士的心灵。尤其是社会动乱、官场昏溃、民生凋蔽之时,道家学说及其人文思想与所追求的齐物我、一死生的人生审美境界更是人们(特别是中下层士大夫知识分子)精神栖居的家园。时至今日,道家学说及其人文精神仍然被一部分人或当作一把开启智慧之门的钥匙,或当作一剂解除痛苦、烦恼、焦虑的良药。

当代社会科学技术的高速发展为人类带来了前所未有的便利和舒适,但高度发达的科学技术并没能完全彻底地解决困惑人类几千年的一些问题。比如人的生存意义、人格价值和人生境界等问题。因为"21世纪的中国美学必须关注当代中国人的命运,关心人的精神,关心人的发展,必须着重研究人与自然、人与社会、人与自身之间的关系如何取得动态的和谐发展,帮助当代人学会从美学的角度去发现和开发自己,发现和开发生活"[①]。庄子人生美学中有着丰富的人生美学思想,而从当代人生美学的角度,重新审视并发掘庄子人生美学的人文精神,则完全是必要和有益的。

第一节 庄子其人其事

道家思想起源于道家哲人老子(即老聃),老子奠定了道家思想的基础。老子之后出现了许多道家学派,如关列派、杨朱派、庄周派、稷下派等,但使道家文化大厦得以真正建立起来的应是战国中期的庄周及其学派,是他们创造性地继承和发

[①] 皮朝纲等:《审美与生存——中国传统美学的人生意蕴与现代意义》,巴蜀书社1999年版,第1页。

展了老子的基本思想,在此基础上形成了独具特色的思想体系。庄子是道家思想的集大成者,后人对其美学思想颇有多争议,莫衷一是。但有一点是可以肯定的,无论其积极方面还是消极方面,也无论是对历代封建社会还是对当代社会,其影响都是深远广泛的。因此,对庄子思想,尤其是庄子人生美学思想进行深入地思考,做当代的诠释,其意义也就不仅仅在于思考本身了。

庄子,名周,字子休,战国早期宋国蒙城(今河南商丘县东北)人。记载庄子生平事迹的历史资料不多,生卒年也难以详细确切考证。从现有资料来看,司马迁的《史记》是最早记载庄子的文献。《史记》上说:"庄子与梁惠王、齐宣王同时。"马叙伦据此认定其生卒年应为周赧王到周烈王二十九年,也即公元前369年至公元前286年,大约与孟子同时或偏早。《史记》中还记载庄子曾经做过蒙城的小官(漆园吏),但很快就辞官不做,自称是不愿与统治者同流合污。需要指出的是,庄子不愿做官不是嫌弃官太小或其他原因,而是内心深处不愿做官。事实上,庄子的确有那么一次做大官的机会,《史记》上说:"楚威王闻庄周贤,使使厚币迎之,许以为相。"应该说这个官够大的了,然而庄子仍然坚决拒绝做官,这就足见庄子实在是太鄙薄官场了。世俗之人不惜一切代价要获得的高官厚禄在庄子看来是一钱不值。既不愿做官又不要厚禄,那么庄子究竟追求什么呢?《史记》中称庄子是:"宁游戏污渎之中自快,无为有国者所羁,终身不仕。"庄子一生所求为"无为有国者所羁",即不愿意因一些琐事而使身心受到束缚、羁绊。换言之,"自快"是庄子一生的追求。《庄子·秋水》中也记载:"庄子钓于濮水,楚王使大夫二人往先焉,曰:'愿以境内累矣。'"楚王愿意将国家大事托付给庄子,然而庄子却将自己比作一只自由自在生活的龟,说:"往矣,吾将曳尾于涂中。"高官不做却宁愿像龟一样生活在水中以求自在。事实上,庄子生活(从物质层面上讲)十分穷困窘迫,他居处陋巷,向人借粮,自织草鞋,穿粗布衣和破旧的鞋子。据《庄子·外物》记载:"庄周家贫,故往贷粟于监河侯。"看来庄子的穷困有时已到了无米下锅的境地。但庄子是心甘情愿地忍受清贫而独处闲居。用冯友兰的话来说,庄子是"很有学问和天才,但受当时政治动乱之苦,就退出人类社会,躲进自然天地"[①]。"退出人类社会,躲进自然天地"并不是说庄子不关心世事,也不关心他人,消极地生活在野林闲地中。事实上,就精神层面而言,庄子也活得并不轻松。他一生都在思考,思考人生的一系列基本问题,只不过他思考的立足点不同。他是站在对生命意义的终极关怀来思考人生,他的思考是深刻的,也是透彻的。他思考的最终目的是

[①] 冯友兰:《中国哲学简史》,北京大学出版社1996年版,第32页。

要寻求个体生命如何在现世获得生命的意义和价值,如何超越现世处处受到局限的人生。换言之,庄子并不是一个对人生极为冷淡的人,其实他是一个"冷眼而兼热肠"①的人。也正由于这样,所以林希逸评庄子"其见道真,其愤世甚"②。明清之际的哲学家方以智在《药地炮庄·庄子论略》中也说庄子是一个"最深情的人"。他认为,人们只知道屈原的哀怨极深,却不知庄子的哀怨超过屈原,屈原的哀怨是"一时""一国",而庄子的哀怨则是"一世""天下",他的结论是"庄子眼极冷,心肠极热"。

第二节　庄子美学思想的实质

通览《庄子》一书,其思想风格独特,哲理深奥玄妙,抽象的逻辑思维与具体的形象思维浑然一体,行文又自成一格。即如鲁迅在《汉文学史纲要》中所指出的:"汪洋辟阖,仪态万方,晚周诸子之作,莫能先之。"③故此人们认为庄子或是一位哲学家,或是文学家,或是美学家等不一而足。实际上,庄子思想虽然极为复杂但又自成体系。

从其思路上看,庄子在表述其思想时更主要地是采用"非理性"的思维方式。比如《庄子》一书中,固然其所提到的许多人物在历史上也是有名有姓的,像孔子、盗跖、老聃、列御寇、宋元君、魏惠王、惠施、公孙龙、接舆、许由、子产等,但有名有姓却并非真有其事,故事是编出来的,故事本身也显得离奇怪诞,完全是非理性化的思维方式,为其思想服务的。杜撰的人物就更是多得不可胜数,盗墓的大儒与小儒,奇丑怪异的王骀、申屠嘉、叔山无趾和哀骀它,仿效西施捧心蹙眉的东施,善于把无用看作有用的匠石,专心致志的佝偻,出神入化的东郭子綦,故作姿态的尸祝以及许许多多体道者的形象,甚至连那些小动物也被人化而寄寓深刻的哲理。对此,司马迁就曾说过:"其著述十余万言,大抵率寓言也。"需要说明的是,庄子对生命的意义、价值的思考,其目的是明确的,即如《史记·太史公自序》中所说:"务为治者也。"也就是说是为了达到一定目的。换言之,庄子表述自己的思想也是为了达到某一目的,只不过采用的是一种区分于儒、名、墨、法等诸家的思维方式。

---

① 本章所引《老子》文字,均系王弼本。以下所引《庄子》文字,如不注明,均系郭庆藩《庄子集释》本。
② 《庄子口义·序》。
③ 《鲁迅全集》第九卷,人民出版社1981年版,第364页。

通览《庄子》全书,可以说庄子是"心如泉涌,意如飘风"。用寓言方式表达其思想,实际上是庄子对人生意义、价值的一种感性上的认识。

因此,从其实质上看,庄子美学更多地表现为一种人生美学。即如皮朝纲等学者所指出的:"中国美学的实质,乃是为了探寻使人们的生活与生存如何成为艺术似的审美创造,它是从一个特殊的层面,特殊的角度来体现中国人对人生的思考和解决人生根本问题的努力,体现着中国人对于人的生存意义、存在价值与人生境界的思考和追寻。"①中国古代美学这种高度重视人生,关心生命的精神,在庄子的美学思想里得到了鲜明的体现。

人生问题始终是道家哲人尤其是庄子关注的一个核心问题。如何认识人生、实现人生、展望人生是道家哲人所探寻的中心话题。换言之,人生问题是道家哲人特别是庄子哲学美学思想的主要问题,也即是说庄子美学的核心问题就是人生问题。但与儒家不同,道家不是从社会、伦理的角度来论述、展开,而是着重从更加广阔的宇宙角度来观察人生、了解人生。道家哲学的基础是本体论范畴"道",它不仅是宇宙世界的本体,也是人生意义与价值的最纯粹也是最终极的根源。虽然各个道家学派思想有许多不同的地方,但各个道家哲人立论的基点都是"道"。徐复观在谈到这个问题时,有很好的阐述:"其出发点及归宿点,依然是落实于现实人生之上……他们之所谓道,实际上是一种最高的艺术精神。"②庄子人生美学思想也同样以"道"为其理论的基础,并由此关注人生,凸现人生问题。对此,陈鼓应认为:"老子的'道',重客观的意义,庄子的'道'却从主体透升上去成为一种宇宙精神。庄子把'道'和人的关系扣得紧紧的,他不像老子那样费心思、笔墨去证实或说明'道'的客观实在性,也不使'道'成为一个高不可攀的挂空概念,他只描述体'道'以后的心灵状态。在庄子,'道'成为人生所达到的最高境界,人生所臻至的最高的境界便是称为'道'的境界。"③

庄子人生美学思想关注的是个体生命存在的终极境况,他力图为个体生命寻找一条符合生命本性的生存方式,庄子人生美学思想表现出了对生命的高度重视。需要指出的是,庄子人生美学思想将生命的意义、价值和生存境界作为其思考的主要内容,有其特定的历史背景,从思想史发展的历程来看,夏、商、周时期(或这以前)对图腾的崇拜和对人格神的塑造,是人类在生产力低下的情况下对宇

---

① 皮朝纲等:《审美与生存——中国传统美学的人生意蕴与现代意义》,巴蜀书社1999年版,第28页。
② 徐复观:《中国艺术精神》,春风文艺出版社1987年版,第40、42页。
③ 陈鼓应:《老庄新论》,上海古籍出版社1992年版,第199页。

宙神秘力量的人格化。而春秋战国时期,人们开始将人格神、图腾崇拜从人类的思维中逐步地剔除出去。老子以"道"为万物本源的哲学的建立,消除了人格神,剔除了鬼神迷信,突破了殷周以来的宗教观,但老子仍然从原始宗教中吸取养料,然后作一些理论上的深入。这一思想发展史上的现象,即如马克思所指出的:"哲学最初在意识的宗教形式中形成,从而一方面它消灭了宗教本身,另一方面就它的积极内容来说,它自己还只是在这个理想化的,化为思想的宗教领域内活动。"[①]庄子的人生美学思想也是从宗教中找到的"灵感"和养料。宗教的重要特点是想象,充分发挥人的主观想象力,在人世间不可能的东西,在宗教谱系中都是可能的、合理的。庄子人生美学最大的一个特点是审美想象,即对人生诸问题的审美想象,它是对人生的荣辱、功过、得失、生死等重要问题的一种审美化的思考,由此,庄子的思想走向一种审美化的人生理论。

总之,庄子的美学思想是一种人生美学思想,是建立在其哲学思想基础之上的一种对个体生命进行终极关怀的人生美学。它的特点不是要力求建立一套什么体系以解决现实问题,而是用一种审美化的思维方式来设计人类精神的栖息之地。同时努力为个体生命寻求可能抵达这美妙的精神家园的途径。

第三节　庄子人生美学的终极追求

"道"是庄子人生美学思想中的一个重要的、最高的范畴,是融本体论、宇宙论、认识论、人生论为一体的哲学、美学范畴。如果说庄子的人生美学思想是一座大厦,那么"道"就应该是这座大厦的基石。离开了"道",庄子的人生美学思想就失去了安身立命的依据,就成了无源之水,无本之木,这座大厦就会轰然倒塌。当然,这一范畴不是庄子首创,庄子是继承了老子之"道"范畴。但庄子并不是机械地承接老子之"道",而是对其加以重新解释并赋予了新的意义,从而构筑了具有独到之处的人生美学思想体系,并承接老子而自成一家。正由于此,故思想史上常常将其与老子并列,称为老庄。不仅如此,其他道家哲人也同样是以"道"为本,将"道"作为自己思想的核心范畴。

[①]《马克思恩格斯全集》第26卷第1册,人民出版社1979年版,第26页。

一、"道":庄子人生美学的核心范畴

前文已经指出,庄子美学思想以人为本十分关注人生、凸显人生问题,重视个体生命的意义、价值和生存境况,力图为个体生命寻求一个审美化的精神栖居家园及可能实现的途径。那么庄子为何要借助于这一高度抽象化的范畴呢?既然如此,为何要以"道"作为其人生美学思想的核心范畴呢?这还得从道家文化的产生说起。

道家文化产生在春秋战国时期。春秋战国是一个社会动荡、思想自由的时期。道家文化产生在这样一个特殊的时代。我们知道,随着人类社会不断的进步和文明的繁荣,宇宙、世界在人们看来不再那么恐怖、神秘了,世界更主要的是以它的本来面目展现在世人面前。在公元前800年至公元前200年之间,也即卡尔·雅斯贝斯称为人类文明的"轴心时代",人类对自然、社会和人自身的重新探索再次爆发了巨大的热情。古希腊的毕达哥拉斯、德谟克利特、柏拉图、亚里士多德,古印度的释迦牟尼,中国的孔子、孟子、老子、庄子等人冲破了原始人类思维的神秘迷雾,开始用一种理性、务实、自然的态度对宇宙、自然、人本身进行审视和沉思。在西方,泰勒斯将"水"作为万物的始基、宇宙的本源,因为泰勒斯认为,万物都离不开水,万物都有一种湿润的东西在里边。而在阿那克西米尼看来,世界到处都充满了空气,因而"气"就是万物的始基、宇宙的本源。虽然人类早期这些思想家的认识还显得不足,但毕竟这些对世界的理性沉思多多少少使人类从一种莫名的神秘中解放出来,走向了一种世界宇宙观念的新谱式。用黑格尔的话来说就是要解释那个巨大的"宇宙之谜",[1]即宇宙世界到底其最初依据是什么。

卡尔·雅斯贝斯所谓的"轴心时代",在中国刚好就是春秋战国时期。正如葛兆光指出的:这一时期"人的崛起带来了理性的解放,西周以后,人们开始重新审视我们面前这个世界,并深深地思索着这个世界的一切,并重新用理性建造一个有关自然、社会、人类的理论大厦"。[2] 换言之,春秋战国时代是一个理性的时代,人们都在冷静地思考着宇宙、社会和人自身。同时,这也是一个学术昌盛,百家争鸣的时代。儒、名、法等各家都站在自己的立场阐释着宇宙、世界、社会和人生。李泽厚认为:"先秦在意识形态领域,也是最为活跃的开拓、创造时期,百家蜂起,

---

[1] 黑格尔:《哲学史讲演录》卷一,北京商务印书馆1978年版,第265页。
[2] 葛兆光:《道教与中国文化》,上海出版社1987年版,第28页。

诸子争鸣。其中所贯穿的一个总思潮、总倾向，便是理性主义。"①《庄子·天下》中记载："古之人其备乎！配神明，醇天地，育万物，和天下，泽及百姓，明于本数，系于末度，六通四辟，小大精粗，其运无乎不在。其明而在数度者，旧法世传之史尚多有之。其在于《诗》《书》《礼》《乐》者，邹鲁之士、搢绅先生多能明之。《诗》以道志，《书》以道事，《礼》以道行，《乐》以道和，《易》以道阴阳，《春秋》以道名分。其数散于天下而设于中国者，百家之学时或称而道之。"在庄子看来，《诗》《书》《礼》《乐》都是表述各家观点的典规法度。总体来看，先秦是一个理性的时代，这种理性精神的兴盛固然有社会政治的原因，但更为重要的是，这也是人类认识社会和认识自身运动的必然规律过程。即马克斯·韦伯所说的"哲学的突破"②。所谓"哲学的突破"是指对构成人类处境之宇宙的本质发生了一种理性的认识，从而对人类处境及其基本意义获得了新的理解。当然，这种理性精神与同时代的古希腊理性精神是有区别的。而庄子所处的时代按照习惯的说法是一个"礼坏乐崩"和"百家争鸣"的时期。"礼乐"文化的崩溃，是说从尧、舜、禹以来的神秘文化已经崩溃和解体，是社会发展到一定阶段，生产力发展了，人类的认知能力、知识系统发生了变化，传统"礼乐"文化悲剧性地被毁灭。换言之，作为统治基础及象征的"礼乐"文化已趋于崩溃，而整个社会都处于一种深刻的变化之中。当时一部分掌握知识的人们，基于"救时之弊"的动机，依据自己不同的文化背景，纷纷提出自己的主张，使当时的思想界呈现出诸家争鸣的局面。而"百家争鸣"是"礼坏乐崩"的必然结局，为何诸子要争鸣呢？这当然各有其目的，用《汉书·艺文志》的话来说："诸子十家。可观者九家而已。皆起于王道既微，诸侯力政，时君世主，好恶殊方。是以九家之术，蜂出并作，各引一端，崇其所善。以此驰说，联合诸侯。"《汉书·艺文志》一句话讲明了这个"联合诸侯"的道理，即"诸子争鸣"是为了天下太平、政治稳定、思想统一、人不再感到痛苦，就是要用自己的学说重建思想和政治的秩序，就是要"思以其道易天下者也"。③ 换言之，诸子之争的目的都一样，其争论的焦点是如何重建以及重建的根据、原则。正是有了对这些问题的不同解答，才有儒、道、墨、法、名等各家之分。诸子学说的一个共同核心问题就是要找到人类社会和宇宙世界所遵循或应当遵循的某种共同的秩序。正是基于此，孔子提出了"仁"，并"从周"，墨子"法夏"。孔儒对周公倾心向往，"信而好古，述

---

① 李泽厚：《美的历程》，中国社会科学出版社1989年版，第47页。
② 转引自朱哲《先秦道家哲学研究》，上海人民出版社2000年版，第2页。
③ 章学诚：《文史通义》，古籍出版社1956年版，第40页。

而不作""祖述尧舜,宪章文武",墨子对《尚书》也频繁征引。但是这种三代以来的礼乐文化却遭到了以老庄为代表的道家哲人激烈而又深刻的批判。如《老子》中直指仁义为"忠信之薄而乱之首"①,庄子则提出"退仁义,宾礼乐"②"大道废,有仁义;智慧出,有大伪;六亲不和,有孝慈"③。这里,老子、庄子"着重揭露了文明社会所出现的争夺、祸乱、虚伪、罪恶以及种种违反人性的异化现象"④。由此可见,先秦道家与其他诸家诸子,特别是与先秦儒家表现出的价值取向上的显著不同。

由此,老子创立了"道"的学说,从"道"的角度探讨"务为治者也"的依据和原则。即如张岱年所指出的,"老子是中国古代哲学本体论的创始者……道是老子本体论的最高范畴"⑤。李泽厚也认为:"有关天道的观念在中国古代由来久远,但在《老子》这里终于得到了一种哲学性质的净化或纯粹化。"⑥庄子继承了老子之"道"范畴并加以发挥。

庄子人生美学思想之所以以"道"为理论的基础,这同庄子生活的时代也有着密切的联系。据《春秋》记载(仅仅载于鲁史内),春秋242年间,列国间战争共483次,以强凌弱,以众暴寡的朝聘、盟会共450次,两者合计933次。《史记·太史公自序》云:"《春秋》之中,弑君三十六,亡国五十二,诸侯奔走不保社稷者不可胜数。"例如,楚国"春秋时先后吞并四十五国,疆土最大。楚国君臣自称是蛮夷,专力攻伐华夏诸侯,五年不出兵,算是莫大耻辱,死后不得见祖先"⑦。不进行战争、不杀人居然还无法见祖先。正是认识到了现实的这种残酷,所以庄子认为如果还硬要按照礼乐文化的标准思考人生的价值和意义,那么必然会在困境中迷失自我。这就需要从理论上更新,理论上再也不能遵循其他各家的思路,而应另辟蹊径。庄子深刻地认识到,宇宙万物、大千世界、一切生命其最后都有一个始基。而这一始基就是"道"。《庄子·天地》说:"泰初有无,无有无名;一之所起,有一而未形。物得以生,谓之德;未形者有分,且然无间,谓之命;留动而生物,物成生理,谓之形;形体保神,各有仪则,谓之性。"所谓"泰初",就是指宇宙的始源,即

---

① 《老子》第三十八章。
② 《庄子·天道》。
③ 《老子》第十八章。
④ 萧萐父:《道家学风浅议》,《道家文化研究》第十辑,上海古籍出版社1996年版,第2页。
⑤ 张岱年:《论老子的本体论》,《社会科学战线》1994年第1期,第99页。
⑥ 李泽厚:《中国古代思想史论》,人民出版社1986年版,第92页。
⑦ 范文澜:《中国通史简编》第一册,人民出版社1965年版,第177页。

"道"。庄子认为其他各家之所以不能从根本上解决个体生命所面临的困境,根本原因就在于没能找到生命的真正始基,所以也就不能很好地认识生命本身。庄子知道有一个未被人类认识的东西的确是存在的,但用现实的感知手段又无法去证明这一"存在",这一"存在"就是"道"。换言之,"道"是庄子在观念上进行人生体验的一个范畴,如何求"道"是庄子人生美学思想的一条主线。庄子主张一生都应为求"道"而努力,为获得"道"作为人生的追求。但"道"自身特有的性状和属性又终不可求不可得。既然如此,"道"成为庄子人生美学思想的核心范畴,岂不是言过其实吗?其实庄子思想的高妙处也就在这里。庄子的本旨并不在于"道"本身,而是在求"道"这一过程中人类应该形成且必须形成的一种境界——"道"境。这种"道"境可看作是一个圆,以"道"为圆心,弥满着人生论色彩。庄子所关注的是个体生命的审美境界,这种审美境界是一种人类自我彻底实现的心灵境界。庄子要做的就是试图为个体生命寻求一条解放、超越之路。因此,庄子的整个人生美学思想其立论的起点是"道",其核心范畴也是"道",庄子要做的就是力图引导个体生命进入一种境界——"道"境。

二、"道"在庄子人生美学思想中的含义

前文已论述过"道"是庄子人生美学思想立论的起点,但必须指出的是,"道"在老子和庄子之前就被广泛运用。因此,从词源学的角度对"道"的含义及其沿革做一个梳理,对于理解庄子的"道"的含义不是可有可无的,而是大有裨益的。

从现有的资料来看,甲骨文中还未见有"道"这一符号。金文中的"道"都是从行从首从止的意思。而"行"的本意是"人之步趋也","首"也有"行所达"的意思。[①] "止"可以当足解。这三个字的含义合起来就是人行走而到达目的地的中间所走的地方。《易经》"履"卦九二有"履道坦坦"的句子,意思是说行走的大路平平坦坦。《尔雅·释宫》有"一达谓之道路"的句子。许慎《说文解字》说:"道,所行道也。从首从止。一达谓之道。"显然,许慎运用的是因形索义的方法,对"道"的始源性意思做了界定。看来人在造字时已经开始对自身行为有了一定认识。即人一定是为了一定的目的才上"道"。正如许慎所说"所行道也",换言之只有人走的路才能称为"道"。"道"的本义最初就是指道路。当然"道"的含义后来经过不断的演变、衍生出许多新的含义。比如将"道"看作是法则、轨道、世界本原、某种主张或学说、治国策略、祭祀路神的活动等。这些含义在先秦典籍中都是

---

① 段玉裁《说文解字注》。

可以见到的(这里不作具体阐述)。但只有当"道"作世界本原这一含义时才具有哲学上的内涵,这一任务是由老子完成的。在老子哲学美学思想体系中"道"则是其核心范畴。

老子是十分推崇"道"的。在老子,"道"是一个形而上的范畴,是一种实存的世界的始基。世间万物由"道"生,"道"为其根本。但必须指出的是,《老子》一书中共有三十七章提到了"道",但真正从形而上这个角度来阐释"道"的只有八章。如果将《老子》中论述"道"的句子列出来,我们不难发现"道"的含义远不止本体论上的意义。换句话来说,即在道家学派的宗师老子那里,"道"的含义也是多层次、多方面的(这里不做具体阐述)。其中老子将"道"赋予人生的意义和内涵,这对庄子思想起了非常重要的作用。例如:

水善利万物而不争,处众人之所恶,故几于"道"。①
持而盈之,不如其已;揣而锐之,不可长保。金玉满堂,莫之能守;富贵而骄,自遗其咎。功成、名遂、身退,天之"道"也。②

这里老子将"道"同如何处世"为人"联系起来。水善于滋润万物而不与万物相争,停留在众人厌恶的地方,所以最接近"道"。水的这种美德与"道"相同。"道"虽是万物的根本,但它又柔弱谦下,它不避贵贱高低,所以万事万物都可以体现出"道"来。同时,老子还将"道"引入如何看待功名富贵等外在荣誉方面。老子认为,功成名就之后,就要收敛退隐,这才符合自然之理。可见,在《老子》那里,"道"同人生也是紧密相联的。"道"也在一定程度上落实到了人生层面,"道"成了人安身立命的依据。

可以说,庄子正是看到了老子思想的可贵之处,所以承接了老子的"道"并加以发挥。庄子同老子一样,十分推崇"道"并将"道"作为其人生美学思想的核心范畴。庄子人生美学思想中的"道"范畴虽然直接源于《老子》,但作为集道家学派大成者的庄子绝不是简单地借用了老子的"道",而是对"道"有了进一步地发展。这正如张岱年所说:"中国哲人的文章与谈论,常常第一句讲宇宙,第二句便讲人生。更不止此,中国思想家多认为人生的准则即是宇宙之本根,宇宙之本根便是道德的标准;关于宇宙的根本原理,也即是关于人生的根本原理。所以常常

---

① 《老子》八章。
② 《老子》九章。

一句话,既讲宇宙,亦谈人生。"①庄子美学思想的一个核心问题就是如何为个体生命寻求一个审美化的精神家园,如何证明这个审美化的精神家园的合法性。庄子认为应从世界的本源上去寻找立法的依据,于是"道"顺理成章地进入了庄子的人生美学思想。

庄子首先将"道"作为一个实存本体来论述。《庄子·大宗师》云:

夫"道",有情有信,无为无形;可传而不可受,可得而不可见;自本自根,未有天地,自古以固存;神鬼神帝,生天生地;在太极之先而不为高,在六极之下而不为深,先天地生而不为久,长于上古而不为老。

庄子认为,"道"是一种实存的本体,这种实存的本体既不是人格化了的神,也不是超越了客观世界的主观意念,而是一种客观存在。"有情有信,无为无形"这同《齐物论》中的"各行已信,而不见其形,有情而无形"是完全一致的。"无为"说明了"道"的幽隐寂静,"无形"说明"道"超乎具体的名相。但"道"的确又是真实的,是"有信""有情"的,是同人完全相通的。"道"是世界万物的本体,它亘古不变、不证自明,是天地万物的大本大宗。如果说万物世界存在的根据或根源是"道",那么"道"存在的根源又是什么呢？庄子认为是"自本自根",即"道"存在的根源在它自身之中,"道"再也不依存他物而存,"未有天地,自古以固存"。"道"的存在是先在性的是永恒的。"道"成了世界万物最始源性的准则。

这里有必要将庄子的"道"同宗教中的神区别一下。宗教认为,神才是神圣至高无上的、是绝对存在的,神不仅创造世界,创造着世间万物,也永恒地存在于流动的时间中。宗教中的"神",是一个永不可到达的"彼岸"世界,是人幻想出来的一个世界,是无法将其同现实生活紧密联系在一起的。但庄子完全消解了"神"的优越性和主宰性。"神"在"道"面前也只不过是一种附属罢了。所以庄子说"神鬼神帝,生天生地"。可见,"道"无论是在时序上还是在层次上都先于并高于"神"。"道"是超越的。庄子认为:"在太极之先而不为高,在六极之下而不为深,先天地生而不为久,长于上古而不为老。"这个"道"超越了时间和空间,它不是视域内可见之具体事物,任何感觉器官都无法把握,是"可传而不可受""可得而不可见"的。感官与语言是无法感觉与表述的。但庄子并非把"道"塑造成一个不可到达的"彼岸"边界,而是进一步将其落实到人生。庄子为什么要借助于这一高度抽

---

① 张岱年:《中国哲学大纲》,中国社会科学出版社1982年版,第165页。

象化的"道"呢？这正是庄子人生美学思想的关键所在：即"道"既抽象又具体,从而引导人去追求它、获取它,但终又不可用人的感觉器官去获得。庄子引导个体生命求"道"的本意其实用一句通俗的话来说就是重过程、不重结果。庄子人生美学思想特别重视生命的价值与意义,特别渴求人生的真谛所在。因为这里有一个理论的逻辑结构问题。如果"道"用触、味、视、知、感觉等形式来把握而不能的话,那么"道"于个体生命而言也就成了一个只可意会不可言传的纯粹本原。同时,"道"在庄子这里仍有"实存"本体的含义。"道"是自在自为、先天地而存在的宇宙本体,是物质和精神世界的本原。同时"道"性自然无为,是自然的法规,合目的性的无为的存在,具有时空上的广延性和无限性,概念上的抽象性和多义性。只可意会,不可言传,不为视觉所捕捉,不为听觉所觉察,无形无影,难以定义。

其次,在庄子看来,"道"并不是一个高不可攀的无法把握的范畴,它也很实在地在我们生活中、万事万物中,它使万物生长运作,但自己却保持着永恒。《庄子·知北游》云："物物者与物无际,而物有际者,所谓物际者也。不际之际,际之不际者也。谓盈虚衰杀,彼为盈虚非盈虚,彼为衰杀非衰杀,彼为本末非本末,彼为积散非积散也。"庄子在继承老子"道"并肯定其本体论意义的同时,进一步作了理论上的深入,认为大千世界、宇宙万物都是"道"运作而形成的一种现象。盈虚的情状、衰杀的景观、本末的分别、积散的变化这都是再正常不过的事了,若从"道"的角度进行观照,只不过是"道"的变化而显现的一个现象而已。

再次,庄子进一步从理论上深入,将"道"落到实处,落到生活层面上,将"道"内附于万物。《庄子·知北游》中说得十分清楚：

东郭子问庄子曰："所谓'道',恶乎在？"庄子曰："无所不在。"东郭子曰："期而后可。"庄子曰："在蝼蚁。"曰："何其下邪？"曰："在稊稗。"曰："何其愈下邪？"曰："在瓦甓。"曰："何其愈甚邪？"曰："在屎溺。"东郭子不应。

这里,庄子进一步将"道"具体化,"无所不在"和"无乎逃物"说明了"道"同个体生命是紧密相连的,是处处可求的。因为若依据"道"的本体特性,生活中根本无"道"可言,个体生命自然得不到"道"的滋润。庄子正是看到了"道"作为本体论含义时的这一局限性,所以庄子将"道"进一步推广到生活层面上,同生命紧紧扣在一起了。前文论述过,"道"是庄子人生美学思想的支撑点,是其思想安身立命之所在。由于有了"道"的这些特性,所以对"道"感知就不涉及理性思维,不需要逻辑推理和概念表述。相反,只有在主体摆脱理性的束缚,经过一系列心理的净化和精神的修养,变为纯粹感性的(直觉的)、超越现实世界的认识主体时,才有可能悟"道"。庄子人生美学思想正是以"道"为中心贯穿始终。这也是庄子要选择以"道"为核心范畴的主要原因,就是要为建立其人生美学思想做铺垫。只有全面理解庄子之"道",才能真正理解庄子人生美学思想的内涵。可见,准确把握和理解庄子之"道"是理解庄子人生美学思想的关键和钥匙。

庄子以"道"为核心范畴而展开其人生美学思想论述,同老子相比,更加突出人与"道"的关系,以人"道"不离和人与万物地位上的平等作为个体生命走向审美化生存之境况的依据。"其于本也,弘大而辟,深闳而肆,其于宗也,可谓调适而上遂也。"①庄子人生美学所突出的人与"道"间的关系其实就是人天关系,人与天同一就是人同"道"合一。人"道"合一可以说是个体生命得以安身立命之所在,是治理天下之方的根本。

总之,庄子之"道"固然是承续老子之"道",但庄子在老子的"道"本体基础之上更多地赋予了人生论色彩。"道"是庄子人生美学的核心范畴,是继承了老子"道"这一范畴,但庄子的真正目的是为个体生命寻求审美化的栖居之所在,实现人之为人的意义、价值,从而在精神的家园中尽享生活的乐趣。

三、"道"境——生命的终极审美境界

前文已经论述过"道"是庄子人生美学思想中的一个重要范畴。庄子试图引导个体生命放下眼前的利害得失、毁誉功过走上一条体"道"得"道"之路。而庄子论"道"之着眼点是人生,而不是宇宙本体,通过对"道"的体认来达到消除主客对立实现人生的最高境域——"道"境。然而"道不可闻,闻而非也;道不可见,见而非也;道不可言,言而非也"②。"道"是不可闻、见、言、论的存在,凡是可以闻、见、言、论的存在都不是"道"。所以庄子说:"何思何虑则知道? 何处何服则安道? 何从何道则得道?"③在庄子看来,上述这些问题都是不能提、不该提的。庄子认为,从某种意义上讲,人不能据有"道",但也不能失去"道",即不能据而有之,或据而用之。

这里有一个基本的问题,既然"道"到了庄子这里其实存意味已大大减少了,为何庄子还要将"道"作为其理论的出发点和基础呢? 前面已分析过,在老子的思

---

① 《天下》。
② 《庄子·知北游》。
③ 《庄子·知北游》。

想中,"道"不是物质,而又涵括物质;不是精神,又有精神的内涵。"道"是一个象征性的符号,难以命令,无从定义,是精神和物质、具象和抽象、合规律性和合目的性的统一。"道"成了包罗万象的一个符号。庄子发展了老子之"道",赋予了"道"超时空性、永恒性、无限性和绝对性,体"道"表现了一种个体生命对绝对的精神自由追求和试图超越现实的愿望。在庄子看来,自然本原之"道"是美的本源,体验"自然之道"正是道家哲人的一种自觉的审美追求,也是最后的终极旨归。可以这样说,"道"境才是人生的一种最高境界,也是庄子美学思想的终极追求。

那么具体说来,庄子所追求的"道"境是一种怎样的境界呢?

《庄子》一书中多处提到了那些经过一系列程序而进入"道"境之人所体验到的境界,换言之,"道"境才是庄子人生美学思想的终极追求。进入"道"境之人,才算真正找到了个体生命的精神家园。如:

乘天地之正,而御六气之辩,以游无穷。①

乘云气,御飞龙,而游乎四海之外。②

天地与我并生,而万物与我为一。③

至人神矣!大泽焚而不能热,河汉冱而不能寒,疾雷破山而不能伤,飘风振海而不能惊。若然乘云气,骑日月,而游乎四海之外,死生无变于己。④

圣人不从事于务……而游乎尘垢之外。……旁日月,挟宇宙。……参万岁而一成纯。⑤

孰能登天游雾,挠挑无极;相忘以生,无所终穷。⑥

与造物者为人,而游乎天地之一气。……茫然彷徨乎尘垢之外,逍遥乎无为之业。⑦

安排而去化,乃入于寥天一。⑧

乘夫莽眇之鸟,以出六极之外,而游无何有之乡,以处圹埌之野。⑨

---

① 《逍遥游》。
② 《逍遥游》。
③ 《齐物论》。
④ 《齐物论》。
⑤ 《齐物论》。
⑥ 《大宗师》。
⑦ 《大宗师》。
⑧ 《大宗师》。
⑨ 《应帝王》。

入无穷之门,以游无极之野。吾与日月参光,吾与天地为常。①

万物一府,死生同状。②

独与天地精神往来。③

《庄子》一书中,描述"道"境的句子还很多,这里就不必详细举例。从庄子所描述的"道"境来看,其主要内容就是同于"道"与"无所待"的"游"的理想境界,它是人生的最高追求与一种极高的人生审美境界。对此,有学者指出:"在中国古典美学中,'游'这一美学范畴的内涵之一,便是反映着、体现着中国传统人生理想境界与审美最高境界,它体现着在中国传统人学美学思想中,人的精神修养与人性完美所能够达到的一种理想的境界和一种人的精神自由与诗性领悟所能够达到的最高境界。"④在庄子这里,"游"获得了更为纯粹的美学意味,它不仅超越了伦理,也超越了所有的功利目的、利害计较,是无所待的人生与审美化的自由境界。

《庄子》开篇即为《逍遥游》。一开始庄子就为人类的审美化生存境界作了大致的勾勒。这种"游"的境界是一种绝对的自由,一种人生的理想与审美的极境。庄子将人生的境界,由低到高分为不同的层次,并加以比较。在他看来,第一种人生境界,是入世者的一种人生理想境界,所谓"知效一官,行比一乡,德合一君,而征一国者"。这些人热衷于名誉、地位、功业、财富、德行,从而是有所待的,不自由的。他们犹如"翱翔蓬蒿之间"的小麻雀,他们的"游"是卑微而不自由的。第二种人生境界,是出世者的一种人生的理想境界,所谓"举世誉之而不加劝,举世非之而不加沮,定乎内外之分,辩乎荣辱之境"。其杰出代表如列子可以达到"御风而行"的境界。正如"水击三千里,抟扶摇而上者九万里"的大鹏,这是一种巨大的自由的境界,体现出一种人生的壮美与自由。然而,在庄子看来,达到这种境界还不能算是人生的至境,还不算逍遥游。因为这种自由还是有限的,有待的。人生的最高境界,是真正的、绝对的、无所待的自由,"若夫乘天地之正,而御六气之辩以游无穷者,彼且恶乎待哉!故曰:至人无己,神人无功,圣人无名",这是一种直与天地精神相往来的逍遥游的境界!在庄子看来,这种逍遥游,也便是闻道、体

---

① 《在宥》。

② 《天地》。

③ 《天下》。

④ 皮朝纲等:《审美与生存——中国传统美学的人生意蕴与现代意义》,巴蜀书社 1999 年版,第 511 页。

道、游心于"道",对万物根源"道"的直观体悟过程。"游心于物之初"①"独与天地精神往来……上与造物者游"②,而这样一种体道之游,乃是人生最大的快乐。这种"游"的境界就是一种审美化的境界,即"道"境。因此,从庄子对"道"境的描绘来看,也不难看出庄子所祈求的终极所在。因为在庄子看来,既然"道"不可知、不可闻、不可问。那么体"道"的境界,纯粹就是一种非理性、直觉性的体验,既无法复述,也无法与他人共同分享。而道性无为,质朴纯真,要想达到"道"境,需心明如镜,淡泊致远。庄子要求个体生命按照"道"性的原则,用自然的审美来感悟"道"的真谛、美的本原。从人与自然和谐入手(即天人合一)进入"道"境,从而达到超越现实让人生进入审美的愉悦和精神的自由境界。"独与天地精神往来""与日月参光,与天地为常""万物与我为一"是庄子为个体生命探寻的最高的审美境界。

这种人生的最高境界即"道"境,在老子看来就是天人合一的"复归婴儿"的境界,这种非理性的状态其本质是回归到自然本原的"道"上去。因为在道家看来,天人在本原上是一致的。而庄子则将"齐物"与"逍遥"作为其最高境界的两个主要特征,其实质是"天人合一""物我两忘"的人生境界。对庄子而言,要达到"天人合一"的过程也就是体道、悟道、达道的过程,因此回归自然是唯一能够贯通天、地、人的有效途径,这样个体生命就进入"天地与我并生,而万物与我为一"的具有诗意色彩的审美化境界。

总之,庄子推崇的"道"境就是以"道"融入人生,将人生审美化,用审美的态度超越有限的人生,让"道"境成为人生诗意的栖居所在,从而实现人生的意义和价值。

第四节 审美化的人生价值取向

前文已指出,道家文化是中国传统文化中源远流长、影响深远的一种学说,其内涵特别丰富。以老庄为代表的道家哲人(特别是庄子)十分重视个体生命的生存意义和生命的价值。"在道家哲人看来,人生的意义和价值,就在于任情适性,以求得自我生命的自由发展,回归自然,摆脱外界的客体存在对作为主体的人的

---

① 《田子方》。
② 《天下》。

束缚和羁绊,发现自我,认识自我,实现自我,以达到精神上的最大自由。"①具体来说,就是前文指出的将"同于道"与"无所待"的"逍遥游"审美化的理想境界作为人生的最高追求与一种极高的境界,即"道"境。要进入这种境界,庄子认为需要调整一下人生价值标准。他认为人生在世,一方面强烈渴望自由,另一方面却又制造了无数法规制度框框约束自己,内在的种种信念情嗜团团困扰个体生命,而且宗派地域的成见偏见横亘于胸中而又势必制约个体生命的自由交往。用陈鼓应的话来说就是"世人常泪没于嗜欲圈里而不得超拔,涉身于名利场中而不得自由,庄子则扬弃一向为大众所追求的功名、利禄、权势、尊位等等世俗价值,他摒弃以往立功、立德、立言的价值观"②。换言之,庄子认为要实现人生的审美化,首先应"破"除世俗的价值取向,对人生的价值取向进行重新评估,并确立同生命本源一致的价值取向。庄子认为这首先也是必须要解决的问题。只有如此,个体生命才能进入审美化的栖居之所在。

一、颠覆传统价值取向,重估世俗价值标准

庄周生活在一个剧烈动荡的时代。战国初年,周王朝已名存实亡,诸侯兵戎相见,战乱频起,群雄割据,齐、楚、燕、赵、韩、魏、秦等国争霸天下,社会动荡不安,各种社会矛盾极为尖锐而又复杂,在这种情况下学术思潮空前活跃,各种学术流派竞相而起,借助社会的动荡阐述各自的政治主张和看法,这就是历史上所谓的"百家争鸣"。对此,《庄子·天下》有明确记载:"天下之治方术者多矣,皆以其有为不可加矣。"各家学派都在治学阐述自己的主张,自认为掌握了真理,而且达到了无以复加的登峰造极的境界。但庄子认为:"天下大乱,贤圣不明,道德不一,天下多得一察焉以自好。譬如耳目鼻口,皆有所明,不能相通。"也就是说各家学说都是以自己的立场来论述自己的思想,而这种争论就如耳目鼻口,"不能相通"。

庄子认为,要想进入他所设计的理想境界——"道"境,首先要对三代以来礼乐文化所确立的价值标准进行重估,建立以"道"为标准的新的价值观念。因为庄子敏锐地感受到时代变迁带来的心灵震颤。庄子认为,要进入一种诗意的审美化的栖居之所在,首先要对传统的价值评判系统提出深刻的反省和检讨,个体生命必须致力于价值观念的转换。

---

① 皮朝纲等:《审美与生存——中国传统美学的人生意蕴与现代意义》,巴蜀书社1999年版,第98页。
② 陈鼓应:《老庄新论》,上海古籍出版社1992年版,第123页。

实际上，庄子之先的老子就认识到了生命价值取向于生命是否快乐。春秋战国时期，有许多社会现象都无法用传统的价值取向来解释。"君子之泽，五世而斩"。一些名不见经传的小人物却因富而贵，登上大雅之堂，世道发生了人们意想不到的变化。作为这种变化在文化层面上的反映，传统的礼乐刑政失掉了其原有的效力，再也无法维系动摇不已的社会局面，面对这种情况，孔子发出了"礼崩乐坏"的喟叹，要求"复礼"。而老子则认为"礼"有不足的地方，对"礼"的弊病也有深切的体会，相当清醒地意识到价值转换的必要性。他把"礼"看作是导致社会动乱的根源。他说："夫礼者，忠信之薄而乱之首。"① 同时老子还指出：仁义、智慧、孝慈、忠臣，这些极富褒扬色彩的词藻，恰是大道失落的表现。"大道废，有仁义；慧智出，有大伪；六亲不和，有孝慈；国家昏乱，有忠臣"②。老子对"大伪""六亲不和""国家昏乱"是否定的，而造成这些现象的却是听起来极富感情化色彩的"仁义""慧智""孝慈""忠臣"等传统价值观念。老子要求放弃原有的价值标准，另觅出路。

而庄子继承老子的学脉，更激烈地抨击以"仁义"为核心的传统价值观念体系。他指出，圣人制礼作乐，看上去好像是要引导人们弃恶向善，其实恰恰相反。因为由此将导致人性蜕变和社会分化，"乃至圣人，蹩躠为仁，踶跂为义，而天下始疑矣；澶漫为乐，摘僻为礼，而天下始分矣"③。圣人制礼作乐其实是为权势着想，为他们提供统治工具而已。由此看来，圣人与大盗好像一褒一贬，实际上却是半斤八两。他们都以各自的方式扰动人心：圣人以"名"，大盗以"利"。所以，"圣人不死，大盗不止。虽重圣人而治天下，则是重利盗跖也"④。

庄子尖锐地指出，仁义并不具有真正的道德价值，不过是"大盗"用来掩饰自己真面目的遮羞布而已。他以田氏代齐为例说：

> 田成子一旦杀齐君而盗其国，所盗者岂独其国邪？并与其圣知之法而盗之。故田成子有乎盗贼之名，而身处尧舜之安……⑤

---

① 《老子》三十八章。
② 《老子》十八章。
③ 《庄子·马蹄》。
④ 《庄子·胠箧》。
⑤ 《庄子·胠箧》。

他由此得出结论:"彼窃钩者诛,窃国者为诸侯。诸侯之门,而仁义存焉。"①在这里,他把仁义说教的伪善性和由此造成的价值判断的混乱,揭露得淋漓尽致!同老子一样,他也主张"攘弃仁义,而天下之德始玄同矣"②。

庄子把批判的矛头直接指向以"仁义"为核心的传统价值评判系统。在庄子看来,以"仁义"为核心的传统价值评判系统不能引导个体生命进入审美化的境界,反而是"五年不出兵,算是莫大耻辱,死后不得见祖先"③甚至是"窃钩者诛,窃国者为诸侯"。庄子在否定并批判传统的价值观念系统的同时,也对世俗价值取向提出了批评。在世俗的眼里,荣华富贵、长寿令名是深受羡慕的,庄子却对这种价值追求提出了警告。他指出,对名利的追求"丧己于物,失性于俗",不是把物"人化"了,而是把人"物化"了,完全是一种颠倒的价值观。因此,要寻求并进入诗意化的"道"境,首先要颠覆传统价值观念,这是人生审美化的第一步,也是关键一步。

二、走出自我中心,回归自然

前文已提到,庄子是非常反对传统的价值观念的,他本人就身体力行,不做官,不慕富贵。庄子充分认识到了价值取向于个体生命是否快乐的重要性,所以,建立一套更能符合个体生命本性的价值体系便成了庄子人生美学思想的首要任务。庄子认为,这个人生价值体系应该符合"道"。庄子将《逍遥游》作为内七篇之首篇,其重要性与意义十分显著。《庄子》在其传播过程中,内篇保存最完整,就是唐代陆德明所载崔譔、向秀、司马彪、郭象诸家所注《庄子》,虽篇数不一,但"内篇众家并同"。可见内篇在《庄子》中的重要性,而《逍遥游》又位于内篇之首。那么《逍遥游》为何成为《庄子》之首呢? 其实,这正是庄子的良苦用心之所在。开篇就要颠覆传统的价值判断体系,建立一个令人耳目一新的价值体系:即现实存在的人应首先撕破现世种种的限制网,确立一种独特的人生态度,建立一个新颖的价值标准。而这个标准就是要消解掉"自我"的中心地位,从宇宙生命的视域中去把握人的存在,从宇宙生命的无限中去展现人生的意义,从"道"的属性中寻求人之为人的准则。庄子在《逍遥游》中说:"北冥有鱼,其名为鲲。鲲之大,不知其几千里也;化而为鸟,其名为鹏。鹏之背,不知其几千里也;怒而飞,其翼若垂天之

---

① 《庄子·胠箧》。
② 《庄子·胠箧》。
③ 同上。

云。是鸟也，海运则将徙于南冥。南冥者，天池也。"可以说《庄子》一开始就为我们提供了一个广阔无边的世界。在这一视域下，现世的一切都显得无足轻重，不值一提。《庄子》为什么在第一篇第一段就要塑造这样一个无垠宏大的空间和精神境界呢？其突出的一点就表现在对"天"的问题的不同看法上。

在这之前，人们对"天"的态度是存而不论的。比如"天道远，人道迩，非所及也"①。孔子言"唯天为大，唯尧则之"②。即使荀子强调"明于天人之分"，但他说得最多的也是："君子大心则敬天而道。"③墨子主张"兼爱"，这也是天的意志。"他主张兼爱，就说天意叫兼爱；他主张非攻，就说天意叫非攻。他主张非乐、非命、节用、尚贤、尚同，一切都说是本于天意"④。换言之，诸子都是以一种实用的态度对待"天"，提出"天"是为了表明自己的理论根据是坚强的，不可质疑的，就是要为自己的理论寻找一个令人信服的根据。所以连"敬鬼神而远之"的仲尼也要梦见周公。在这种理性的态度下，诸子们思考的是人类社会和自然世界遵循着或应当遵循的共同秩序，从而否认人类社会和自然世界之间、人与自然之间存在着某种程度的紧张关系，两者都处于某一最高本体的有效统摄之下。

庄子反对的就是诸子们的世俗价值标准。他认为，正是大众所追求的功名、利禄、权势、尊严等等世俗价值，成为束缚自己的绳索所在。而只有抛弃这些价值取向，"无己""无功""无名"，才能迈向人生审美化的境界——"道"境。

实际上，庄子是借《逍遥游》表达了一个独特的人生态度，树立了一个新颖的价值标准即人应从自我中心超越出来，应以宇宙世界为其人世标准，"从宇宙的巨视中去把握人的存在，从宇宙的规模中去展现人生的意义"⑤。人们常常觉得生活不自由，烦恼，其实往往是因为其心胸太狭窄囿于世俗的价值体系中，目光常陷于一些常识世界里。一个人由于种种原因常受空间的局限、时间的固蔽以及礼教的束缚，即《庄子·秋水》中所说："拘于虚""笃于时""束于教"。这样的世俗之人往往以己为中心做出以己为标准的价值判断，这又势必造成人的心灵闭塞、价值观念的缺陷。这也正是人生精神不自由，不能超越现世的原因。正是基于此认识，所以庄子认为首先就应跳出以"自我"为中心的价值判断体系。

《逍遥游》开篇用一个寓言的形式来揭示作者试图要构建的一种境域。实际

---

① 《左传·昭公八年》。
② 《论语·泰伯》。
③ 《荀子·不苟》。
④ 《嵇文甫文集》（上）河南人民出版社1985年版，第161－162页。
⑤ 陈鼓应：《老庄新论》，上海古籍出版社1992年版，第123页。

上,寓言是《庄子》的主要艺术特色,司马迁在《史记》中说得好:"其著述十余万言,大抵率寓言也。"可以说,寓言是先秦诸子表达思想的一种特殊手法,庄子试图用这样一个新颖的,看似荒诞不经的形式来表述其非逻辑的人生美学思想。他借《逍遥游》表述了一个独特的人生观,即:人生应从有限的自我解脱出来,从更宽泛的世界来理解社会和人生。他塑造并追求的一种境域是一种"道"域,这是一种完全不同于儒、墨等诸子所倡导的境域。"道"域是一种全新的、更高层次的人生境域,是一种审美化的人生境域。庄子煞费苦心要破解世俗的人生理想及价值观念,不能不找一种全新的叙述方式。"寓言"成了他最佳的选择方式。

　　人生在世,如白驹过隙。如何在这短暂的一生中过得有意义、有价值,更能对得住人之为人的根本,这是庄子一生都在思考的问题。庄子目睹了战国时期群雄割据,民不聊生,朝不保夕的社会现实,如何才能实现自我,找到自我是庄子一生的追求。庄子知道若以儒、墨之家所标举的价值标准去实现自我,找到人生的意义,那几乎是不可能的。庄子认为,许多人找不到自我,不能实现人生的价值和意义,其根本原因就在太执着现有标准的意义,而这种现有判定人生得失的标准,正是阻碍实现通达希望的最大的也是首要的障碍。因此人要透过时空与礼教的束缚,使心灵得到开放,打破现有狭小心灵机制成了庄子解放人心的当务之急。也只有打开狭小的心灵建构机制,从狭窄的俗世和常识的囚笼中解放出来,才能真正进入人的境域,实现人生的至境——"道"域,才能实现人生的审美化。《逍遥游》可以说是开篇重在一种超越精神,就是要破除人的已成定势的价值标准。

　　庄子的超越精神主要体现在超越大小、生死、物我、天人,以及有待无待。他看不起"知效一官,行比一乡,德合一君,而征一国者"这四类世俗之人。他力图要树立一个真正的人的形象——"至人"形象:"若夫乘天地之正,而御六气之辩,以游无穷者,彼且恶乎待哉!故曰:至人无己,神人无功,圣人无名。"庄子心中真正的人生审美化后的境界是打通天地,精神同宇宙一体化,物我没有分别的,其界限完全消除,超越了时空。在这样一个"道"境里,个体生命自由自在,实现了人生的审美化。

　　庄子认为人生不易的根源在于现有的世俗价值体系制约了本应敞亮的胸怀。实现自我,重在建立一个完全迥异的价值体系和心理机制。庄子的这一思想在《齐物论》中得到了更加鲜明的体现。庄子认为万物是平等的,万物(包括人在内)都不存在着是与非、对与错、伟大与渺小、祸与福的区别,如果说有区别也完全是人自己凭主观捏造出来的。所以庄子极力主张个体生命应从自我中心的局限中超越出来,用一种独特的开放心灵来把握世界和人生。这样,人生境域就进入了一种审美的境域,也只有将自己解放出来,不断超越俗我,才能超越有限的现实时空而获得一种永恒、无限的心灵自由。

如何才能进入这一境域呢?在《齐物论》中,庄子为个体生命进入这一境域设计了一个完整的方案。他认为,首先应丧失掉一个偏执、世俗的我,显露一个真我出来,即庄子所说的"吾丧我"境域。庄子对那些喋喋不休的争论极为反感,认为是"大知闲闲,小知间间",着力批判了那种"喜怒哀乐,虑叹变慹,姚佚启态"的丑态。这些人主要就是囿于己见、自我执着,自己将自己锁闭在一种观念的囚笼里。这都是一种迷失了自我的表现,是一种世俗落套的表现,是一种"假我"、非"本来面目"的表现,是一种非"真我"的表现。庄子进一步认为,俗人一辈子投生在世"与物相刃相靡",一辈子忙来忙去究竟为的是什么呢?人生的道路究竟在哪里呢?庄子向自己也向他人提出了这一值得人生思考的深沉话题。对此,庄子认为应完全打破一个俗气的价值标准,个体生命应彻彻底底地从凡世超越出来,进入一个全新的价值体系中。

庄子认为应将是否与"道"合一作为衡量一切的标准。庄子摒弃儒家所谓的"仁义",要求复归于"人性之自然",把"自然"看成仁义的对立面。他认为一切自然的东西,都是美好的,破坏自然之美简直是莫大的罪过。"是故凫胫虽短,续之则忧;鹤胫虽长,断之则悲。故性长非所断,性短非所续,无所去忧也。意仁义其非人情乎!彼仁人何其多忧也!"①在庄子看来,仁义违背了人性之自然,不符合"道"的属性,这不能不说是人类的悲剧。有意思的是两千多年后,尼采也说了一句意味颇深的话:"各种伦理系统,从来都是违反自然而蠢到了极点。"②违背本性去从属于所谓的仁义是愚蠢至极的事。因此,进入审美化的境域——"道"境,实际上就进入了一个无限大的时空系统中。而这个无穷的时空系统正是庄子所主张的人生审美化后的美妙世界。《齐物论》中有一句话:"天下莫大于秋毫之末,而大山为小;莫寿于殇子,而彭祖为夭。"庄子由此认为万事万物都可以说是大也可以说是小。庄子认为:"以差观之,因其所大而大之,则万物莫不大;因其所小而小之,则万物莫不小。"③其实所谓的"大小寿夭"都是在有限的时空中来看,如果从无穷的时空来看,这些所谓的差别也就不存在了。最后庄子喊出了一句惊世骇俗的话:"天地与我并生,万物与我为一。"庄子一反传统,将人同天与地并列起来,天

---

① 《庄子·骈拇》。
② 皮朝纲:《中国传统美学的生命智慧》,《西南民族学院学报》,1998年3期。
③ 《庄子·秋水》。

不再是高高在上的,人们顶礼膜拜的对象,天被拉回到现世中来,同人没有差别,是同一的。

第五节 审美化的生死观

先秦道家思想,其虚玄的道论落实到现实人生层面,自然孕育出高情远致、透脱豁达的人生美学,而人生美学最重要的内容之一就是如何看待生与死。

一、重生而不贪生

人猿分别,人就有了属于人这一类存在物的形貌,然而在现代人看来,形貌并不是人与物相分的标志。人有理智、有语言、善劳动。人同动物一样都源启于一粒古老的细胞,都同属于地球上的动物。因此,人有什么资格将自己上升为万物之灵呢?庄子就十分反对将人独立出来同动物比较个谁优谁劣。《庄子·秋水》认为:

> 吾在于天地之间,犹小石小木之在大山也。方存乎见少,又奚以自多!计四海之在天地之间也,不似礨空之在大泽乎?计中国之在海内,不似稊米之在大仓乎?号物之数谓之万,人处一焉;人卒九州,谷食之所生,舟车之所通,人处一焉;此其比万物也,不似毫末之在于马体乎?五帝之所连,三王之所争,仁人之所忧,任士之所劳,尽此矣!

前文论述过,庄子美学是一种人生美学,是一种重视生命,尊重生命的美学,那么,为什么庄子在《秋水》中反而认为"人"是不必过分重视的?因为在庄子看来,人和万物相比,不过是马身上的一根毫毛而已。庄子在这里试图用"道"的思想来消解世俗世界中所谓的"人",其目的是从另一个角度来重视生命,珍惜生命。正如前文所说,各种是非观念源于生存空间的渺小,宏大的生存空间又正是庄子为个体生命寻求的审美化终极境界,而谈到人的终极问题,就不能不面对一个永恒的但又是不可避免的问题——死亡。庄子清楚地看到,如何看待"死",关系到是否能进入一种审美化生存境域。因为"今世殊死者相枕也,桁杨者相推也,刑戮者相望也"①。《庄子·胠箧》中也记载:"龙逢斩,比干剖,苌弘胣,子胥靡。"庄子看到的"死"的现象实在是太普遍了。

包括庄子在内的先秦道家哲人都十分重视生命的存在。老子强调"见素抱朴""知足""知止",主张损滋味、禁声色、廉货财、薄名利,力图长生久视,反对"益生""多藏""厚爱"等思想,特别是在"名与身孰亲,身与货孰多,得与亡孰病"②等比较中明显重视生命的存在。庄子就更是重视生命的存在,他主张"支离其形","以养其身,终其天年"③,反对"以人灭天""以得殉名"④,反对"丧己于物""失性于俗"⑤"心为物役",主张"保真""忘形""虚己游世"⑥等,主张生命的自由自在,主张以一种审美化的生存方式保全其性命。但是庄子并不祈求长生不死,并不刻心刻意贪求生命的存在。他是先秦时期第一个敢于面对死亡的人。

庄子为何如此看重人的死亡问题呢?对此,有学者指出:"中国传统美学作为一种人生美学,最为关注的是人的生存意义、价值及理想境界的追寻等问题。而人生诸重要问题之中,最为首要的,于人最为关切、最有切肤之痛的,乃在于人的生死问题。"⑦换言之,生死问题是人生问题中极为重要的问题。如果不能很好地解决这一问题,那么人生问题就不能得到彻底解决。

如果就"生"与"死"两个汉字从词源上来考察,对我们更深入地理解庄子的"生死"观也许会大有益处。许慎《说文解字》说:"死,澌也。人所离也。"段玉裁注云:"《方言》'澌,索也,尽也。'是澌为凡尽之称。人尽曰死。形体与魂魄相离。"⑧罗振玉认为"死"是:"象人跽形,生人拜于朽骨之旁,死亡谊昭然矣。"⑨而金文中常见的吉语就是"眉寿无疆",表达了其渴望长寿的愿望。看来,人类大概是世界上唯一能够清楚地知道自己终将一死的生命存在。萨特就曾指出:"伴随着前额进化而产生的预知术的最原始结论之一就是意识到死亡。"⑩人类正是意识到了自己终将难逃一死,所以对"死"表现出了格外的兴趣。哲人们对于死的推

---

① 《庄子·在宥》。
② 《老子》四十四章。
③ 《人间世》。
④ 《秋水》。
⑤ 《缮性》。
⑥ 《山木》。
⑦ 段玉裁:《说文解字注》,上海古籍出版社1981年版,第164页。
⑧ 罗振玉:《增订殷虚书契考释》,艺文印书馆1934年版,第73页。
⑨ 卡尔·萨根:《伊甸园的飞龙》中译本,河北人民出版社1980年版,第63页。
⑩ 海德格尔:《存在与时间》,三联书店1987年版,第315页。

论,断定死或为无,或为未知的有,大抵是一种不知为不知的理智态度。

孔子的"未知生,焉知死"说是最为著名的。孔子认为首先应很好地知生才能"知死"。孔子将人的一生以"死"作为界限,他一生都在研究"生"的事。认为只有将"生"透析清楚,也就对了。可以说,究其实质而言,孔子是将"死"悬置起来不予谈论的。老子说:"人之生也柔弱,其死也坚强,草木之生也柔脆,其死也枯槁。故坚强者死之徒,柔弱者生之徒。"①老子强调柔弱兼下,让人像婴儿赤子。或许老子从"人必死"之中看到了点什么,看来老子是比较重视人的死亡问题的。老子说"谷神不死"②表明得"道"的圣人就像谷神一样能长生久视。老子说的这段话表现出其超越死亡的欲望。但死亡并没有真正进入老子的视野,因此人的存在、为什么存在、存在的价值和意义等问题并没有成为老子要关心的内容。老子说:"盖闻善摄生者,陆行不遇兕虎,入军不被甲兵;兕无所投其角,虎无所用其爪,兵无所容其刃。夫何故:以其无死地。"③老子所重视的是圣人的生死问题,在他看来圣人只有生而且永恒,圣人是没有死的。普通百姓的生死在老子看来又是另一回事,他认为百姓同物一样无所谓生也无所谓死,对他们来说没有死亡,所以也没有生。老子同孔子一样同样回避了死亡问题。孔子是拒绝回答死亡问题,而老子是因为圣人不死,所以对死的问题漠然视之。而庄子却恰恰相反,庄子十分重视人的"死"的问题。他认为人是必然要死亡的,死亡是人不可逃脱的命运。他说:"人生天地之间,若白驹之过郤,忽然而已。注然勃然,莫不出焉,油然漻然,莫不入焉。已化而生,又化而死,生物哀之,人类悲之。"④又说:"生死存亡,穷达贫富,贤与不肖毁誉,饥渴寒暑,是事之变,命之行也;日夜相代乎前,而知不能规乎其始者也。"⑤又说:"一受其成形,不化以待尽。与物相刃相靡,其行尽如驰,而莫之能止,不亦悲乎!终身役役而不见其成功,苶然疲役而不知其所归,可不哀邪!人谓之不死,奚益!其形化,其心与之然,可不谓大哀乎。"⑥

庄子面对人生之大限——"死"的必然到来,感到满腔悲哀,但庄子不是悲观主义者,而是在对死亡的喟叹中表现出了对生命的积极肯定,即要摆脱世俗观念对死亡的恐惧从而达到超越生死界限的目的。庄子更反对"杀身成仁(孔子)"

---

① 《老子》七十六章。
② 《老子》六章。
③ 《老子》五十章。
④ 《庄子·知北游》。
⑤ 《庄子·德充符》。
⑥ 《庄子·齐物论》。

"舍身取义(孟子)"的做法,这种用生命换取仁义道德的做法庄子极为鄙视。

存在主义大师海德格尔认为:"人们只有充分领会到死亡的威胁和必然,才能意识到自我的独一无二的不可忽视的价值,才能对向着自己的死延伸过去的那些可能性进行自由的选择,以此来确定人生的价值和意义。"①

庄子正是充分认识到生死存亡,这是与生俱来的而人类又不能左右的事情,这就正如春夏秋冬的轮换一样是不可抗拒的。同时,庄子也认识到绝大部分人都是"人之生也,与忧俱生"②。就是说庄子已经认识到,世间俗人往往将"忧与死亡"看作是一起的,因此人必须面对而且必须要解决好这个问题。庄子认为只有将人的最后一站"死"解决好之后,才能真正树立一个超乎寻常的价值标准,才能实现人的价值和意义,才能进入审美化的栖居之所在。庄子知道,"死是对一切话语的否定",但庄子也深知死绝不是没有意义的空无,死是生命的一端,是其重要的组成部分,没有这一端和这一部分,生命就是不完整的,是残缺有损的,就不是真正意义上的生命,既然是不完整的生命,其实也就没有生命的意义和价值。

在庄子看来,人是自然的一部分,生与死同属于自然本体。死是生之回归,故无需也没有理由比试谁更优先。不仅庄子人生美学思想如此认为,就整个中国古代的美学思想来看,也无意强调生死对立关系,因此生命与其反面(即死)不是一种对立的关系。《庄子·大宗师》曰:"夫大块载我以形,劳我以生,佚我以老,息我以死。故善吾生者,乃所以善死也。……'孰知生死存亡之一体者,吾与之友矣。'""古之真人,不知说生,不知悲死。"《庄子·知北游》中又说:"天与人不相胜也。""已而化生,又化而死,生物哀之,人类悲之。""魂魄将往,乃身从之,乃大归乎。"

庄子将生死看作是同一,将生与死看作是前生命与后生命的统一过程,而这一过程,又是"道"的外化。换言之,生与死其实体现的都是"道",所以《庄子·在宥》认为"乃入于寥天一""同于大通""吾与日月参光,吾与天地为常。当我,缗乎!远我,昏乎!人其尽死,而我独存乎!"《庄子·大宗师》认为:"朝彻而后能见独,见独而后能无古今,无古今而后能入于不死不生。"从以上两段话中,也可见庄子将"生"与"死"合二为一,这个"一"就是"道"。

正是由于清醒地认识到"死"的问题对于生命的重要、对于人生意义和价值获得的重要,因此庄子十分重视"死"的问题。如何看待"死"又直接决定着人生是

---

① 徐复观:《中国人性论史》,第十二章《庄子的心》,华东师范大学出版社2005年版,第389页。
② 《庄子·至乐》。

否能够审美化,是否能够进入精神的家园。

二、生死同道

前文已论述过,进入"道"域是生命得以审美化的主要内容。庄子认识到"死"对生命得以审美化的重要性,所以庄子重生而不贪生,而是主动地来认识"死"。庄子认为,"生与死"从其本源上讲都是同一的,都同于"道"。为此,庄子从三个层次将"死"一步步推向了他的审美理想中:"死"也是"道"的体现,"死"也同样是生命的重要组成部分。这三个层次是:生死自然论、生死同道论、生死超然论。

首先看一看生死自然论。

"道法自然"是生死自然论的理论基础。生死现象是生命物通常如此、自己如此、势当如此的变化,是生命物的自生自化,是大自然(自然界)万千变化之一种,人的生死存亡就如同飘风下雨一样,是一种自然的现象。庄子认为:

> 死生,命也,其有夜旦之常,天也;人之所不得与,皆物之情也。①
>
> 人之生,气之聚也;聚则为生,散则为死。……故曰通天下一气耳,圣人故贵一。②
>
> 北海若曰:"比形于天地,而受气于阴阳。"③

人的生死如夜旦之常,是人不得干预也不能够干预的自然事实。人和自然万物的最根本之处就在于都是阴阳二气所致,人的生命由产生到灭亡都是气之变,气变而有形(聚气),形变而有生命,气散则生命消亡。人的生死如此,自然万物的生灭变化也如此,天地万物通于一气。

再来看一看庄子的生死同道论。庄子认为:

> 既而有生,生俄而死,以无有为首,以生为体,以死为尻,孰知有无死生之一守者,吾与之为友。④

---

① 《庄子·大宗师》。
② 《庄子·知北游》。
③ 《庄子·秋水》。
④ 《庄子·庚桑楚》。

孰能以无为首,以生为脊,以死为尻。孰知死生存亡之一体者,吾与之友矣。①

老聃曰:"胡不直使彼以死生为一条,以可不可为一贯者,解其桎梏,其可乎?"②

庄子认为生死从本质上讲是同一的、同为"道"的体现。如果说还有区别,也仅在于首尾上下而已。"以生死为一条"就不必区分生与死。不仅如此,生与死还是同"道"的。在庄子看来,"方生方死,方死方生……因非因是""道通为一"③。如果以"道"观之,"生"并不那么可喜、可悦,而"死"也并不那么可惧、可恶,"死"不过是新"生"。

庄子将"死"平等地同"生"相待,其真实目的在于超越死亡,因为凡人都谈"死"而后怕,总是认为死亡之后,人一无所获,死亡是对生的彻底否定。庄子充分认识到,正是由于这种将"生"与"死"对立起来的态度,人生才无法进入到审美的境界。所以他说:

是其始死也,我独何能无概然!察其始而本无生,非徒无生也而本无形,非徒无形也而本无气。杂乎芒芴之间,变而有气,气变而有形,形变而有生,今又变而之死,是相与为春秋冬夏四时行也。人且偃然寝于巨室,而我噭噭然随而哭之,自以为不通乎命,故止也。④

至人神矣!大泽焚而不能热,河汉冱而不能寒,疾雷破山而不能伤,飘风振海而不能惊。若然者,乘云气,骑日月,而游乎四海之外,死生无变于己,而况利害之端乎。⑤

古之真人,不逆寡,不雄成,不谟士。……古之真人,不知说生,不知恶死。其出不䜣,其入不距,翛然而往,翛然而来而已矣。不忘其所始,不求其所终。受而喜之,忘而复之。是之谓不以心损道,不以人助天,是之谓真人。⑥

藐姑射之山,有神人居焉。肌肤若冰雪,绰约若处子;不食五谷,吸风饮

---

① 《庄子·大宗师》。
② 《庄子·德充符》。
③ 《齐物论》。
④ 《庄子·至乐》。
⑤ 《庄子·齐物论》。
⑥ 《庄子·大宗师》。

露;乘云气,御飞龙,而游乎四海之外;其神凝,使物不疵疠而年谷熟。①

在庄子看来,只要人们能明乎生死乃自然物化,"生而不悦,死而不祸""堕肢体,黜聪明,离形去知,同于大通""虚而待物""虚心集气"②"达生之情""不务生之所无以为"③,"弃事""遗生""安排去化",就可以揭蔽去执;就算是"明乎坦途";就能够达到"天地与我并生,万物与我为一",与至人同真,与神人同精,与天人同宗的超然境界。庄子超越生死,不仅在其学术理念中,他自己也身体力行。当死亡降临时,表现出了审美化的超然。庄子妻子死了,时人表现了不同的情绪。足见人们实在是太担心"死"了。但就庄子自己而言,他清楚地认识到这一切都是人们没能正确认识"死"所至。他在《至乐》中认为:"夫天下之所尊者,富贵寿善也;所乐者,身安、厚味、美服、好色、音声也;所下者,贫贱、夭恶也;所苦者,身不得安逸,口不得厚味,目不得好色,耳不得音声,若不得者,则大忧以惧,其为形也,亦愚哉!"

众生正是由于太执著生,在生中求富求贵、求美服、求好色、求名求利,然而这一切带给人的非但不是幸福和快乐,反而是痛苦,是一种忧思忧虑。这样的人生是没有意义的,是没有找到生命的价值和真谛。所以一旦"死"降临时就表现出太多的恐惧和对人生的依恋。这样的人失去了自我,迷失了"真我"。这类人就如同做梦之人,没有苏醒过来,在梦中所见一切都是不真实的,当然就无法找到"自我"。庄子认为:"梦饮酒者,旦而哭泣;梦哭泣者,旦而田猎。方其梦也,不知其梦也。梦之中又占其梦焉,觉而后知其梦也。且有大觉而后知此其大梦也,而愚者自以为觉,窃窃然知之。君乎,牧乎,固哉!"④庄子之意思是人在沉睡中执着追逐一些身外之物,而睡梦人却不知这些"物象"是虚幻的,所以就不遗余力地去追求。当醒来时才发觉一切都是虚幻的现象。正是由于看到了这点,庄子对待"死"的态度是一种坦然而热情的态度。他在《庄子·至乐》篇中认为:"死,无君于上,无臣于下;亦无四时之事,纵然以天地为春秋,虽南面王乐,不能过也。"庄子真正要解决的问题是说人在死亡面前是平等的,大可不必对"死"产生恐惧和不安的心情。也只有如此,众生才可能获得生命的意义和价值,才能成为"圣人""至人""真人"。还需指出的是,在对死的揭示中,庄子认为只有人才能够知其必死所以才能

---

① 《庄子·逍遥游》。
② 《庄子·人世间》。
③ 《达生》。
④ 《庄子·齐物论》。

够调整心态赴死,因此其当下的生命存在就不会因有"死"的恐惧而感到没有意义和价值。换言之,庄子竭尽所能歌颂"死"其实是对"生"进行歌颂。这就恰如里尔克所说,庄子对死的看法是"哀歌"中的天使。

庄子从"生死"入手追问人生的意义和价值,认为"生"与"死"同"道",将人生的最为首要的,于人最为关切的、最有切肤之痛的问题——"生死"问题进行审美化的思考,从而将个体生命引入其所寻求的精神家园。

第六节 审美化的生存方式

前文已经论述过,庄子美学是一门十分重视个体生命的美学。庄子的美学思想是"人"的美学思想,就是说庄子的美学思想将"人"作为其关注的出发点和归宿点。"在道家学派中,庄子比任何人都更集中、更突出地关注了人生问题。"[1]而人生总得要选择一种生活方式来面对现实,这种选择又直接关系到能否与"道"同一,能否找到生命的意义和价值,能否进入"道"境中。

庄子的生活环境十分惨烈。频繁的战乱和暴虐的统治使民生如草芥:在那样一个动乱的时代,人人都处在一种险象环生的世界中,朝不保夕,人人自危。一个人的性命都无法保全,怎么能够大谈"仁义礼智"、大谈"儒、墨"之道呢?面对这一现实问题,如何才能免于"中于机辟,死于网罟"?这就成为他忧虑人生的又一个重要问题。

应该说,庄子人生美学思想就是试图为个体生命寻求一种合乎"道"的生存方式,而这种生存方式又直接决定着人生是否能够走向审美化。庄子为此煞费苦心,从人性的本原上论证了人应以"自然和逍遥"作为一生的生存方式。

一、自然无为

人来自自然,靠自然之物哺养而成(比如水、空气、食物等)且常常自称是万物之灵,将人同他物区分开来,似乎只有这样才能体现人的重要性,才能找到人之为人的根基。殊不知正是由于人将自己同自然同世界绝对地区别开来,人类才出现了许多困惑与忧愁,人类这种自视高高在上的虚荣之心,使得"自我"丧失殆尽。庄子深刻地认识到,正是人类将自己同最珍贵、最亲切的东西进行了分离,人类才

---

[1] 徐梵澄:《老子臆解》,中华书局1988年版,第73页。

陷入了无限的痛苦。因此,庄子十分重视将人复归到自然中去。换言之,庄子力图让人回归到一种境域中去,这种境域就是一种自然的境域。这种境域包含了天、地、人,还有凡夫俗子无法用肉眼所见之"道"。而"道"又正是以庄子为代表的道家哲人毕生追求的。庄子就是要在这种自然秩序和人类秩序的统一中去寻"道"、求"道"。道家认为,自然秩序和人类社会秩序是一体化的,由天地万物构成的自然秩序载负着并彰显着整个宇宙(包括自然世界和人类社会)生命的最高的范畴"道"。而这个"道"就成为人取法和依从的根据。人只有依从"道",与"道"合一,才会发现人生的意义和价值,正是对人有这样一种总体的和谐要求,所以包括庄子美学在内的中国美学将"和谐"作为自己美学思想的基本特征。儒、道、墨事实上都认为自然秩序和人类秩序都是一体的且相互作用的。而以庄子为代表的道家哲人又将这一体化中的自然秩序作为自己理论的中心内容。

  大千世界,宇宙万物的生命都源于"道"并显现着"道"。也即是说"道"统摄天、地、人。所谓"人法地,地法天,天法道,道法自然","天、地、人"都确定在"自然"之下。换言之,正是在"自然"门下,道、天、地、人构成了一个有机整体。庄子在《庄子·德充符》中说:"常因自然而不益生。"在《庄子·应帝王》中又说:"顺物自然而无容私。"可以说,这正是对"道法自然"的宗旨做进一步揭示。由此也可以看出,庄子十分强调"自然"对实现生命意义和价值的重要性。如果不能很好地理解"自然"的真实含义,也就无法理解庄子人生美学的思想意义。因此,区分庄子"自然"含义特别重要。究竟"自然"一词在古汉语中是什么意思呢?庄子讲的"自然"又有何美学意义呢?

  "自然"一词,在现代汉语中有"自然而然、当然"和"自然物、自然"等两种基本含义。然而在古汉语中"自然"一词从没有被用以指自然物或客观存在的自然界。如果的确需要眼前自然物或眼前之物,古人使用的词汇也绝不是"自然"一词,而是用诸如天地、山水、风景、江山、山川、万物、造化等词来表达,或是用一些诗性语言直接或间接描写自然物或自然现象,而不是用一种抽象的语言或词汇来表达一个哲理性范畴。实质上,古人常讲追求"返自然""妙造自然""肇于自然""自然英旨",其本意是说人应回到、达到或追求不假人为或不受社会约束的一种心灵境界或者是艺术境界(审美境界)。庄子讲"自然"不是要求人们到山林之中与大自然(自然物、自然界)融为一体,而是从人的心境方面来讲的即"虽在庙堂之上,然其心无异于山林之中"[1]。中唐之后庙堂与山林同体的思想大为流行,就是

---

[1] 《庄子注·逍遥游》。

明证。因此,包括《庄子》在内的古典文献其"自然"一词,绝不可能理解为"自然物"和"自然界"。

庄子人生美学思想中的"自然",是对"道"这一范畴的诠释。庄子美学理论主要靠"道"、天、地、人四重支柱,建构成一个大理论。"自然"是庄子美学的重要范畴,但并不是说"自然"一词在庄子思想中是一个独立范畴。可以这样讲"自然"范畴是作为"道"、天、地、人四重结构共同特性的一个范畴,是贯穿这四种结构的中心轴线,是庄子人生美学的核心意蕴。

春秋末期,传统的宗法制度行将崩溃,建立在这种宗法制度基础上的神学理论当然是为了维护它的统治,一旦其理论基础崩溃,这种理论也就失去了存在理由。这时期"天下大乱,贤圣不明,道德不一",人们迫切需要找到自己行事的依据和法则,这也正是春秋时期"百家争鸣"思想大解放的社会历史原因。正如《庄子·天下》篇所指出的:"天下之人各为其所欲焉以自为方。"所以道家鼻祖老子不失时机地提出人应取法天地,"唯道是从",以"道"作为依据,以"自然"作为最高法则。"道法自然"的言外之意是说"道"不为外物所左右,"道"独立自成而化生天地万物,在化生万物过程中自然而然地彰显"道"自身,在彰显的过程中,"道"不可见,不可闻,不可说,不受任何"名象"束缚。天、地、人都以"道"为运行中心点,但这个过程却是自然的。当老子讲"人法地,地法天,天法道,道法自然"时,其真实含义正如徐梵澄所说:"实际相对者,人与自然而已。而人也、地也、天也、道也、皆自然也。"①人同自然的关系实际上就是说人应以"自然"作为安身行事的法则,而且只有将"自然"作为人安身行事的法则,人才能真正地体会"道"的始源性意义,从而不使人生偏离正确的人生目的和意义。需要特别说明的是,当老子在说"道法自然"时,并不是说"道"之上还有个"自然",而是说"道之所以大,以其自然"②,也可以说"道不违自然,乃得其性"③。这也正如张岱年所言:"所谓自然,皆系自己如尔之意……道之法,是其自己如此。"④

庄子生活的时代,其时代主题依然是"平治天下",用我们今天的话来说即如何使天下太平。庄子之学当然也不例外。用司马迁的话来说即"庄子者,其学无所不窥,然其要本归于老子之言"⑤。如何理解司马迁这句话呢?其"要本归于老

---

① 徐梵澄:《老子臆解》,中华书局1988年版,第73页。
② 董思靖《道德真经集解》二十五章。
③ 王弼《老子注·二十五章》。
④ 张岱年:《中国哲学大纲》,中国社会科学出版社1982年版,第165页。
⑤ 《史记·老子韩非列传》。

子之言"一方面是说庄子人生美学思想理论体系的逻辑起点,另一方面是说,两者都是为了解决某一方面或某一个问题,"务为治者也"。但庄子毕竟是庄子,其理论强调的重心还是有所不同的。庄子认为"道之真以治身,其绪馀为国家,其土苴以治天下"①。可见庄子十分强调治身的重要性,这同儒家一贯强调的治国平天下是截然不同的理念。庄子"道之真以治身"究竟如何治身呢?应该说"自然与逍遥"是其穷尽毕生追求的理想生活方式。为什么"自然与逍遥"成了庄子的首选呢?其实只要考察一下庄子的哲学体系也就不难发现其中的奥妙。"道"是庄子思想最基本的范畴,对"道"的渴求与合一也是庄子对个体生命赋予的最高追求境域。生命的所得与所归,是"道"的获得。而"道"本身是"自本自根",是任运自然生天地万物和人,同时又内在存于天地万物和人,所以老子说"道法自然",庄子论"道"也禀承了这一意思。王夫之在《庄子解·天运》中认为:"自然者,本无故而然。"其意思是说"道"无所依待,故"自然"。天亦是自然。据今人王叔岷所辑《庄子》佚名,原《庄子》五十二篇中本来就有"天即自然"的说法②,认为"道""天"即"自然",那么人是由"道"所生,本亦"自然"。成玄英在解释"道与之貌,天与之形,恶得不谓之人"一句又说"道与自然,互其文耳,欲显明斯义,故重言之也"③。可见人之形貌,得之"自然",而"道"内在于人,为人之天,故"自然"才是人之本然。既然人本然"自然"故应"顺物自然而无容私""常因自然而不益生"④。所以用庄子的话来说,"自然"同包括人在内的天地万物宇宙世界是"冥本契宗"⑤。"自然"是人应该生存的方式,因为"自然"是人的内在本性,是人同天地万物一体而"冥本契宗"⑥。"自然"是人同于"道",进入审美化生存境界的生存方式。那么,人怎样才能够"自然"地生存下去呢?庄子认为,既然人生存的方式是"自然"的生存方式,就应做到"无为"。"无为"不是我们平常所说的"无所事事""无所作为",而是说要"有所作为",但这种"作为"就是无造作、无计度、无情无思,要合于"道"而与天为"徒",要得"至美"而游乎"至乐"。

至乐活身,唯无为几存。请尝试言之,天无为以之清,地无为以之宁,故

① 《庄子·让王》。
② 《庄子校释·附录》。
③ 《庄子疏·德充符》。
④ 《庄子疏·德充符》。
⑤ 《庄子疏·天下》。
⑥ 《庄子疏·天下》。

两无为相合,万物皆化生。芒乎芴乎,而无从出乎!芴乎芒乎,而无有象乎!万物职职,皆以无为殖。故曰天地无为也而无不为也,人也孰能得无为哉?①

由此可见,庄子十分推崇"无为",他是通过"无为而无不为"来说明的。庄子是从一种更高层次上来讲的。那么"无为"之后会是怎样一种境域呢?是一种"至乐"的境域。"至乐"又是一种怎样的境域呢?它是一种超越了生存的终极境域,是一种摆脱了现实苦难和制约及束缚的逍遥境域。在庄子眼中,"无为"是"为"的一种特殊方式,是一种理想的审美化生存方式,是一种理想的生活追求及态度。所以庄子在《庄子·知北游》中说:"天地有大美而不言,四时有明法而不议,万物有成理而不说,圣人者,原天地之美而达万物之理。是故至人无为,大圣不作,观于天地之谓也。"庄子将"圣人"同"无为""不作"并举,就是认为人应"无为"才会"自然"地生活下去。这里有必要指出的是,庄子所主张的"自然"生存态度是一种不需要超越尘世,也不需要出世出家的态度。换言之,绝不能将庄子所追托的"自然"与"逍遥"说成是消极避世的一种无能为力的表现。庄子一生鄙薄富贵,也有机会做官,但他始终过着清贫的生活,也没有出家。庄子的意思是说人要找到人之为人的根本,人的活法必须回到人的本性那里去。就是要记住人之为人而"与无为徒"。《庄子·达生》中认为:"忘足,履之适也;忘要,带之适也;知忘是非,心之适也;不内变不外从,事会之适也。始乎适而未尝不适者,忘适之适也。"庄子十分注重人在"自然"状态中生存时要使用的手段"忘",人只有无"心"于一切,"忘"掉一切,自然就能与天地万物相通从而合于"道",人本来同天地万物是没有差别的,与"道"无离的,人之所以后来有万般痛苦与忧愁,那是因为人有了另外的想法,有了妄心、分别心。人无法找到人之为人的根本,也自然失去了人的本性和自我,人也就难逃现实人生的苦难。同时,"自然"的应然生存方式也是庄子极力推崇的经时治世之"道"。庄子在《庄子·缮性》中认为:"古之人,在混芒之中,与一世而得淡漠焉。当是时也,阴阳和静,鬼神不忧,四时得节,万物不伤,群生不夭,人虽有知,无所用之,此之谓至一。当是时也,莫之为而常自然。"

庄子是十分推崇古之人的。为什么呢?人在"混芒"之中,人与物没有相分相别,无心执着于物也无心执着于己。"莫之为常自然",要"自然"就得"无为",就是不要刻心刻意有所作为。唯有如此,人生也就进入了审美化的人生。

---

① 《庄子·至乐》。

二、逍遥自在

前文已论述过,道家美学十分强调人的价值和意义,高扬个体生命的风帆,努力追求一种自然超越的境界——"道"域。庄子更是主张把个体生命的自然存在和精神自由置于一切外在的附加物之上,走出人生的困境,挣脱"物役"的束缚,追求蓬勃超迈的个性解放和自由人生。庄子人生美学的核心问题是关注人的问题,就是要努力超越生存的境况和现实的苦难,其实现的根本途径是"自然"与"逍遥"。"自然"与"逍遥"又是庄子所主张的人生审美化后的生存方式。

庄子在其著作的第一篇中就开宗明义地提出了他的"逍遥游"的审美境域,可见庄子十分重视人生审美化的生存方式——"逍遥"。进入"逍遥游"的审美境域,让生命感受到一种"至美至乐"的审美愉快,一种自由自在、优哉游哉的超乎功利和物欲的大快乐。庄子的理想人生很富于超越的意蕴。他的理想人格是"至人无己、神人无功、圣人无别"①。所谓理想的"至人""真人"不仅是纯自然的,抛弃了任何私欲俗识、虚假道德的,而且是自由的、自在的、逍遥自得的。庄子用是否实现无任何负累的自由("逍遥")来划分人生的境界。在庄子看来,只有"乘天地之正,而御六气之辩,以游无穷"②的"恶乎待"(无待)者才是真正自由的,因而也是最高的人生境域,也应成为人生所追求的生存方式。

庄子深刻地认识到了生命要进入审美化境域的生存方式是"自然"和"逍遥",这是基于生命的本源"道"的特性而必然选择的方式。庄子力图消解、调和人和自然、人和社会、人与人之间的矛盾冲突,在个体精神追求和探索中成就自我和人生。庄子探索人生的自我价值,强调审美在人生中的重要作用,通过体道、悟道、达道,完成对生命的困境和现实的超越,本质上是审美的超越。实质上,庄子提出的超越之路就是将人生审美化,要求个体生命将自然和"逍遥"作为生命存在的方式。

庄子认为,要想以一种审美逍遥的方式生存于世,首先要"忘"。在《庄子》一书中,"忘"的出现次数据不完全统计,达80余处。可见,"忘"在庄子人生美学思想中的重要性。庄子明确区分了两种根本性质不同的"忘"。第一种是世俗之人的"忘"。庄子认为:"人不忘其所忘,而忘其不所忘,此谓诚忘。"③换言之,人们如

---

① 《庄子·逍遥游》。
② 《庄子·逍遥游》。
③ 《庄子·德充符》。

果不遗忘应当遗忘的,而遗忘所不应当遗忘的,就是真正的遗忘,这是一种对于"存在的遗忘"(海德格尔语)。这种世俗之人所说的"忘",庄子是反对的。因为,这种"忘"是对人生真谛的忘,这种人必然"施于人而不忘"①,"不忘天下"②,"闻人之过,终身不忘"③,这种念念不忘种种在者而遗忘存在,正是庄子所说的"皆遗忘不知寒"④。

庄子认为,世间迷于种种存在者而忘掉了其本真的存形式。这样的生命存在形式不是一种审美的存在形式。庄子认为所谓"忘"应该是一种能够有助于抵达人生理想境界的"忘",即他提出的第二种"忘"。庄子曰:"忘年忘义,振于无竟,故寓诸无竟。"⑤对此,郭象注云:"忘年故玄同生死,忘义故弥贯是非。"成玄英也疏云:"夫年者,生生所禀也,既同于生死所以忘年也,义者裁于是非也,即一于是非,所以忘义也。"忘年也就忘记了时间,而时间问题与存在问题以及人生意义问题又是紧密相联的。忘记了时间,也就意味着超越生死。忘记了世间的是是非非,也就超越了现实的有限性。因此,"忘年忘义"之人也就能够游于无的境界,而无的境界也即"道"的境界。

在庄子看来,只有"忘年忘义",才能达到"自适"的境界,即才能够真正"逍遥自在"。《庄子·大宗师》云:"是役人之役,适人人适,而不自适其适者也。"所谓"自适",本文认为也即今天讲的"自由自在"。庄子认为,要想进入审美的"道"境,就要反对"适人之适而不自适其适"⑥。在《庄子·达生》中,庄子指出:"忘足,履之适也;忘要,带之适也;知忘是非,心之适也;不内变不外从,事会之适也。始乎适而未尝不适者,忘适之适也。"庄子的"心之适"就是精神的逍遥与自在。

总之,求"道"得"道"是庄子人生美学思想的重要内容,寻求一个审美的精神栖居之所在是其终极追求。"自然"与"逍遥"是审美化人生的存在方式。"逍遥"的境界也就是一种"忘"的境域,就是要忘掉世俗之人所主张的"仁义礼智",甚至连"时间"都要忘掉,从而实现"逍遥"的审美生存方式。唯有如此,个体生命才能实现自我,找到自我,实现人生的审美化,进入"道"域之中。

---

① 《庄子·御寇》。
② 《庄子·天下》。
③ 《庄子·徐无鬼》。
④ 《庄子·盗跖》。
⑤ 《庄子·齐物论》。
⑥ 《庄子·骈姆》。

第三章

道教之人生美学思想

　　道教是中国土生土长的宗教,有自己的教义、神仙信仰、宗教仪式,还有着教团组织和一系列的科戒制度,几千年来它对中国人的价值观和生活方式产生了巨大影响。道教的思想来源主要有以下几个方面:古代民间的巫术和鬼神崇拜活动;战国至秦汉的神仙传说和方士方术;先秦诸子百家中的老庄哲学和秦汉之际盛行的黄老之学;儒学和阴阳五行学说;当然还有古代医学和体育方面的卫生知识。

　　回顾道教的整个发展历程,虽然它的历史渊源我们可以上溯到久远的时代,但它形成宗教实体却是在汉末,这和当时的社会历史状况密切相关。东汉末年社会动荡不安,儒家学说已经不能维持正常的社会秩序,许多人希望寻找到新的精神支柱,于是道家复起,佛教也逐渐地兴盛起来,这都对道教的诞生产生了刺激和推动作用。道教中的神仙方术受到了统治阶级和普通民众的欢迎,满足了大多数人追求长生不老、长寿的愿望,而且也为广大下层民众在乱世中找到新的社会归属。当时在汉中、巴蜀一代的五斗米道和北方的太平道都形成了一个相对安定的社会环境,在教内提倡互助、救济,保证了教民的基本生活,广大民众自然乐得信从。后经魏晋南北朝数百年的改造发展,道教的经典教义、修持方术、科戒仪式渐趋完备,新兴道派孳生繁衍,并得到了统治者进一步的承认和支持,已经成为了成熟的正统宗教。唐朝皇族与老子攀亲,自称李耳的后裔,政治上予以扶持,大力推行道教,这是道教的第二个发展时期。北宋真宗开始,后来的徽宗继续崇奉道教,用道教麻痹人民,陶醉自己,道教进一步成为了封建帝王用来深化自己专制统治的工具。自晚唐北宋以来,道教内部出现了一些新的变化,主要表现为兼容儒、佛、道三教思想,注重内丹修炼。明清两代,中国传统社会进入晚期,日趋腐朽没落,作为传统文化三大支柱的儒、释、道也陷入停滞僵化,这期间除了明代中叶道教受到过帝王的关注以外,统治者对道教已经越来越不感兴趣,再加上民间秘密宗教社团的兴起和西方基督教文化的传入,道教逐渐衰败。时至今日,道教已丧失了作为中国文化主流的地位,人们对于道教的理解已经变成了只是简单的神仙传说,斋醮符箓,养气练功,但是如同儒学和佛教一样,道教对中国人的精神生活和风俗民情所产生的影响却是不容忽视的。所以,我们研究道教,研究道教关于人生美学方面的内容有着重要的意义。

第一节 道教的人生境域

人从呱呱坠地开始,就走上了自己的人生之路,这是一条既漫长又短暂的道路。漫长是因为很少有人会对自己的生存状态感到满意,觉得老是处于烦恼与痛苦当中,欢乐和忧伤相比总是稍纵即逝的,痛苦接踵而至,这样的人生好像没有尽头。当有一天,死亡临近,我们回过头去,却发现所有的烦恼都只是一种甜蜜的负担,是它们赋予我们生命的意义,但这一切即将结束,这时我们忍不住唏嘘:人生是多么的美好而又短暂啊!这样的情况我们不断经历,慢慢地,人们学会了思考:思考痛苦,思考幸福,思考自己的人生,希望能从这无数的矛盾和悖论中解脱出来,超越有限的时空而获得一种永恒、无限的心灵自由。可以说,无论是谁,他是高高在上的当权者也好,他是通晓古今的学者也好,甚至那些最最普通不过的个体,他们最终的目的都是通过追求进而获得这样的一种人生境域。而我们的各种哲学思想也都在思索着同样的主题,期望为人们的"幸福生活"找到一条康庄大道,宗教思想也不例外。我们都知道宗教和哲学的关系是密切相联的,正如王治心在他的《中国宗教思想史大纲》一书中讲到的:"任何人都能把哲学与宗教分别出一条界线来,就是说'宗教是感情的,哲学是理智的'。但是我们假使研究到原始的时代,而他们俩不独是没有什么界线可分,简直是出于一个来源,而有母子的关系。后来,哲学虽然从宗教的母亲怀里宣告了自立,究竟还是有互相连贯的血统关系,在宗教思想中有属于哲学的问题,在哲学中也有宗教思想的质素。"[1]所以,宗教相较于哲学来说,是以更为亲近的面貌为人们提供一种信仰,消解人生当中大大小小的问题,从而进入最高的自由人生境域。道教作为一门宗教,同样有着这样的特点,它交给人们超越日常生活,在有限中实现无限的方法。

---

[1] 王治心:《中国宗教思想史大纲》,上海三联书店1988年版,第2页。

一、虚无空廓、清静无为的自然人生态度

顾名思义,道教即是"道"的教化或说教,在道教的很多经书中,对于"道"的阐说都是直接吸收道家哲学而来,在面对宇宙人生这一类本体论的问题时,道教也认为虚无空廓、清静无为的状态是宇宙的本原,是人生最自然不过的境域。如在《太平经》(又名《太平清领书》)卷一百二十至一百三十六中说:"天地之道,据精神自然而行。"再比如,道教以《道德经》为圣典,坚信一切修道养寿、出凡入圣的理论与方法,皆蕴涵于内。将哲学理论与人的心性修养结合起来,与修持结合起来。以哲理启迪修持、指引修持,亦即所谓智慧升玄。信道者能从圣典中得到启迪,深悟"清静无为",修养心性的玄妙。在道教那些纷繁复杂的醮祭仪式的背后,是对得道更深层次的理解:体道合道,悟玄而升玄,则既不必幻求肉体飞升,也不必苦炼丹砂;既不必去寻觅灵芝仙药,也不必去海上求仙。认为真一妙术,发自内心,寻求仙经,不必外求,内修心性,遣欲澄心。心安无为,神即无扰,常清常静、与真道会,是谓得道。这是求精神超脱,悟玄证道者的信念。

《太上老君内观经》说:"道者,有而无形,无而有情,变化不测,通神群生。在人之身则为神明,所谓心也。所以教人修道,则修心也。教人修心,则修道也。"认为心为一身之主,心神被染,蒙蔽渐深,流浪日久,遂与道隔,若净除心垢,开释神本,则与道冥合矣。《坐忘论》说:"不劳无为,则心自安,恬简日就,尘累日薄。迹弥远俗,心弥近道,至神至圣,孰不由此乎?"虔诚相信修道以《道德经》为圭臬,体道修性,可以悟玄证道的道教徒,属知识分子者较多。《老君清净心经》体现此派信仰最为显著,如说:"湛然常寂,寂无其寂,俱了无矣,欲安能生?欲既不生,心自静矣。心既自静,神即无扰。神既无扰,常清静矣。既常清静,及会其道。与真道会,名为得道。"也就是说,实现这样的人生境域即是得道,这也是为什么我们会在道教的日常修持中,看到很多清虚守一、坐忘主静修行方法的原因。

道教的"道"是从道家的"道"中一脉相承而来的。在道教中,作为教理枢要、最高信仰的道,是无名无形,无为而无不为,为造化天地万物的本始、本根,是天地万物存在的最终依据。在《太平经》中称道为"万物之元首,不可得名者",《老子想尔注》则说:"万物含道精",而唐初道士成玄英在《老子义疏》中写道:"夫道者何也?虚无之系,造化之根,神明之本,天地之源。其大无外,其微无内,浩渺无端,杳冥无对。至幽靡察而大明垂光,至静无心而品物有方。混漠无形,寂寥无声。万象以之生,五音以之成……今古不移,此之谓道者也。"这段话与《庄子·大宗师》对道的描述基本一致。从这些叙述中我们可以清楚地看到道家哲学和道教

的渊源。"道"这个概念是由以老庄为代表的先秦道家提出的,它是我国文化史上一个非常重要的概念,是我们民族对宇宙本源这个问题所给出的答案。

在很久以前,当人们仰望苍穹,俯视大地的时候,人们对于他们身旁的这个世界产生无数的疑问:宇宙万物包括我们人自己是从哪儿来的?日月星辰为什么悬挂在我们头上?春夏秋冬为什么会有规律的替换?……这些谜一样的问题困惑着人们,人们开始为这些谜寻找谜底。在人类的幼年时代,他们在被意大利哲学家维科称为"诗性智慧"的水平上思考着这些问题,人们凭借自己的热情和想象,对自然、社会、人类的各种现象做出了解答:宇宙是神创造的,风雨雷电是神的喜怒哀乐,日月星辰是大大小小的神;社会是神创造的,王的意志是神的意志,人世间的一切都是神作用的结果;神还创造出了两手两脚两眼两耳的男人和女人,于是,世上才有了人类。"人把自己的这些感情、欲望、经验'投射'到外部世界的巨大荧屏上,并赋予它一种放大了无数倍的'超人'力量,从而构筑了自己的理解体系,产生了他们对自然、社会、人类之谜的解释——神话的解释。"[1]渐渐地,人们从蒙昧时代中成长起来,在逐渐清晰起来的视野中,宇宙显出了他的本来面目。这个时期,被卡尔·雅斯贝斯称为人类文化的"轴心时代":"在公元前800年到公元前200年间所发生的精神过程,似乎建立了这样一个轴心。在这时候,我们今日生活中的人开始出现。让我们把这个时期称之为'轴心的时代'。"[2]在这段时间内,无论是古希腊的哲学家们,还是古印度的冥想者们都开始用理性对自然、社会、人类进行重新审视和沉思。在东方,也有一个古老的民族正以自己独特的思维方式思考着同样的问题。

当时,中国长江流域楚文化圈内的哲人老子正沉浸在玄微的冥想中,思索出了一种超越感觉、超越经验、超越具体事物的东西,用它来解释整个宇宙、社会、人类的起源与本质。这个东西既不是物质性的,也不是精神性的,"视之不见""听之不闻""搏之不得"[3],但又充塞在整个天地之间,它化生万物,孕育生灵,成了一切事物的内在核心,宇宙的内在支柱。"天得一以清,地得一以宁,神得一以灵,谷得一以盈,万物得一以生。"[4]于是,老子提出了这样一种宇宙起源图式:"天下万物

---

[1] 葛兆光:《道教与中国文化》,上海人民出版社1987年版,正文第24页。
[2] 卡尔·雅斯贝斯(Karl Jaspers,1883 – 1969):《智慧之路》转引自《现代西方史学流派文选》,上海人民出版社1982年版,第39页。
[3] 《老子》十四章。
[4] 《老子》三十九章。

生于有，有生于无。"①

他凭借自己天才的直觉，感到万事万物有一个共同的本原，但这个本原是什么呢？这个东西是"道"："有物混成，先天地生。寂兮寥兮，独立而不改，周行而不殆，可以为天地母。吾不知其名，故强字之曰道。"②因此，宇宙的起源是："道生一，一生二，二生三，三生万物。"③

而在老子之后的庄子，更是以驰骋瑰丽的笔触为我们描绘了一幅宇宙初始的图画。他说"先天地生者"的不是具体的物，而是抽象的"道"："夫道，有情有信，无为无形，可传而不可受，可得而不可见，自本自根。未有天地，自古以固存，神鬼神帝，生天生地。"④

同时，庄子进一步融合北方的阴阳学说和道生万物的宇宙起源图式，明确告诉人们，阴阳是普遍存在于宇宙间的，而"阴阳相照相盖相治"，便有了万物，人类也是这样衍生出来的。这种理论虽然缺乏科学的论据及符合逻辑的推理，但是它和自然界的草木枯荣、四季更替的现象以及男女结合繁衍子孙的情况是吻合的。因此，这种宇宙起源的图式就显得很圆满，征服了当时的多数人。道教对于这个"道"也是崇拜不已的。《太上老君说常清静经》说："大道无形，生育天地；大道无情，运行日月；大道无名，长养万物。"这可以说是道教在道家思想影响下相应产生的关于宇宙生成论的概括。

那么老庄提出的这个"道"是什么样的呢？对于这个问题，他们是用混沌说来解释的。大地上草木繁茂，山河纵横，百兽率舞，天空中日月辉映，星汉灿烂，任何一种具体的物质形态都不可能是它们的共同本原。因此应该有一种东西，这种东西"惟恍惟惚。惚兮恍兮，其中有象，恍兮惚兮，其中有精"⑤，它先于天地万物而生，是天地万物的根源，老庄在对宇宙生成的论述中，一致指出："宇宙在生成之前，以及生成与发展过程中，都是处于一个混沌的状态。"⑥"混沌这个概念，在老庄的著作中，有着两层明确的含意，一是指天地未开辟以前的元气状态，宇宙就是在混沌之中，自然生成；二是指混沌蒙昧之义，指远古时期，人类仍处于未开化的

---

① 《老子》四十章。
② 《老子》二十五章。
③ 《老子》四十二章。
④ 《庄子·大宗师》。
⑤ 《老子》二十一章。
⑥ 魏宗禹：《道家混沌说简析》，转引自李裕民主编《道教文化研究（第一辑）》，书目文献出版社1995年版，第4页。

状态。"①在这两者之中,老庄主要专注于前一方面。

在《老子》二十五章中写道:"有物混成,先天地生。"在这句话的后面,老子把这种物命名为"道","道"和混沌的关系显而易见,道在混沌中生成,道就是对混沌的反映和概括,混沌是道的物质形态。我们只要认识了这种混沌的形态,就能认识道的实质,也就是老子所说的"道纪"。道的物质运动主要表现为两种:"道生万物""有生于无"。老子在论述"道生万物"时有一个重要的观点,就是万物从混沌的气(或一)中分化而来,道或一与生即化是统一的,即道在混沌状态之时,是变与不变的统一。庄子虽然未对老子的"道生一,一生二,二生三,三生万物"做出具体的解释,但他说过"通天下一气耳",气是一种混沌状态,具有阴阳两种属性,并是其统一体,这是"物之初",也是"道之纪"。这种说法符合老子"道生万物"的混沌说。对于"有生于无",老子说:"反者,道之动;弱者,道之用。天下万物生于有,有生于无。"②在老子眼里,有无"两者同出,异名同谓"③,他用"恍惚"说明有生于无之"无",虽无而有,其中有象、有精、有信,没有具体的形象,而实有具体的内容。老子阐明,宇宙本原于浑然一体的气,是一种混沌的无形无象的客观存在,从中产生有形有象的天地万物。这种混沌状态,说它有,它是无形无象的浑然为一的气;说它无,它又是确实存在着的未名之物与无形之象。这里不仅将物质运动概括为有无统一的过程,而且含有物质连续的深刻蕴义,从而赋予了混沌说以有无的属性。庄子对于"有生于无"中的混沌说,也做过自己精辟的阐述:"有先天地生者物耶?物物者非物,物出不得先物也,犹其有物也。犹其有物也无已。"④"物物者非物"中,物是有,非物就是无,这句话实际上就是有生于无的意思。庄子说宇即空间的六合之中,宙即古往今来之时,都是有与无的统一,这是自然之道的关键。客观自然,出于自然的浑然一体中,其形态处于混沌中。庄子还用寓言的形式揭示了"浑沌"即"混沌"的意义:"南海之帝为儵,北海之帝为忽,中央之帝为浑沌。儵与忽时相与遇于浑沌之地,浑沌待之甚善。儵与忽谋浑沌之德,曰:'人皆有七窍,以视听食息,此独无有,尝试凿之。'日凿一窍,七日而浑沌死。"⑤这种混沌未分的状态是不能强行改变的。

---

① 魏宗禹:《道家混沌说简析》,转引自李裕民主编《道教文化研究(第一辑)》,书目文献出版社1995年版,第4页。
② 《老子》四十章。
③ 《老子帛书》。
④ 《庄子·知北游》。
⑤ 《庄子·应帝王》。

老庄尤其是老子的混沌说，其实都是为了说明以道为核心，以有无构成的宇宙，其形象是恍惚、朦胧与混沌的，其意境是深奥、幽邃与精妙的，认识这混沌中的宇宙和认识道是一致的。由于这个客体处于"玄之又玄"的境域，所以要求主观世界必须达到客体那样的意境，这样才有可能踏入"众妙之门"。对于我们每一个具体的人来说就是要使自己的心绪回归到那种原始的状态，在这个时候，自然界处于混沌的状态，人也处于混沌的状态，相处得十分和谐。"是时，万物顺应于混沌的自然，阴阳畅和而宁静，四时调和的运行，万物应运而生长，群生幸福的生活，没有有为，只有无为'而常自然'，由'无为而无不为'，达于完满的纯一的崇高境域。"①因此，老子提出了"道法自然"的观点，所谓的"道法自然"是为了说明道的本性，就是自由自在的存在与发展，是无为，而不是有为的强求。"为学日益，为道日损。损之又损，以至于无为。无为而无不为。取天下常以无事，及其有事，不足以取天下。"②以无为之道治事，将会是无不为的，因为有为之学、有为之举是日益远离道的，无为之学、无为之举是符合道的。基于此，老子认为，理想的治者，不仅要使自己与道同体，且化归天下人心，使天下人都回复到婴孩那样的浑朴、纯真，即可得无为而无不为，这就是老子"复归于朴"的思想。老子在其二十八章中，一连用了三个"复归"："复归于婴儿""复归于无极""复归于朴"，这些复归都是要回到自然本初的面貌，回复到混沌形态，回复到道，即复归"道"所显示的那种虚无空廓、默默无言、清净恬和的最高境域，才能保持永恒。

道教以道家思想为它的哲理内核，吸取了道家这一套"道生万物"的理论。因此，我们要保持自然、社会、人的永恒和稳定，就要向"道"即清静无为、自然恬淡状态归复，要求人们在生活上、心理上、生理上都向着虚明澄静、无欲无念的境域归复，即所谓的"归真返根"。它不是把立足点放在宇宙论上面，而是在讲人生哲学，关心的是在这个巨大的自然、社会、人类中的人怎样将自己的精神、生活、肉体小心翼翼地保护和封存，又怎样在这种封闭的状态下怡然自得，不与其他方面发生冲突。这才是最好的心理境域，人生境域。因此，后来的道教著作把这种理论和佛教理论糅合起来，写下了这样的话头："安寂六根，净照八识，空其五蕴，证妙三元……杳杳冥冥，内外无事，昏昏默默，正达无为。"③"以神为体，以空为宅，神我

---

① 魏宗禹：《道家混沌说简析》，转引自李裕民主编《道教文化研究（第一辑）》，书目文献出版社1995年版，第22页。
② 《老子》四十八章。
③ 《元始天尊说生天得道真经》（《道藏》洞真部本文类）。

遍空,如波涵月,道合无力,求问真宅。"①也就是说,在道教的人生境域方面,产生了恬淡自然、清心少欲的心境和朴素大方、进退有节的行为方式,自然就会获得格调高雅的生活情趣;在道教的神仙谱系当中,出现了餐风饮露、不食五谷的仙人形象,引申到医学健身理论,则出现了少私寡欲的养生之术。"这样,古代中国的自然、社会与人的系统理论,老、庄一派关于'见素抱朴,少私寡欲'的人生哲理和养气全神的健身理论便统一起来了,哲理为医学提供了宇宙观、人生观的理论基础,医学知识为人生哲学提供了具体的实践方法,而恰好民间的鬼神信仰与传说又为这些理论与实践提供了不食五谷、其息深深的神仙事例,使它们有了神秘的色彩,于是,这种包孕着科学、哲理与迷信的养形之术便基本上建立起来了。"②这里所说的"养形之术"也就是道教的养生术。我们抛去道教那些复杂的宗教仪式,其实它更重要的是在向我们传递一种人生态度:道教告诉人们,无论是自然、社会还是人都必须向着"道"——虚无混沌、默默无言、自然澹泊的境域靠拢。人生的自然状态就应该是清静无为、虚无空廓的,在这样的一种境域里,人的心境是空灵清澈的,因而能坦然面对由于各种欲望而引起的烦恼与痛苦,使心中得到安宁,实现无论是精神还是肉体的超越与解脱。

二、真实亲切的现实人生

回顾中国文化的发展历程,儒、释、道成为了中国传统文化的三大支柱。儒家讲"修身、齐家、治国、平天下",把职责功名看作人生最高的奋斗目标,生命的大部分价值要体现在"建功立业""匡扶社稷"上,个人的日常生活只是这个最高目标上的点缀,对于社会、国家的强烈责任感使他们忽略了现实人生的需要。佛教讲的是对于苦难的人生怎样实现精神的永恒,但是这种精神的超越总是和肉身的死亡联系在一起的,要涅槃就要忍受现实的苦难,也就是要在今生"苦行",甚至舍身,那样肉体消亡以后我们的精神就能进入西方极乐世界。在道教里,如何长生不老、如何得道成仙是它关注的核心,目的就是要更好地享受个体的现实人生,和儒家相比,它更加世俗化,把人的眼光从社会人生这个大舞台拉回了个人的小世界。和佛教同为宗教的道教,也讲永恒,这种永恒不仅是精神的永恒,更重要的是肉体的永恒,它关心的不是死,而是生。南朝时的《三天内解经》说:"真道好生而恶杀。长生者,道也;死坏者,非道也。死王乃不如生鼠。故圣人教化使民慈心于

---

① 《玉清元始元黄九光真经》(《道藏》洞真部本文类)。
② 葛兆光:《道教与中国文化》,上海人民出版社1987年版,第117页。

众生,生可贵也。"①司马承桢:《坐忘论》中也明确写道:"人之所贵者,生。"②所以,道教始终把生作为自己最高的目标,以生为乐,以长寿为大乐,以不死成仙为极乐。从道教的教旨上看,它以长生成仙为目标,极重视现世利益,这也和世界三大宗教歌颂死亡,重视来世利益的特点大相径庭。世界三大宗教都认为人生是短暂的,而天国的乐园生活才是永恒的,因而以冷漠的态度对待现实生活,而去追求死后虚幻的天国生活。神仙道教却主张肉身成仙,否定死亡,想通过修炼达到长生不死永远享受人间的幸福和快乐。

道教重视生命的价值,以生为乐,重生恶死,追求长生不老。"真道好生而恶杀。长生者,道也;死坏者,非道也。死王乃不如生鼠。故圣人教化,使民慈心于众生,生可贵也。"③为什么会这样呢？这是因为,道教认为"道"是"生"的基因,生命、生存、生长都是"道"的表现形式。道教所要得的"道",即是"自然",而"道"的自然性,最根本的就在于其生命,在于化生万物,因此,"道"就是生命本体。老子《道德经》把"道"称为"天地母",赋予"道"以生命,又明确讲"道生一,一生二,二生三,三生万物"。讲"道"生天地以及人和万物。《老子想尔注》中说:"生,道之别体也。"④所以,道教追求生命并不是单纯地追求长生不老,而是要在追求"道"的生命本体的过程中,实现人的长生不死。在道教里,生命受到了最美好的歌颂和赞誉,一个人的生命,从孕育到诞生,是一个非常神圣的过程:"人之受生于胞胎之中,三元养育,九气结形。故九月神布,气满能声,声尚神具,九天称庆:太一执符,帝君品命,主录勒籍,司命定算,五帝监生,圣母卫房,天神地祇,三界备守,九天司马,在庭东向,读九天生神章九过;男则万神唱恭,女则万神唱奉;男则司命敬诺,女则司命敬顺,于是而生。九天司马不下命章,万神不唱恭诺,终不生也。"⑤同时道教还认为,人之生命并不决定于天命,《西升经》中那句名言说道:"我命在我,不属天地。"意即人的生死、年寿的长短,决定于自身,并非决于其他外在力量。道生万事万物,道与生相守,生与道相保,须臾不离。道在则生,道去则死,故人只要善于修道养生,安神固形,便可以长生不死。如《太上老君内观经》中说:"道者有而无形,无而有情,变化不测,通神群生。在人之身,则为神明,所谓心也。所以教人修道则修心也,教人修心则修道也。道不可见,因生以明之;生不可常,用道

---

① 《道藏》28册,北京文物出版社,上海书店,天津古籍出版社1988年版,第416页。
② 《道藏》22册,北京文物出版社,上海书店,天津古籍出版社1988年版,第892页。
③ 《三天内解经》,《道藏要籍选刊》第八册,第388页。
④ 饶宗颐:《老子想尔注校正》,上海古籍出版社1991年版,第33页。
⑤ 《无上秘要》卷五引《洞玄九天生神章经》,《道藏要籍选刊》第十册,第15页。

以守之,若生亡,则道废,道废则生亡。生道合一,则长生不死。"又:"老君曰:'道无生死,而形有生死。'所以言生死者,属形不属道也。形所以生者,由得其道也。形所以死者,由失其道也,人能存在守道,则长存不亡也。"《云笈七签》卷三十二《养生延命录》中也说:"《老君妙真经》曰:'人常失道,非道失人,人常去生,非生去人。故养生者慎勿失道,为道者慎勿失身。使道与生相守,生与道相保。'"正因为相信生、道相守,故而道教采取许多修道养生的道功道术,使形神合道,也就是《道德经》中所说:"深根固蒂,长生久视。"因为在重生、养生的过程中是可以实现道的。

道教是重视生命价值的宗教,它认为生活在现实世界是一件乐事,死亡才是最痛苦的,因而它主张乐生、重生,为生存而斗争,鼓励人们不屈服于天命,要循道修炼性命,争取延年益寿,最高理想便是长生久视。这是道教教义的一大特色,和道家贵己重生(重视个体生命)的价值观是分不开的。

"贵己重生"思想源于先秦的杨朱学派,这是老子之后的一个道家学派,在《庄子》等书中都记载着杨朱是老子的弟子。杨朱派的思想纲领是:"全性保真,不以物累形。"[1]他们认为:人所追求的首先是个人自身的生存,一切客观事物的意义在于其是否有利于保全自身生命的存在。在当时的历史背景下,杨朱的主张是在针砭墨学的立场上提出的,要求人为自己活着,在尘嚣浊乱的时世中保持清醒和独立。所以在《孟子·尽心上》中说:"杨子取为我,拔一毛而利天下,不为也。"这是一种合理的个人主义,天下万物,苟非己之所有,虽一毫而莫取,免得被拘缚,这就是所谓的"不以物累形"。苟为己之所有,则一毫而莫失,这就是"贵己""重生"。另一位杨朱学派的学者子华子说:"全生为上,亏生次之,死次之,迫生为下。"[2]子华子不仅要"尊生",而且要"全生",这是他对杨朱学说的发展,是在肯定生命价值的基础上,对于生命质量的进一步要求。以杨朱和子华子为代表的杨朱学派,代表了当时的隐士阶层,即下层知识分子对这些问题的想法。他们虽有知识而无权势财富,不满战乱争夺的现实,但又无可奈何,因此要退避自保。他们要求维护个人自然的生存权利和真实本性,在乱世中苟全性命,既不想为谋取名利和身外之物而危害自身,也不肯为了"天下"人的利益而牵累自我,这和损人利己的极端个人主义是不同的。

杨朱派的学说对庄子有重要影响。庄子悲叹在现实社会中个人生存的无保

---

[1] 《淮南子·泛论训》。
[2] 《吕氏春秋·贵生篇》。

障和精神的不自由,因此他吸收了杨朱派贵己重生的思想,强调要珍视个体生命的存在,不要"以身殉物"。只有放弃对名利物欲的追逐,才能避免为物所累。在《盗跖》篇中庄子说到:"世之所谓贤士,伯夷、叔齐。伯夷、叔齐辞孤竹之君,而饿死于首阳之山,骨肉不葬。鲍焦饰行非世,抱木而死。申徒狄谏而不听,负石自投于河,为鱼鳖所食。介子推至忠也,自割其股以食文公。文公后背之,子推怒而去,抱木而燔死。尾生与女子期于梁下。女子不来,水至不去,抱梁柱而死。此六君子者,无异磔犬流豕、操瓢而乞者,皆离名轻死,不念本养寿命者也。世之所用忠臣者,莫若王子比干、伍子胥。子胥沉江,比干剖心。此二子者,世谓忠臣也,然卒为天下笑。自上观之,至于子胥、比干,皆不足贵也。……天与地无穷,人死时有时。操有时之具,而托于无穷之间,忽然无异骐骥之驰过隙也。不能说其志意、养其寿命者,皆非通道者也。"庄子贵生之意,何其昭然!但是与早期杨朱派不同的是,庄子所要保全的不只是人的肉体生命,还有精神的自由。庄子认识到:人生的自由快乐和生命的永恒,在现实中都难以实现。所以对自由和永生的愿望,最终只能落实为对某种理想人格的追求,在精神上超越自我而达到"逍遥"境域。因此庄子主张忘我、无待。他对生死有极为透彻的认识,认为天地万物的生死变化,都是气的聚散和自然现象,因此不必为生命的短暂而忧伤,为死亡的必然而悲哀。和杨朱、子华子相比,庄子无疑又进了一步,这种对于精神自由的追求使老庄思想在汉末、魏晋南北朝时期吸引了众多文人士大夫,而知识分子的参与,又使结合了道家思想的道教在那个时期进一步整合、完善,从而出现了宗教实体,以及影响重大的道教经义。

众所周知,汉魏两晋南北朝时期是一个政局反复、社会混乱的时代,当时的人们对于社会人生都有一种悲观失望的情绪,其中也包括那些文人士大夫,他们体味到了人生短暂和宇宙永恒的悲哀。正是这主客观两方面的因素,让他们逐渐抛开了过去传统的为君为父为国捐躯的价值观念,而更注重个体的存在,生命的延续,越来越重视作为单个生命的人的价值,在他们那里,生命属于自己所有,而整个社会悠闲的生活,闲散的工作使他们格外眷念生命的存在,因而肉体的存在就等于一切的存在,生命的意义就等于精神的意义,在这一点上,他们与道教找到了共同点。《集仙箓》引太玄女颛和的话说,人处世"一失不可复得,一死不可复生"[①],人的生命太有限了,所以,我们更应该享受我们有限的生命,这一切,都十分符合当时那些士大夫们的口味。"正是这种对生命的眷念与对享乐的追求使士

---

① 《太平御览》卷 668 引。

大夫与道教携手,道教那一套里,有长生不死的丹药,有避祸祈福的斋醮,有令人平安的符箓,有自除灾咎的首过,能使人生命永存、心理平衡,士大夫何乐而不为?"①而作为士大夫,他们不会仅仅满足于那些粗鄙浅陋的巫仪方术,要由此而衍生出一套阐述人生价值的理论来,同时吸收了当时玄学中所包含的老庄道家思想以及其他哲理。于是,从葛洪、陆敬修到陶弘景,一大批士大夫开始对原始道教进行重建和改造,与原有的巫仪方术相结合,构筑了庞大而整饬的道教理论与实践体系。如葛洪在他的《抱朴子·内篇》中为我们系统阐述的长生说上升到了"玄道"的高度,使道教的这一主要内容具有了哲理的内核,并且还给我们讲明了一系列可以获得长生的养生之术。正是这些具有一定知识水平和哲学修养的士大夫们的努力,使道教成为了一门真正可以和佛教相抗衡的宗教。

在道教神仙家们看来,生命的长生不死状态,才是人所应追求的理想境域,而进入这种境域,便进入了与"道"为一的状态,成为"无所待"的至真完人。要达到这样的状态,最重要的是要从信仰基础——哲学上来完成。现实是残酷的,在自然力面前,人的力量微不足道,而生命作为肉体的属性,有欲望,亦有生死,这就更难以把握它的命运。道家和道教都认识到了这种生命的自然属性,如老子所说:"天地尚不能久,而况于人乎?"②庄子则说:"死生,命也,其有夜旦之常,天也。"③道经《真诰》里说:"人生者,如幻化耳,寄寓天地间少许时耳。"但是道教更重视的是对于此种自然属性的超越,从而达到长生久视的生命不死理想。它吸取了老庄生命维护的基本操作理论,"进一步阐述了通过身体修炼、意念引导和行善积德,可使生命之命运与状态发生转化而成仙不死的信仰。这就用宗教的逻辑否定了道家那种生命必死的哲学结论;与此同时,也从另一个角度解决了从老庄到秦皇汉武所共有的困惑,即如何实现对人类生命的把握和控制,挽住生命之索,使之永延不死的问题。"④从这一点出发,道教提出了"反"而得道的哲学思想,即返回到人类自然、纯真的本性。为了获得"生道合一"的永恒生命,道教为我们提供了一套具体的修炼手法,分为内修和外炼两大类。

道教的内修实际上包含了两方面的内容,首先是从尊重自然生命的价值观念出发,结合神仙信仰和养生方法,形成了神仙道教和内丹道派的生命哲学和修炼方术;另一方面,结合佛教般若学及道家的存神养性论,则形成了道教的心性哲学

---

① 葛兆光:《道教与中国文化》,上海人民出版社1987年版,第152页。
② 文若愚编著:《道德经》,中国华侨出版社2013年版,第80页。
③ 曹础基:《庄子注说》,河南大学出版社2008年版,第146页。
④ 姜生:《汉魏两晋南北朝道教伦理论稿》,四川大学出版社1995年版,第97页。

及识心见性的修持方法。虽然在早期道教中出现过偏废一方的情况,但是从唐道士吴筠提出"形神双修,以有契无"以后,"性命双修"逐渐成为了道教内丹派的基本法则。"道教内丹功法,其要点有二:一是顺行生人,逆行生仙。此言丹功对自身精气,必须加以导引逆转。二是周天运转,其功法一般为筑基、炼精化气、炼气化神、炼神还虚四个阶段。"①通过这些方法从而实现天人合一,人与道的一体化。在道教的内修中还包括众多的房中固精、存思身中魂魄等方术,这些都是和人们的日常生活十分贴近的内容,也是许许多多的普通人关心的问题。另外,道教的神仙家们还借助于外在因素对生命进行"外丹"炼养操作。如以葛洪为首的道教丹鼎派强调通过服食金丹仙药来实现成仙不死的理想,形成了相当系统的外丹学说。他们看到,人食五谷可得生存,而五谷并非人之属,正如鱼得水则生,而水并非人之属:"夫五谷犹能活人,人得之则生,绝之则死,又况于上品之神药,其益人岂不万倍于五谷邪?"②从这种逻辑出发,葛洪论证了服食金丹仙药可得不死的思想:"凡服仙丹者,欲升天则去,欲且止于人间亦将任意,皆能使人出入无间,不复受鬼神伤害。"可见道教赋予金丹以神秘而强大的力量,这种力量既能够抵御疾病、延年不死,又能够去除三尸九虫、劾召鬼神,更可使人获得超自然的神力,乃至不翼而飞,超凌凡世。那些大大小小的道士们,都渴望能够通过这样的方式延年益寿,消解掉时时萦绕在人们心中的生死之忧,从而更好地享受现世的生活。

三、精神永恒的无限人生

道教的各种养生术其实都是期望能通过此达到肉体的永恒,进而再获得精神的永恒。在前一部分我们已经说明了道教是和人的现实非常贴近的一种宗教,它教给人们各种享受现世、延年益寿的方法。但是我们要指出的是,在人们短暂的沉醉于道教为我们勾勒的那个活泼泼的现实世界后,它最终的旨归凸现出来了:让人们得到一种精神上的解脱与超越,在这样的一种精神自由的境域中,人生活得游刃有余,不为任何物和事所累,同时又能享受世事所带给我们的单纯欢乐,这个时候,个体有限的生命变成了一种无限,说到底,这种精神上的永恒才是道教的最高目标。正是基于此种原因,在道教中有一套完整的神仙谱系,这些神仙生活在一个自由逍遥的世界,有着各种超人的本领,而且长生不老。神仙是道教理想中的修真得道、神通广大之长生不死者,又称神人或仙人。《易·系辞》云:"阴阳

---

① 周高德:《道教文化与生活》,宗教文化出版社1999年版,第119页。
② 《抱朴子内篇校释》,中华书局1980年版,第71页。

不测之谓神。"《庄子·天下篇》云:"不离于精,谓之神人。"《释名》称老而不死曰仙。在早期道教中,神与仙稍有区别。神一般是指天界地位较高、权力较大的神灵,是先天真圣;仙是指由人修炼而成的长生不死之人,是后天仙真。当然有时也不加区别,统称神仙,神仙具有超出凡人的能力和神通。那么,这些飘逸的神仙到底和道教追求那样一种精神永恒有何关系呢?

首先,让我们来看一下道教诸神的来源。古代宗教、民间信奉众神、神仙传说是道教诸神的主要来源。道书载张道陵时"唯天子祭天,三公祭五岳,诸侯祭山川,民人五腊吉日祠先人,二月、八月祭社灶,自此之外,不得有所祭。若非五腊吉日而祀先人,非春秋社日而祭社灶,皆犯淫祠"①。这段记载反映了五斗米道、天师道早期所供奉神灵,与殷周以来古代宗教所祭祀的神灵大体相同。中国古代盛行自然崇拜和鬼神崇拜,它成为了道教滋生的温床。《礼记·祭法》说:"山林川谷丘陵,能出云,为风雨,见怪物,皆曰神。有天下者祭百神。"这可以看作是对早期宗教的回溯,同时它们也是民间信仰的一部分,像"日神、星辰之神、山神、河神、风神、雷神、户神、灶神等诸神,皆起源甚古而绵延不绝,形成普通的民间信仰。《史记·封禅书》说,汉初'雍有日、月、参、辰、南北斗、荧惑、太白、岁星、填星、二十八宿、风伯、雨师、四海、九臣、十四臣、诸布、诸严、诸逑之属,百有余庙'。可见崇拜风气之盛。上述百神,后来许多被道教所吸收,变成道教的尊神"②。"道教对民间信仰中神灵的吸收改造,不仅在早期,在后来的发展过程中也没有间断,至使这两类神灵混杂交错,很难分得清楚。"③

中国古代神话也是道教诸神的来源之一。这大体上分为两种情况:一是古代神话人物被直接改造为道教神,如盘古开天辟地的神话,把盘古改塑为道教最高神元始天尊的形象,这一记载可见于晋代葛洪的《枕中书》:"昔二仪未分,溟涬鸿蒙,未有成形,天地日月未具,状如鸡子,混沌玄黄,已有盘古真人,天地之精,自号元始天王。"可见道教认为原始天尊和盘古是同一个人。另一种情况则是吸收从战国时期开始的那些神仙传说中的形象,这主要是受燕齐文化和南方楚文化的影响。燕齐地临大海,海天的明灭变幻,海岛的迷茫隐约,航海的艰险神奇,都引发出人们丰富的联想遐思,因而出现了三神山的传说。怪迂夸诞的燕齐方士们宣称:渤海上有蓬莱、方丈、瀛洲三座神山,山上禽兽皆白,以黄金白银为宫阙,有诸

---

① 《陆先生道门科略》,载《道藏》第24册,第779页。
② 任继愈主编:《中国道教史》,上海人民出版社1990年版,第9页。
③ 同上。

仙人及不死之药在焉。几人未至之时,远望之如云;及到,三神山反居水下;临之辄为风引去,终莫能至。据《史记·封禅书》记载:齐威王、齐宣王之时(公元前356—前301),齐国有驺衍等人宣扬"终始五德"学说,而燕国人宋毋忌、正伯侨、充尚、羡门子高等则"为方仙道,形解销化,依于鬼神之事"。当时的统治者齐威王、齐宣王及燕昭王等听信谣传,都曾派人入海求三神山及神药,未能成功,然而"怪迂阿谀苟合之徒自此而兴,不可胜数也"。在南方的楚国,也有关于神仙的传说。如《庄子》书中关于神人、至人、真人、圣人的文字,是对神仙形象最早的描述。《逍遥游》说:"藐姑射之山,有神人居焉,肌肤若冰雪,绰约若处子,不食五谷,吸风饮露,乘云气,御飞龙,而游乎四海之外。"《齐物论》说:"至人神矣,大泽焚而不能热,河汉冱而不能寒。"这种神人、圣人不食人间烟火,不怕水火侵害,腾云驾雾,来去自由。《楚辞》也有生动浪漫的神游故事。《离骚》想象自己升天,"前望舒使先驱兮,后飞廉使奔属。鸾皇为余先戒兮,雷师告余以未具。吾令凤凰飞腾兮,继之以日夜"。《九章》吟道:"驾青虬兮骖白螭,吾与重华游兮瑶之圃。登昆仑兮食玉英,与天地兮比寿,与日月兮齐光。"可以说,后来道教经义中所描绘的神仙生活,大体不离这两方面的内容。

正如卿希泰所说:"修道成仙思想乃是道教的核心。道教的教理、教义和各种修炼方术,都是围绕这个核心而展开的。"①道教之所以要煞费苦心地为我们描绘一番神仙生活,是和它追求的人生境域分不开的。

神仙世界是一个享乐的世界,衣食住行,都能无限满足官能享受和物质欲望。所谓"藐姑射神人""驾青龙兮骖白螭",已经十分美妙,让人艳羡不已。《抱朴子·内篇·对俗》更描绘出一个长生、享乐、权势欲都可以得到无限满足的乐园:"得仙道,长生久视,天地相毕……果能登虚蹑景……饮则玉醴金浆,食则翠芝朱英,居则瑶堂瑰宝,行则逍遥太清。……或可以翼亮五帝,或可以监御百灵,位可以不求而自致,膳可以咀茹华璃,势可以总摄罗酆,威可以叱咤梁成。"历代的游仙诗无不渲染着这种美妙的幻想:

玉樽盈桂酒,河伯献神鱼。②
灵妃顾我笑,粲然启玉齿。③

---

① 卿希泰:《道教与中国传统文化》,福建人民出版社1990年版,第3页。
② 曹植《仙人篇》。
③ 郭璞《游仙诗》。

鸾歌凤舞集天台,金阙银宫相向开。①

寻常百姓,往往为吃穿发愁,就是富贵人家,奇珍异馔也不能无限享受。神仙却不愁这些,他们吃的是早晨天边的霞光,呼吸着天地间最醇和的清气,渴了,饮玉醴喝金浆,饿了食翠芝、朱英一类仙草。住的呢?则是宝玉砌的宫殿。出门时想飞就飞,否则,就驾上龙拉的云车,或者跨上鸾、鹤飞翔,骑上鹿背徜徉。神仙们常常聚会,聚合时仙音缥缈,仙酒飘香,奇珍异果,龙肝凤髓,更是应有尽有,真是快活极了。生活在这样的一个环境当中,人的各种日常物质需要都达到了,甚至比一般的更加丰富,按照美国心理学家马斯诺提出的"需求层次论"来看,这满足了人们最低级的一些需要。

神仙世界更是一个自由逍遥的世界,因为神仙一旦做成,便可以长生不老。生与死是始终困扰人类的一大难题,在中国哲学中,"生死"问题在春秋战国时代就已被提出和讨论。孔子宣称"未知生,焉知死",常人的寿命都有极限,生老病死,三灾六难,也都不能逃脱,读书人怕落榜,庄稼人怕旱涝。山崩地裂,电闪雷鸣,狂涛骇浪,烈火焚烧,战争爆发,刀兵无情,一旦遇上,谁都难以幸免。神仙呢,却是长生不老,天地有生成有毁环,这么一个周期称一劫,真正的仙人,身体是万劫不坏的,而且神仙还拥有各种超人的本领。《庄子》里面的至人、真人其实已经是神仙:"至人神矣!大泽焚而不能热,河汉冱而不能寒,疾雷破山而不能伤,飘风振海而不能惊。若然者,乘云气,骑日月,而游乎四海之外。"②"古之真人……登高不栗,入水不濡,入火不热。"③"乘云气,御飞龙,而游乎四海之外。"④到了葛洪那里,神仙已经完全超脱了自然力的束缚,也不受社会力量的限制,他们"或练身入云,无翅而飞;或驾龙桑云,上造天阶;或化为鸟兽,游浮青云;或潜行江海,翱翔名山,或食元气;或茹芝草;或出入人间而不识,或隐其身而莫之见"⑤。"夫得仙者,或升太清,或翔紫霄,或造玄洲,或栖板洞,听钧天之乐,享九芝之馔,出携松羡于倒景之表,入宴常阳于瑶房之中。"⑥对于区区小灾,只须小施法力,瞬息平复。呼风唤雨,掩月闭口,只能算是寻常小术,厉害一点的,更能缩地装天——千里之

---

① 张正见《神仙篇》。
② 《庄子·齐物论》。
③ 《庄子·大宗师》。
④ 《庄子·逍遥游》。
⑤ 《神仙传·彭祖传》。
⑥ 《抱朴子·内篇·明本》。

地,缩成一寸,浩浩天宇,装进葫芦,神仙的能耐真是大极了,他们能做任何想做的事。道教的神仙世界填补了中国现实社会的缺陷,把人生的世俗欲望全部给予满足,这使求仙的人在心理上产生了一种和谐的宗教美学效应,从而培养了他们的宗教感情,使之把神仙当作自己毕生追求的目标。

神仙们凭什么那么自在逍遥呢?道教徒告诉你:因为他们得道了。我们已经知道,"道"是先秦道家哲学中的一个基本概念,道家把它作为世界的根源。《老子》和《庄子》都说:道是无形无象的,却无处不在,它是永恒存在的,没有一样东西比它更古老,天地也是由道派生出来的,万物也都以道为母亲。道教吸收了道家的这个思想,认为道产生了天帝和鬼神,北斗星得了道,永远不会改变方向,西王母得了它,可以安居在少广山上,黄帝得到它,可以登上云天。道教继承了这些观念,又进一步将道与神等同起来,将得道与成仙挂上了钩。在道教徒们看来,每个人都有得道成仙的机会和可能,就看你信不信道,修道的方法对不对。因此,道教列出来的得道成仙的人五花八门,什么样的社会成分都有,早期记载神仙事迹的《列仙传》(汉朝刘向撰)、《神仙传》(晋朝葛洪撰)就很典型。其中,有各个时代、各个地区的神仙,他们的身份有是古代贤哲的,如老子、墨子;有帝王,如黄帝;有朝廷官吏,如栾巴、刘凭;甚至还有宫女、商人、渔夫、乞者、大夫,等等,涉及了社会生活的方方面面,体现了人人皆可成仙的原则。既然每个普通人是可以通过修炼成仙的,也就是说可以得道,那么我们也就能脱离日常琐碎的生活而过上一种神仙般无忧无虑的日子,它的这种超越性对于我们大家都有着很强的吸引力。

恩格斯在《反杜林论》中说:"一切宗教都不过是支配着人们日常生活的外部力量在人们头脑中的幻想的反映,在这种反映中,人间的力量采取了超人间的力量的形式。"[1]道教中的神仙就是支配着人们日常生活的外部力量在人们头脑中的幻想的反映。神仙是将人的本质加之于自然力量和社会力量的结果,是自然力量和社会力量的神化。这种虚幻的人的本质同压迫人们的自然和社会的异己力量已经结合在一起,成了人们崇拜和信仰的对象以及追求的目标。魏晋时期的上层神仙道教和下层民间道教都有对神仙的信仰,信奉神仙道教的葛洪更把仙学理论作为贯穿其《内篇》的一条主线。王明曾经说过:"应该指出,在《抱朴子·内篇》里,无论讲炼丹或医学的道理,葛洪说着说着,就说到如何长生、如何成仙方面去了。"[2]可见《内篇》中的哲学思想和科学成果同道教神学结合得何等紧密!道

---

[1] 《马克思恩格斯选集》第3卷,人民出版社1980年版,第354页。
[2] 王明:《抱朴子内篇校释·序言》,中华书局1985年版,第17页。

教是一门宗教,"宗教总把世界二重化,设置一个彼岸世界作为现实世界的补充"①。宗教神学要制造一个超越现实生活的彼岸世界,道教的神仙世界也是一样的。道士们向往长生不死,超越时空的神仙生活,要达到这个美妙的世界需要苦心修炼。而"道教的神仙世界就恰恰和中国封建社会的现实世界是互补的,它使那些对世俗生活不满足的人,向超现实的神仙世界寻求希望,在那里使自然力和社会力量的压迫得到补偿"②。道教诸神生活在超凡世界里,但其实他们一天也不曾离开过人间。神的世界,就是人的世界,神的世界只是人间世界的一个组成部分,一个补充。人们在人间世界里找不到的企望、寄托、慰藉,还有种种报应,都可以到神的世界里去寻找,并且往往可以找到。只要人的世界存在,神的世界就会长久存在。从科学和哲学的意义上说,道教的长生不死是不可能的,但人们有长生不死的幻想却是可能的。人类修炼成仙是荒诞的,但是一些人存在着神仙思想却是可能的,这使他们能够在有限的时空中实现无限的超越,得到一种永恒的快乐。

第二节 道教的审美境域

有些学者指出,中国哲学与美学的一个突出特点是它的境域形态。"关注生活的意义和生命的价值,而不过于追问物质存在的根据,使中国哲学与美学成为了一种境域形态的人生哲学。"③在王国维用"境域"论词以后,宗白华、冯友兰、朱光潜等都做出了积极的探求。如方东美从哲学的角度将境域分为"艺术境域""道德境域""宗教境域",冯友兰则提出了更为系统的境域理论,把境域依次划分为"自然境域""功利境域""道德境域"和"天地境域"这四个层面。境域的核心是对象对人的意义以及人对这意义的领悟,境域的高低取决于人对这种人生意义的"觉解"程度。在西方,克尔凯郭尔曾将精神境域分为审美境域、道德境域和宗教境域,并认为三者依次递进。他这样的划分并不适合或不完全适合中国哲学与文化,因为中国哲学与美学无论儒道,都以感性境域为不可取,也没有肯定外在超越的宗教境域,中国传统哲学与美学所推崇的最高境域既不是道德境域,也不是宗

---

① 胡孚琛:《魏晋神仙道教》,人民出版社1989年版,第126页。
② 同上。
③ 金元浦、王军、刑建昌主编:《美学与艺术鉴赏》,首都师范大学出版社1999年版,第126页。

教境域,而是一种审美境域。审美境域是对宇宙人生的最终觉解,是物我同一、主客泯合、呈现无限心灵时空的自由境域。审美境域是一种精神境域与审美境域的结合体,其所追求的在审美体验中要求达到与万物浑然一体的境域是审美感受的最高层次。美国心理学家马斯洛称此境域为"高峰体验",在此体验中,主体可以体验到自足的给人以直接价值的世界,达到心醉神迷的状态,一旦进入这一心境,主体就会失去自我意识而与宇宙合二为一。

道教所营造出来的审美境域,始终是以"天人合一"为最高目标,要进入这样的审美境域,既要"与道合真",也要保持一种虚明恬静的心境,所以,这两种情形也成了道教审美境域中的两个方面。

一、天人合一的最高理想

在中国人的意识深处,自来就存在着一种天人合一、物我一体的宇宙意识,中国人总是自觉地追求天人的契合、物我的交融。如儒家孔子就追求与宇宙的自然合一。在孔子看来,人生境域的建构有由"知天命"到"耳顺",再到"从心所欲不逾矩"的几个层面。按照朱熹的解释:"矩,法度之器,所以为方者也。随其心之所欲而自不过于法度,安而行之,不勉而中也。"①由此,我们可以看出,"从心所欲而不逾矩"实质上就是一种人与天地万物合一的人生自由完满境域,即最高的审美境域。人生的最高境域是人与自然的融合沟通,是人心与宇宙精神的直接合一。道家的老子则把"同于道"作为人生的最高追求,以与天地合一,使人成为自然的主人,社会的主人,自我生活的主人,最终进入自由境域。而庄子则有对"无所待"而"逍遥游"的理想境域的向往,他认为只有"游心于淡,合气于漠,顺物自然日无容私"②才能达到"以天合天"③的审美境域。由此,我们不难看出,诸家对于最高境域的建构,虽然表述各不相同,但其中的实质却是一样的,即追求"天人合一"的审美境域。处于这种境域,由于心灵的开阔和视野的无比拓展,人生和人生的活动不再是浑浑噩噩,而是一种自觉的、自由的选择。这种自觉与自由,看似率意自得,实际其中却蕴含着对宇宙自然、社会人生的深沉的内心感受与高度的觉解。从我国本土萌芽的道教也是如此,其曾明确提出过"天地不过是个大人,人不过是个小天地"的观点,以此来调整和改造身心,以求长生不老。道教认为,人一旦达

---

① 朱熹:《论语集注·为政第二》。
② 《庄子·应帝王》。
③ 《庄子·达生》。

到这个境域,那么整个宇宙便成为了自身,可以"赞天地之化育",与天地共久。

"天人合一"的思想最早见于《周易》,肯定了人与自然都遵循着共同的规律,人与自然在本质上是统一的,而不是互不相干、互不相容的,两者之间没有不可逾越的鸿沟,讲的是人和自然的关系这层意思。首先,人是自然的产物,"有天地然后有万物,有万物然后有男女"(序卦)"天地氤氲,万物化醇;男女构精,万物化生"(系辞下)。同时,作为自然产物的人是依靠自然而生存的,"天地养万物"(颐卦),不能设想人离开了自然还能生存。更进一步,人不但从自然获得物质的给养,而且在他的道德精神和一切活动中,都能同自然达到最高的统一:

夫大人者,与天地合其德,与日月合其明,与四时合其序,与鬼神合其吉凶,先天而天弗违,后天而奉天时。天且弗违,而况于人乎?况于鬼神乎?(乾卦)

这里明确提出了天人合一的思想。它素朴地意识到了人与自然的交触统一,二者之间的不可分割。人在社会政治伦理道德范围内的一切活动,是属于人的,同时又是合乎自然的,同自然完全一致的。在《周易》之后,这种阐发人和自然和谐统一关系的观点我们同样也可以见到。《孟子·尽心上》:"尽其心者,知其性也,知其性,则知天矣。"认为人经过修养,可以认识本性,可以"知天"。庄子认为,人经过"守一""处和"和"忘己"等功夫,则可"入于天"(冥会自然之道),"与天地为合""与日月参光""与天地为常""人其尽死,而我独存"[1]。董仲舒认为,"人之为人本于天",人与天相类:"人有三百六十节,偶天之数也;形体骨肉,偶地之厚也;上有耳目聪明,日月之象也,体有空窍进脉,川谷之象也。"[2]这些表述除了阐明人与自然在物质活动的和谐统一外,已经涉及了在审美活动中人和自然之间的关系。在审美关系中,人和自然始终处于亲切和谐、富于人情味的关系,他们之间是一种精神上的关系。自然不是同人无关的冷漠僵死的物质存在,也不是宗教崇拜的主宰对象,而是渗透着人的精神和情感的。儒家经常把自然看作是主体的道德精神的象征,孔子"知者乐水,仁者乐山"的说法就显示了这一点。道家则把自然看作是对人的自由的肯定,是主体得以逍遥无为于其中的一个无比美好的世界。在后世的诗论、画论中,更是经常可以看到这种观念。诗论中关于情与景相

---

[1] 见《庄子·大地》《庄子·在宥》。
[2] 《春秋繁露·人副天数》。

统一的种种说法,山水画论中所谓"山性即我性,山情即我情"①等都明确地肯定了在审美活动中人与自然可以达到的和谐统一这样一种境域。

"天人合一"不仅讲了关系问题,更重要的是它为我们所营造的这种境域。在审美活动中,审美主体超越自我情欲与自我智识以及外在物相的影响,于虚澈灵通的审美心境中,直达宇宙万物的生命底蕴,由此而获得自我外化与自我实现。在这一境域中,主体丧失了一己之情感而获得人类共有的生命意识并使宇宙意识与生命意识同构,物我一体,人天合一,自然万物的内在生命结构与人的内在心理结构相契合,人与自然处于和谐之中。"天人合一"的审美境域正如冯友兰所说的"天地境域",它是人生的最高审美境域。达到这种境域的人,不仅清楚人在社会中的地位和作用,而且明白人在宇宙中的地位和作用,人的行为已经进入了知性、知天、事天、乐天以至同天的状态。处于这种境域的人对宇宙人生已有完全的体知和把握。这种体知与把握是对宇宙人生的最终觉解,能使人生获得最大的意义,以实现自我,让人生具有最高的价值。在中国古代的哲人们看来,人不在宇宙之外,宇宙也不在人之外。人生的目的,不是去控制并征服宇宙自然,而是应该去顺应与拥抱自然,去"与物有宜"②"与物为春"③,与自然万物相亲相和,与宇宙生命共节奏,直觉地去体悟宇宙自然活泼泼的生命韵律,并由此获得人生与精神的完全自由。在这样一种宇宙意识和审美意识的影响下,中国古代美学都把天人合一的无限和永恒之境作为最高的追求。处于这样的境域,人能够达到"万物莫形而不见,莫见而不论,莫论而失位,坐于室而见四海,处于今而论久远,疏观万物而知其情,参稽治乱而通其度,经纬天地而材观万物,制割大理而宇宙里矣。……明参日月,大满八极"④。

对于这种境域,道教表述为"我命在我不在天"的自由和畅达。明代程以宁提出:"天定胜人,此凡夫也。人定亦能胜天,则仙佛也。"在道教看来,通过修道,人可以使自己的生命在宇宙大化中如同道生化万物一样,生生不息,畅通无阻,游刃有余。道教对天上的神仙世界、地上的洞天福地极尽铺陈描叙之能事,不就表明它是为了争取人的自由吗? 首先,这是一种在现实的社会生活中力求达到的自由,社会关系宽松活泼,个体在其中和畅自如、逍遥舒适。"欲访先生问经诀,世间

---

① 唐志契:《绘事微言》。
② 《庄子·大宗师》。
③ 《庄子·德充符》。
④ 《荀子·解蔽篇》。

难得自由身。"①为此,道教的王道之术确实付出了艰辛的努力。从旧王朝行将崩溃开始,到新王朝巩固的初期,道教珍惜生命、以民为本、休养生息、清静无为、追求太平盛世的政治主张都不同程度地发挥了作用。在王朝正常发展的过程中,道教的王道之术往往被统治者作为调节、统御、解决各种综合性的社会矛盾的工具,同时,在潜在的层次上,它又作为社会心理发挥着与儒家思想相反的作用。君主专制从汉武帝以来越来越被强化,专制化的社会中,人与人之间是无平等可言的,人们的社会生活充满了种种束缚和制约,尤其是在专制变得越来越僵硬的时候,人们在社会关系中的自由也就丧失得越来越多。自由的丧失往往与平等的丧失相伴随。《太平经》对此已多有呼吁,后来的道教徒们提出了"至真平等"的口号,宣布"人无贵贱,有道则尊"②。盛行于唐代初期的《灵宝仙公请问经》中的洞玄十善戒中也有"平等一心,仁孝一切"的告诫。成玄英则力图冲破专制的牢笼,直接提出了"任性自在"的口号。

其次,道教自由的更重要一层含义是个体身心的自由,即个体所具有的无穷的生命潜力能够如泉水般喷薄溢涌,不复枯竭。正如道诗所言:"江头日暖花又开,江东行客心悠哉。"道教重玄哲学的千言万语,就是为了使人们不受既定的价值观和规范的束缚,张扬价值观多元化的合理性、合法性,保持心灵的开放和绝对自由,让思想不停滞、僵化。"浮云舒卷绝常势,流水方圆靡定形",在时机不到时,"乐天知命,何虑何忧!安时处顺,何怨何忧哉!"③在时机到来时,如圆球滚落高山,如瀑水倾泄江河,机敏神应,圆应万方。正如葛洪所说:"盖君子藏器以待有也,蓄德以有为也,非其时不见也,非其君不事也,穷达任所值,出处无所系。其静也,则为逸民之宗;其动也,则为元凯之表。或运思于立言,或铭动乎国器。殊途同归,其致一焉。"④这是一种积极而达观的处世态度。目的是使得心灵充满了潜能、势能,具有无穷的生机。这种心灵的自由,又是与身形联系在一起的。性即神,命即气,气神同运,性命双修,这是宋代开始的道教内丹学派的核心思想,也是道教取得成果最多的一个方面,其实质是道教对于最高审美境域汲汲追求的结果。在这种境域之中,人作为修炼主体能够于静穆中直接与宇宙生命的节律脉动妙然契合,从而获得生命的真谛。

---

① 《寄第五尊师》(《罗隐集·甲乙集》),中华书局1983年出版,第94页。
② 《无上秘要》卷34引《玄升经》,《道藏要籍选刊》第10册,上海古籍出版社1989年版,第115页。
③ 葛洪《抱扑子·外篇·名实》。
④ 葛洪《抱扑子·外篇·任命》。

道教对于这种最高理想的追求突出表现在它的气功理论中。中国气功就是人体的意念感知运动,用生物信息的"气象"去调节或者改变人体各种失调的机能状态,使其保持与宇宙天体动态流程中的平衡协调而使人体健壮延寿,益智陶性。"天人合一"既是人们在气功修炼过程中依循的原则,又是练功者力求达到的境域。气功练的是"精、气、神",目的是祛病延年。气功所要练的"气"被看作天地万物的本源。"道生一,一生二,二生三,三生万物。万物负阴而抱阳,冲气以为和",指出万物源于不能再分割的统一体——元气。阴、阳二气之根为元气,它是万物构成的基础。对人体来说,古人更有精辟论述。"天地合气,命之曰人"①"人之生也,天出其精,地出及形,合此以为人"②,道出了人的形成不仅与气有直接关系,而且又道出了"精也者,气之精也"③乃气中之精华。即是说人同宇宙万物一样是气的精华所生,人与宇宙万物同源。亦即是说,人的生命运动必然和与之同源的宇宙万物有着微妙的联系,而这种联系的纽带就是"气"。这样一种"天人一体"的精华就是在《九鼎炼丹》中所说的"返还自然",即回到"天人合一"的境域。北宋道学家张紫阳在《悟真篇》中曾云:"道自虚无生一气,便从一气产阴阳,阴阳再合成三体,三体重生万物昌。"中国古代气功理论由此演化为炼气要旨,十分讲究"气包神,神凝精"。精气神三者互相依赖、互相沟通、互相协调之妙,正是气功精修益炼所要达到的微妙境域。道教的《性命圭旨》中指出:"精、气、神谓之三元,三元合一者丹成也。摄三归一,在乎虚静。虚其心,则神与性合;静其身,则精与情寂。"修炼气功养生的人,只要认识到宇宙自然间普遍存在的规律现象,觉悟其中与人体宇宙相互感应的真谛,达到四序调合,身心和谐舒意,精神愉悦,就会得天命昌延、长生之寿。气功的练功者们所达到炉火纯青的养生境域,在于炼功发放真气所产生的"天人感应",正是炼功者以自身的意念调动而出现一种"超人"的精神意象的意念力量,使人体的节奏韵律与宇宙奥秘的节奏旋律由"气流"相互沟通,从而达到贯通万物的美妙境地。由此,气功理论使古人把人体的"气象"与宇宙"气象"相感应来理解中国气功的高妙境域。《索问·天元记大论篇》云:"天有五行,御五位,以生寒暑燥湿风;人有五脏,化五气,以生喜怒思忧恐。"《灵枢·岁露论篇》亦云:"人与天地相参也,与日月相应也。"对中国气功深有研究的宋末元初的著名道教人物俞琰对此论证极为深刻:"人身法天象地,其气血之盈虚消

---

① 《内经·灵枢》。
② 《管子·内业》。
③ 《管子》。

息,悉与天地造化同途。"《素问》:"平旦人气生,日中而阳气隆,日西而阴气已虚,气门已闭。又云,月始生,则血气始精,卫气始行。月廓满,则血气实,肌肉坚;月廓空,则肌肉藏,经终虚,卫气去,形独居。是故天地有昼夜晨昏,人身亦有昼夜晨昏。天地有晦朔弦望,人身亦有晦朔弦望。其间寒暑之推迁,阴阳之代谢,悉与天地胥似。……日月往来乎黄道之上,一出一入,迭为上下,互为卷舒,昼夜循环,犹如车轮之运转,无有穷已。人能返身而思之,触类而长之,则吾一身之中,自有日月,与天地亦无异也。"①

除了气功以外,道教的胎息法也是让人体悟到天人合一境域的有效方式,这实际就是一种特殊的呼吸方法。当胎息凝妙之时,恍恍惚惚,无他无我,入定一久,内外合一,动静俱无,日月合璧,真息流通,肢体无碍。在《张景和胎息诀》中曾用优美生动的语言描绘过这一境域:"真玄真牝,自呼自吸,似春沼鱼,如百虫蛰。憺气融融,灵风习习。不蚀不清,非口非鼻。无去无来,无出无入。返本还元,是真胎息。"其实,无论是道教的气功,还是它的胎息秘诀,都是希望通过此而达到神奇美妙的最高境域——天人合一。

二、与道合真的审美境域

如果说,"天人合一"是道教徒们汲汲追求的最高理想的话,"与道合真"则是在拥有了虚明空寂的心境后,到达这一境域的一个重要的过渡阶段。我们已经知道了,道教把"道"作为整个世界的本原,而道性则是事物最根本的性质,如果事物能达到道性状态,则不仅是它的最好存在状态,而且也可以使它与道合一,万古长存。所以,对于人来说,修道的根本目的就是要恢复他原初的道性,达到与天同在的神仙状态,进入一种与道合真的审美境域。

在道教经典中,我们经常可以看到对"与道合真"这种境域的纪录。《西升经·神生章》:"身乃神之车,神之舍,形成神也。盖神去于形谓之死。……有生必先无离形,而形全者神全,神资形以成故也。形神之相领,犹有无之相为,利用而不可偏废。唯形神俱妙,故与道合真。"道教内丹术继承道家的主静说,融佛、儒于一身,认为性命双修的最高境域就是与道合真。如由南宗转入全真道的元初道士李道纯,教人用禅宗清除念虑、幻缘的方法以修仙。"汝若不着一切相,则一切相亦不着汝;汝若不染一切法,则一切法亦不执汝。……至于五蕴六识,亦复如是。六尘不入,六根清静;五蕴皆空,五眼圆明。到这里,六根互用,通身是眼,群阴消

---

① 《周易参同契发挥》中卷。

尽,遍体纯阳,性命双全,形神俱妙,与道合真也。"①兴于宋元之际的清微派也颇重修炼内丹,《清微丹诀》所述丹法分炼精成气、炼气成神、炼神合道三段功,炼精成气,要在断绝六根、凝神定息,使肾水心火自然升降;炼气成神,方法为意守脐内丹田,渐达"六根安定,物我两忘";炼神合道,与前述坐功习定法则相同,要在"一念无着,视而不见,听而不闻",渐达"昏昏默默,杳杳冥冥,意游长空,见一景物光如金橘,非内非外,守其物矣,如月之光",继而"其光自散,如日月照虚空,形神俱妙,与道合真矣"。又如北宋时期的著名道士张伯瑞,张乃高道陈抟的再传弟子,被认为是南宗始祖,其《悟真篇》是道教内丹学的经典之作,与《参同契》齐名。《悟真篇》以天人合一的原理为依据,提出逆炼归元的炼养方法,以体中真阴真阳为"真铅汞",通过采药、封固、火候、休浴等步骤,达到金丹炼成、与道合一、超出生死的目的,其诗云:"一粒灵丹吞入腹,始知我命不由天!"《悟真篇》还强调性命双修,先命后性。"命之不存,性将焉存?""先以修命之术顺其所欲,渐次导之于道。"修命之要,在乎金丹,以先天精气为药,以元神所生真意为火候,炼精炼气,达到脱胎换骨的境地。然后由命入性,以命安性,取法禅宗和庄子,求得本源真觉之性,达于无生空寂、神通妙用之境地,这样就成就了性命圆满、与道合真、变化不测的神仙。通过逆炼归元的方法,可以进入这样一种"与道合真"的境域,这时候人已经超脱了生死,成为自己生命乃至天地阴阳的主宰者,这在内丹学中常用"顺去生人生物,逆来成仙成佛"两句来概括。

同佛教涅槃境域一样,与道合真是道教内修的最高境域。这个境域必须按照道教性命双修功夫的程序,脚踏实地,层层做去,最后才有可能体验到。道教内丹派学者认为,一般人修道,经过三个月一百来天的筑基之功,逐步下丹田炼精化气,气凝成丹,然后迁入中丹田炼气化神,最后,会出现这样一种现象,即高度凝聚的真气形成光束冲出囟门,直入云霄。道教认为这是锻炼自己的精神达到了最高级的形态,于是将这种光命名为"元神"。张伯瑞谓:"夫神者,有元神焉,有欲神焉。元神者,乃先天以来一点灵光也;欲神者,气禀之性也。"②"炼神者,炼元神,非心意念虑之神。"③《武术汇宗》说:"何以谓之先天神?元神是也。此神亦谓之本性,亦谓之真意,其心必要清清朗朗,浑浑沦沦,无一毫念虑,无一毫觉知,则空洞之中,恍惚似见元神,悬照于内。斯时殊觉五蕴皆空,四体皆假,而我有真我

---

① 《中和集》卷4《死生说》,见《正统道藏》第7册。
② 《青华秘文·神为主论》,《道藏》第4册,上海古籍出版社2003年版,第364页。
③ 《金丹四百字序》,《道藏》第24册,上海古籍出版社2003年版,第161页。

也。"①可见元神实际上可被理解为与人自身的控制支配能力有关的人心理最深层次的那种本能意识,是人体真正的"自我"。元是初始之意,道教认为元神是先天的,与生俱来的,只要经过修习,就能显明的。元又有首即统帅的义蕴,表明元神为人的生命的真正主宰者。总之,元神在道教看来,就是生命的本原,属于道——宇宙本原——的范畴,因此具有永恒的意义,从而也就有了超越人生的意义。元神的形态为光,光具有物质性,同时又能受大脑意识支配,放则无限远,收则入于上丹田,这就是《洞玄经》上所说的"出现游于世界,归来隐于泥丸"。道教学者认为,元神初步炼成,就如同孩儿幼小,尚未成人,需要母亲的照顾,需要经过九年之久的锻炼,才可让神光冲出囟门。冲出之后,也不能让元神远涉千里,只能在十步、百步范围内练习收放,而且必须一出一收,不能久出不收,速出速收,不能在外停留过久。从出元神角度看,平时炼心的意义十分重大,学者假如炼心纯熟,灵台清明,不染一尘,就能与外出元神保持着高度紧密的信息联系,不至于发生意外。可想而知,由生命的精华凝聚而成的元神一旦失去而不返回,人就会变成没有思维的植物人。

在道教看来,道具有虚无、气化、永恒、无限等性质。道教徒们一旦能修炼出道教典籍中所说的元神,就可以体悟到人类个体生命在高级状态下的复归,这与生老病死的发展路线正好相反。后者是元神的逐步耗损,以至于完结,前者则努力沿着生命的逆行轨道,通过元神——大脑与宇宙的最高层次联系,真实地体察到永恒、无限,领略到人类生命形态所能达到的最高境域的无限愉悦。如果想修炼出这样的"元神",即是实现了"与道合真",那么,具体的方法应该是怎样的呢?道教给出的答案是"后天返先天",这是修道的基本原则。

在道教看来,人虽然只有在后天产生并与先天结合的情况下才能作为一个现实的人存在,先天和后天都是现实的人不可或缺的,但在人体中,先天与后天则存在着本质的区别,这种本质的区别决定了人修道必须由后天返回先天才能成功。

从来源上看,先天是直接由道产生的,而后天则是派生的。根据道教的认识,在人的产生过程中,首先是由道化生出先天一气,再由先天之一气化生出先天之元神,由元神化生出元气,由元气化生出元精,在此基础上,再产生出后天的形、气、神,从而人得以出现。对此,刘一明有一个系统的论述,他说:"紫清翁云:'其精不是交感精,乃是玉皇口中涎,其气即非呼吸气,乃知确是太素烟;其神即非思虑神,可与元始相比肩。'是即所谓元精元气元神也。精气神而曰元,是本来之物。

---

① 引自《中华道教大辞典》,中国社会科学出版社1995年版,第1214页。

人未有此身,先有此物,而后无形生形,无质生质,乃从父母未交之时而来者。方交之时,父精未施,母血未包,情合意投,其中杳冥有物,隔碍潜通,混而为一,氤氲不散,既而精泄血受,精血相融,包此一点之真,变化成形,已有精气神寓于形内。虽名为三,其实是一。一者混元之义,三者分灵之谓;一是体,三是用。盖混元之体,纯一不杂为精,融通血脉为气,虚灵活动为神。三而一,一而三。所谓上药三品者,用也;所谓其足圆成者,体也。……后天之精,交感之精;后天之气,呼吸之气;后天之神,思虑之神。三物有形有象,生身以后之物。男女交媾,精血融合,结为胚胎。胎中只有元气,并无呼吸之气。及其十月胎完,脱出其胎,落地之时,哇的一声,纳受天地有形之气,入于丹元,与元气相合,从此气自口鼻出入,外接天地之气以为气,此呼吸之气之根也。后天之神,亦于此而生,此神乃历劫轮回之识神,生时先来,死时先去;转人转兽是这个;为善为恶是这个;出此入彼移旧往新,无不是这个。当落地哇的一声,即此神入窍之时也。所以婴儿落地,不哇者不活,盖以无神入窍也。初生之时,神气相御以为后天根本,长生幻身。至于交感之精,尤系后天之物。有母胎时无此精,初生身亦无此精,及至二八之年,元阳气足,满而必溢……始泄焉。此精不但生时并无,即生后亦无,特气血所化耳。……所谓交感之精者,因有交感而有精,不交不感即无精。……此交感之精之所由来也。当阳极生阴,不但精从此有,即思虑之神,从此而发,呼吸之气,从此而暴。学者须要识得此三者,皆生身以后所有,而非生身以前之物。"①由此也说明,先天精气神比后天精气神离道更近,自然在性质上也更接近道。

从性质上看,先天是无形的,后天是有形的。人体的先天后天,具体说来就是指人体的先天精气神和后天精气神或先天性命和后天性命。关于这二者的性质,白玉蟾《必竟恁地歌》说:"人身只有三般物,精神与气常保全。其精不是交感精,乃是玉皇口中涎;其气即非呼吸气,乃知却是太素烟;其神即非思虑神,可与元始相比肩。……岂知此精此神气,根于父母未生前,三者未尝相返离,结为一块大无边。人质生死空自尔,此物湛寂何伤焉。"②刘一明则更明确地指出:"心印经曰:'上药三品,神与气精,恍恍惚惚,杳杳冥冥,视之不见,听之不闻,从无至有,顷刻而成。'曰恍惚,曰杳冥,曰有无,则为无形之物可知。"③

从作用上来看,先天是有益的,后天则是有害的。对于先天精气神在人体中

---

① 《修真后辨》,《藏外道书》第8册,第495-496页。
② 《道藏》第4册,上海古籍出版社2003年版,第783页。
③ 《修真后辨》,《藏外道书》第8册,上海古籍出版社2003年版,第495页。

的作用,刘一明说:"惟此元精如珠如露,纯粹不杂,滋润百骸;元气如烟如雾,贯穿百脉;元神至灵至圣,主宰万事。知之可以延年益寿,长生不老。学者若能识得此三物,则修道有望。"①相反,后天精气神的活动则不仅不能促进人体的生命存在,而且会导致先天精气神的耗损,对人体生命带来负面影响。薛阳桂说:"性命者,人之根本也。精气神,人之大用也。人身三宝,惟此为贵,然亦有先后之别。先天之精,即天一所生之水,有理而无形,具于气中,融贯一身,每至亥子之交,一阳来复而生,谓之元精。苟一动念,立化为后天有形之物。其先天之气,即中宫之祖气,谓之元气。日化后天营卫于百脉,非只呼吸之气也。先天之神,即心中灵明,谓之元神。一涉知识即变而为后天思虑之识神。故修道藉后天而复先天,贵先天而不贵后天也。世人不知此旨,妄以后天精气为至宝,且日孜孜于名利之场,七情六欲煽于内,声色货利诱于外,心无一刻之宁静。后天且难久固,有何论先天耶?"②

正是因为后天与先天相比存在如此大的区别,所以如果一个人只停留在后天的状态,不清除后天对自己的消极影响,不超越后天物性对自身的束缚、不返于先天元性的本真状态,他就不能炼就金丹,摆脱人生的局限,达到形神俱妙、与道合真、与天地同在的神仙境域。因此,人要修道成仙,就必须由后天返先天。后天返先天也成为了道教徒们清修内炼的重要手段,是他们努力达到与道合真境域的重要途径。这是因为,人的原初道性是人的先天状态,而现实的人则又处于后天的衍生状态,这种后天返先天的实质就是由后天有形返于先天无形,由后天形气返于先天神气,由后天物性返于先天元性,由后天之物返于先天之道。谭峭《化书》云:"道之委也,虚化神,神化气,气化形,形生而万物所以塞也。道之用也,形化气,气化神,神化虚,虚明而万物所以通也。是以古圣人穷通塞之端,得造化之源,忘形以养气,忘气以养神,忘神以养虚。虚实相通,是谓大同。"③元陈致虚在《金丹大要》中对这一点有更进一步的阐释:"是以三物相感,顺则成人,逆则成丹。何谓顺?一生二,二生三,三生万物。故虚化神,神化气,气化精,精化形,形乃成人。何谓逆?万物含三,三归二,二归一。知此道者,怡神养形,养形炼精,积精化气,炼气合神,炼神还虚,金丹乃成。"④《性命圭旨》也说:"此处无他,不过是返我于虚,复我于无而已。返复者,回机也。故曰:一念回机,便同本得。究竟人之本初

---

① 《修真后辨》,《藏外道书》第8册,上海古籍出版社2003年版,第495页。
② 《梅华问答》,《道藏男女性命双修秘功》,辽宁古籍出版社1994年版,第483-484页。
③ 《化书·道化》,《道藏》第23册,上海古籍出版社2003年版,第589页。
④ 《上阳子金丹大要·精气神说下》,《道藏》第24册,上海古籍出版社2003年版,第16页。

原自虚无中来,虚化之为神,神化之为气,气之化为形,顺则生人也。今则形复返之为气,气复返之为神,神复返之为虚,逆则成仙也。"①《勿药元诠》亦指出:"积神生气,积气生精,此自无而之有也;炼精化气,炼气化神,炼神还虚,此自有而之无也。"②

这种"顺则成人,逆则成丹"的学说揭示的正是:人是由道按其衍生万物的顺序产生,而要修炼成丹则需要按照相反的次序进行。根据道教的宇宙创生演化及人体生成说,宇宙和人体生命的生成皆源于道,道自虚无状态生出先天一气,又从先天一气生出阴阳二性,阴阳二性的矛盾运动则又分别产生出神、气、形三大元素,并由这三种元素的独自或不同组合分别构成天地万物,而人体则由这三种元素有机组合而成。至于人的具体产生过程则是,由道生出先天一气,由先天一气化生出先天精气神,先天精气神再化生出后天神气精,到此,人的形气神俱备,一个现实的人就出现在世界上了。根据道教的内丹理论,人要健康长寿,成仙成神,就必须反其道而行之,逆着人形成的方向修炼,从人体之形开始到后天精气神,再由后天精气神到先天精气神,进入先天之后,再由精到气,由气到神,由神到先天一气,最后由先天一气到道,从而达到与道合真、与天地同在的神仙境域。

三、虚静返源的审美境域

要达到天人合一的审美境域,不是一步就能到位的,它仍然是一个循序渐进的过程。作为修炼之人,最容易进入的便是虚空静明的状态,所以这也成为了道教所追求的审美境域之一。在这样的境域里,"至人虚心冥照,理无不统。怀六合于胸中而灵鉴有余,镜万有于方寸而其神常虚。……恬淡渊默,妙契自然"③。人所共知,道教受道家思想的影响是非常深刻的,道教也认为"道"是一切事物的本源。而怎么样才能体悟到这种"道"所阐明的生命意义呢?老子认为,必须"致虚极,守静笃",即要求审美主体必须排除主观欲念和一切成见,保持心境的虚静空明才能实现对"道"的体验和关照,感受到宇宙自然的极隐秘之处,觉察到万物自然的极玄妙之地。老子之后的关尹学说归纳起来就是他的清静说,如我们在《庄子·天下篇》中所看到的那样:

---

① 《性命圭旨·本体虚空超出三界》(《天元丹法》),中国人民大学出版社 1990 年版,第 239 页。
② 项长生主编:《医药全书·汪昂》《勿药元诠·精气神》,中国医药出版社 1999 年版,第 309 页。
③ 僧肇:《涅盘无名论第四》。

  关尹曰:在己无居,形物自著。其动若水,其静若镜,其应若响。芴乎若亡,寂乎若清。同焉者和,得焉者失。未尝先人,而尝随人。

  可见,关尹主张心不为外物所扰,这和"道"清静空廓的状态是同样的道理。道家的另一位代表人物庄子也曾大力提倡"虚静"说。他指出:"惟道集虚;虚者,心斋也。"①认为只有凭借"心斋""坐忘""虚而待物",才能自致广大,自达无穷,契合妙道。魏晋时期的玄学传承了"老聃之清静微妙,宁玄抱一"②的审美观念,着力提倡"有以无为本,动以静为基"的有无动静说,认为"万物纷陈,制之者一;品物咸运,主之者静"③,强调通过审美静观以"含道应物""澄怀味象"。指出只有通过静穆的观照才能与自然万物相契合,与道合一。正如嵇康在《养生论》中所指出的,"夫至物微妙,可以理知,难以目识",只有保持"无为自得"的心境,才能达到"体妙心玄"的境域。也就是说,要在审美活动中体验到万物本体的"道"的宇宙精神,我们首先要使自己的心灵"清新洁净",进入"心与物绝"的虚明空静的状态。这样的一种恬淡静泊,才是一种自由愉悦、空虚明静的心境,只有有了这样的心境,才能实现对"道"的体悟。同时,它也是一种至高无上的审美境域,在这样的一种境域里,我们对于任何事和物都无着、无执,这样的一种宁静,不是无生命的死水,而是明了一切后的轻松和愉悦,这时候的我们,自在地翱翔其间,保持着自己最本真的生命状态,在刹那间得见永恒。

  同样,道教首先要达到的审美境域也是这样的一种状态,这一点,我们从道教的神谱中可以看出来。道教最早也是最有系统的谱系,是南朝梁代著名的道教理论家陶弘景所撰的《真灵位业图》,而处于这个谱系最顶端的便是"三清"。"三清"的含义包括两个:既指道教最高的三位神仙,也指三位天神所居的胜境,他们分别是:玉清圣境的原始天尊,上清真境的灵宝天尊,太清仙境的道德天尊。虽然在当时还有其他的一些道教派别对三位天神的确定不尽相同,但是他们都共同承认确实有这"三清圣境"。与陶弘景同时代的沈约在《酬华阴陶先生》一诗中写道:"三清未可觌,一气且空存,所愿回光景,拯难拔危魂,若蒙丸丹赠,岂惧六龙奔。"他还在《桐柏山金庭馆碑》中写道:"夫三清者,若夫上元奥远,言象斯断,金

---

① 《庄子·人间世》。
② 嵇康《卜疑》。
③ 转引自皮朝纲、李天道、钟仕伦:《中国美学体系论》,语文出版社1995年版,第152页。

简玉字之书,元霜降雪之宝,俗士所不能窥……"这段话除说明"三清""未可觌""不能窥"之外,也为我们描绘了一幅这三位地位最高的神仙所处的那样一种静泊空寂的状态,这一点从这"三境"中都有的"清"字可看出来。"清"乃是一种清静、安静的情形,不仅是指"三清"所处的环境,也是表明神仙们可以达到的最高境域。神都如此,何况这些凡夫俗子,更是对这样的一种境域汲汲渴求。道教正是要为我们营造出这样的一种境域,以期激发起人们的无限向往与追求。

其实,在道教的方术中也体现出了这种审美的境域。"心斋""坐忘"虽然是庄子提出来的,但是在道教中却得到了很好的贯彻和执行。内丹、外丹修炼的首要条件便是要求内心宁静息虑,而外界的环境也应该是安静清幽的,在自然之美的熏陶下,有利于人们的修真养性。而一旦修炼入静,达到了这种恬淡静泊的审美境域,那么人便会产生一种异样的感觉,就好像身处于山林之中,尽管山中有鸟飞,有泉流,但是我们不为所动,始终感到安乐祥和。所以,当人们身处这样的一种境域时,就会很容易地把它表现到艺术中。《庄子·天道》中说:"夫虚静、恬淡、寂寞、无为者,天地之平,而道德之至。"①道家道教"虚静无为"的人生理念影响了中国传统艺术家人生方向的抉择。中国艺术家追求纯真自然本性的生活,力求做到身心最大限度的自由,此种生活境域即是庄子"逍遥游"生活方式的最好印证。庄子哲学并非只限于阐述人世间某一种理想生活模式,而是要求彻底摆脱人世间的种种枷锁,获得整个人生完全的自由与解放,这与中国传统艺术家的生活追求可谓异曲同工。中国传统艺术家的杰出代表嵇康说:"目送归鸿,手挥五弦,俯仰自得,心游太玄。"此话可以看作是对中国传统艺术家人生追求的最好表白,即通过自身所钟爱的艺术创造形式来实现心灵、情感的超越,实现超世俗、超功利的人生品质和精神自由。这是一个由外向内的长期炼养过程,类似于道教"得道成仙"的证道修行经历,同时,这种超越也体现了道家道教注重心性,强调"内省性"的民族特色。

在艺术的创作过程中,主体需要一种解脱羁绊,放任自由的精神状态,需要物我交融,天人一体的心灵体验。这种状态和体验,通过心斋、坐忘、内丹等静坐功夫是比较容易达到的。徐复观的《中国艺术精神》中提到,苏轼称赞文同的画竹是胸有成竹,他在《书晁补之所藏与可画竹》之一的诗中说:"与可画竹时,见竹不见人。岂独不见人,嗒然遗其身。其身与竹化,无穷出清新。庄周世无有,谁知此凝神。"徐分析说:"因为是虚静之心,竹乃能进入于心中,主客一体。此时不仅是竹

---

① 《庄子·天道》。

拟人化了,人也拟竹化了。此即《庄子·齐物论》中的物化。"①这也能解释何以有些好的艺术作品是产生在饮酒微醺或酒醉之时,因为微醺到酒醉之时,正是纵其心、放其情、心灵得解脱,思路任翱翔之际,物我交融,天人合一,像入静一样,所以才能产生脍炙人口的"丙辰中秋,欢饮达旦,大醉,作此篇兼怀子由"的《水调歌头》。绘画史上则有萧照画壁的故事,传说宋高宗赵构在西湖孤山筑一凉堂,下诏要他画四壁,萧照索酒四斗,起更时,饮酒一斗,画壁一堵,到了四更,酒尽画成,时人赞叹不已,这是借酒来说的。再如:唐代画家张璪作画,"员外(指张璪)居中,箕坐鼓气,神机始发。其骇人也,若流电激空,惊飚戾天,摧挫斡掣,撝霍瞥列,毫飞墨喷,捽掌如裂,离合惝恍,忽生怪状。及其终也,则松鳞皴,石巉岩,水湛湛,云窈渺。投笔而起,为之四顾,若雷雨之澄霁,见万物之情性。观夫张公之艺,非画也,真道也"。② 这段文章把道教追求的第一层审美境域和艺术创作的关系揭露得明明白白。而当我们在欣赏具体的艺术作品时,常常会看到具有道教此种思想的意境。比如在欣赏中国山水画时,画中常有仙人及隐逸之士,云雾飘渺,傲崖苍松,茂林修竹,猿啸鹤舞,给人以脱俗超尘之感,用自然之美以澡雪精神、陶冶恬淡之情操,诱人摆脱尘世纷扰,寻觅优美之仙境,同时亦赋予了山水自然以灵性,促进艺术意境的深化、哲理化。

在道教的修养中是很讲究"虚静"之说的,道教史上的很多有名的道士都曾经对此有过论述。如南朝著名的道士陆修静在《洞玄灵宝斋说光烛戒罚灯祝愿仪》说:

> 能静能虚,则与道合。譬回逸骥之足,以整归真之驾。严遵云:"虚心以原道德,静气以期神灵。"此之谓也。③

虚静既是一种修养论,是斋法活动中力图达到的理想境域,又是一种道体论,是大道本体的存在方式。就其思想逻辑而言,也唯其虚静是道体的存在方式,所以才能够作为修养的目标。如其著《洞玄灵宝五感文》述上清派"遗形忘体,无与道合"之斋法,释云:

---

① 徐复观:《中国艺术精神》,华东师范大学出版社2001年版,第222页。
② 《唐文粹》卷九十七《江陵陆侍御宅燕集,观张员外画松石序》。
③ 《道藏》第9册,上海古籍出版社2003年版,第822页。

> 道体虚无,我有故隔,今既能忘,所以玄合。①

虚静或者虚无,与《道教义枢》所引述的"虚寂"同义,是陆修静结合于修养所敷阐的道体论。这种道体论思想,就陆修静本身的思想特征而言,道体虚静或者虚寂,并不意味着修道必须以寂灭为归趣,要离绝尘寰、超渡到彼岸世界,而是要以虚静的自我修养,行利益于现实的仁行功德,在道德仁三位一体的实践中修道得道。如说:

> 夫道者,至理之目。德者,顺理而行。经者,由通之径也。……夫道三合成德,自不满三,诸事不成。三者,谓道德仁也。仁,一也;行功德,二也;德足成道,三也。三事合乃得道也。若人但作功德而不晓道,亦不得道。若但晓道而无功德,亦不得道。若但有道德而无仁,则至理翳没,归于无有。譬如种谷,投种土中,而无水润,何能生乎?有君有臣而无民,何宰牧乎?有天有地而无人物,何成养乎?故曰:"三生万物。"②

隋唐时期有名的道经《海空经》中更为详细地阐明了"虚静还源"这一道教传统教义,宣称听信此海空智藏经法,"得转法地无碍之处,解脱清静,去来往返,得合道真"③。道教以老子形而上的"真"为修持圭臬,修持即返璞归真,但修持有圭臬,以"真"为本,就不能说是不"作决定心"。"虚静还源"是魏晋以降修炼者流的一贯说法,根据《本际经》及成玄英等无本可返的观点,"还源"是不可能的,这里反映出佛教个体论哲学对道教的深刻影响。但随着重玄学的继续发展,老子的本源论哲学作为"原教旨",又在重玄学中占了上风。众生世界有本元,则修持有旨归,因为本元虚静,所以修习亦以虚静为根趣,这是高宗朝重玄学旨趣的转化。从某种意义上说,这种转化是向老子道论的复归,只不过经历了双遣有无的思想历程,复归到了更高的层面,反映到"静"的思想上,就是将"静"看作超绝有无对方的极高境域,而不只是与运动着的具体事物相对立的虚无之静寂。如《海空经》说:

---

① 《道藏》第32册,上海古籍出版社2003年版,第620页。
② 《洞玄灵宝斋说光烛戒罚灯祝愿仪》,《道藏》第9册,上海古籍出版社2003年版,第823页。
③ 《海空经》卷七《平等品》。

静有二种,一者有静,我念精微,常念静行,一乘海空;二者空静,思念如海,常念静行,即存守一,次以入空,得空道门,方得玄原,了究竟静。即静诸分,尽有归空,亦空于静,亦静诸法,如是演说,理空真空……若利法子,虚静还源,成我弟子,既静且常,得道常存。①

万物兴作必复归于灭寂,在自然大化面前,人的一切造作营为都改变不了这个大自然的常规,所以认识到这个常规的明哲之士当守虚静。

在道教看来,道是空虚寂静而神通广大的("神用无方""通生无匮"),由于人心"以道为本",本来是合乎道的,但因"心神被染,蒙蔽渐深,流浪已久,遂与道隔"②。如果能净除心垢,使之恢复本来的虚静,就能成为得道的"大人"或"神人",就能往通仙境。得道成仙便是外生死,极虚静,超脱自在,不为物累,在仙境中过仙人生活。正如《楚辞·章句》中所描绘的,"漠虚静以恬愉兮,澹无为而自得。闻赤松之清尘兮,愿承风乎遗则。贵真人之休德兮,美往世之登仙"。人最佳的精神状态就是如神一样的精神清明,使精神处在一种虚静的状态,心中一片空白,无所思、无所虑,不论外界的刺激多么强烈,也不为所动,使其无可乘之机,使我们永远处于一种自由安静的状态。

第三节　道教的人格修养

自古以来,中国文化就有重视自我修养的传统,早在上古《尚书》《周易》等文献中,就出现了阐述修身的理论。如《周易》说:"君子进德修业。忠信,所以进德也;修辞立其诚,所以居业也。""君子安其身而后动,易其心而后语,定其交而后求。君子修此三者,故全也。""善不积不足以成名,恶不积不足以灭身。"③在《尚书》中则倡言:"慎厥终,修思永。"认为"满招损,谦受益,时乃天道"④。因而要求人们慎修其身,思为长久之道,并且要多自儆戒,谦以戒骄。《尚书》中还谈到大禹之贤德,得其于修身之道:"帝曰:来禹,降水儆予! 成允成功,惟汝贤;克勤于邦,克俭于家,不自满假,惟汝贤。汝惟不矜,天下莫与汝争能;汝惟不伐,天下莫与汝

---

① 《海空经》卷七《平等品》。
② 《坐忘论·收心》。
③ 《十三经注疏·周易正义》本,第3、39、76页。
④ 《尚书·大禹谟第三》,《十三经注疏·尚书正义》本,第26、25页。

争功。"①如此等等。此外,先秦时期的诸子学说在这方面给予了极大的丰富和发展。到了汉代,有关这方面的文献更是十分丰富,并且更加重视自我修养在人生和社会中的重要意义。譬如《淮南子》说:"修其所有,则所欲者至。……舜修之历山,而海内从化;文王修之岐周,而天下移风。使舜趋天下之利,而忘修己之道,身犹弗能保,何尺地之有?"②这些都显示出我国重视个人自我修养的文化精神和文化传统。

产生于中国本土的宗教——道教,其宗教理想的主要内容是神仙理想。但是,道教却从未把它的目标仅仅局限于生命不死,而始终把在有限的时间内实现无限的人生价值作为追求的最高目标,同时,把"救人"与"救世"的理想合二为一,把修道德和求神仙放在同等重要的地位。所以,在神仙道教看似繁复、庞杂、荒诞的外部现象背后,我们能够找到它真正的本质,即对于社会、人生所持的价值观。道教要求信奉者们以自我的修养为人生第一大事,大到死生之事,小到日常待人接物,尽在其中。以道德正义作为评判人生价值的依据,积德行善被作为获致生命永恒的唯一途径,颐养天年之事也是"修"之于此,以期"得"之于彼之道德修养的一个重要组成部分。因此,在道教徒们看来,道教的伦理实践和人格修养是由世俗通往神圣的必不可少的阶梯。

一、守静养性的养生之道

在前面我们已经说明了道教是一门极重视肉体生命存在发展的宗教,在道教徒看来,人的生命是最可宝贵的,因此,人生最大的目标应该是努力去养护、珍惜、发展生命本身。在道教信仰中,所谓"道",就是在养生的基础上致长生,我们至今可以看到在四川青城山等不少道教宫观中还立有"道在养生"的石碑牌坊。在道教的经义中我们也能看到一套完整的养生术,道教养生思想,是指道教徒在长期养生实践中所形成的基本哲学思想体系和思维模式。它代表和反映了道教作为一个古老的民族宗教对人的生命、人与自然关系、精神与肉体的关系、动与静的关系等一系列问题的基本认识和态度。事实上,道教养生思想也可以说是道教思想和哲学的主干和特色所在,同时,它也代表着中国传统养生思想的基本内容。因为"中国传统养生文化在历史上主要是由道教养生家的推动而发展的"③。通过

---

① 《尚书·大禹谟第三》,《十三经注疏·尚书正义》本,第24页。
② 《淮南鸿烈解·诠言训》,《道藏要籍选刊》第五册,第112-113页。
③ 卿希泰:《道教与中国传统文化》,福建人民出版社1990年版,第384-385页。

养生,从而达到一种自我道德的完善。

道教养生思想的内容非常丰富,涉及的范围广泛,包含着深刻的哲学和美学思想。这些内容不仅满足了大量下层的普通市民渴望长生不老、强身健体的愿望,也对那些处于上层的期望超越生命、实现人生价值的士大夫们有着很强的吸引力。而这些文人士大夫们的参与其中,又使道教崇尚清心寡欲的养生术得到了很大的发展,成为了道教理论中至今仍焕发着生命力的部分。回顾中国道教史,我们会发现对于道教中粗浅鄙陋的斋醮、符咒、法术,文人士大夫们大都非常鄙视。尤其是在他们耳闻目睹了各种各样的幻术、符咒,经历了五花八门的斋醮仪式,看到了服药炼丹的各种不良后果以后,这些充满理性精神的士大夫对这些东西产生了深深地怀疑。充满了狂热情绪的宗教仪式和迷信活动,和士大夫特有的生活情趣相违背,道教中巫觋的成分越来越受到他们的鄙视。中唐以后,糅合了老庄、佛教思想,主张清静养性的道教一支逐渐壮大起来,它那富有哲理,充满着高雅脱俗的情趣,不仅仅可以作为自然清高的外在生活方式,还可以排遣忧烦,疏解心理,使身心怡悦,因而在士大夫那里,它仍是颇有市场的。士大夫们都把这一部分思想与方法视为道教的"精华",把王玄览、司马承祯、施肩吾等所代表的向老庄归复、与禅宗合流、强调守静养性炼气的一派思潮视为道教的"正宗",作为人生不得意时的"隐遁之所",作为精神空虚时的"寄栖之处",作为平时清雅生活的方式或养生炼形、以及修身保命的绝妙良方。因此,我们可以认为,道教心性清静,寡欲寂泊的养生全性之道实际上就是中国士大夫们进行人格修养的一项极为重要的内容。

老庄思想的核心是清静无为。老子的恬淡寡欲,抱元守真;庄子的"抱神以静,形将自正,必静必清,无劳女形,无摇女精"表达的都是这样的意思。清静无为既是人生的一种情趣,又是一种空灵澄澈的心境。我们人在大千世界上生活就会有欲望,但这欲望会导致无数的灾祸,《老子》说,最大的祸就来自欲得,最大的咎就来自有私,因为有了私欲就会有所追求,有所追求就有纷争,有了纷争就有可能失败乃至于杀身亡国,因此,"少私寡欲,见素抱朴"才是人生应该追求的理想境域。同样,人在大千世界上生活就会有思虑,但这种思虑就会导致无数的烦恼。《老子》说,人应该像婴儿一样,抛弃智慧与感觉,五色五声五味只会使人目盲耳聋舌滞,使人心中不得安宁,智慧只能给人带来痛苦,使人心中永远烦躁和焦灼,因此,混沌如婴儿,宁静如止水,才是人最好的心理境域。这种思想作用到道教里,便表现为道教的养气守神之法,如道教早期的经典《太平经》说:

> 养生之道,安身养气,不欲喜怒也。人无忧,故自寿。

南朝人《养性延命录·序》说:

> 人所贵者,盖贵于生,生者神之本,形者神之具,神大用则竭,形大劳则毙。若能游心虚静,息虑无为,候元气于子后,时导引于闲室,摄养无亏,兼饵良药,则百年耆寿是常分也。

唐人《摄养枕中方》说:

> 养性之士,不知自慎之方,未足与论养生之道也。而最好的养生,一是"勿与人争曲直",二是知晓"服药禁忌",三是导引,四是行气,五是守一。

宋人《至游子》卷上《玄轴篇》也说:

> 心劳神疲,与道背驰,冥心湛然,乃道之几。

人们认定,一个人如果奔竞浮躁、汲汲以求,在生活情趣上就格调不高,在心理境域上也就不够澄澈清净,在生理上也就一定是难免"夭伤"的。反之,一个人无欲无求,少思少虑,退避自守,那么,在生活情趣上就格调高雅,在心理上就一定能清静空灵,在生理上也就一定能长寿。这样一来,道教在道家思想的基础上,就把心理—生理—人生哲学连在一起,把心理平衡—延年益寿—生活情趣融成了一团,构成了一个同构互感的体系。

这种把心理上的清静虚明、无思无虑与生活上的自然恬淡、少私寡欲当作养生之术的基础理论在唐宋以来成了道教的主流哲学,它和禅宗"坐禅入定"的方法同样是有联系的。我们都知道,禅宗要求人们"彻悟自心清净",所以有一套摒虑静思的方法,如禅宗北宗的"凝心入定,住心看净,起心外照,摄心内证"[1],禅宗南宗的"起真正般若观照,一刹那间,妄念俱灭"[2],都是一种在内心中寻求空明宁静境域的方法。吸收了禅宗的理论与实践模式的道教,同样也在心理上寻求一种空明宁静境域,因此也有一套与禅宗相类似的修炼方法。但是,禅宗寻求自性,追求

---

[1] 宗密:《禅源诸诠集都序》卷二。
[2] 《坛经·般若品第二》。

的完全是一种自我心理体验,得到一种透明澄澈的喜悦与解脱感,而道教这一套方法却不仅仅是心理上的体验,而是要通过达到这种心理境域而求得肉身的永恒。所以,它不只有心理体验的方法,还有一套养气行气的方法,不只是求精神的解脱,还要求得肉体解脱。这样一来,"静"和"空"就成为了道教修身理论中的重要内容,其把向外觅求,借助鬼神之力、丹铅之力变为了向内探索,要使自己在心理协调中获得生理的健康。如唐代中期著名的道士施肩吾有一篇《座右铭》,说明他自己的"养性"和"养生"之道:

> 心澹而虚,则阳和集,意躁而欲,则阴气入。心悲则阴集,志乐则阳散。不悲不乐,恬澹无为者,谓之"元和"。

简单说,就是对外界沧海桑田、天翻地覆一概不闻不问,不悲不喜,"我气内闭,我心长宁","清静无为,不以外物累心",保持心理的平衡即欲念平息、情绪稳定。据施肩吾说,修道须过三静关,"陶冶神气,补续年命"[1],或掩关一百天,或二百天,或三百天,经过这种静默自守,便是"元和"了,而保持了"元和"便可"神全而守固"——获得生理上的健康与长寿。

这种既像老庄、禅宗,又不是老庄、禅宗的人生情趣、心理境域和生理状态的综合,构成了唐宋以来道教哲学的基本内容,成为了中国士大夫们的人生理想之一,而守静养性也变成了他们对于自己人格的一种自觉修养。

那些士人道士们,他们都受到过儒家学说的影响,所以他们一方面恪守着传统的人生价值观,希望通过仕进的方法,尽忠尽孝,从而获得社会的认可,"名垂青史",使个人在心理和生活上获得满足,在社会生活中实现自己生命的价值。但是在另一方面,士大夫们的知识分子身份,使他们不像常人那样可以混混噩噩地度过一生,他们常常忧患于生命的短暂,世事的无常,在死亡面前,任何的荣辱富贵不过是过眼云烟,一枕黄粱。在这一点上,道教与老庄相同。我们看到的庄子与骷髅的那段对话,其实正是对生命短暂无可奈何,痛定思痛后的反语,也是对生存与快乐,包括精神自由的强烈向往与追求!在这种意识的支配下,中国的这些士大夫们分外珍惜这生命的价值,而最基本的就是要在这有限的生命历程中充分地、自由地舒展与满足人的天性。如陈子昂见中岳真人便临霞咏慨,拊膺叹息,常谓烟驾不逢,羽人长往,表明了潜藏在心灵深处的生命意识、生存欲望的萌动。元

---

[1] 《述灵响词序》。

人说得更为明白：

> 人之生也，寓形于宇宙间，观光景之迅迈，犹驹过隙耳，而举世营营役役，未至于死则未有休息之期……吾观古之达者，避名遗荣，土金芥玉，澹泊以自持，逍遥乎无为，中心诚有慕焉。[①]

在有限的生存岁月中充分地享受自由、乐趣，摆脱羁绊与束缚，使自己在精神上与宇宙融为一体，进而达到精神上的永恒境域。所以，士大夫们希望生活得更轻松、更自由、更高雅一些。在中国士大夫心里，闲云野鹤的生活情趣与宁静恬淡的心理境域一直有很大的吸引力。从老、庄开始，这种似乎摆脱了世俗束缚的自在境域就一直是文人们所私心倾慕的。入世做官，光宗耀祖固然不错，但恰恰由于它使人受到了外在桎梏的束缚，使人感到了自我的丧失，因而它被视为"俗"的道路，我国一直以来的传统价值观念过分地夸大了这条道路的正统性，又使士大夫们常常会不由自主地产生一种厌恶感与逆反心理。故士大夫常常处在这两种心理的扭结之中，时而入世的冲动使他们很想"致君尧舜上，再使风俗淳"，恨不得"乘长风破万里浪"，干出一番惊天动地的大事业来，时而出世的欲望又使他们去追寻精神的轻松、自由、闲适。当我们在读中国文人诗，看中国文人画的时候，常常能感觉到这样一种士大夫的情趣，仿佛他们时时都在向往着与静谧的山川溪石融为一体，在松风明月之中，人与大自然在静静地进行着心灵的交流，在这种荣辱俱忘，心随景化的时刻，啸吟歌咏，一觞一饮，与闲云清风一样，轻盈闲适，任意东西，与山鹿野鹤一样，自由自在，无拘无束。特别是当他们隐居山林，高台对月，溪涧悬钓，幽室听琴，禅榻高卧，晨风夜雨的时候，这种在宁静闲适中归复自我的愉悦便格外强烈。他们觉得这不仅仅是一种内在的享受，更是一种人品清雅的外在标志。因此，当他们被世俗纷争搅得头昏脑胀，深感厌烦的时候，当他们被社会抛弃，感到痛苦与失望的时候，他们就愈加向往这种生活。在这种生活中恰恰包括了少私寡欲的生活，清静虚明的心境与健康无疾的生理状况这三个方面，和道教自然恬淡、清心寡欲的生活情趣十分吻合，士大夫们仰慕道士们那种"静坐诵《黄庭》"，"焚香独看经"的生活方式就十分自然了。这样的一种心理境域和生活情趣，是中国传统士大夫深受老庄、禅宗的人生哲学影响的结果，道教所给与他们的除了这两方面以外，还在于通过这样的心理境域和生活情趣，去获得一种神清气

[①] 转引自葛兆光：《道教与中国文化》，上海人民出版社1987年版，第315页。

朗的生理状态。

唐宋以后的道教特别注意这几方面的结合:强调"性功"(心理保健与精神锻炼)对于"命功"(肉体锻炼)的意义;把精神的恬然闲适与心理的虚融清静视为"导"(呼吸吐纳等气功)与"引"(五禽戏八段锦等体操或拳术)的基础;同时又把饮食、起居、行止、房事等方面也依照感觉上的相似排列为对立的两组,节食、素食、少睡、早起、节房事等算是"清静"一类,对生理健康是有好处的,相对应的暴食、荤食、贪睡、晚起、多房事等算是"浑浊"一类,对生理健康是有害的。如在《胎息秘要歌诀》中就说到"饮食所宜"是"丹粥朝夕渴自消,油麻润喉足津液,就中粳米饭偏宜,淡面馎饦也相宜",而"饮食所忌"则是"荤食腥血、时饥时饱、生硬冷食、酸辣咸辛"。① 所以,这种"养生之术"要求人们在生活上、心理上、饮食上、起居上都保持恬淡、虚融、清静、朴素。现代的科学证明,道教所提倡的这些养生医学是十分正确和有益的,这是道教对中国传统文化独一无二的贡献,也是道教养生术经历数千年来依然有着蓬勃生机的重要原因。

总结起来,道教守静养性的养生之道是为人生的,它印证了道教经文中那句有名的"我命在我不在天!"这一口号首见于《龟甲文》,葛洪《抱朴子·黄白》篇曾经引用,此后在历代道教养生论著中反复被提及。如魏晋时的《西升经》说:"我命在我,不属于天!"宋代《云笈七签》卷56引《仙经》:"我命在我,保精受气,寿无极也。"清代柳华阳《慧命经》也一再重复这一口号。这些正说明了这句口号所宣扬的精神贯穿于道教养生发展史的整个过程当中,这种精神的核心在于最大限度地发挥人的主观能动性,去追求自我生命的发展,获得生命的超脱与自由。人的主体性和人的自由解放,是千百年来人类梦寐以求的理想,也是道教追求的终极目标。人类受自然命运、社会命运的折磨,总是处于被动者、承受者的地位,道教却从操作、信仰的层面上向这一命运提出了有力的反驳。齐梁陶弘景在《养性延命录》中引《大有经》说"夫形生愚智,天也。独弱寿夭,人也。天道自然,人道自己。始而胎气充实,生而乳食有余,长而滋味不足,壮而声色有节者,强而寿。始而胎气虚耗,生而乳食不足,长而滋味有余,壮而声色自放者,弱而夭。生长全足,加之导养,年未可量",这段话,阐明了道教"我命在我不在天"的含义和道教养生观的真谛。而在长达几千年的中国传统社会中,由于知识分子的特殊身份和他们的文化修养,使他们在本根上对于这样的主体性精神有着强烈的认同感。所以,在看似清静无为的养生术的背后,我们看到的是一种对于生命自由、生命热情的积极

---

① 《道藏》洞真部玉诀类。

呼唤与回归，我们完全可以感受到封建士大夫们期望通过自己的人格修养确立自我的主体性地位，从容不迫地应对人生各种挑战的愿望。

二、以忠孝为内容的道德修养

道教的一个重要特点就是它内容的驳杂，来源的广泛，除了位于主体的道家思想、神仙方术、鬼神传说以外，儒家学说也是它的一个重要来源，尤其表现在道教所提倡的伦理道德方面。众所周知，儒家思想以阐发我国古代社会固有的传统伦理道德理论为核心，在封建社会讲求三纲五常。老庄道家学派是反对孔孟所倡导的"仁义礼智信"的，而道教则相反，其吸收了儒家的"忠孝"观念，并加以神圣化，融为道教基本义理内容，作为制订规戒，建立宗教道德体系的依据，并且成为了个人自我完善的一项准则。我们翻开道教的许多经义，都会看到这样的内容。《太平经》卷九十六中说到："子不孝，弟子不顺，臣不忠，罪皆不与于赦。"卷一百十："天下之事，忠孝诚信为大，故勿得自放恣。"《老子想尔注》也说："道用时，臣忠子孝。"把社会伦理道德观念和作为道教根本信仰的"道"紧密联合了起来。晋代著名道教理论家葛洪《抱朴子·自叙》说："欲求仙者，要当以忠孝和顺仁信为本。若德行不修，而但务方术，皆不得长生也。"传说中的吕洞宾也常常告诫道士："孝弟忠信为四大支柱，不坚其柱而用心，椽瓦何能成得大厦？"[①]道教之所以会如此地宣扬忠孝，有着多方面的原因。

首先，和道教的组织形式分不开。我们都知道，道教组织是一种社团的组织形式，在有着共同信仰这个前提下，聚集了一大批的信徒。作为社团组织，无论是早期的道教团体，还是后来分化出来的各种教派，它们当中实际划分成了不同的部分，每一个成员都应该各司其职，这一点从称呼上可以表现出来。如教主、师父这一类的人物，他们要管理教内的日常事务，也要积极谋划教派的发展，实际是领导者的身份；那些普通的教民和弟子们则是在领导者的分配指挥下完成一些具体的工作，是被领导者。那么，领导者就要考虑怎么样来管理好这么一大群人，怎么样使他们自觉自愿地遵守教规，这个时候他们便借鉴了国家管理的方式。

国家对于人的管理就是确定规范，强制性的规范便是法律，稍微温和的便是道德规范，和前者相比，后者的意义更为深远。每一个生活在社会中的人，他往往表现为两种身份：一种是社会人，另外一种则是相对而言的个体人。作为社会人，他时时刻刻与社会上的他人发生着各种各样的联系，有着为社会所赋予的某种职

[①] 《云巢语录》(《道藏辑要》壁集三册)。

责和义务。比如说,农民的责任就是种好田,为其他职业的人们提供生活所必需的粮食,相应的,他也会享有一定的权利,如他也会获得与他的劳动同等的报酬,用来购买粮食以外的各种日常用品,这些又都是其他职业的人通过劳动生产和创造出来的,每一个生活在社会中的人无不是如此。这样一来,整个社会就成为了一台有着众多零件的机器,它的正常运作离不开它的每一个部件,这便是个体作为社会人的内涵。要使每一个人明白自己的义务,固然离不开强制性的法律,但是要让他们真正从意识上自觉地执行,确定一种道德上的规范却是更为必须的。在中国古代的封建社会里,由于儒家思想的影响,所有道德规范确立的宗旨都是为了服务王权,自然而然,每个立足于社会的人,他首先要遵守的就是对王的"忠",所谓"普天之下莫非王土",这样,全天下的人也都是皇帝的臣民了,就都应忠于王权。在构成社会的每一个家庭单位中,同样也要体现这样的一种等级制度,家庭里的"王"便是父,所以要"孝"。这"忠孝"二字在中国古代社会中,可以说是每一个人从呱呱坠地起就应该遵守的规范,它们不仅被载于律令当中,而且也得到人们自觉地执行。在时间的流逝中,这种印象不断加强,人们在不知不觉当中把它作为了自己人格修养的一项重要内容,以忠孝为核心的伦理社会便建立起来了。在封建君主制的国家里,这样的伦理制度有其合理的部分,它使整个社会被有效地整合起来,只有社会安定下来,才谈得上国家的发展。同样的道理,道教只有管理好了教派内部,才能以期在将来继续扩大和发展。而在当时的历史条件下,道教唯一可以借鉴的便是封建国家所推行的这一套儒家的道德规范制度,所以,在这个意义上,道教很自然地就接受了儒家以"忠孝"为主的伦理思想,并把它作为进行内部管理的重要舆论手段,进而成为每一个道教徒安身立命之根本。

其次,道教作为一个中国土生土长的宗教,它就不能不受中国传统文化精神的影响。儒家的观念对于中国来说,早已不仅仅是一种学说,而是渗透到传统文化每一根毛细血管的血液了,它深深地扎根于中国文化土壤,又有力地牢笼了中国文化的每一个领域。因此,凡是从中国文化土壤中产生的思想学说、宗教流派,都无一例外地带有这一文化精神的痕迹。道教也是这样,它自觉地担负起了社会教化的职责,强化了以忠孝为轴心的封建伦理,同时,这也是一种自我道德情操的维护和提高。道教认为人的一切言行,均应以儒家阐扬的伦理纲常为准则。《玄门报孝追荐仪》:"三纲五常乃立人之本,孝道之大,至于日月为之明,王道为之成。"不仅如此,道教据儒家"天人合一"说,更进而认为日月星辰运行及一切自然现象,也无不遵循道德纲常,如《太平经》卷九十六说:"天地乃是四时五行之父母也,四时五行不尽力供养天地所欲生,为不孝之子,其岁少善物,为凶年。人亦天地之子也,子不慎力养天地所为,名为不孝之子也,故好用刑罚者,其国常乱危而毁也。万物者,随四时五行而衰兴,而生长自养,是其弟子也,不能尽力随其时气而生长实老,终为不顺之弟子。"又说:"风雨者,乃是天地之忠臣也。受天命而共行气,与泽不调均,使天下不平。比若人之受命为帝王之臣,背上向下,用心意不调均,众臣共为不忠信,而共欺其上,位天下汹汹多变诤,国治为之危乱。"在这里,孝、忠已不仅是人世社会的道德准则,而是扩展到了整个宇宙,四时、五行、风雨、万物。人都必须遵守"忠"和"孝",违反了便会使宇宙、国家凶危。还说:"一身之内,神光所生,内外为一,动作言顺,无失诚信。五神之内,知之短长,不可轻犯。"宇宙有神灵,人身中亦有神灵,"天人合一""天人感应",神完全知道人的言行是否符合道德。这样,从宇宙到每个人的内心,都必须遵循三纲五常这个纲纪。

　　道教十分维护儒家所倡导的封建伦理道德,除了从作人、处世的角度一般强调要遵循外,还与宗教修持结合起来,依据伦理道德还而制订了具体的清规和戒律,守之则为积善功,违之则为积罪孽,功行圆满可以长生成仙,罪孽深重则将遭神谴与惩罚。如《十戒》中第一戒便是"不得违戾父母师长反逆不孝",第三条戒便是"不得叛逆君王,谋害家国"。《太上洞玄灵宝消魔宝真安志智慧本愿大戒·礼经祝三首》中说:"太极真人曰:学升仙之道,当立千二百善功,终不受报,立功三千,白日登天。"道教的规戒种类很多,律条有简有繁,制约有松有紧,有所谓皈依、皈身、皈神三戒,积功归根五戒,八戒、十戒,名君二十七戒,一百八十戒、三百大戒,等等,内容均不外是以维护封建伦理道德,特别是三纲五常观念的地位,这在社会观念上便加强了儒家道德学说的神圣性、权威性。这样一来,在儒家思想占统治地位的封建时期,道教学说受到了封建统治者的认可和重用,便不会受到统治者正面的打击,这也从另外一方面促进了道教在中国漫长的封建社会中的发展。

　　最后,我们还要来看看道教本身的一些特点。在对待现实生活时,道教的态度集中体现为它清静无为、避世养生的遁世思想。作为道教教主的老子,其学说的精髓在一个"反"字,老子说,"反者,道之动";"进道若退,明道若昧"。而遁之大义,即在退世,这完全合乎老子的逆反为道的哲学。道教的修仙逻辑,正是在于:从现在的存在情态出发,"损之又损,以至于无为",即是一条必将得仙的、一步比一步更为宽广的通仙大道,此乃道教遁世哲学之实质所在。这里似乎产生了一个问题:社会伦理中"忠"的观念,同道教遁世的观念存在着某种冲突。但是事实却不是这样的,道教的信徒们不是无视君主国家的无政府主义者。葛洪就曾经驳斥那种认为"隐遁之士则为不臣"的观点,指出:

何谓其然乎！……"率土之滨，莫匪王臣"可知也。在朝者陈力以秉庶事，山林者修德以厉贪浊，殊途同归，俱人臣也。王者无外，天下为家，日月所照，雨露所及，皆其境也。

今隐者洁行蓬荜之内，以咏先王之道，使民知退让，儒墨不替，此亦尧、舜之所许也。①

此言揭示出道教社会伦理的实质，乃是遁世主义与顺世主义的矛盾统一。道教信徒是现实社会中活生生的人，因此，任何信徒都不可能真正逃脱社会伦理之网。在以"遁"的方式逃避世俗社会之种种绑缚的同时，他们还必须解决一个无法逃避的问题，那就是如何对待现实生活中之伦理责任和义务的问题。这就在"仙道"与"人道"之间，形成一种内在的矛盾，要解决这一矛盾，就必须以某种价值观为基础。面对这一问题，道教所提出的调和方法，就是要求慕求"仙道"之人，首先必须履行社会共同的"人道"伦理。

针对世俗生活中现存的家庭伦理规范，道教提出"父母之命，不可不从，宜先从之。人道既备，余可投身。违父之教，仙无由成"，先当"仁爱慈孝，恭奉尊长，敬承二亲"②。《洞玄安志经》就协调世俗忠孝仁信伦理与道教养生修仙之间的关系论述说："夫学道之为人也，先孝于所亲，忠于所君，悯于所使，善于所友，信而可复，谏恶扬善，无彼无此，吾我之私，不违外教，能事人道也；次绝酒肉、声色、嫉妒、杀害、奢贪、骄恣也；次断五辛伤生滋味之肴也；次令想念兼心睹清虚也；次服食休粮。奉持大戒，坚质勤志。导引胎息，吐纳和液，修建功德。"③如此则仙道可成。在此基础上，道教强调：人在道德实践中的主观能动性，将导致自我价值的上升，取得在自身命运中的主体性地位，从而在追求神仙理想的过程中自主自为，终得成仙。

道教的这种"道德"观念，不仅是一定社会人们的行为规范，而且是制约和驾驭宇宙一切的总观念，无所不包、无所不涵，天地人三个范畴都离不开"道德"的维系。"道"与"德"的内涵十分丰富，如在《太平经》中谈自然界的问题时，则"道"为元气，"德"为自然向化；"道"为天，"德"为地；"道"为阴阳，"德"为五行；"道"主

---

① 《抱朴子·外篇·逸民》，《抱朴子外篇校笺》本，第100—102页。
② 《无上秘要》卷十五"众圣本迹品"，《道藏要籍选刊》第十册，第35页。
③ 《无上秘要》卷四十二引《洞玄安志经》，《道藏要籍选刊》第十册，第144页。

生,"德"主养。谈到哲理与方技,则"道"与"德"又为真理、方法、技艺。谈社会问题,则为伦理纲常、社会风尚、个人品格等。总而言之,"道"是一切事物的本源,它无形无象,恍兮惚兮,无所不包,在《庄子·大宗师》中写道:"夫道,有情有信,无为无形;可转而不可受,可得而不可见;自本自根,未有天地,自古以固存;神鬼神帝,生天生地;在太极之先而不为高,在六极之下而不为深,先天地生而不为久,长于上古而不为老。狶韦氏得之,以挈天地;伏羲氏得之,以袭气母;维斗得之,终古不忒;日月得之,终古不息;堪坏得之,以袭昆仑;冯夷得之,以游大川;肩吾得之,以处大山;黄帝得之,以登云天;颛顼得之,以处玄宫;禺强得之,立乎北极;西王母得之,坐乎少广,莫知其始,莫知其终;彭祖得之,上及有虞,下及五伯,傅说得之,以相武丁,奄有天下,乘东维,骑箕尾,而比于列星。""道"是一种不可思议的巨大的神秘力量,一个人只要修"道"不懈,就可望进入一种神圣的境域,得道成为长生不死的"圣人""真人""至人""神人"。庄子举述了黄帝、西王母、彭祖等得道成仙后的情形以及得道者非凡的大能力及其所处的绝对自由的境地,这对后来道教修身成仙思想的形成奠定了基础,我们在道教中看到的那些呼风唤雨的神仙就是这样一类的得道之人。

对于每一个想要得道成仙的人来说,"道"这个东西实在太玄乎其玄,而更为便捷的方式就是"修德"。《老子》二十八章说:"故失道而后德",故而"德者,道之舍。物得以生生,知得以识道之精。故'德'者'得'也。其谓所得以然也。"[①]道家和道教的修身都要把用来容"道"之"舍"的"德"修养好。这样一来,自我的修养被赋予了社会性的价值,即"德"的意义。作为吸收"道"的神秘力量的人来说,同样应该具备很高的"德"的要求,人们应该竭力把这个"容道之舍"修养精致。在社会生活中,"德"的重要内容之一就是各种各样的伦理道德。

因此,欲行无为,先行有为;欲得"道",先修"德";欲修仙道,先修人道。这就是道教神学伦理与社会伦理相协调所得出的结论。道家的清修、出世思想和儒家的伦理纲常、入世思想在道教这里出现了一种奇妙的融合,不仅没有产生矛盾,而且还使道教能够历经千年而不衰,这不能不让人称奇。

三、趋善避恶的修行方式

在唐宋这个由政治上极盛到偏安一方的特殊时期,中国人的心理产生了巨大的变化,从而引起了文化上的一种嬗变,在这个过程当中,道教也发生了明显的变

[①] 《管子·心术上》,第 126-127 页。

化。除以斋醮、符箓、禁咒、炼丹等仪式和方法去迎合人们的生存与享受欲望的部分被继续保留外,道教还分化出了两个不同的方向:一支从佛教的哲理(主要是禅宗哲理)吸取养分,突出了道教中的老庄思想和养生思想,以注重自心自身的清静空寂、闲适恬淡为特点,向士大夫阶层渗透,受到了他们的欢迎;另外一支则和佛教中的因果轮回思想融汇,继承我国传统儒家的伦理纲常,突出了道教中的鬼神迷信与宗教伦理成分,以"善有善报,恶有恶报"为特点,逐渐地向民间渗透。对于世俗社会来说,那一套高雅、清俊的人生哲理没有太大的意义,不能为他们解决现实生活中迫切的生存问题。相反,宗教特有的鬼神观念和伦理道德中的善恶观点结合起来,成为了他们期望超越苦难现实的修行方式。其实,道教的这种分化从一开始就有,只是到了唐宋时期表现得更为明显。

正如道教要宣扬儒家的忠孝一样,对于善恶的倡导,它同样也是不遗余力的。如早期道教秘典《老子想尔注》便提倡行善积善,宣扬"道设生以赏善,设死以威恶","行善,道随之;行恶,害随之也"。不能积善行,"精气自然与天不亲,生死之际,天不知也";如能积善,"则其精神与天通,设欲侵害者,天既救之",可以长生久视。葛洪《抱朴子》卷三《对俗》引《玉钤经》说到:"人欲地仙,当立三百善;欲天仙,立千二百善",如果行了一千一百九十九善,最后偶然干了一件恶事,那以前的就一概不算,前功尽弃,得重头再来,而"积善事未满,虽服仙药亦无益也"。在北宋末年出现的《太上感应篇》第一句便说:"福祸无门,惟人自召;善恶之报,如影随身。"难怪乎,《红楼梦》中贾府二小姐贾迎春丢了东西,外面老婆丫头吵得一塌糊涂时,迎春"劝止不住,自拿了一本《太上感应篇》去看",还自我安慰式地说上一句:"我也没什么办法了,他们的不是,自作自受。"就是因为贾迎春在读《太上感应篇》时将自己与纷扰的外界隔开,以善恶作为标准,说一句"自作自受"来排遣内心的烦恼。《太上感应篇》说:

所谓善人,人皆敬之,天道佑之,福禄随之,众邪远之,神灵卫之,所作必成,神仙可冀。
一日有三善,三年,天必降之福。
一日有三恶,三年,天必降之祸。

道教当中讲的"善恶"可以说是对传统儒家新心性学说借鉴的结果。儒学之初,孔子未尝以善恶言"性",只说:"性相近,习相远也"①,近善习善则性善,近恶习恶则性恶,没有天赋人性之说。孔子之后,孟子讲性善,荀子讲性恶。孟子认为"性"是人生下来就具有的"仁义礼智"四端。《孟子·告子》说:"恻隐之心,人皆有之;羞恶之心,人皆有之;恭敬之心,人皆有之;是非之心,人皆有之。"《孟子·公孙丑》说:"恻隐之心,仁之端也;羞恶之心,义之端也;辞让之心,礼之端也;是非之心,智之端也。"既然有此善端,便应扩而充之,积善累德,为善人,为君子,为圣贤;否则就不足以事父母,就会成为恶人,成为衣冠禽兽。荀子主性恶,认为人之性是好利多欲,性中并无礼义,《荀子·性恶》说:"今人之性,生而有好利焉,顺是故争夺生,而辞让亡焉;生而有疾恶焉,顺是故残贼生,而忠信亡焉;生而有耳目之欲,有好声色焉,倾是故淫乱生,而礼义文理亡焉。然则从人之性,顺人之情,必出于争夺,合于犯分乱理而归于暴。故必将有师法之化,礼义之道,然后出辞让,合于文理而归于治。用此观之,然则人之性恶明矣。其善者伪也。"人的一切善行皆是生后学习而来的,是后起的,非良知良能,强调"善"皆来自于后天的学习,来自受教化。

　　孟子主张保持和扩充善性,荀子主张受教化,改造恶性,两者殊途而同归,都旨在引导人们向善,勉励人们向善。后世道教对于儒家的这两种心性说,都是积极吸取的。这一点符合了人们一贯的文化心理,从而使道教拥有了更多的追随者,在佛教和儒教的缝隙间站住了脚跟。

　　那么,这些善善恶恶、功功过过由什么来监督,靠什么来制约呢?道教作为宗教,它用以束缚人行为的工具是鬼神,而诱惑人道循它的规范的方法是许愿未来幸福,前者利用了人们心理上的恐惧,后者吻合了人们本能的欲望,所以,它的钳制力与诱惑力就大得多。据《抱朴子》卷六《微旨》引《易内戒》《赤松子经》《河图记命符》等书宣称:"天地有司过之神,随人所犯轻重以夺其算,算减则人贫耗疾病,屡逢忧患,算尽则人死";另外还有"三尸","三尸之为物,虽无形,而实魂灵鬼神之属也⋯⋯每到庚申之日,辄上天白司命,道人所为过失";又有灶神,"月晦之夜,灶神亦上天白人罪状,大者夺纪,纪者三百日也,小者夺算,算者三日也"。道教告诉人们,上天在冥冥之中注视人的一言一行、一举一动,它派出各种下属专门监视人们的善恶功过。这些神像包打听一样窥视着人的行为乃至思想,有功,则记上一笔;有过,也记上一笔,将来损你的寿数,或者让你在人间受苦,或让你在阴间下油锅上刀山,或让你在来世做牛做马,这就叫"善有善报,恶有恶报",而且还

---

① 《论语·阳货》。

是一丝不差,无论把罪过隐藏得多巧妙,总是会受到惩罚。于是,道教为我们编织了一套十分完整而又庞大的神仙谱系。

在这个谱系的坐标上,我们会看到中国古代的宇宙图示,而取代了原来抽象的自然概念。例如,在"道"的位置上矗立着"元始天尊"(或上上太一、天宝君、梵气天尊),在"道""阴阳""万物"的衍化过程中,依次排列着什么"大道君"(或太上元君、灵宝君)、金阙帝君(或老君、神宝君)、太上老君……似乎与太初、太素等都有着整齐对应的关系。至于左右两旁的众神,似乎也与宇宙图式中每一阶段生成的日月、星辰、四时、五行有对应关系(如五方道君、太清五帝自然之神)。而更重要的是,我们能够从这个谱系的坐标上看到"生存"与"死亡"的二元对立关系。神与鬼,即生存与死亡。对生与死的关注,是人类潜藏在意识深层最重要的东西,对生的向往与对死的恐惧,乃是人类心灵中最基本的情感,尤其是对死亡的恐惧,更是鬼神传说的来源。因此,很自然地在道教谱系中便出现了象征"生"的仙和象征"死"的鬼,"鬼"和"仙"有明显的区别:形神合一,长生不老的称为"仙",形魂分离,人死魂离则称为"鬼";圣贤学道积德才能飞升成"仙",而人死魂下黄泉便是"鬼";"仙人"理四时,主风雨,而"鬼"则常祸害人。道教这种对于"仙"和"鬼"的区分,是为了引导人们趋向生命的永恒而避免生命的消失。当宗教伦理渗入神谱以后,生命便与"善",死亡便与"恶"相连,因此,自然而然地便在它的信徒中形成了一种趋善避恶的修行方式。

道教这一鬼神观念的形成和我国先秦时期墨家的思想是分不开的。道教思想家葛洪曾对墨家思想的价值,给予一定的肯定。他说:"至于墨子之论,不能非也。但其张刑网、开涂径、浃人事、备王道,不能曲述耳。至讥厚葬,刺礼烦,未可弃也。自建安之后,魏之文武,送终之制务在俭薄,此则墨子之道有可行矣。"[1]墨家思想中的"兼爱""非攻""尚贤""尚同""节用""非乐""天志""明鬼"等内容,显然对道教伦理具有重要影响。墨家反对儒家"以天下为不明,以鬼为不神"的思想,而是主张利用鬼神,主张以神道设教。在墨子看来,"天"有意志,它制约着人伦生活,以其报应引导着人伦行为的善恶取向,只有顺从天的意志,才能从天那里得到好处。"倾天意者,兼相爱,交相利,必得赏;反天意者,别相恶,交相贼,必得罚。"禹汤文武、桀纣幽厉,就是"顺天意"得赏和"反天意"得罚的明证。"天"根据人的做法来决定其赏罚,"其事上尊天、中事鬼、下爱人者",就得"天"之厚爱,"兼

---

[1] 葛洪:《抱朴子·外篇·省烦》,《道藏要籍选刊》第五册,上海古籍出版社1989年版,第308页。

而利之"；"其事上诟天、中诟鬼、下贼人"，就得"天"之恶，"交而贼之"①。天有赏罚人事之能，在墨子学说中占有很重要的地位。这种天人感应思想在道教的神学伦理中，得到了进一步的发展和提升。

而且，墨子把鬼神思想放在十分重要的位置，并坚持有鬼神论，这在先秦诸子学说中，是很独持的。《墨子·明鬼下》显然强调了鬼神信仰对于道德保障的重要意义，《明鬼下》开篇即论述了鬼神信仰的重大社会意义：

> 子墨子言曰：逮至昔三代圣王既没，天下失义，诸侯力正，是以存夫为人君臣上下者之不惠忠也，父子兄弟之不慈孝弟长贞良也，正长之不强于听治，贱人之不强于从事也。民之为淫暴寇乱盗贼，以兵刃毒药水火退无罪人乎道路率径，夺人车马衣裘以自利者并作由此始，是以天下乱。此其故何以然也？则皆以疑惑鬼神之有与无之别，不明乎鬼神之能赏贤而罚暴也。今若使天下之人，偕若信鬼神之能赏贤而罚暴也，则夫天下岂乱哉！②

可见，墨子思想中有着强烈的"神道设教"意识，认为古代圣王皆以鬼神为神明，能给人世带来祸福、祥与不祥，故得政平民安；后世反之，不以鬼神为神明，故其治不得长久。虽然墨子讲的是安邦之道，但是，对于鬼神的笃信，以及相信人事的祸福有鬼神监督这样的观点，对道教伦理观产生的影响是毋庸置疑的。

道教一方面从本土文化中为其神仙谱系寻找依据，同时也积极地从外来佛教寻求自己可以利用的方面。道教依据其道德标准，区分善恶，按照其道德规范行动者谓之善，违反者谓之恶。道教道德对善恶，不止是引发社会舆论的谴责，它更有其强有力的后盾，这就是它从佛教中吸收而来的因果轮回之说。

"善恶报应""天道承负"的教义，早期道教就已经出现了。《太平经》卷一百说："善者自兴，恶者自病，吉凶之事，皆出于身……天道无私，但行之所致。"《文昌帝君阴骘文》说："诸恶莫作，众善奉行，永无恶曜加临，常有吉神拥护。近报则在自己，远报则在子孙。"这种"报应""承负"说乃是建筑在鬼神监察人世、天道主宰世事的神学基础上的，主要是融吸了佛教的因果业报思想。佛教经典以众生的欲念、行为为"业"，分"身、口、意"三业，由三业招致"三报"，"业"与"报"如影随形，人皆自作自受，乃是必然的。道教的善恶报应，一般说一个人现世或来世的贫、

---

① 以上见《墨子·天志上》，《二十二子》本，上海人民出版社1956年版，第245页。
② 《墨子·明鬼下》，上海人民出版社1956年版，第248页。

富、贵、贱及一切境遇,都是自身以往行为的结果。道教造构了无限幸福的仙境,也建构了无限苦水的地狱,善者可入仙境享福,恶者便下地狱受苦,有的人来世要变成牲畜受惩罚。这样,一个人无时无刻不觉得自己处在鬼神的监察之下,一切言行,无可逃避。受赏是一件很美妙、很享受的事,但是受罚却是残酷的,而且报应不仅在现世,还要延及来世,不仅祸及自己,还要殃及子孙,这种心理上的强烈畏惧,便增强了其心灵的约束力,成为了道教徒们的一种自愿行为。

生死轮回之说,本是佛教教义。佛法炼神,道教炼形;佛教倡说"灵魂不灭",道教鼓吹"肉体飞升"。在生死、形神、来世等问题上,两者认识本不相同。早期道教本来无所谓灵魂转世之说,也没有灵魂受罚下地狱这样的教义。而是认为人死为鬼,鬼也是活动在这个尘世上,只是它们白天躲在无阳光的地方,夜里才出来游荡;神,则正在人们的头顶三尺之上游行巡视。什么轮回流转、地狱阎罗都没有,只说管人死籍的是北极真人、管阴间鬼魂的是东岳大帝。但是,到南北朝以后,道教在这方面的教义始出现了较大的变化,它吸取佛教生死轮回及地狱之说来填补自己的不足。北魏嵩山道士寇谦之在他的著作《云中音诵新科之诫》中说,如有人假借天师道的名义,行"诳诈万端,称官设号,蚁聚徒众,坏乱土地",太上老君就要使"此等之人,尽在地狱",若有罪重者,转生虫畜。"轮转精魂虫畜猪羊而生",偿罪没有完毕,来生、三生,以至千生均做畜牲。如果要想来生为人、为圣贤、为仙、为富贵之人,就得在世时修道积善。因果业报,随善业而在轮回中得到上升、随恶业必在轮回中遭到下堕,最上者成仙得道,最下者沦入地狱。道教吸取佛教教义,有时略有改变,如佛教讲"六道轮回",道教则讲"五道轮回"。《太上老君虚无自然本起经》说:"何谓五道?一道者,神上天为天神;二道者,神入骨肉形为人神;三道者,神入禽兽为禽兽;四道者,神入薜荔,薜荔者饿鬼名也;五道者,神入泥黎,泥黎者地狱名也。神有罪过,入泥黎中。"随之而来的便是向佛教学习各种法事醮仪、向鬼神忏悔罪过的祈求护佑赐福,脱离苦海,得到超度再复为人。

如果说清静无为的养生之道是道教对于文人士大夫这一类知识分子适用的修养方式的话,那么,倡导趋善避恶则是道教对于每一个人本真人性的呼唤。

第四章

佛家以清心求极乐之人生审美域

这里所谓的佛家,主要指禅宗,是特指成熟形态的南宗,也就是那种"教外别传,不立文字,直指人心,见性成佛"①的禅宗。

在中国禅宗史上,南宗禅起始于慧能,完形于洪州宗与石头宗,而禅宗史上的"五家七宗",宋元明清的禅宗,都是这种成熟形态的禅宗的延续和变形。在中国佛教发展史上,慧能禅宗对中国古代社会历史,对哲学、美学、文学、艺术等其他文化形态,都发生过深远的、多方面的影响。

第一节 清心为极乐

禅宗美学因具有人生美学的内容而成为中国古代美学的一个重要组成部分。同时,在审美理想追求方面,禅宗表现为以清心为极乐。

禅门宗师指出:"禅是诸人本来面目,除此外别无禅可参,亦无可见,亦无可闻,即此见闻全体是禅,离禅外亦别无见闻可得。"②在禅宗看来,禅是众生之本性(本来面目),禅宗大师又把它称之为本地风光、自己本分,乃指人人本来具有的自性。禅宗认为,人人在父母未生以前的本来面目是"本净"而未被污染的③。它没有出生以后,由于学习知识、环境习染等见闻觉知形成的思维方式、知解情识等被"染污"之后的所谓"妄识""意识心"(禅宗把此称为"妄心""分别心",而把父母未生以前的本来面目称之为"真心""直觉心")。然而这真心又并非离开妄心而独立存在,它们乃是一体两面合而为一的关系。"烦恼即菩提"④就是这种即妄即

---

① 菩提达摩《悟性论》。
② 中峰明本《天目明本禅师杂录》卷上《结夏示顺心庵众》。
③ 见敦煌本《坛经》十八节。
④ 敦煌本《坛经》二十五节。

真的明确概括。禅家一生的参禅悟道,就是要摒除妄心(分别心)而领悟和把握这真心(直觉心),见到父母未生以前的本来面目。在禅宗看来,由于人们后天所形成的妄心(分别心)作怪,因而用一种"迷眼"(能进行理性思维的分别心)来看待宇宙万物,以致所看见的事物只能是事物的现象。这种现象是虚幻不实的(禅宗认为它们是因缘和合而成的)。只有换眼易珠,用一双"明眼"(直觉心)来看待宇宙万物,才能见出事物的本来面目(法性、佛性),虽然这本来面目是"性空无相"的,然而它毕竟是不生不灭而真实存在的。不少禅宗大师喜用悟道前"见山是山,见水是水"与开悟后"见山只是山,见水只是水"①来比况开悟前后的心境,来比喻众生的真心与妄心一体两面、宇宙万物的现象与本体的同一源泉的关系。总之,在禅宗看来,禅既是众生之本性、成佛的依据,是真心与妄心的统一;又是宇宙万有的法性、世界的本原,是真实世界(性空无相的本性)与虚幻世界(现象)的统一。

禅宗所追求的就是那个"父母未生时"的本来面目,也就是生命的原型本色。禅宗宣扬"顿悟成佛"说的目的,就在于使生命的原型本色从仁义道德等妄识情执(社会之道)和天地万有的虚幻现象(自然之道)的束缚中解脱出来,刹那间进入个体本体(自性)与宇宙本体(法性)圆融一体的无差别境域——"涅槃"境域,"是个人与宇宙心的同一"——从而获得瞬刻即永恒(顿现真如自性而成佛)的直觉感悟。禅宗把禅视为人人所具有的本性,是人性的灵光,是生命之美的最集中的体现;是宇宙万有的法性,是万物生机勃勃的根源,是天地万物之美的最高体现;而视这种人之自性与宇宙法性的冥然合一,生命本体与宇宙本体的圆融一体的境域——禅境,为一种随缘任运、自然适意、一切皆真、宁静淡远而又生机勃勃的自由境域。这既是禅宗所追求的人生境域,又是禅宗美学所标举与讴歌的审美境域。禅宗美学总是借助艺术的观点来美化人生,要求对人生采取审美观照的态度,不计利害、是非、得失,忘乎物我,泯灭主客,从而使自我与宇宙合为一体,在这一审美境域里使生命得到解脱与升华。禅宗是把肯定人生,把握人生,建构一种理想人生境域作为自己的最高宗旨,因而十分强调在平常人的日常生活中,按照"平常心是道","行住坐卧,应机接物,尽是道"②的要求建构最完美的人生境域。必须指出,禅宗思想之所以在中国封建社会中曾影响过一大批文人学士,而这些文人学士之所以"据于儒,依于道,逃于禅",就在于儒、道、释三家的思想之花,都

---

① 见《五灯会元》卷十七《青原惟信禅师》。
② 《江西马祖道一禅师语录》。

是生长在同一块"人性论"的神州大地之上的。这种人内心先天就具有的人性——儒家称之为仁义之性,道家称之为自然之性,释家称之为直如佛性——是成为儒家的"圣人"、道家的"至人"、释家的"佛"的内因根据。所以大珠慧海禅师在回答"儒、释、道三教同异如何"的问题时说:"大量者用之即同,小机者执之即异。总从一性上起用,机见差别成三。"①禅宗美学之所以成为中国古代美学的重要组成部分,就在于它把建构健全的人生(力图在禅境中完成真善美相统一的人生境域)、光明的人生(自由任运的理想人生境域)作为追求的最高境域,以把握人生、肯定人生作为最高的宗旨,实际上是把活泼泼的人之为人的本性(自性)、活生生的现实的人的生命摆到了唯一的、至高无上的地位。因此,可以说禅宗美学是一种生命美学。

我们认为,中国古代美学的基本特征是体验性。这种体验性特征的形成和发展,是与中国古代美学以人生论为其确立思想体系的要旨分不开的,中国古代美学的思想体系是在体验、关注和思考人的存在价值和生命意义的过程中生成和建构起来的。而禅宗美学的重要贡献,是其对审美境域创构中心灵体验活动特征的细致而深刻的把握,它的基本范畴(诸如"禅""心""悟"等)及其所形成的逻辑结构(比如慧能所提出的"道出心悟"的命题,可说是禅宗美学思想的纲骨,它把"禅""心""悟"等基本范畴有机地联结在一起),其内涵更多地涉及审美境域创构中心灵体验活动的规律和特征,体现出禅宗美学是一种体验美学——是在深切地关注和体验人的内在生命意义的过程中生成和构建起来的美学。

禅宗追求获得"父母未生时"的本来面目,追求一种现实的宁静与和谐,通过"自心顿现真如本性"②而契证宇宙万物的最高精神实体,进入一种禅境。在我们看来,这也就是与大自然整体合一的审美境域。禅宗认为,对禅的把握和对这种禅境的获得,只能靠人的亲证、体悟。禅之境域,乃是由"悟"之活动所展开的世界,而"悟"是一种直觉,是刹那间获得的个体体验。这种开悟所得的体验是不可言传。这正像禅宗大师所说的那样:"如人饮水,冷暖自知。"③"如哑子得梦,只许自知。"④"妙契不可以意到,真证不可以言传。"⑤在禅门宗师看来,佛教的九千多卷藏经,禅宗的许多语录、公案,宗师们的扬眉瞬目,指手画脚、棒喝交加,总之

---

① 《五灯会元》卷三《大珠慧海禅师》。
② 敦煌本《坛经》三十一节。
③ 黄檗希运语,见《古尊宿语录》卷三。
④ 无门慧开语,见《无门关》第一则。
⑤ 天童宝珏语,见《五灯会元》卷十四。

一切言辞、文字、举止,都是一种方便设施,其本意是使人透过这些言辞、文字、举止的启示,去领会言外之意、弦外之音,去亲自体验那本来就内在于自己的自性(佛性)。

第二节 即心即佛

定慧一体,心本是佛,佛本是心,即心即佛,故而禅宗注重体悟。慧能认为佛性即清净之心。在他看来,人心本来就清净,只是被心外的各种幻相所左右所迷恋,以至滋生出无有穷尽的烦恼,要真正解脱人生的苦难,获得自由,觉悟成佛,只须对外在的种种幻相迷障置之不理,深切体悟自己的当下清净之心,就能直达佛性而即心即佛。如黄檗希运禅师就指出:"即心是佛,无心是道。"他说:"诸佛体圆,更无增减,流入六道,处处皆圆,万类之中,个个是佛。譬如一团水银,分散诸处,颗颗皆圆,若不分时,只是一块。此一即一切,一切即一。……所以一切色是佛色,一切声是佛声。举著一理,一切理皆然。见一事,见一切事;见一心,见一切心;见一道,见一切道,一切处无不是道;见一尘,十方世界山河大地皆然;见一滴水,即见十方世界一切性水。"①人人本来都是佛,只要身去体证、去体悟。

同时,体悟必须将整个身心投入,努力保持心境的宁静空明。因此,禅宗特别强调心物一体,以自我的心去直接体悟生活、体悟人生、体悟宇宙万物的生命本原,由此以把握永恒。人们那种本来就有的、与佛性相通的清净之心,也就是平常心,而"平常心是道"。马祖道一说:"道不用修,但莫污染。何谓污染?但有生死心,造作趋向,皆是污染。若欲直会其道,平常心是道。何谓平常心?无造作,无是非,无取舍,无断常,无凡无圣。经云:'非凡夫行,非圣贤行,是菩萨行。'只如今行住坐卧,应机接物,尽是道。道即是法界,乃至河沙妙用,不出法界。"②在慧能那里,禅被视为人人所具有的本性,是人性的灵光,是人性之美的集中体现。在马祖道一这里,禅就是现实的具体的当下之人的"全体作用",也就是人的活泼泼的生命之灵光。这样,现实的、"无造作,无是非,无取舍,无断常,无凡无圣"、无"有无长短,彼我能所等心""无背无面""无造作"的"平常心",就成了美最集中的体现。

---

① 《黄檗断际禅师宛陵录》。
② 《景德传灯录》卷二十八《江西大寂道一禅师语录》。

"平常心是道""无心是道",就是一种"禅境"。禅宗所努力追求的,是要在禅境中完成真善美相统一的人格,因此禅宗总是把建构健全的人生、光明的人生,从而建构起一种理想的人生境域作为自己的最高宗旨。人心是天地万物产生的根源,也是佛之所在。心即佛,佛即心,"平常心是道""行住坐卧,应机接物,尽是道"。这样,诵经、念佛、参禅、打坐不但是多余的、毫无意义的事,而且还会阻隔禅机,妨碍言语道断,束缚自我,折磨自我。人生贵在适意,任意逍遥,随缘放旷是人生的极境。于是,禅宗以自我适意、精神解脱、心灵自由为最高追求。在禅宗看来,"一念相应,便成正觉""了性即知当解脱,何劳端坐作功夫""磨砖既不成镜,坐禅岂能成佛"。既然本性是佛,佛在心中,不必渐修渐悟,只需顿悟即能成佛,那么,就没有必要去诵经参禅、礼佛持戒、出家修道、禁欲苦行、遵守清规,而只需保持心境的自由自在,任性逍遥,注意对流动人生的把握和对圣洁生命的追求,重视从日常普通的生活中获得解脱,其解脱也就充满了自然的情趣和诗意。所以,在禅宗看来,无论是担水砍柴、扫地烧火,还是穿衣吃饭、拉屎屙尿,都是修道成佛的功夫。所谓"饥来吃饭,困来即眠";"道不用修,但莫污染"。想坐就坐,想行则行,无论什么都依照人的本性来做,不需要拘泥于任何清规戒律,只要心中想着佛,即使是吃饭睡觉这种最平常、最普通的生活,只要是极为自然,毫无造作,也就是解脱成佛的境域。《大珠慧海顿悟要门》中记载有一段马祖的弟子大珠慧海与源律师的对话:

> 源律师问:"和尚修道,还用功否?"师曰:"用功。"曰:"如何用功?"师曰:"饥来吃饭,困来即眠。"曰:"一切人总如是,同师用功否?"师曰:"不同。"曰:"何故不同?"师曰:"他吃饭时不肯吃饭,百般须索;睡时不肯睡,千般计较。所以不同也。"

大珠慧海说出了禅宗解脱成佛境域的实质就是"任其自然"。他说:"解道者,行住坐卧,无非是道,纵横自在,无非是法。"①如果不是这样,那么终身"吃饭睡觉",也只是污染造作,还是不能解脱成佛。

禅宗对人生的重视与对生命的热爱,突出地体现在"禅"的内涵上。作为达摩学说的《少室六门集》中的《血脉论》曾说:"佛是西国语,此云觉悟。觉者,灵觉。应机接物,扬眉瞬目,运手动足,皆是自己灵觉之性。性即是心,心即佛,佛即是

---

① 《大珠慧海顿悟要门》。

道,道即是禅,禅之一字,非凡圣所测。"宗密在《禅源诸诠集部序》中分析了"禅"与"源":"源者,是一切众生本觉真性,亦名佛性,亦名心地。……此性是禅之本源,故云禅源。……"可见,在禅宗那里,"禅"的内涵已不是传统禅学所说的只是"静心思虑"之意。在他们看来,禅是众生之本性,是众生成佛的因性。

在慧能禅学那里,心与性都不离现实的、具体的人们当下的心念。慧能注重的是当下的鲜活之人心(本来面目),而不是去追求一个抽象的精神实体。慧能着力否定一切可执著的东西,留下人们当下的心念。这在实际上是把活生生的每个人自身推到了最重要的地位,把活泼泼的人之为人的本性、活泼泼的人的生命放到了唯一的、至高无上的地位。

到马祖道一,禅宗又有了进一步发展。这里,更为突出、更为显著的是活生生的"人"。洪州宗禅学把慧能注重"心"发展到注重"人"。在他们看来,"人"就是"佛"。所谓"全心即佛,全佛即人,人佛无异,始为道矣"①。故而,禅宗,尤其是后期禅宗极为强调从当下人的一举一动、一言一行中去证悟自己本来就是佛,佛就是人的自然任运的自身之全体。在马祖禅看来,生机勃勃是人之为人的所在,是人之本质之性与表现出来的现实之相的统一,而其性相都是没有实体性的。正如宗密在《中华传心地禅门师资承袭图》中评价洪州宗的主张时所指出的:

> 洪州意者,起心动念,弹指动目,所作所为,皆是佛性全体作用,更无别用。全体贪嗔痴,造善造恶,受乐受苦,此皆是佛性。

就指出了洪州宗不仅把现实的具体的当下之人心作为佛,而且把现实的具体的当下之人的全体作为佛。

正是由于"人佛无异",所以禅宗十分强调在日常的举动言行中去发现自我,去认识自身的价值。马祖道一的再传弟子、百丈怀海的法嗣长庆大安禅师就指出:每个人自身就是"无价大宝"②。马祖特别注意启发学人去发现和认识"自家宝藏"。大珠慧海初参马祖,为求佛法,马祖曰:"我这里一物也无,求甚么佛法?自家宝藏不顾,抛家散走作么!"大珠不解其意,问:"阿那个是慧海宝藏?"祖曰:"即今问我者,是汝宝藏。一切具足,更无欠少,使用自在,何假外求?"大珠于言下

---

① 《五灯会元》卷三《盘山宝积禅师》。
② 《五灯会元》卷四《长庆大安禅师》。

有省,"自识本心"①。可见,在马祖那里,现实的具体的人就是"宝藏",它"一切具足,更无欠少"。这无疑是把富有生命力的活生生的现实之人,也就是把人的生命的全体,视为无价之宝。为此,他常采用扭鼻、耳捆、拳打、脚踢的手段,去启发学人返观自心,发现与认识自我。

第三节 "独超物外"

洪州宗门人对自然审美和艺术审美的看法,以及对于这幽深清远人生境域的追求,从一个侧面表现了禅宗美学的特质。

对于自然的审美,无论是玩月,还是赏雪,还是观花,禅宗都强调从大自然的欣赏中获得超越与领悟,强调人与大自然打成一片,人之本性与自然之法性打成一片,以追求一种幽深清远的人生境域与自然适意的生命情调。

马祖曾对他的三位高徒——西堂智藏、百丈怀海、南泉普愿的"玩月"态度进行了评价,表现出禅宗美学的自然审美观——注重"独超物外"的审美观照态度。据《五灯会元》卷三《马祖道一禅师》记载:

> 一夕,西堂、百丈、南泉随侍玩月次。师问:"恁么时如何?"堂曰:"正好供养。"丈曰:"正好修行。"泉拂袖便行。师曰:"经入藏,禅归海,唯有普愿独超物外。"

虽然西堂、百丈、南泉三人都从明月体验到了真如佛性,但是马祖却特别称赞南泉"独超物外"的审美态度。西堂的回答是"正好供养",其意是说高挂天上的朗月,既光明又圆满,是具足一切的禅境的显示,应该小心护持,不要破坏了这自然之美。马祖认为西堂智藏的见解合乎经教。但是禅道是不可言说的,一落言诠,就是第二义;而且仍属于心有所执著(供养护持),并未真正进入解脱之境,使自己的自性与自然的法性融为一体。百丈的回答是"正好修行",其意是说应该积极进取,参禅修习,使达到如朗月这种圆满境域。马祖认为他的看法符合禅理。但是,禅道不可言说,百丈落于言诠,已属第二义;而且,"道不用修",有意为之,则为执著,并未真正进入解脱境域。而南泉普愿的回答则是十分干净利落:"拂袖便

---

① 《五灯会元》卷三《大珠慧海禅师》。

行."这说明南泉对朗月——禅境持无所执著的观照。明月按自己的生命节奏自然任运,而观照者按自己的生命律动自在任运,净心与朗月共振,从而使自性与法性融而为一。南泉不落言诠,无任何执著,获得了独特的般若体验,"拂袖便行"正是这种体验的显示。所以马祖特别称赏南泉的超脱:"独超物外。"时过若干年后,南泉(俗家姓王,自称王老师)在一次"玩月"时,还向别人提起过这次"玩月"的事:

> 师玩月次,僧问:"几时得似这个去?"(按:意思是说:几时才能修行到心如朗月的程度)师曰:"王老师二十年前,亦恁么来。"(按:意思是说:在二十年前就曾达到了这样境域)曰:"即今作么生?"(按:意思是说:你今日的境域又达到了什么程度呢)师便归方丈。①

可见,南泉对朗月仍然采取了不落言诠、独超物外的态度。"独超物外"无疑是一种无所执著,无所用心,不计利害得失的审美观照态度。

庞居士"好雪片片"的典故,又表现出禅宗美学在对自然美景的审美观照上,重视看(审美主体的内在生命)与被看(审美对象的内在生命)之间的心灵共振——审美共鸣。

庞蕴乃马祖法嗣,他以居士身份入世学习佛教。他曾在药山惟俨禅师处修行,不久便告诉云游。《五灯会元》卷三《庞蕴居士》作了如下记载:

> 因辞药山,山命十禅客相送至门首。士乃指空中雪曰:"好雪!片片不落别处。"有全禅客曰:"落在甚处?"士遂与一掌。全曰:"也不得草草。"士曰:"恁么称禅客,阎罗老子未放你在。"全曰:"居士作么生?"士又掌曰:"眼见如盲,口说如哑。"

在庞蕴看来,美丽洁白的雪花,一片片都落到该落的地方,使大地穿上银妆,一片白色。圆悟克勤在《碧岩录》第四十二则《庞居士好雪片片》的"评唱"中,把雪花飞舞、片片飘落在应飘落之处的自然美景做了描述和概括:"眼里也是雪,耳里也是雪,正住在一色边,亦谓之普贤境域一色边事,亦谓之打成一片。"克勤之意在强调人与大自然打成一片,人之本性与自然之法性打成一片。而庞蕴正是以自

---

① 《五灯会元》卷三《南泉普愿禅师》。

己的自性清净心(内在心灵)去观照雪花世界的法性(宇宙的内在生命),而且是一种不计利害得失、主客两泯、无所执著的般若观照,从而发生了生命的共鸣。而"全禅客"却以分别识、执著心去看这雪花的飘飞,"眼见如盲,口说如哑",因而不能以未被污染之清净心与大自然的法性打成一片,所以庞蕴给以当头棒喝。

南泉普愿"见花如梦"的论断,也表现出禅宗美学在对自然美景的审美观照上,重视透过事物外在的形象直透事物内在生命的本源,从而使自性与法性合一的审美境域营构原则。据《五灯会元》卷三《南泉普愿禅师》记载:

  陆大夫(陆亘)向师道:"肇法师也甚奇怪,解道天地与我同根,万物与我一体。"师指庭前牡丹花曰:"大夫!时人见此一株花如梦相似。"陆罔测。

"肇法师"指僧肇,东晋时代著名佛学家。他在融会中外思想的基础上,用中国化的表达方式,比较准确完整地发挥了非有非无的般若空义。他在《肇论·涅槃无名论》中引用、解释了庄子"万物皆一"的论述,而且把庄子"万物皆一"的齐物论发展为"齐万有于一虚"①的虚无论。他是从万物非真、法我两空的般若空观引出"物我为一"的。他的"物我为一"是"相与俱无"的主客泯灭——"彼此寂灭,物我冥一"②。但在禅宗这里,认为万物与我为一的基础乃是主体的无心无我,是自性清净心与自然法性的同一。陆亘不解僧肇的言论,南泉才借观赏牡丹花为喻。在他看来,迷眼人(持分别智、执著心的人)观赏牡丹花只能见其外在形象,虽然牡丹花以她艳丽的形态吸引人,这是美的象征,然而外在形象是因缘合而成,有生有灭,虚幻不实的,因而如梦幻空华,徒劳把捉;只有明眼人(解道者)才能透过花的外在形象直达牡丹花的生机勃勃的内在生命的本原——美的本性,使自我的自性(内在生命)与万物的法性合而为一,从而进入禅境,也即审美境域。

禅宗美学在对待自然美的评价上,特别推崇朴素自然、不饰雕琢之美。他们常常从大自然中感受到生机勃勃的生命活力,注重从大自然的欣赏中获得一种浑然天成、自然适意的诗意般的生命情调,并由此而进入一种幽深清远的人生境域。《五灯会元》卷四《长庆大安禅师》记载:

  雪峰因入山采得一枝木,其形似蛇,于背上题曰:"本自天然,不假雕琢。"

---

① 《肇论·答刘遗民书》。
② 《肇论·涅槃无名论》。

寄大师(按:长庆大安系百丈怀海法嗣)。师曰:"本色住山人,且无刀斧痕。"

这充分表达了禅宗美学推崇性自天然、不加刀斧的自然素朴之美。

总之,禅宗美学在对待自然美的问题上,总是注意在对自然的静默观照中,发现宇宙生生不息的内在生命,领悟人生的真谛与生命的底蕴,以达到幽深清远的人生境域,从而形成个体之心与宇宙心的交流与合一。

在艺术的审美方面,禅宗美学也表现出一种特殊的风貌。对绘画艺术(特别是人物肖像画),禅宗认为,无论作品画得怎样逼真,已不是绘画对象(特别是人物)本身,而人是个活泼泼的、一切圆满具足的整体,而画像只是无生命的、表象的、符号化的象征物,不过是整体的局部、表象、抽象的反映;而且禅宗认为,"心"所显现的一切事物(包括绘画在内)皆如梦幻泡影,虚幻不实。据《五灯会元》卷三《盘山宝积禅师》记载:

师(盘山宝积)将顺世,告众曰:"有人邈吾真否?"众将所写真呈上,皆不契师意。普化出曰:"某甲邈得。"师曰:"何不呈似老僧!"化乃打筋斗而出。师曰:"这汉向后掣风狂去在!"师乃奄化。

众僧的画像无论画得如何逼真,"皆不契师意",因为画像是"心"所呈现的虚幻不实的梦幻泡影,只有普化"打筋斗而出",以他活泼泼的生命存在,整体地、直接地、具体地作了回答,显示了盘山宝积生命存在的整体,因而盘山宝积予以首肯,安然奄化。

无独有偶,马祖的弟子北兰让禅师也以自己的存在替代绘画的写真:

江西北兰让禅师,湖塘亮长老问:"承闻师兄画得先师真,暂请瞻礼。"师以两手擘胸开示之。亮便礼拜。师曰:"莫礼!莫礼!"亮曰:"师兄错也,某甲不礼师兄。"师曰:"汝礼先师真那!"亮曰:"因甚么教莫礼?"师曰:"何曾错?"[①]

让禅师"以两手擘胸开示",乃是以自己的生命存在,整体地具体地显示先师的生命存在,亮长老与让禅师在这一点上取得了共识。

---

① 《五灯会元》卷三《北兰让禅师》。

这种把绘画与雕塑艺术看成如梦幻泡影般虚幻不实的审美观点,对后来的禅宗门人有很大的影响。出自南岳系下、黄龙慧南禅师的法嗣、宋代僧人仰山行伟就用十分明确的语言说过:"大众见么?开眼则普观十方,合眼则包含万有。……若道不见,与死人何别?直饶丹青处士,笔头上画出青山绿水、夹竹桃花,只是相似模样。设使石匠锥头,钻出群羊走兽,也只是相似模样。若是真模样,任是处士石匠,无你下手处。"他还自题其像曰:"吾真难邈,斑斑驳驳。拟欲安排,下笔便错。"①在仰山行伟看来,无论绘画还是雕塑,都"只是相似模样",而不能表现出宇宙万有的内在生命;其生命存在——"真模样"是任何绘画家和雕塑家都没有下手处的,否则,"拟欲安排,下笔便错"。

综上所述,可见禅宗在审美境域创构方面,基于以清心为极乐的观念,特别关注自我内在生命的存在与展示,并追求幽深清远人生境域的创构。这也从一个侧面反映了禅宗美学既是人生美学又是生命美学的特质。

第四节 "定慧一如"审美理想域

佛禅讲定慧。"定"就是体验,是生命体验也是审美体验;"慧"则是通过这种体验所达到的生命境域,也即极高审美境域。宗白华说:"静穆的观照和活跃的生命构成艺术的两元,也是构成'禅'的心灵状态。"②所谓"静穆的观照"就是"定",而"活跃的生命"则是"慧"。在禅宗美学看来,"定"与"慧"是体一不二的。

如前所说,这里所说禅宗美学,是特指那种"教外别传,不立文字,直指人心,见性成佛"③的南宗禅及其美学思想。南宗禅所谓的"禅"与传统禅法,即菩提达摩来华以前的禅法有很大差别,不仅如此,即使是与达摩来华建立的早期禅宗如来禅相比,也存在着明显的差异。在传统禅法那里,"禅"是戒、定、慧"三学"的重要过渡环节。它们之间的关系是以戒资定,以定发慧,因而定慧相分,定是发慧的手段,或者说是获得成佛境域的必要准备。在如来禅那里,则是要通过禅定真实证入如来境,从而获得自觉圣智,也即所谓转识成智,大智慧在。这样,如来禅就把定与慧契合于如来藏,即真如、佛性的境域之中,因而有突破以定发慧、定慧相

---

① 《五灯会元》卷十七《仰山行伟禅师》。
② 宗白华:《美学散步》,第65页。
③ 菩提达摩:《悟性篇》。

分的倾向。但尽管如此,如来禅最终还是没有突破以定发慧、定慧相分的界限,其门下宗风仍然是"藉教悟宗"。①像四祖道信,就"既嗣祖风,摄心无寐,胁不至席仅六十年"②,以禅定作为发慧的手段。而在慧能所创立的南宗禅这里,则"以定慧为本""定慧一体"、以"定慧等"③,倡导祖师禅,并赋予"禅"以全新的内容。在南宗禅看来,"禅"既是修行,又是得道,既是手段,又是目的,既是方法又是本体,既是定又是慧。也就是说,只要进入"禅",就能豁然晓悟,自识本心,万法尽通,全面、整体地体悟到宇宙和人生的真谛,达到自我生命与最高生命存在相融合一的"慧"境,即"禅"境。在这里,禅是定与慧的圆融浑一。故从禅宗美学来看,则禅是生命之美的集中体现,为美的生命本原,既是审美体验的过程与途径,又是通过这种审美体验以获得的对生命本旨的顿悟以及由此以达到的生命之境和最高审美之境。

也正是如此,所以说禅宗美学是生命美学,所推崇的"禅"境是生命体验与生命境域的实现。即如铃木大拙所说:"禅即生命。"④禅是生命之灵光,是"活跃的生命"的传达,也是生命之美的集中体现。而禅体验在本质上就是一种生命体验,也是一种审美体验。因为审美体验是对生命意义的一种体验活动,"在体验中所表现出来的东西就是生命"⑤;所以"每一种体验都是从生命的延续中产生的,而且同时是与其自身生命的整体相联的"⑥。在禅宗美学看来,由"禅"这种生命体验所达到的禅境,则是一种心灵境域、生命境域与审美境域。

禅宗美学认为,禅是众生所具有的本性与宇宙万有的法性,是万物生机勃勃的根源,天地万物与人之美则是禅的生动体现。天目明本禅师说:"禅是诸人本来面目,除此外别无禅可参,亦无可见,亦无可闻,即此见闻全体是禅,离禅外亦别无见闻可得。"⑦禅是众生之本性,是人的"本来面目、本地风光、自家本分,也就是人人本来所具有的自性""自心""本性""本心""人性"。这种"本性""本心"人人具足,与"禅""佛"等同,在实质上相通相合,故又可称为"法性""真如""佛性""智慧性"。禅宗美学作为一种生命美学和体验美学,就是特别重视对人的内在生命

---

① 《续高僧传》卷十六《菩提达摩传》。
② 《五灯会元》卷一《四祖道信大医禅师》。
③ 《坛经·定慧品》。
④ 《禅与生活》,光明日报出版社1988年版,第215页。
⑤ 伽尔默尔:《真理与方法》,辽宁人民出版社1989年版,第99页。
⑥ 伽尔默尔:《真理与方法》,辽宁人民出版社1989年版,第99页。
⑦ 中峰明本《天目明本禅师杂录》卷上。

意义的体验,所谓"见本性不乱为禅"①,"识心见性,自成佛道"。在对"禅"这一审美境域的追求中,禅宗美学以实现人生价值为主要目的,提倡"我心自佛""禅不离心,心不离禅,惟禅与心,异名同体"②,对"禅"的把握,乃由"心"而"悟",强调"道由心悟""禅由悟达""不期禅而禅",认为众生身心原本就是圆满具足的禅。原始佛教以四谛之首的"苦谛"为立身根基,认为人世间是火宅,是无边苦海,因此,才幻想出西天乐土的彼岸世界和超度众生的佛祖圣僧。然而,中国禅宗则将其追求理想返回到人生的此岸世界,把解脱成佛的希望从未来拉回到现实,从天上拉回到人间。在禅宗看来,禅是人的本性,是人性的璀灿之光,是人人心中的"常圆之月""无价之宝",人们应该"自我解脱",亲证亲悟,自达禅境。禅门宗师指出"于自性中,万法皆见""万法尽在自心""诸上人各各是佛,更有何疑到这里"③;认为"诸上座,尽有常圆之月,各怀无价之宝"④;指出众生自心就是澄明圆满的禅境,"识心见性,自成佛道""识自本心,若识本心,即是解脱""自性心地,以智慧观照,内外明彻""何不从自心顿见真如本性""见本性不乱为禅",把活生生的现实的人心,也就是人的生命全体,视为无价之宝。而在禅宗美学看来,这个无价之宝,就是美的最集中、最圆满的体现,也就是"禅"。

必须指出,"万法尽在自心"的命题,似乎是说:"心"产生宇宙万物,"心"为宇宙的本原,但禅宗的理论核心是解脱论,它一般不涉及宇宙的生成或构成等问题。在禅宗思想体系中,真心与妄心本质上是一回事,"真"与"妄"体用一如,"真如""佛性"并不是自心之外的神秘实体,它们都统一于人们当下的自心之中,也即当下的现实的活泼泼的人心之中。禅宗六祖慧能就始终强调禅是人人共同具有的本性,是人性的灵光,人应该自证自悟,自我解脱,认为禅始终不离众生的当下之心。在《坛经》中,有许多专门强调禅在众生心中,众生自心圆满具足的论述。在慧能看来,佛性之于一切众生,有如雨水之于万物,悉皆蒙润,无一遗漏,因而佛性圆至周遍,悉皆平等。正是基于此,所以慧能明确指出,自性(人性、心性、本性)即是佛是禅,离开自性则无佛无禅,"我心自有佛,自佛是真佛";"佛是自性,莫向身外求";"本性是佛,离性无别佛"。这里所谓的成佛,既是众生对自我先天所具有的清净本性的体证,又是显现本性以包容圆融万物,"见性显心",成就"清净法身",即对宇宙万物的最高精神实体的契证、禅悟与圆觉。其主旨在强调众生自

---

① 《坛经校释》,中华书局1983年版。以下凡引文不注明出处者,均见本书。
② 《天目中峰和尚广象·示彝庵居士》。
③ 《五灯会元》卷十《百丈道恒禅师》。
④ 《五灯会元》卷十《报恩玄则禅师》。

心、自性圆满具足一切,自心有佛、自性是佛是禅,迷悟凡圣,皆在自心的一念之中,因而不必向外寻求,只要识心见性,从自心顿现真如本性,心自圆成,便能解脱成佛。这也就是所谓"识心达本""顿悟成佛",直达禅境。

在对禅的参证与体验方式上,禅宗美学提倡"契自心源""顿悟心源"。龟山正元禅师偈颂曰:"寻师认得本心源,两岸俱玄一不全。是佛不须更觅佛,只因如此便忘缘。"①雪窦持禅师偈倾曰:"悟心容易息心难,息得心源到处闲。斗转星移天欲晓,白云依旧覆青山。"②禅宗大师万言千语,无非教人认识本心,返回心源:"祖师西来,唯直指单提,令人返本还源而已。"③"菩提只向心觅,何劳向外求玄?听说依此修行,天堂只在目前。""心源"超越主客二分,充满灵性,无杂无染、孤明历历、本来如是,既是生命律动的本源,也是"禅"的所在。正如天目中峰和尚所指出的:"禅不离心,心不离禅,惟禅与心,异名同体。""禅何物也,乃吾心之名也;心何物也,即吾禅之体也。"因而,对禅的体验,只有由"心"而"悟":"禅非学问而能也,非偶尔而会也,乃于自心悟处,凡语默动静不期禅而禅矣。其不期禅而禅,正当禅时,则知自心不待显而显矣。"在禅宗美学看来,禅是活泼泼的人之为人的本性,也是活泼泼的人的生命。人的生命是圆满具足、透脱自在、清净圆明的,这样,对禅的体验与把握也就是一种圆满具足、自在任运、绝妄显真、心自圆成的生命活动,一种活生生的人的最高生命存在方式的体验活动,也即审美体验活动。因而禅宗重视澄心静观与静坐默究,强调"清心潜神,默游内观,彻见法源"④。慧能所主张的"净心"说就显现出这种通过静观默究以"契自心源""顿悟心源",以"默游"而"内观"的生命体验与审美体验方式。

慧能提倡"无念为宗,无相为体,无住为本"说。在他看来,既然人人心中本自有佛,人性本净,"本性自净自定",每个人心中都有"常圆之月",人的本性、本心本来就没有烦恼、逆妄,人的本性本心就是佛是禅,那为什么人人又不能随时悟禅成佛呢? 这是由于有"妄念浮云"的遮盖,所以清净的佛性便显现不出来,就恰似空明天空、皎洁圆明的日月被浮云遮盖了一样。人们要想使自己所具有的"本自具足"的"自性""本心""佛性""真如",也"禅","不期禅则禅",使"自心不待显而显",让"即心即佛"的可能性变为现实,就必须断除妄念,使"性体清净"。慧能说:"自性常清净,日月常明,只为云覆盖,上明下暗,不能了见日月星辰。忽遇惠

---

① 《五灯会元》卷四《龟山正元禅师》。
② 《五灯会元》卷十八《雪窦持禅师》。
③ 《密云悟禅师语录》卷七。
④ 《宏智禅师广录》卷六。

风吹散,卷尽云雾,万象森罗,一时皆现。世人性净,犹如青天,惠如日,智如月,智惠常明,于外著境,妄念浮云盖覆,自性不能明,故遇善知识开真法,吹却迷妄,内外明彻,于自性中,万法皆见。"正是为了"卷尽云雾""吹却迷妄",为了把"妄念浮云"吹散,使清净常明,"犹如青天"的"自性"显现出来,使万法在自性中呈现,或者说是在自性中显露万法,以"自成佛道""见性成佛""自心自佛"。当然,需要指出的是,由于主张定慧一如、心性一体、佛在自心、"本性是佛",所以慧能认为"卷尽云雾""吹却迷妄"要如"忽遇惠风吹散",要任运自然,从自心顿现真如本性。也正由于此,慧能才提出"三无"说。他说:"何名无念?无念法者,见一切法,一著一切法,遍一切处,不著一切外,常净自性,使六识从六门走出。于六圣中,不离不染,来去自由,即是般若三昧,自在解脱,名无念行。若百物不思,常令念绝,即是法缚,即名边见。"这里就强调在禅体验中,既要心不受外物的迷惑,"于一切境上不染""于念而不念",以做到"无念";同时又要做到随心任运、自然无心,不要着意去除自然之念。所以说"无念"是指无妄念,并非是无"自念",而是有正念无妄念。要自然无碍,任心自运,而不能起任何追求之心,"欲起心有修,即是妄心,不可得解脱"。"无念"也并非是"百物不思",不食人间烟火、万念除尽,而是说在与外物接触时,心不受外境的任何影响,"虽见闻觉知,不染万境,而常自在";要能"于自念上离境,不于法上生念"。禅体验在于不依境起,不随法生,要由真如而起念,"真如是念之体,念是真如之用"。这就是说,在进行禅体验时必须要将其心灵放在体悟"真如本性"的正念上,应顺应本性,要注意真如佛性的自然发挥和心灵的自由自在,以及由此而得的直觉感受。只有进入自在自为的心理状态,才能一任自由的心灵,率意而为,不期然而然,通过唤醒潜意识中多种潜在的意象和印象,以顺应本性的念念不住、迁流不止之势,来自致广大、自达无穷,"从于自心、顿现真如本性",而进入心灵解悟的禅境。

在慧能看来,只有当下任心,不起妄心,才能自达禅境,顿至佛地。所谓"无念为宗",实际上就是以人们当下之心念为宗,强调自然无碍、迁流不息、念念不止、圆明活泼的生命不要被观念所束缚。所谓"无相",则是指心不要执著在外境,不要为繁杂的色声香味等外相所迷惑,应"于相而离相"。尽管见色、闻声、觉融、知法,但只要不计较、不执著外物的事相,便能"离一切相"。此即所谓"虽见闻觉知,不杂万境,而常自在"。因为"凡所有相,皆是虚妄",而实相无相,但能离相,"性体清净,此是以无相为体"。要进入真正的禅境与审美境域,就必须"性体清净",反身内省,以般若之智悟见自心佛性,顿入佛地。中国美学则称此为"游心内运""收视反听,绝虑凝神"。在中国美学看来,审美主体在进行审美体验时,必须要在

"澄心端思"中走进自己内心世界的深处,去沉思冥想,以参悟本心,从心灵出发,而起浩荡之思,生奇逸之趣。萧子显说:"蕴思含毫,游心内运,放言落纸,气韵天成。"①李世民说:"收视反听,绝虑凝神。心正气和,则契于妙。"②这就是说,主体在进行审美体验时,应该"游心内运",通过心灵观照、神游默会等内心体悟活动,以领悟幽邃的心灵中的生命内涵,通过"绝虑凝神",在空灵明静中审视、体味自己心中的意绪和情感。"收视反听",反身内求,通过心灵的内运以反观无意中记忆下来的、潜移默化在心底深处的意识,使那些处于朦朦胧胧中先前有了的、在心中活动的意象,以及"被长期保存在灵魂中,长期潜伏着"的意识"脱离睡眠状态"③,从而在意识深层获得一种无上的喜悦和美感,以体悟到一种平日苦思不得的人生哲理,使审美体验"豁然贯通",获得妙悟心解。所谓"人闲桂花落,夜静春山空"。没有"人闲",就不可能体验到"桂花落"这种空灵静寂的审美意趣。同时,如果没有心境的静谧澄澈,没有"收视反听""游心内运",也不可能体悟到似"春山"一样空灵透彻、精微神妙的意境。因此,只有沉潜到意识的底蕴,灵心内运,精思入神,才能洞达天机;只有忘形忘骸、无念无相,以进入无物无我的空明澄清的审美心境,使心灵绝对自由自主,从而才能在"净净而明""卓卓自神"的反观内求中,促使潜意识活动,以再度唤起过去储存的种种带有内心情感与生命之光的表象,进入洞见宇宙,直视古今,无所不致其极的审美境域。

慧能提出的"三无"说,无念是宗旨,无相是本体,无住是根本,三者同等重要。所谓"无住",慧能指出:"无位者,为人本性,念念不住,即无缚也。"这就是说,人心本有佛性,原本是无住、无缚、"而常自在"的,而人的本性就体现在人们当下心念之中,它是念念相续,流转不息,而又于一切法上无住的。因此,"无住"既有心念圆活无穷、迁流不止之义,又有心念不滞留在虚妄不实的万相上,不执著妄相之义。因为在慧能看来,心于境上起执著,哪怕执著的是般若行、圣人境,也会失却自己的本来面目,即内在的活泼泼、圆满具足的生命。他强调"无住",就是让活泼泼、圆满具足的生命透脱自在,处处不滞,不被一切欲望所窒息,而保持其清净光明,纯一无杂,圆明纯真,让当下之心呈现"内外不住,来去自由"那样一种自在任运、生意盎然的状态。因而,所谓"无住为本",就是以这种自在的随缘、圆满具是、皎然莹明之心为本,以人们内在真实鲜活的生命为本。

---

① 《南齐书·文学传论》。
② 《唐太宗论笔法》。
③ 参见伍蠡甫主编《现代西方文论选》,上海译文出版社1983年版,第185—186页。

慧能所强调的这种通过"三无"以"无住为本",直达禅境,来获得对随缘任运、自然适意、一切皆真、宁静淡远而又生机勃勃的禅体验的观念是建立在深厚的中国美学思想基础之上的。中国美学认为,美是生生不已,周流不居的。在中国美学看来,作为宇宙万物生命与美的生命本原是气,是道,是一。气是万物生命生存的本质,宇宙天地间的万事万物都可以归结为一种气化。同时,作为本体之气,其化生功能和生命活力的内在本质,又受"道"所主宰。"道"存在于生命之气的中间,虽虚而无形,却又无所不在。道充塞于宇宙,无处不存,万物以生,万物以成。道始于一,又归于一,周匝无垠,故又是一个完整的、充满了生机与活力的整体。这样,受道的作用,整个宇宙和人生,也都处于一种多样统一的环式运动。《淮南子·原道训》云:"驯乎!玄,浑行无穷正象天。"驯,指顺;这里所谓的"玄"和"太极"相同,意指天道、地道、人道的宇宙本体,它好像圆天一样,周行无穷而不殆。扬雄认为,天与宇宙的特点就是运转不息。故他在《太玄·太玄摛》中又指出:"圜则杌棿,方则啬吝,"在《太玄·太玄图》中也指出:"天道成规,地道成矩,规动周营,矩静安物。"所谓"圜",就是指天;杌棿,意为动荡不停;啬吝,意指聚敛收藏。天圆则以动为性,地方则以静为特点,动与静为生命的质和德,一动一静相辅相成,辟阖往来,则构成一生命整体。唐杜道坚说:"天运地斡,轮转而无废,水流而不止,与物终始,风兴云荡,雷升雨降,并应无穷。"①宋张载也说:"天地动静之理,天圆则须动转,地方则须安静。"②在中国古代哲人看来,整个宇宙天地就像一轮运转无废的圆环,周转不息,往复回环。天道生生不止,流转不居,美也是这样。中国美学认为,受"气""道"的作用,美既生气流荡、氤氲变化、生生不穷,处于永不停息的创造和革新之中,同时,美又是一个统一的有机整体,生动活泼,圆融无碍。故中国美学强调审美活动应由方入圆,即由具象到超越,透过表相以直达生命内核,去掘取宇宙天地运转不已的生命精神。即如司空图在《二十四诗品·流动》中所指出的:"若纳水輨,如转丸珠。夫岂可道,假体遗愚。荒荒坤轴,悠悠天枢。载要其端,载同其符。超超神明,返返冥无。来往千载,是之谓乎!"水輨,即水车,纳置于水而流动不居;转丸珠,言珠之圆转如丸。这里可以说道尽了美的圆转不息的生命之流的奥秘。美的生命,即宇宙天地精神是变动不居的,审美主体只有德配宇宙,齐天同地,才能臻于审美的极佳境域,而参赞化育,融汇于万物皆流的生命秩序之中。故中国美学主张"心斋""坐忘";强调"无听之以耳,

---

① 《文子缵义》卷一。
② 《横渠易说》。

而听之以心,无听之以心,而听之以气"①;可以说,正是追求对古往今来、乾旋坤转,以一治万,以万治一,一以化万,万万归一,流转不息的宇宙天地与人的生命精神和美的生命的体验,才使包括禅宗美学在内的中国美学把审美的重点指向人的心灵世界,"求返于自己深心的心灵节奏,以体合宇宙内部的生命节奏",②并由此而形成中国美学的独特的审美体验方式和传统特色。

是的,禅宗美学是生命美学,它始终关注活生生的人的生命活动,探索活生生的人的生命存在方式及其价值。它认为审美体验活动乃是一种任运自适、去妄存真、圆悟圆觉、圆满具足的生命活动,一种活生生的人的最高生存方式。而慧能的"三无"说在实际上就是对这种审美体验活动的自由性、纯真性与圆满性的高度概括。它把人的内在生命提到本体的高度,把宇宙本体与人的本体统一于人们"无念、无相、无住"的当下之心,而这个当下之心是一个圆活流变的过程。其旨归就在于从人们现实的当下存在来寻找自我,揭示人的生命存在及其价值。而其突出当下之心则正是为了除却妄心而见圆明本心,如"云开见月",使本心光明圆朗,在妄念不起、正念不断的自然任运、绝妄呈真的生命活动中,达到与天地圆融一体的禅境,领悟和把握自己的本来面目。

慧能在论述"三无"时,指出要做到"于念而不念""于相而离相",关键在于要"净心"。通过"净心",则"心量广大,犹如虚空……虚空能含日月星辰、大地山河、一切草木、恶人善人、恶法善法、天堂地狱,尽在空中,世人性空,亦复如是"。他所谓的"性空",是只"空"虚妄,不"空"真实(真如佛性),而真如、佛性则是"真有",而不是"空"。这就是说,在他看来,由于"常净自性"具有"净心",空诸虚妄,"打破五阴烦恼尘劳",犹如"虚空",就能以"虚空"之"净心"观照宇宙万物,而体认到宇宙万有的真如本性。显而易见,慧能这种以"净心"观照宇宙万物的思想,实际上就是通过"静默观照"以体验"活跃生命",也就是定慧一体,以"禅"求"禅"审美观念的体现。"虚空"圆赅一切,实质上也就是"禅"。"净心"就是审美主体以一种高洁的、虚空圆明的审美心胸,也即自由的、纯真的、圆满而充满活力的内在生命去进行审美观照与审美体验,因为高洁的、澄明空彻的审美心胸乃是进行审美观照与审美体验的必要前提。正如宏智正觉所指出的:"吾家一片田地,清旷莹明,历历自照"③"人人具足,个个圆成",只要"磨砻明净""净冶揩磨""洗磨田

---

① 《庄子·人间世》。
② 宗白华:《艺境》,北京大学出版社1987年版,第118页。
③ 《宏智禅师广录》。

地,尘纷净尽",就能使人的心境"卓卓自神""净净而明""事事无碍",如"露月夜爽,天水秋同",湛湛灵灵,而"妙穷出没,照彻离微",如水涵秋,如月夺夜,以"直照环中",显示"清白圆明之处",而体验到宇宙人生的微旨,进入"皎然莹明"的禅境。在禅宗美学看来,"天地与我同根""万物与我一体""万象森罗尽我家""十方大地是我一个身",心本自圆明,心物也本自圆融,故而,只要"扫断情尘,沥干识浪""绝言绝虑",保持心胸的莹彻透明,通过"默照默游",就会使自己的圆明本心"豁明无尘,直下透脱",如"莲开梦觉"①,而达到心物圆融,物我一如,定慧一体,进入人之自性与宇宙法性的冥然合一,生命本体与宇宙本体的圆融一体的最高审美境域。所以石头希迁说:"圣人无己,靡所不己。法身无象,谁云自他?圆鉴灵照于其间,万象体玄而自现。"②万法如如,无自无他,圣人无心,触目会道,自然与万法为一。无知而无不知,无为而无不为,只有"空虚其怀",无我无心,从而才能"冥心真境""彻见法源",达到"智法俱同一空",而万物与我为一的审美极境。

所以在禅宗美学看来,禅以及自然宇宙与社会人生的"至理"不是什么别的,都是以"生"为动力的对圆满具足的"本心"之美的不懈追摄。具有圆满之美的禅是众生之本性、生命之灵光,是解脱成佛之圣境,生命的自由境域,也是审美的最高境域。这种美和审美境域的获得,皆源自于"心"。那么,这里的"心"是指什么呢?它既不是真心,也不是妄心,而是集真妄于一身的自心、本性,是妄念不起、正念不断的当下现实之人心。它如"日出连山,月圆当户"③"一片凝然光灿灿",既光明灿烂,又圆满具足,"天真而妙"④,具有光明圆满之美。所谓以"心"悟"道",就是"识心见性"以"自成佛道"、自达禅境。而"识心见性"乃是在般若观照的刹那间"识自本性"。"若识本心,即是解脱",在这"识""见""悟"中,并没有识与被识、见与被见、悟与被悟,它只是自心自性的自我呈现、自我显露、自我观照、自我体悟、自达圆成。或者说,识与被识、见与被见、悟与被悟都消融于自心的一种禅境与审美境域之中,而达到生命本体与宇宙本体的圆融一体的至美至乐境域。

---

① 《宏智禅师广录》。
② 《五灯会元》卷《石头希迁禅师》。
③ 《五灯会元》卷十三《龙牙居遁禅师》。
④ 《宝镜三昧》。

第五节 "以禅为美"的民族特色

禅宗美学这种"以禅为美""定慧一体""道由心悟""契自心源""回光就己""返境观心"的审美观念极具传统美学的民族特色,具有非常深厚的传统美学思想基础。它揭示了中国美学精神秘密的一个极其重要的因素,体现着中国美学追求自我生命与宇宙生命统一的审美特性,展现出中国美学是人生美学注重生命体验的丰富内容。在中国美学看来,美的生成与审美境域的创构,离不开主体的投入和主导作用,需要主体的心旌宕荡和心灵领悟,必须"中得心源""因心而得"。因此,中国美学极为重视人与人生。以人为中心,通过对"人"的透视,妙解人生的奥秘,也揭示宇宙生命的奥秘,是中国美学确立思想体系的要旨。也正由于此,所以中国美学强调心灵感悟,要求审美主体应在一种空明澄澈的审美心境中进入自己内心世界的深处,去"游心内运""神游默会",以把握生命本源。

所谓"游心内运""神游默会"又称"内游""心游""神游",就是指心灵的览观和体验。它要求审美主体必须保持一种玲珑澄澈之心去玄览物象,在静穆的内视中,去参悟宇宙的微旨,与自然的生命节奏妙然契合,在"虚静"中洞彻心灵奥秘,洞见宇宙精神,直视古今,达到无所不想其极的审美境域。充塞天地之间的元气是物质生命的凭借,人的生命也来源于这种元气;物与人不是相衡相峙的异己对象,而是与人息息相通的生命本体,"守其神,专其一,合造化之功"(张彦远语),人的生命节奏就可以与自然万物的生命韵律相合拍。因此,在中国美学所主张的"内游"式审美体验活动中,审美主体"身不离于衽席之上,而游于六合之外,生乎千古之下,而游于千古之上"[①]。故郝经主张:"持心御气,明正精一,游于内而不滞于内,应于外而不逐于外。常止而行,常动而静,常诚而妄,常和而不勃。"[②]这样,人心"如止水,众止不能易;如明镜,众形不能逃,如平等之权,轻重在我;无偏无倚,无污无滞,无挠无荡,每寓于物而游焉",从而则能充养其道德气质,使其心中胸中之"卓尔之道,浩然之气"涌跃澎湃,"巋乎与天地一",以达到极高的审美境域。在审美创作构思中,始能促使深层生命意识的涌动,在无意识中自在自为地让自我情愫飘逸到最渺远的所在,于静中追动,在蹈虚逐无中完成审美构思体

---

① 郝经:《内游》。
② 郝经:《内游》。

验的目的,获得宇宙间最精深的生命隐微,从而创作出艺术的珍品。

我们知道,人既是自身活动的主体,也是自身一切活动的发轫和归依。故中国美学认为,作为人掌握世界的一种特殊方式,审美活动实际上是人对自身本质特性与生命奥秘的一种自我发现、自我确证、自我观照和自我体验,是"饮吸无穷于自我之中"(宗白华语);是"于自性中,万法皆现";是"克就吾人而显示其浑然与宇宙万有之本体,则确然直指本心"①;是自证自悟,自我解脱;是要恢复本心,以合天人。正如孟子所指出的:"万物皆备于我矣,反身而诚,乐莫大焉。"②这里的"诚",就是指诚明本心,既指一种极高的精神境域,也可以看作是一种最高的审美境域。"反身而诚",则是指人通过对道德意识的自我体认,以及对实践经验的内心体验,以完成从心理学到哲学、美学境域的超越,而认识自我、体验自我、发现本心并把握本心,由此以体知天理,达到与天道合一,也即达到天人合一的极致审美境域,从而悟解宇宙万物生命的奥秘。故而《中庸》说:"诚者,天之道也;诚之者,人之道也。诚者,不勉而中,不思而得,从容中道,圣人也。"又说:"唯天下至诚,为能经纶天下之大经,立天下之大本,知天地之化育。""诚则明矣,明则诚矣。"可见,"诚"也就是"诚明""大清明""玄览""灵明""兴会"等生命与心灵获得极大自由的境域。我们知道,作为宇宙万物的生命本体与本原,"道"是"视之不可见,听之不可闻,搏之不可得的",必待"观之以心",凭主体自由的心灵去体验,通过"尽心""思诚""至诚""诚之",从而始可能超越包罗万象、复杂多样的外界自然物相,超越感观,以体悟到那深邃幽远的美妙生命本原——"道"。故而,可以说,正是由于注重这种对"道"的审美体验,才使中国美学把审美的重点指向人的内心世界,并由此影响及禅宗美学,形成其"道由心悟""即心即佛"的审美特性。

并且,在中国美学看来,人的心、性本体就是一种主客、天人合一的原始统一体,故而"尽心""思诚"则能使万物皆备于我。是的,尽性知天,以诚为先,穷神达化,天人合一。正如《中庸》所指出的:"唯天下至诚,为能尽其性;能尽其性,则能尽人之性;能尽人之性,则能尽物之性;能尽物之性,则可赞天地之化育;可以赞天地之化育,则可以与天地参矣。"人在审美活动中的内心体验,乃是全身心参与其中的感悟和穿透活动,它灌注着人的生命,是人的精神在总体上的一种感发和兴会,也是人的精神的自由和解放,所以,能使人在一种切入和生命的挥发中把握到自己的本心,认识自我,体验到自然之道与宇宙精神,达到与万物合一,体悟到"参

---

① 熊十力:《新唯识论》。
② 《孟子·尽心下》《孟子·尽心上》。

赞天地之化育"的生命创造的乐境,进入"与天地参"的审美极境。

我们认为,所谓"反身而诚",亦就是中国美学所推崇的"游心内运""收视反听"这种审美体验方式的具体体现。唐李翱《复性书》说:"其心寂然,光照天地,是诚之明也。"又说:"道者至诚也,诚而不息则虚,虚而不息则明,明而不息则照天地而无遗。"在他看来,"诚"是"道",也是至静至灵、寂然不动的本心,人们只要通过自我体认,"反身内游",以归复"诚明"的本心——内在生命,就能够让内在生命之光照亮天地万物,领悟到天地万物生命的微旨妙谛。不难看出,这里的"其心寂然,光照天地"与禅宗美学所谓的"默游内观""神静心空""皎然莹明""彻见法源";所谓的"缄默之妙,本光自照""廓落无依,灵明自照"等命题的审美意旨是根本一致的。审美体验中,主体要保持自由心灵的飞翔,必须依靠人体脏腑的"和"与有机体的有序,而这"和"与有序又必须依靠生命之"气"的"静"。故而要达到"光照天地"、以天合天,使人体生命之气融合自然万物之心,则必须保持"其心寂然""神静心空",使心境"皎然莹明",才能"神凝气聚,浑融为一"[1],而使"本光自照""灵明自照",以"彻见法源",而进入"内不觉其一身,外不知其宇宙,与道冥一,万虑俱遗,溟溟一如"[2],物我贯通,天人合一的审美境域。道家美学认为,人的本心即赤子之心,亦即童心,是未受过世俗杂念染化的本初之心。禅宗美学则谓"本心"为"清净本原"之地,宋明理学美学谓"本心"为"明莹无滞"之所。人的自然本心原是直通自然宇宙的生命底蕴的。审美体验中,主体必须"观之以心",通过心灵体验,尽心、尽诚、持气、御气,从而始可能超越包罗万象、复杂丰富的外在自然物象,超越感观,以体悟到那种深邃幽远的宇宙万物的生命本体与美的本原"道"(气)。

我们知道,中国美学所标举的审美活动是主体自我生命与客体生命的契合和认同。在这种由本心意蕴深沉的物我交融所达到的深深认同中,开通了人心与物象之间的生命通道,由"能体天下之物"而臻于"视天下,无一物非我",最终主体将宇宙生命化入自我生命,"以合天心",从而获得生命的超升与审美的升华。人与自然万物都是"气"化所生,以"气"为生命根本,"游气纷扰,合而成质者,生人物之万殊",因此,在审美活动中,人能归于本心,通过自我调节、自我完善,去除人的生理所带来的种种欲望,以创造出一个虚明空静的审美心灵本体;归复自然的本真,泯灭物我之间的界限,就能使人与天地万物合一。审美活动的最高境域是

---

[1] 《周易参同契发挥》。
[2] 《周易参同契发挥》。

人的自得,自得其心,自得其性,自得其情。用庄子的话来说,就是"任其性命之情而已矣"①。任随其情之所由、心之所向、性之所致,让审美心灵在人的纯真本性中徜徉,则可以从中体验到生命的真谛与宇宙的微旨,达到与天性合一的宇宙之境。孟子说得最为明确:"尽其心者,知其性也,知其性,则知天也。"②人性乃人心之本性,本之于天,故人性与天性是合一的。作为宇宙生命与美的本原的"气"(道)早就孕育在人的本心之中。即如熊十力所说:"本心亦云性智,是吾人与万物同具之本然。"③人能灵光独耀,迥脱根尘,便能体悟真常,臻于本心,真达生命的本原。由于受外界事物的干扰与世俗杂念的侵扰,使人放弃了本心,要想重新达到人性与天性合一,则必须摆脱世俗杂念,超越自我的形体与心智,消除物我、意象、情景、主客之间的对立和差别,建立起物我统一、意象一体、情景交一、主客一致的关系,才能在静穆的观照中与宇宙万物活跃生命的节奏韵律冥然契会,以达到同天地相参,同化育相赞,即"人与天地万物为一体",与万物同致的境域。只有这样,始能认识万物,把握万物之道,从发现万物之道中发现自身生命之美,妙悟宇宙人生的秘密。

---

① 《庄子·骈拇》。
② 《孟子·尽心下》《孟子·尽心上》。
③ 熊十力:《新唯识论》。

第五章

隐士以避世求独乐之人生审美域

中国现代著名作家林语堂在谈论中国人的民族特性时,曾有过一个比较精辟的见解,说,中国人都是天生一半道家主义者和一半儒家主义者,他们把道家的出世哲学和儒家的入世哲学有机地结合在一起,形成了自己既超时又超脱的生活态度和生活方式。前者表现为中国人在现实生活中弘毅进取,积极入世,以天下兴亡为己任,后者则表现为心不为物役,对功名利禄、荣辱得失抱一种超然洒脱的态度,既不斤斤计较、患得患失,也不为金钱、地位、荣誉所感、所动、所累,视功利如粪土,看富贵如浮云。也正是由此,从而形成极具民族特色的中国隐士文化。

第一节 归隐田园,纵情山水

作为中国人生美学的重要组成,隐士文化的形成与道家思想的影响分不开。老子推崇"见素抱朴,少私寡欲"的生活方式。在他看来,文采使人目眩,音乐使人耳聋,美味使人败坏口味,驰骋狩猎则会令人心发狂。因此,他推崇"柔",认为最好的人生态度就是像水一样,"利万物而不争",以柔弱胜刚强。基于此,老子认为最高的人生境域就是"知足",所谓"知足者常乐"。也就是说,人要使自己一生愉悦欢乐就得与世无争,以退为进,自然无为。

庄子进一步发展了老子的这种思想。庄子认为,人来自自然,本性是自由的,文化束缚、扭曲和摧残了人的本性,使人的精神失去自由,陷入痛苦的深渊而不能自拔。在他看来,精神自由和个人尊严远远地高于金钱、权力和荣誉,是人的最高存在价值,因此,人生应努力追求人格的尊严和维护自己独特的个性,使它们免遭物欲享乐主义的摧残。在现实生活中,人应当采取一种非常豁达超脱的生活态度,以面对生活中非人力所能消除的各种不幸,提高自己的精神境域,摆脱低级趣味,开拓自己的胸襟,净化自己的灵魂。能以这样的态度来对待人生,那么,什么名誉地位、荣辱进退,都可以淡然处之。

庄子认为,宇宙万物的本性就是自由自在,自然万有都是自由存在的,尽管"吹万不同",窍响各异,但都各得其所,凫不羡鹤胫之长,鹤亦不慕凫胫之短,泽雉"十步一啄,百步一饮"①,不求养在笼中成为精神贵族。故而,自由自在,无拘无束,天马行空,独往独来,与大道同在,与天地为一,没有好恶、是非、美丑,忘掉利害、得失、生死,就是顺乎自然本性,也就是人应该追求的最高人生境域。要达到此,庄子主张必须采取"隐"的人生态度,即不与统治阶级合作,超越种种世俗的价值观念,以维护自己的人格尊严,获得精神上的绝对自由。《庄子·缮性》篇说:"隐,故不自隐。古人所谓隐士也,非伏身而弗见也,非闭其言而不出也,非藏其知而不发也,时命大谬也。"在《秋水》篇中,庄子则以神龟自比,表明自己甘心"曳尾于涂中",还以鹤雏自况,明己甘处之心志。在《刻意》篇更是明确表示自己要"就薮泽,处闲旷,钓鱼闲处,无为而已矣"。

道家哲人所标举的这种人生态度,对后来的士大夫文人产生了深刻的影响,尤其是仕途不顺,理想与抱负不能实现,则独善其身,走向山间林野,以摆脱功名利禄的诱惑与尘世的喧嚣,超越世间的种种污浊与是非。如东方朔在《七谏》中就多次提及:"怀计谋而不见用兮,岩穴处而隐藏。"严忌在《哀时命》中也感叹说,"身既不容于浊进兮,不知进退之宜当""时厌饫而不用兮,且隐伏而远身""伯夷死于首阳兮,卒夭隐而不荣"。隐居是由于不得已而为之。世风日下,纲纪失坠,王道不见,霸道横行,大义不存,人欲横流,对此,保持自身的高洁,急流勇退,乘一叶扁舟游于五湖之上就成了中国士大夫文人的最佳选择。并且,居官仕出者也有不如人意处,因为他们如班固《两都赋序》所言,毕竟只是帝王的"言语侍从之臣"而已,为"主上所戏弄,倡优畜之"②。于是像东方朔《答客难》《悲有先生论》等仍牢骚不断。董仲舒、司马迁则作《士不遇赋》《悲士不遇赋》等,抒发竟于仕进却无法真正将才华识略展露出来的时代悲哀。并且功臣显宦大量被杀,仕进风险不免令人深有所感。《四皓歌》言:"唐虞世远,吾将何归?驷马高盖,其忧也大,富贵之畏人兮,不若贫贱之肆志。"还有一些作者托名许由、箕子、曾子、庄周所作的《箕山操》《归耕操》《引声歌》等所表现的都是这种情调。汉乐府《满歌行》:"为乐未几时,遭世险巇……唯念古人,逊位躬耕。遂我所愿,以兹自宁。自鄙山栖,守此一

---

① 庄子《养生主》。
② 司马迁:《报任安书》。

荣。"乐府最盛的时代也正是屠戮大臣最多的武帝时期,[①]统治者滥施淫威造成对士大夫文人人格的摧折,更免不了让人痛苦不已。

东汉中叶以后仕进的察举之权握在贵族豪右的手中,政局不稳,居官者险象环生,从而迫使部分文人拒绝出仕为官,甘愿隐于田园,或纵情山水,以求身心的自由自在。《后汉书·符融传》载当时豪右名士控制乡里清议:"三公所辟召者辄以询问之,随后臧否,以为定夺。"这种情形,显然在人慑于仕进风险的同时,加重了标榜退处隐居、以清高自重的风气。班固称:"自园公、绮里季、夏黄公、郑子真、严君平皆未尝仕,然其风声足以激贪厉俗,近古之逸民也。若王吉、贡禹、两龚之属,皆以礼证进退云。"[②]可见,儒家"以礼节情"的伦理道德思想在处理人与社会的关系之中逐渐强固,重名务虚乃是务实明智之举。直至魏晋时的九品中正制,后进学子若要显达,必须要有前辈称誉,社会才肯定承认。如冯胄"常慕周伯况、闵伯叔之为人,隐处山泽,不应征辟"[③]。又张衡《七辨》以隐逸的七子和劝出山者各为一方,虽隐者得出却备见其难。《归田赋》索性直言:"苟纵心于物外,安知荣辱之所如?"赵壹《刺世疾邪赋》:"邪夫显进,直士幽藏。"蔡邕《述行赋》也有蒿目时艰,"复邦族以自绥"之叹。

宦途险恶,对严酷的政治和压抑人的个性的社会现实的不满甚至使贵为王侯的曹植也不免有出处之嗟,追求与世隔绝的隐士生活,以求身心宁静的向往。他一方面表露自己积极进取的人生观,在《求自试表》中他流露了"功存于竹帛,名光于后嗣"的人生理想,但同时又不甘违心屈节,何况他心中也清楚地知道当道者无论如何也不会见用于他,于是《九愁赋》不禁以屈原自诩:"宁作清水之沉泥,不为浊路之飞尘。"尽管他时时高呼"闲居非吾志,甘心赴国忧!"[④]但"时俗薄朱颜,谁为发皓齿?"[⑤]无奈只得"盛年处房室,中夜起长叹"[⑥]。至于《七启》中隐士的悔悟"至闻天下穆清,明君莅国。览盈虚之正义,知顽素之迷惑,今予廓尔,身轻若飞。愿反初服,从子而归(出仕)",就更是明白地表现了他对超脱的人格理想与人生理

[①] 如《汉书·公孙弘传》载:"……其后李蔡、严青翟、赵周、石庆、公孙贺、刘屈氂继踵为丞相,……唯庆以惇谨,复终相位,其余尽伏诛云。"又《汉书·匡张孔马传赞》谓:"……其后蔡义、韦贤、玄成、匡衡、张禹、翟方进、孔光、平当、马宫及当子晏咸以儒宗居宰相位,服儒衣冠,传先王语,其酝藉可也,然皆持禄保位,被阿谀之讥。"
[②] 《汉书·王贡两龚鲍传》;《后汉书》中的《周党传》《仲长统传》等也有类似记载。
[③] 《后汉书·方术传》,又《主文传》多有记载。
[④] 《杂诗》。
[⑤] 《杂诗》。
[⑥] 《美女篇》。

想的追求。日本学者兴膳宏就曾指出,东汉后"七"体作者把劝说对象从枚乘原作中的诸侯太子改成隐士,"是一种时代精神的反映"①。

正始之际司马氏专权下的政治酷劣,使嵇康、阮籍等人有了更清醒的归隐选择。阮籍《咏怀》中屡称"宁与燕雀翔,不随黄鹄飞"(之八);"岂与鹑鷃游,连翩戏中庭"(之二十一)。嵇康也承认终因出处殊途而与旧友分手。② 他还提倡只要"循性而动,各附所安",就可以"处朝廷而不出,入山林而不反",实质上还是想全身存性,如同野生禽鹿,"虽饰以金镳,飨以嘉肴,逾思长林而志在丰草也"。③《四言赠兄秀才入军》组诗中更以远游无累为乐:"安能服御,劳形苦心?""安得反初服,抱玉宝六奇?"强烈地表现了归隐山林,以清高自重的志向。自嵇康始撰《圣贤高士传》,皇甫谧《高士传》《逸士传》,张显《逸民传》,孙绰《至人高士传》,又阮存《续高隐传》、周弘让《续高士传》等累累问世。《后汉书》始创《独行列传》《逸民列传》,其后《宋书》《晋书》《南史》《北史》《隋书》等均辟有《隐逸列传》。

专心思处,以隐逸自得的情趣给两晋诗文增添了不少乐观与自觉色彩。"是时王政陵迟,官才失实,君子多退而穷处。"④许多已入仕途的文人亦不免宦路蹭蹬,以致于在朝为官的潘岳也低沉而轻松地吟出:"器非廊庙姿,屡出(外放)固其宜。徒怀越鸟志,眷恋想南枝。"⑤幻灭的左思转念自慰:"被褐出阊阖,高步追许由。振衣千仞冈,濯足万里流。"⑥失意的陆机虽凄然自叹:"盛门无再入,衰房莫苦开。人生固已短,出处鲜为谐。"⑦离京的谢朓则庆幸地写道:"既欢怀禄情,复协沧洲趣……虽无玄豹姿,终隐南山雾。"⑧成公绥《啸赋》、挚虞《思游赋》等将此时士大夫文人的群体心理描绘得出神入化。如后者的"借之以身,假之以事,先陈处世不遇之难,遂弃彝伦,轻举远游……"傅咸《申怀赋》也谓:"塞贤哲之显路",遂欲"永收迹于蓬庐"。而"屡借山水以化其郁结"⑨的孙绰,在《遂初赋》中表白幼就倾慕庄、老,"带长阜,倚茂林,孰与坐华幕,击钟鼓者同年而语其乐哉!"缘其山林之乐中蕴含着自然美价值,归隐山林以避世求独乐,让人"澄怀味道""神超形

---

① [日]兴膳宏:《六朝文学论稿》,彭恩华译,岳麓书社1986年版,第410页。
② 《与吕长悌绝交书》《与山巨源绝交书》,《全三国文》,商务印书馆1999年版,第1321页。
③ 《与吕长悌绝交书》《与山巨源绝交书》,《全三国文》,商务印书馆1999年版,第1322页。
④ 《晋书·文苑传》。
⑤ 《在怀县作诗》,《先秦汉魏晋南北朝诗》,中华书局1983年版,634页。
⑥ 《咏史》,上书,733页。
⑦ 《折杨柳行》,上书,659页。
⑧ 《之宣城郡出新林浦向板桥》,上书,第1429页。
⑨ 《三月三日兰亭诗序》《全晋文》,商务印书馆1999年版,1808页。

越",愈益成为人们追求的理想人生境域。

正是在这种隐逸文化传统与时代氛围中,陶渊明和谢灵运将"归隐田园,纵情山水"、避世求独乐的审美情趣发展到极致。官宦世家天然的优越感,使谢灵运具有浓重的念故恋国之情,晋亡宋兴也使他的心灵遭受极大的创伤,"韩亡子房奋,秦帝鲁连耻。本自江海人,忠义感君子",①他自己认为:"君子有爱物之情,有救物之能。"②于是谢灵运是身不由己,惟有"空对尺素迁,独视寸阴灭……语默寄前哲"③。化入世与出世两难为入世与出世两便:"达人贵自我,高情属天云。兼抱济物性,而不缨垢氛。"④就主观方面讲,谢灵运的寄情山水是暂时的,是以隐逸为进入仕途的捷径;从客观条件上看,作为贵族后裔他更为当时的统治者所注意,其隐居山林是受外力逼迫。因此这位一生中两次归隐三次出仕的诗人在《山居赋》中自注道:"性情各有所便,山居是其宜也。"⑤显而易见,他是以隐居山林暂时性地立命安身,一有机会便还要"出仕为官"。

躬耕南亩的陶渊明居处田园则带有永久性。他到后来基本弃绝了仕进。渊明虽也受某些外力胁迫才归处,但在这外力下的深层结构变化较大,对整个官场仕途的否定意识甚为强烈。弃官归里时言:"误落尘网中,一去三十年。"⑥满是挣脱樊笼的快意;"高操非所攀,谬得固穷节。平津苟不由,栖迟讵为拙"⑦是隐居田园,以达观的态度对待生活,节制自己的无穷物欲,不追求自己难以达到的东西,获得身心放松、精神愉快后的肺腑之语。所谓"目倦川途异,心念山泽居……聊且凭化迁,终返班生庐",则是借班固赋中之语明己心志。"园田日梦想,安得久离析";"吾生梦幻间,何事绁尘羁?"超脱于滚滚红尘,自然、质朴的生活,以求得身心的自由自在乃是"质性自然,非矫厉所得"。在对个体生命价值认真审视后,诗人

---

① 《临川被收》《折杨柳行》《述祖德诗》,《先秦汉魏晋南北朝诗》,中华书局1983年版,1185页,1150页,1157页。
② 《游名山志》,《全宋文》,2616页。
③ 《临川被收》《折杨柳行》《述祖德诗》,《先秦汉魏晋南北朝诗》,中华书局1983年版,1185页,1150页,1157页。
④ 《临川被收》《折杨柳行》《述祖德诗》,《先秦汉魏晋南北朝诗》,中华书局1983年版,1185页,1150页,1157页。
⑤ 《全宋文》,2604页。
⑥ 《归园田居》《癸卯岁十二月中作与从弟敬远》,逯钦立校注:《陶渊明集》,中华书局1979年,40页,78页。
⑦ 《归园田居》《癸卯岁十二月中作与从弟敬远》,逯钦立校注:《陶渊明集》,中华书局1979年,40页,78页。

终于顿悟:"何不委心任去留,胡为乎惶惶欲何之,富贵非吾愿,帝乡不可期。"①

唯其如此,陶渊明的归隐田园的选择才更决断。看他所作虽平心静气,却吐出了骚动于心的郁勃垒块。为维护个体人格尊严,陶渊明归隐田园,保持内心的宁静平和,追求更高的超越流俗的精神价值,处于不仕,仕而辞官。极颂隐居的快悦,正为消减烦恼,避世求独乐,以隐居的有价值反照趋时为官的无价值。

第二节 避世求独乐

到自然山水中去,敞开自己的心扉,与自然相融相合,以忘掉自我、消解自我,是中国隐逸文化所推崇的避世求独乐,消解悲剧意识,为悲为乐的重要途径之一,也是中国人生美学中以避世求独乐的隐士文化的一种生动体现。如李白在对入世与求仙失望之后,就曾想投入纯粹的自然怀抱:"空谒苍梧帝,徒寻溟海仙。已闻蓬海栈,岂见三桃园。倚剑增浩叹,扪襟进自怜。终当游五湖,濯足沧浪泉。"②的确,如前所说,儒家"修身、齐家、治国、平天下"是中国士大夫文人所追求的万世不变的理想,但是,为了安抚那些失败的追求者,平衡其心态,士大夫文人还有一条后路,这就是"达则兼济天下,穷则独善其身"。"穷",仕途不顺达本是悲剧,但也不能乱来,应独善其身,管好自己,保持本来也许应该对之询问的节操。要较好地独善其身,自然山水是具有物质实体性的精神寄托。我们曾经提到,孔子就曾一方面提出"知(智)者乐水,仁者乐山"③的理论,另一方面对其弟子"莫春者,咏而归"④的逸情非常欣赏。仕途失意时,甚至世人皆醉你独醒,举世皆浊你独清,你也并不是孤独的,你可以在自然山水中获得安慰和支持。

受道家的影响,隐士文化以一种与天合德的自由精神抬高了自然物的意义。特别经过魏晋玄学,山水自然成为以形媚道的畅神之物。仕途失意之人,渴望的是一种清闲,超脱生活之上,可以在与局促的社会政治圈相比,自由度显得相当宽阔的自然山水中去发现一个快乐悦神的境域。隐居田园山水的生活方式以一种新鲜活跃的恣态向失意之人提醒一种新的人生观。仕途顺利,则可以信奉儒家理想去治国平天下,政治失意,则转向道家的人生观,归朴返真,回到自然的怀抱,与

---

① 以上见逯钦立校注:《陶渊明集》,中华书局1979年,71、79、91、159页。
② 《郢门秋怀》。
③ 《论语·雍也》。
④ 《论语·先进》。

自然相亲相和,以平息自己心中的愤激和牢骚,这样,反而能更好地做到儒家圣人所要你做的安贫乐道。

佛教禅宗在其修行观上与隐士的生活态度相接近,也崇尚自然山水。《六祖大师缘起外传》说惠能"游境内。山水胜处,辄憩止。遂成兰若一十三所。"禅宗的精义也往往用自然形象来表达"青青翠竹,总是法身,郁郁黄花,无非般若"①。"问:语默涉离微,如何通不犯? 师曰:常忆江南三月里,鹧鸪啼处百花春。"②禅宗从一丘一壑,一草一木中体会到宇宙生命的最深处。它和道家一样,以气韵生动的自然向失意之人昭示一种新的人生观,使失意之人转悲为乐。并且以其特有的超脱的修行方式显示了独特的魅力和价值,给中国避世为乐的隐逸文化增添了新的内容与色彩。

道家和禅宗都以儒家所必然会出现的"穷"为契机渗入士大夫的心中,这就是中国文化所谓儒道释互补。道释都以自然作为宽失意者之心的精神食粮,趋时无望则转而退隐超脱,避世求独乐。儒家本也是将自然用于此途的。从起源来说,儒家的自然是象征的自然(比德),道家的自然是天然的自然,释家的自然是禅意的自然。从历史发展看,魏晋始,儒道自然融合为一,唐,儒道释三家自然融合为一,构成了中国文化中避世为独乐的隐逸文化。这种隐逸文化,集儒道释三家之精义,形成中国文化稳定结构的重要因素,成为中国悲剧意识的消解因素。

前面我们已经提及,谢灵运就主张通过自然山水来消解自己的悲剧情怀。《宋书·谢灵运传》载:"谢灵运生云:六经典文,本在济俗为治耳;必求性灵真实,岂得不以佛经为指南耶!"这就是说,谢灵运既在六经与玄学之间游转,又在玄学与佛教之间徘徊。入世不得意,就转向山水,以避世求独乐。他是世族大家,"因父祖之资,生业甚厚,奴僮既众,又故门生数百,凿山浚湖,功力无已"。他游山"伐木开径,从者数百人"。由于他的贵族气质,他游山玩水,寓目则书,体物精工,深得自然之美。诗中景物的一一罗列、出现、转换,他所获得的山水,与他生活中的获得物一样,显得"繁富""富丽精工"。然而他纵情山水,采取一种与世无争的生活方式,又是为了排泄、平息自己的政治悲剧意识,以求得在一种超脱的心态下,使外物的诱惑力被内心的平静所化解,被更高的精神价值所超越。依玄学,"山水以形媚道,而仁者乐"③,他也主动地在山水中去体悟玄学之道。谢灵运又是信佛

---

① 《大珠禅师语录卷下》。
② 《五灯会元》卷十一。
③ 宗炳:《山水画序》。

的,他要在山水中去体悟的,还有佛学之境。当时的玄与佛,有分别,又有交叉、融通处。但谢灵运无论是为悟玄还是为体禅,都是要以一种价值的转换来消解悲剧意识。他的山水虽然象他的人格一样具有多重性,但毕竟是以消解悲剧意识,化悲为"乐"为主的。

禅宗在修行方式上有所谓"法不孤生,仗境而起"[①]"心须不孤生,心缘外境"之说[②]。谢灵运要获得自我安慰,转忧为喜,化悲为乐,要寻求精神解脱,这就需要山水自然,也只有依靠山水自然,到自然的山水中去摆脱功名利禄的困扰,去过一种自然、质朴的生活,才能获得心灵自由。他的山水诗开篇总是显出自己的主动寻求,这是一颗未脱世俗之心,想要追求山水自然,靠境进入"禅室"。参禅进入禅室后,即开始对外物的观照、会悟。僧肇《般若无知论》云:"虚其心,实其照。"道安《安般注序》云:"即万物而自彼。"进入山水之后总是左右顾看,仰观俯察,远近游目,使自己整个身心都投入自然山水中,去游心于宇宙万物,求得精神的自由与高蹈。在这种虚心观物中,谢灵运获得了不少山水的美景,"名章迥句,处处间起,丽典新声,络绎奔会"[③]。"昏旦变气候,山水含清辉。""密林含余清,远峰隐半规。""初篁苞绿箨,新薄含紫茸。""白云抱幽石,绿筱媚清涟。"似乎纯客观的景物描写中显示了诗人心情的平静,清词丽句本身透出了心情的愉悦,而山水中色彩、时间、生命、气韵的自然生发、流动、变蕊又给心灵带来超脱的欢悦。

在禅宗哲人看来,"从对外物观照中获得的认识,仍是一种恍惚凑泊的悟解,要达到完全的般若,还须把认识上升到理念。'理者是佛'转变理念就是所谓'显法相以明本'。进而以'般若婆罗密'——'智渡'的功夫,'照'于自己身上,得以'圆常大觉',最终解脱"[④]。同样,谢灵运的山水诗总是在展示了令人赏心悦目的景色后,来两句亦禅亦玄的总结,以表现自己处于山水自然中,所达到的心物交融、身心自由愉悦、俯视宇宙人生的超然境域及其感受。

通过山水的游历、欣赏,诗人在情景交融、心物一体,生命之流沟通相汇中,犹如经过一次参禅和玄谈一样,获得了宇宙人生之道。在他圆常大觉之时,悲剧意识全被消解了。从而他的山水诗总显出一种时间过程性,情感大都依时间的流动形成一个固定的程序;开始时,诗人总是怀着各种强烈的失落感与忧患意识进自然山水,通过对自然景物的观照,情感渐渐趋向淡泊,最后直至自己的整个生命都

---

① 《杂阿含经》。
② 《俱舍论》。
③ 钟嵘:《诗品》。
④ 张国星:《佛学与谢灵运的山水诗》,载《学术月刊》1986年第11期。

完全融汇进山水自然生生不已的生命韵律中,尔后再由叹赏(有些则通过问答式的物我交流)转为思考。最后以明确表示已经转悲为喜,化忧为乐,心灵业已自由自在。

如果说,在谢灵运那里,山水是山水,玄禅是玄禅,因此山水的消解功能未能完全发挥出来的话,那么到王维,则将山水、禅意、艺术、审美融为一体,在中国人生美学中最充分地显出了山水化悲为乐的消解功能。

王维也曾有过青春热血激荡的年华,这从他写的边塞诗非常慷慨激昂可以见出。但是很快他就转入悲观失望,由入世到出世,转入佛教和与佛教宇宙观相通的自然。用他自己的话说,是"一生几许伤心事,不向空门何处销"①。佛教和自然确实平息了他渴望建功立业的焦灼心理,在避世求独乐中消解了他的悲剧意识。他先是在终南山,后又在蓝田辋川过自己的虽官实隐的生活。"虽与人境接,闭门成隐居。"②闭门既是生活中的动作,又是心灵的象征。他要退出现实世界,不仅在生活里,而且在思想中与现实隔开。由入世到出世,由官场到山林,这个心灵的大门不是那么容易一下就截然关上的。王维诗中离别写得特别情深意柔,但是这些都是生活中的离别,在情绪的隐层,也共振着与现世相别的暗绪,而且别情都以青山、绿水、春草、春色等浓烈的自然气息来渲染。他也确实要在自然中寻获一个不同于市俗和政治的人生,要在自然中去体察宇宙的本心。市俗与政治充满着拥挤和倾轧,自然里却是另一番情味:"独坐幽篁里,弹琴复长啸,深林人不知,明月来相照。"③"空山不见人,但闻人语响,返景入深林,复照青苔上。"④"人闲桂花落,夜静春山空,月出惊山鸟,时鸣春涧中。"⑤这里,人是孤独的,是自我选择的孤独,就是要获得离开尘世的孤独。其实并不孤独,诗人与自然为侣,桂花、山鸟、幽篁、明月都是他的伴侣。通过此,诗人与尘世生活保持了一定距离,超脱金钱、地位、荣誉的诱惑,安心于孤独与寂寞。他正是在这孤独与寂寞中体味着自然和自我。他的自我也渐渐融入自然之中,与自然一体,达到一种无我的境域。无我之心已经和自然之心融为一体了。以无我之心观物,才能在一片静谧幽寂中体味到自然的生机、生动和热闹。自然甚至可以说是火热闹艳的。自然本身的火热闹艳,完全不同于尘世和政治的火热闹艳,它再火热闹艳也还是静谧、幽寂的。人由

---

① 《叹白发》。
② 《济州过赵叟家宴》。
③ 《竹里馆》。
④ 《鹿柴》。
⑤ 《鸟鸣涧》。

自然之静幽冷寂体味到自然的生动闹艳,以超脱的情怀战胜了自身的孤独和寂寞感,进而体味到这极大的动闹之中的极大的静。由此,他获得了一颗宇宙之心,同时也获得了人生之情趣。人自身和自然一样即使在动闹中也可以显出感受到极大的静寂幽邃。自然界就是在色彩、音响、运动、节律中显出自己庄严而闲散,神秘而可亲的宁静幽邃的。而处于这样的自然中,在神秘的宁静幽邃气氛的熏陶下,人自然就放下了争逐之心、功利之念、贪欲之情,而达到一种与自然纯然合一的闲散悠悠的境域。人从自然山水中体会到宇宙的生命韵律,直达生命的本原,以获得宇宙之心;又以这宇宙之心去体味自然和人生,就达到一种超越尘世和政治的哲理,进入一种自然真趣之中:"桃红复含宿雨,柳绿更带春烟。花落家僮未扫,莺啼山客犹眠。"①这是诗人身心的宁静。"兴来每独往,胜事空自知。行到水穷处,坐看云起时。偶然值林叟,谈笑无还期。"②这是诗人生命的律动,无论动与静都含着一片禅机,一份悠意,一种超然,一种洗净烦恼的人生的情趣,怡然自得。人生的悲剧意识已被消解殆尽了。

  唐代诗人白居易也喜欢走向自然,通过对自然山水的游历来消解自己的悲剧意识,以化悲为乐。但是尽管白居易曾在庐山香炉峰下林寺边筑起草堂、修仙学佛,但他骨子里始终信奉的是儒家穷达之道。他虽然未像王维那样通过价值转换,在自然里获得彻悟,却从自然那里获得了真正的安慰。西方哲人喜欢"拿别人的痛苦来取乐",以消解自己的悲剧意识。西方的勇士在外面战得遍体鳞伤,就逃到爱人身边,得到一份温存,一种安慰。中国士大夫在政治上受到重创之后,往往逃到自然身边,避世以求独乐,从自然里得到温存和安慰。在这种安慰中,白居易已经真正地闲适起来了。面对温存美丽的自然,他吟出了"死生无可无不可,达哉达哉白乐天"③的诗句。然而,未能转换价值,从自然中悟道,只是安时处顺,从自然里乐天的人,内心最深处,总会有一丝苦味的。因此在一些时刻,他会沉痛地感慨:"外容闲暇中心苦,似是而非谁得知!"④自然要彻底地消解人的悲剧意识是不容易的,但可以大体消解人的悲剧意识。白居易不管有多少心中苦,在避世以求独乐中他基本上已通过在自然山水中游悦使自己整个身心都投入自然的怀抱中去使身心愉悦、闲适起来。

  如果说白居易是从现实的悲剧中带着一颗要求平静自己的心走向自然、避世

---

① 《田园乐七首》其六。
② 《终南别业》。
③ 《达哉乐天行》。
④ 《池上寓兴二绝》其二。

以求独乐的,自然也像慈母一样以温存的柔爱安慰了他痛苦的心灵,那么柳宗元则是带着一腔愤懑之情奔向自然、以避世求独乐的:"投迹山水地,放情咏《离骚》"①自然成为他情感的投射物。柳宗元所贬之地柳州,本就是偏远的夷蛮之地,那里的景色犹如他的命运,是荒蛮凄硬的,又如他的心境,荒凉凄怆。环境、命运、心境合铸了他的山水文学的特色。而且,从艺术气质讲,柳宗元是一个主观的诗人,当他避世求独乐,以自然来消解自己的悲剧意识的时候,主要是一种移情。只有这些荒凉凄寂的自然才能承受得起他的荒凉之心、凄寂之情。因此这些荒凉凄硬的自然显出疏远性、刺激性的一面时,是他的命运感的投射。柳宗元诗文中的自然山水并不是与人对立的,而是人心人情的表现和象征,他以山水来表现自己的愤郁:"城上高楼接大荒,海天愁思正茫茫。惊风乱飐芙蓉水,密雨斜侵薜荔墙。岭树重遮千里目,江流曲似九回肠⋯⋯"②这里所展现的自然山水既是眼下的景色,又含命运的隐喻,也是情感的旋律。芙蓉水、薜荔墙遭惊风密雨的乱飐斜侵,正如二王八司马遭反动势力的无情打击。他们的理想之路好像回肠一般的江流,曲折难通;他们的前途,也正被重重岭树一样的势力所遮掩⋯⋯山水惊风乱飐,密雨斜侵,正合情绪的激烈,岭树遮目,江流九回,恰如心情的迷茫⋯⋯自然山水在柳宗元的眼中,明显的是一种移情的自然。然而柳宗元奔向自然是为了避世求独乐,以山水消解自己的悲剧意识,这种移情方式发泄多,安慰少,悲剧意识难以消解。于是在《永州八记》中,他想走另一条道路,去寻找美好的景物,以便更好地达到自己避世求独乐的愿望,进而消解自己的悲剧意识。他确实寻到了美好的景物:西山、钴鉧潭、钴鉧潭西的小丘、小丘西的小石潭、袁家渴、石渠、石涧、小石城山⋯⋯然而,每当他寻到了一处美丽所在之时,就同时发现美丽的景物都有与自己惊人的相似之处。它们小巧,小丘仅一亩方圆,"可以笼而有之",钴鉧潭"其清而平者且十余亩";石渠"或咫尺,或倍尺,其长可十许步"⋯⋯它们奇丽,有争为各种奇状的奇石;有"全石以为底"的奇潭;嘉木美树,虽未长在肥沃之土,却"益奇而坚,其疏数偃仰,类智者所施设也"。然而这些小巧奇丽的风物又都偏偏处于被人遗忘的角落,空有出众的形态,动人的神韵而无人赏识。很明显,柳宗元想避世以求独乐,虽然寻到了美丽的景物,却还是摆脱不了自己观物的移情方式。他为这样的美景美物被置于偏僻无人之地而感叹、而询问:"噫,吾疑造物者之有无久

---

① 《游南亭夜还叙志十七词》。
② 《登柳州城楼寄漳汀封连四州刺史》。

矣。及是,愈以为诚有。又怪其不为之于中州,而列于夷狄,更千百年不得一售其伎!"①这既是伤景物,又是自伤,既是为景物叹息,又是为自己叹息。然而这些与自己遭遇相似的景物又毕竟是独立于自己之外的自然景物,他又的确是让自己在自然山水中找到了知己。于是抒情主人公对着这幽清奇丽之景"枕席而卧,则清冷之状与目谋,潆潆之声与耳谋,悠然而虚者与神谋,渊然而静者与心谋"②。

在避世求独乐中悲剧意识通过移情的山水自然得到了消解,并且移情的山水把自然的山水化为我之山水。人虽然在山水中因找到同类而获得知己的安慰,但山水却失却了高于人的性质,也失却了自己本有的、不以人的情感为转移的巨大力量。它不是高于人的安慰者,而是与人处于同一水平上的同病相怜者、知音者。移情的山水必须随人之情而变形。因此在避世求独乐中移情的山水消解悲剧意识的能力是最低的。

柳宗元是避世求独乐、以山水自然作为悲剧意识消解因素由盛转衰的一个关键人物。他的名诗《江雪》最典型地表现了隐逸文化中,那些士大夫文人采取避世以求独乐的生活方式,和在自然中去消解悲剧意识时心境的二重性及其转化的可能性:"千山鸟飞绝,万径人踪灭。孤舟蓑笠翁,独钓寒江雪。"热闹的千山万径,鸟飞人行一下子消失了,寒冷的江面上,孤舟独钓,一方面是离开了社会的巨大的孤独,一方面又是社会上的凡夫俗子难以理解的一种独得的境域。既是最高的境域,又是最大的孤独,这两方面好像是非常对立的,又非常容易从一方面转入另一方面。最高的境域是最大的乐,最大的孤独又是最大的悲。山林隐逸之士的平衡心境,就是由这阴阳互含的两极构成的,它是最高境域的孤独,又是孤独的最高境域,从最大的孤独中体会到一种最高的境域,这是王维之路,从最高的境域中体会到一种最大的孤独,这是谢灵运之路。以这两极为核心,扩散、转换、生成,就是各种各样的山水境域。

总而言之,在中国人生美学天人合一的总格局中,自然山水总是作为避世求独乐与悲剧意识的消解因素发挥作用。这在辛弃疾的诗词中,自然山水是作为诗人的至爱亲朋在发挥作用:"甚矣吾衰矣,怅平生,交游零落,只今余几?白发空垂三千丈,一笑人间万事,问何物能令公喜?我见青山多妩媚,料青山、见我也如是。情与貌,略相似……"③"宁做我,岂其卿,人间走遍却归耕,一松一竹真朋友,山鸟

---

① 《小石城山记》。
② 《小丘记》。
③ 《贺新郎》。

山花好兄弟。"①投向自然的怀抱,犹如投向友人的怀抱,只有朋友一般的自然能使诗人转悲为喜。以自然为朋友,自然也具有人一般的性情,人就像对待朋友那样与自然交往起来:"红莲相倚浑如醉,白鸟无言空自愁。"②这是对朋友心理的判断。"凡我同盟鸥鹭,今日既盟之外,来往莫相猜。"③这是对朋友的叮嘱。"窥鱼笑汝痴计,不解举吾杯。"④这是对朋友的嘻笑。"却怪白鸥,觑着人,欲下未下。旧盟却在,新来莫是,别有话说。"⑤这是对好友的猜问。"昨夜松边醉倒,问松:'我醉何如?'只疑松动要来扶,以手推松曰:'去!'"⑥这是与好友的醉戏。"青山意气峥嵘,似为我归来妩媚生。解频教花鸟,前歌后舞,更催云水,暮送朝迎。"⑦"午醉醒时,松窗竹户,万千潇洒,野鸟飞来,又是一般闲暇"⑧。"高歌谁和余?空谷清音起。非鬼亦非仙,一曲桃花水。"⑨这是与好友共乐。

人与自然是亲朋好友。自然安慰了人,人也关心着自然:"也莫向,竹边辜负雪,也莫向,柳边辜负月。"当自然落难时,人也为之忧愁:"断肠片片飞红,都无人管,更谁劝,啼莺声住。"⑩以自然为朋友,自然之愁,实际上是自己的愁。以自然为友,日暮春晚,秋风秋雨,总会牵出自己的愁。这是很容易走向柳宗元式的钟情自然山水:"湖海早知身汗漫,谁伴?只甘松竹共凄凉。"⑪

以自然为友,必然失去自然的超然性(如王维的禅境的自然),而化为一般人之性。那么,自然当然也像社会人一样,出现好坏之分,犹如花草在屈原那里一样。以自然为友暗含着自然之性以人之性为转移,于是在辛词中我们也会看到这类词句:"而今春似轻薄荡子难久,记前时送春归后,把春波都酿作一江醇酎,约清愁,扬柳岸边相候。"⑫

---

① 《鹧鸪天》。
② 《鹧鸪天》。
③ 《水调歌头》。
④ 同上。
⑤ 《丑奴儿近》。
⑥ 《西江月》。
⑦ 《沁园春》。
⑧ 《丑奴儿近》。
⑨ 《生查子》。
⑩ 《祝英台近》。
⑪ 《定风波》。
⑫ 《粉蝶儿》。

第三节 游历神仙之境域

通过游历神仙世界以逃避与消解痛苦,也是隐逸文化中士大夫文人避世以求独乐、化悲为乐的重要途径。以老庄哲学为理论基础的道教继承了老庄的忘物、忘我、忘知、忘天下的功夫,同时又发明了神仙世界来避世独乐、消解人生的悲剧意识,化悲为乐。① 道教的神仙世界主要是以《山海经》《庄子》《楚辞》等书中的神话故事为基础而建构起来的。《山海经》《楚辞》提供了各种禽兽模样及人面兽身、飞龙奔雀之类的神人原型,《庄子》提供了人形的至人、真人,"肌肤若冰雪,绰约如处子"的童颜俊生。从这些神人的性格特征看,《山海经》的神怪勇猛恶狠,《楚辞》的神富丽辉煌,《庄子》的真人至人淡泊逍遥。勇猛恶狠精致化为神仙们的各种法术力量,富丽辉煌扩展为神仙们的富贵和享乐,这就是天宫、三岛、十洲、十八洞天、三十六小洞天、七十二福地的富贵繁华之处。这些神仙避世以独乐,生活得自由无拘,不受生老病死的威胁,逍遥适意。道教在中国封建社会发挥的作用主要是以求福免灾驱鬼压邪来吸引广大下层民众,以长生不死、羽化登仙、永享富贵来赢得皇帝王侯。然而与道教相关的庄子避世的自由精神和屈子愤而超越世俗的远游心态吸引着中国的士大夫,并与中国隐逸文化的避世以求独乐、化悲为乐意识有较深的关联。

老庄哲人强调的是神人一般的精神自由、超然物外的逸情。这种享有自由的神人,对于处于现实悲剧困境的士人来说,是有很大吸引力的,只要他们能够相信至人真人神人的存在、相信人通过一定的方式能达到至人真人之境域,那么他们就可以在精神上战胜物欲并消解自我,以获得心灵的超越。屈原的《远游》明显地写诗人自己如何由悲剧意识开始,又如何通过游仙来避世,以化悲为乐,并消解自己的悲剧意识,还展示了诗人自己内心不断矛盾的过程。远游的起因是巨大的悲剧意识:"悲时俗之迫阨兮,愿轻举以远游。"而在雨师左侍,雷公右卫,忽儿召云师隆为先导,忽儿唤风伯飞廉为前驱的远游中,也还"忽临睨夫旧乡",而且立即"思旧都以想象兮,长叹息而掩涕"。不过这次是一番矛盾之后继续远行,游遍上下四方之后,终于在避世中求独乐,"超无为以至清兮,与泰初而为邻",化"悲"为

---

① 以下一节参考张法《中国文化与悲剧意识》(中国人民大学出版社 1989 年出版)的地方甚多。

"乐",转忧为喜,获得审美的愉悦。

秦以后随着神话背景的消失,虽然生活在繁华富贵中的帝王们宠幸方士,练丹服药,希望长生成仙,以把富贵繁华的生活永永远远地过下去,秦始皇甚至派人到海外去寻找蓬莱仙岛。然而士大夫文人是不太相信有真正的神仙世界的,但他们也不去认真探究其有无,而是采取存而不论的态度,顶多是"祭神如神在"。但屈原和庄子在士大夫文人的心中又始终占有一席之地,因此,当他们仕途不顺,陷入悲剧困境之时,他们就真心希望确实存在一个神仙世界,从而使他们能避世以独乐,让自己的心灵有一个平静的安顿处。因此我们看到一些典型的悲剧人物往往也写一点"神仙诗",他们的悲剧心灵在寻求解脱。曹植就正是以《升天行》《五游咏》《远游篇》《仙人篇》《游仙诗》等作品构成了游仙的交响组诗。和《远游》一样,他所表现的是现实的局促,人生不如意和世上的失落感。《游仙诗》云:"人生不满百,戚戚少欢娱,意欲奋六翮,挑雾凌紫虚。"《五游》:"九州不足步,愿得凌云翔,逍遥八纮外,游目历遐荒。"于是诗人通过他飞升、轻举、远游,到蓬莱,抵昆仑,达文昌殿、太微堂,过王田庐……看到的是桂兰、玉树、琼瑶、玄豹、翔鹍、白虎……遇到的是仙人、玉女、湘娥、河伯、韩终、王乔……飘飘然逍遥自由,"东观扶桑曜,西临弱水流,北极登玄渚,南翔陟丹邱"[①]。

曹植是一个充满悲剧意识的人,他不断地用弃妇、游子,用离情来哭吟自己的悲剧情怀。"游仙"不过是他的心灵在极端痛苦中欲求解脱的一种挣扎罢了。他可以算作是渴望通过神仙来避世以独乐,以消解现实痛苦的代表诗人。郭璞认真地研究过神仙。在他为之作注的众多典籍中有《穆天子传》《山海经》《楚辞》,因此他能够熟练地通过仙的形式来避世,以抒发自己的悲剧情怀。不过,正如何焯《义门读书记》所指出的:"景纯《游仙》,当与屈子《远游》同旨。盖自伤坎壈,不成匡济,寓旨怀生,用以写郁。"曹植在强迫自己相信神仙世界时的游仙避世中写出了自己飞升的快乐,郭璞的《游仙诗》则反复吟咏自己在世的悲伤:"运流有代谢,时变感人思。"(其四)"静叹亦何念,悲此妙龄逝。"(其十四)"悲来恻丹心,零泪缘缨流。"(其五)他不像曹植那样一来就可以轻举飞升,而是想得多,游得少:"逸翮思拂霄,迅足羡远游。"(其五)"悠然心永怀,眇尔自遐想。"(其八)很多时候,还觉得自己是不行的:"虽欲思灵化,龙津未易上。"(其十七)"虽欲腾丹溪,云螭非我驾。"(其四)因此他的寻仙也充满了痛苦和艰辛。"寻仙万余日,今乃见子乔。"(其十)当他能够挽龙骊,乘奔雷,逐电驱风,在天上飞翔时,也还是免不了悲戚:

[①] 《游仙诗》。

"东海犹蹄涔,昆仑蝼蚁零,遐邈冥茫中,俯视令人哀。"(其九)如果说,曹植在强迫自己相信神仙世界的时候,的确做到了避世以独乐,以化"悲"为"乐",完成了心理价值的转换,屈原《远游》在不断矛盾斗争中,寄托其政治抱负,避世以独乐,以转"悲"为"乐",也完成了价值转换,而郭璞却似乎始终未完成这一转换,因此他的游仙十九首,只有三首(第六、九、十)算是仙境,还不如写山林隐士的篇数多。从《游仙诗》"其三"看,在郭璞的心中,山林隐士与仙是可以等同的:"翡翠戏兰苕,容色更相鲜,绿萝结高林,蒙茏盖一山。中有冥寂士,静啸抚清弦,放情凌霄外,嚼蕊挹飞泉。赤松临上游,驾鸿乘紫烟。左挹浮丘袖,右拍洪崖肩。借问蜉蝣辈,方知龟鹤年。"在这首诗中山林冥寂士与赤松、浮丘、洪崖三仙人拍肩挹袖,尤如兄弟。从郭璞的《游仙诗》中,我们可以看出,仙人的特征是自由安闲的,隐士的特征则是安闲冥寂的。而自由无拘,孤寂安闲正是郭璞心灵的写照。因此《游仙诗》中三大情感特征:现世的悲忧、自由的精神、孤寂的心境,正是郭璞内心的三大真实写照。正因为如此,王夫之才强调指出:"步兵一工皆委之《咏怀》,弘农开始皆委之《游仙》。"[①]认为郭璞的《游仙诗》与阮籍的《咏怀诗》一样,主要是抒发自己的悲剧情怀。钟嵘也说郭璞的《游仙诗》"乃坎壈咏怀,非列仙之趣也"。[②] 正因为郭璞内心并未完成人生价值的转换,而是以仙写愁,有的学者因此要把它作为中国悲剧意识的表达形式之一。陈祚明说:"《游仙》之作,明属寄托之词。"[③]刘熙载说:"《游仙诗》假栖遁之词,而激烈悲愤,自在言外。"[④]朱乾说:"游仙诸诗,嫌九州之局促,思假道于天衢,大抵骚人才士不得志于时,藉此以写胸中之牢落,故君子取焉。"[⑤]

到了唐代,统治者把道教的祖师爷老子认作自己的祖宗,道教兴盛起来,从初唐到盛唐,国家强盛、富庶,现实生活对人有较强的吸引力。达官贵人特别希望长生不老、好永享荣华富贵,也特别希望羽化登仙,好在天上享受比地上更幸福的生活。在社会对神仙世界的普遍信仰中,很多士大夫都对神仙感兴趣,卢照邻、王勃、陈子昂、孟浩然、储光羲等人都写过梦仙或游仙之作。国势的强盛,生活的多彩,既刺激着士人的功名心,又召唤着士人对神仙的想往。正是在这个氛围中,产生了诗仙李白。中国的李白和西方的莎士比亚一样是说不完的。以中国人生美

[①] 《古诗评选》卷四。
[②] 《诗品》。
[③] 《采菽堂古诗选》卷十二。
[④] 《艺概·诗概》。
[⑤] 《乐府正义》卷十二。

学转悲为乐意识的角度来看李白,他既有非常强烈的功名心,又对神仙非常有兴趣,他的功名心在现实面前破灭了,于是追求仙境,渴望避世成仙,以忘掉现实的不幸,转悲为乐。他对神仙境域的向往和追求,最典型地显示了中国人生美学中通过游仙以避世求独乐与化悲为乐的消解途径。

李白和中国的大多数士大夫文人一样,看得最重的是积极用世,建功立业。李白崇仰姜太公、鲁仲连、张良、诸葛亮,同时也非常崇仰孔子,未出蜀时写的《上李邕》表明了他对孔子的敬意。遭遇困厄、身陷囹圄时,他呼唤的是孔子①,他临终时呼唤的,也是孔子②。对孔子的崇敬内含的是积极用世观念在心灵的主导作用,在诗中他经常抒发自己的理想志向:"一生欲报主,百代期荣亲。"③"身没期不朽,荣名在麟阁。"④对姜太公、张良、诸葛亮、谢安的倾仰,构成他积极用世的方式和特征。"他不像一般的读书人,走的是科举的道路,求的是一官半职,李白'不求小官,以当世之务自负'。他采取的是游说人主,直取卿相,一鸣惊人的非常手段,要达到的是'济苍生''安社稷''环区大定,海县清一',济国安邦的大事业,要做的是像管仲、晏婴一类的'辅弼'大臣。""为了猎取功名,引起皇帝的重视,得以召见,李白在未遇之前,可以说除了科举之外,他运用了一切手段:如任侠交游,纵横干谒,求仙学道,结社隐居等。"⑤终于在天宝元年,由东鲁入京,得到玄宗的召见。然而李白想要当的是诸葛亮,玄宗却只要他做司马相如。这种君臣意识上的根本差错,再加上最得盛唐之气的李白平素傲气侠风,道风仙骨,有不少"天子呼来不上船,自称臣是酒中仙"之类的趣事,终于弄得个"赐金放还"。这意味着李白"荣名在麟阁"之梦的破灭。很多时候,李白想能够像张良、鲁仲连那样功成身退,风流潇洒,而今却是功不成身先退。每念及此,李白内心就充满恋主的悲戚。他的功名意识非常强烈,也使其失落感异常浓重。每当这种时候,他心灵深处已有的求仙学道的兴趣又高涨起来。然而以前的求仙学道是为了获得皇帝的注意和召见,而今的求仙学道却是为了消解因皇帝"放逐"而带来的沉重的失落感及其悲剧意识。现世的功名是人的一生值得追求的东西,超世的神仙同样是人的一生值得追求的东西。现世功名的失落感增添了追求神仙世界的热情:"东风随春归,发我

---

① 见《上崔相百忧章》。
② 见《临路歌》。
③ 《赠张相镐》。
④ 《拟古》其七。
⑤ 葛景春:《儒道释结合熔铸百家的开放型思想》,载《中州学刊》1986年第2期。

枝上花。花落时欲暮,见此令人嗟,愿游名山去,学道飞丹砂。"①"吾将营丹砂,永与世人别。"②必须指出,与其他人不同,李白对神仙世界的存在是深信不疑的,他是真心地把道教编的神仙故事认作历史的事实,好像他们和姜太公、诸葛亮一般确实存在过似的,对之再三吟咏,心驰神往:"吾爱王子晋,得道伊洛滨。金骨既不毁,玉颜长自春。"③"丁令辞世人,拂衣向仙路,伏炼九丹成,方随五云去。"④因此他"五岳寻仙不辞远,一生好入名山游",自称是"十五游神仙,仙游未曾歇"。功名失望之后,当然就更是"而我乐名山……永愿辞人间"。由于李白的神仙信仰,自然山水在他的心目中起了变化,成为仙境式的,或曰道教式的自然。他心目中的自然,都是道士神仙灵迹出没的自然,他常常在这些壮丽宏美的自然中希望出现仙迹,或者在眼前把远处的仙境想象出来,宛如业已目睹。一面尽情地希望,一面努力地服药,一面任性地想象。这种痴心的希望和想象进一步就是和屈原一样,真的看见仙人了。《登太白峰》云:"西上太白峰,夕阳穷登攀,太白与我语,为我开天关。愿乘冷风去,直上浮云间,举手可近日,前行若无山……"《庐山谣寄侍御虚舟》:"庐山秀出南斗傍,屏风九叠云锦张,影没明湖青黛光,金阙前开二峰长。遥见仙人彩云里,手把芙蓉朝玉京……"《至陵阳登天柱石酬韩侍御见招隐黄山》云:"黄山过石柱,巘崿上巑丛,因巢翠玉树,忽见浮丘公,又引王子乔,吹笙舞松风。"

这完全是想仙入迷而做的白日梦,虽梦而似真。但似真毕竟不是真。于是他白天有白日梦,夜里也有寻仙遇仙之梦:"余尝学道穷冥鉴,梦中往往游仙山。"⑤"我欲因之梦吴越,一夜飞渡镜湖月。"⑥然而无论是青天白日遐想中的见仙遇仙,还是漫漫黑夜睡梦中的遇仙见仙,毕竟不是现实中真正的遇见神仙。李白相信神仙,但又和中国的大多数士人一样,是具有实用理性心理的。他采药、炼丹、学道、受箓……能干的都干过,但并未能成仙,高山幽谷,名山大川,他都游寻过了,除了在想象里、在梦里,并未见过真正的仙人。他的这些经历使他由信仙开始疑仙了。求仙本是为转移其失落感,避世求独乐,化悲为"乐",为消解、也确实消解了功名

---

① 《落日忆山中》。
② 《古风》其五。
③ 《感遇四首》其一。
④ 《灵墟山》。
⑤ 《途归石门旧居》。
⑥ 《梦游天姥吟留别》。

失落的悲剧意识,现在却又带来了求仙不得的悲剧意识:"仙人殊恍惚,未若醉中真。"①"云车来何迟,抚几空叹息。"②"二仙已远去,梦想空殷勤。"③

神仙世界要能真正达到避世求独乐的目的,消解现实的悲剧意识,就必须使人相信神仙世界的存在。曹植在一瞬间希望相信神仙存在,只能在一瞬间忘掉自己的悲剧意识;李白真正在用游仙来消解自己的悲剧意识,忘掉自我,然而寻的结果并不能证明神仙的存在,很可能只说明神仙的不存在。他求仙不得之悲必然带出他最初想用仙去解脱的现实之悲。在他对神仙虽已失望,但余绪未尽的时候,现实的变故——安史之乱——像一个巨大的磁石又把他的思想吸引过来,以致他会一面想象自己如仙飞行,一面马上想到现实的苦难:"西上莲花山,迢迢见明星,素手把芙蓉,虚步蹑太清。霓裳曳广带,飘拂升天行……俯视洛阳川,茫茫走胡兵,流血涂野草,豺狼尽冠缨。"④

李白那曾为寻仙而激动以避世求独乐的心很快就转为"中夜四五叹,常为大国忧"⑤。他自身也很快投进现实政治中去了。

可以说李白是在屈原、庄子的神话背景消失之后,第一个也是最后一个真正地、系统地想通过游仙来忘掉自我,来避世求独乐,以消解自我,消解悲剧意识的人。

---

① 《拟古》十二首其三。
② 《日夕山中忽然有怀》。
③ 《感遇》四首其一。
④ 《古风其十九》。
⑤ 《赠江夏韦太守良宰》。

参考文献

1. 老子:《老子》,上海:上海古籍出版社,1989年版。
2. 朱谦之:《老子校释》,北京:中华书局,1984年版。
3. (魏)何晏:《论语注疏》,北京:中华书局影印,1980年版。
4. 阮元校刻:《十三经注疏》,北京:中华书局影印,1980年版。
5. (清)郭庆藩撰:《庄子集释》,北京:中华书局,2004年版。
6. (清)王先谦撰:《荀子集解》,北京:中华书局,1988年版。
7. 墨翟:《墨子》,上海:上海古籍出版社,1989年版。
8. 韩非:《韩非子》,上海:上海古籍出版社,1989年版。
9. 高诱:《吕氏春秋注》,上海:上海古籍出版社,1989年版。
10. (魏)刘劭:《人物志》,刘昞注,任继愈断句,北京:文学古籍刊行社,1955年版。
11. (晋)陈寿:《三国志》,裴松之注,北京:中华书局,1959年版。
12. (唐)释皎然著,李壮鹰校注:《诗式校注》,济南:齐鲁书社,1986年版。
13. (唐)白居易撰,朱金城笺校:《白居易笺校》,上海:上海古籍出版社,1988年版。
14. (唐)韩愈:《韩昌黎全集》,北京:中国书店,1991年版。
15. (后晋)刘昫:《旧唐书》,北京:中华书局,1975年版。
16. 欧阳修、宋祁撰:《新唐书》,北京:中华书局,1975年版。
17. 欧阳修:《欧阳文忠公文集》,四部丛刊初编本,上海商务印书馆影印1936年版。
18. 苏轼:《苏轼文集》,北京:中华书局,1986年版。
19. 苏轼:《苏轼诗集》,北京:中华书局,1982年版。
20. 苏轼:《苏轼文集(上)》,长沙:岳麓书社,2000年版。

21. 程颢、程颐:《二程集》,北京:中华书局,1981年版。
22. 程颢、程颐:《二程文集》,上海:上海古籍出版社四库全书本,1987年版。
23. 张载:《张载集》,北京:中华书局,1978年版。
24. 周敦颐:《周子通书》,上海:上海古籍出版社,2000年版。
25. 邵雍:《皇极经世》,郑州:中州古籍出版社,1992年版。
26. 朱熹:《朱子语类》,北京:中华书局,1999年版。
27. 朱熹:《四书章句集注》,北京:中华书局,1983年版。
28. 朱熹:《四书章句集注》,北京:中华书局,1983年版。
29. 朱熹:《晦庵先生朱文公文集》,四部丛刊初编本,1934年版。
30. 施耐庵、罗贯中:《水浒传》(容与堂本),上海:上海古籍出版社,1988年版。
31. 李渔:《闲情偶寄》《李渔全集》,杭州:浙江古籍出版社,1992年版。
32. 高亨:《老子正诂》,北京:中华书局,1988年版。
33. 陈鼓应:《老子注释及评价》,北京:中华书局,1984年版。
34. 张松如:《老子说解》,济南:齐鲁书社,1987年版。
35. 郭庆藩:《庄子集释》,北京:中华书局,1961年版。
36. 王先谦:《庄子集解》,北京:中华书局,1987年版。
37. 陈鼓应:《庄子今注今译》,北京:中华书局,1983年版。
38. 陈鼓应:《老庄新论》,上海:上海人民出版社,1992年版。
39. 杨伯峻:《列子集释》,北京:中华书局,1979年版。
40. 王明:《抱朴子内篇校释》,北京:中华书局,1980年版。
41. 徐震堮:《世说新语校笺》,北京:中华书局,1984年版。
42. 王云五:《全唐诗话》,北京:中华书局,1985年版。
43. 曹旭:《诗品集注》,上海:上海古籍出版社,1994年版。
44. 陆侃如、牟世金译注:《文心雕龙译注》,济南:齐鲁书社,1995年版。
45. 钱伯城:《袁宏道集笺校》,上海:上海古籍出版社,1981年版。
46. 李宗侗:《中国古代社会史》,台北:台北华冈出版社,1954年版。
47. 侯外庐:《中国思想通史》(第一卷),北京:人民出版社,1957年版。
48. 詹剑峰:《老子其人其书及其道论》,武汉:湖北人民出版社,1982年版。
49. 严灵峰:《老庄研究》,台湾中华书局,1979年版。
50. 刘笑敢:《庄子哲学及其演变》,北京:中国社会科学出版社,1987年版。
51. 陈鼓应主编:《道家文化研究》(一、二、五、十一),上海:上海古籍出版社,

1992年版。

52. 冯友兰:《三松堂全集》,郑州:河南人民出版社,1988年版。

53. 冯友兰:《中国哲学简史》,北京:北京大学出版社,1996年版。

54. 张岱年:《中国哲学大纲》,北京:中国社会科学出版社,1982年版。

55. 任继愈主编:《中国哲学发展史》(一、二),北京:人民出版社,1985年版。

56. 李泽厚:《中国古代思想史论》,北京:人民出版社,1986年版。

57. 皮朝纲主编:《审美与生存》,成都:巴蜀书社,1999年版。

58. 李泽厚、刘纲纪:《中国美学史》,合肥:安徽文艺出版社,1999年版。

59. 徐复观:《中国艺术精神》,合肥:春风文艺出版社,1987年版。

60. 葛兆光:《道教与中国文化》,上海:上海出版社,1987年版。

61. 李泽厚:《美的历程》,北京:中国社会科学出版社,1989年版。

62. 章学诚:《文史通义》,北京:古籍出版社,1956年版。

63. 叶朗:《中国美学史大纲》,上海:上海人民出版社,1985年版。

64. 孟宪承等编:《中国教育史资料》,北京:人民出版社,1961年版。

65. 郭绍虞:《中国文学批评史》,上海:上海古籍出版社,1979年版。

66. 陈寅恪:《论韩愈》,见《金明馆丛稿初编》,上海:上海古籍出版社,1980年版。

67. 赵光贤:《周代社会辨析》,北京:人民出版社,1980年版。

68. 马蹄疾:《水浒资料汇编》,北京:中华书局,1980年版。

69. 朱一玄等:《水浒传资料汇编》,北京:百花文艺出版社,1981年版。

70. 叶朗:《中国小说美学》,北京:北京大学出版社,1982年版。

71. 叶朗:《李渔的戏剧美学.美学与美学史论集》,乌鲁木齐:新疆人民出版社,1982年版。

72. [苏]列·斯托洛维奇:《审美价值的本质》,北京:中国社会科学出版社,1984年版。

73. 曹方人、周锡山:《标点贯华堂第五才子书水浒传》,见《金圣叹全集》,南京:江苏古籍出版社,1985年版。

74. 蔡仲德:《中国音乐美学史稿》,北京:人民音乐出版社,1988年版。

75. 陈梦家:《殷墟卜辞综述》,北京:中华书局,1988年版。

76. 杜维明:《人性与自我修养》,北京:中国和平出版社,1988年版。

77. 王先霈、周伟民:《明清小说理论批评史》,广州:花城出版社,1988年版。

79. 滕星:《中外教育名人辞典》,北京:中央民族学院出版社,1988年版。

79. 陈谦豫:《中国小说理论批评史》,上海:华东师范大学出版社,1989年版。

80. 王玉秋:《价值哲学》,西安:陕西人民出版社,1989年版。

81. 顾建华:《美育新编》,北京:北京出版社,1991年版。

82. 单世联、徐林祥:《中国美育史导论》,南宁:广西教育出版社,1992年版。

83. 成复旺:《中国古代的人学与美学》,北京:中国人民大学出版社,1992年版。

84. 刘兆吉:《美育心理学》,重庆:西南师范大学出版社,1992年版。

85. 王士菁:《唐代文学史略》,长沙:湖南师范大学出版社,1992年版。

86. 陈洪:《中国小说理论史》,合肥:安徽文艺出版社,1992年版。

87. 聂振斌:《中国美育思想述要》,广州:暨南大学出版社,1993年版。

88. 朱自清:《诗教.见释中国》(第四卷),上海:上海文艺出版社,1998年版。

89. 熊十力:《体用论》,北京:中华书局,1994年版。

90. 钱穆:《中国文化史导论》,北京:商务印书馆出版社,1994年版。

91. 李泽厚:《李泽厚十年集》(第一卷),合肥:安徽文艺出版社,1994年版。

92. 张法:《中西美学与文化精神》,北京:北京大学出版社,1994年版。

93. 张毅:《宋代文学思想史》,北京:中华书局,1995年版。

94. 杨向奎:《宗周社会与礼乐文明》(修订本),北京:人民出版社,1997年版。

95. 葛兆光:《中国思想史》,上海:复旦大学出版社,1998年版。

96. 胡从经:《中国小说史学史长编》,上海:上海文艺出版社,1998年版。

97. 诸葛志:《中国原创性美学》,上海:上海古籍出版社,2000年版。

98. 曾繁仁:《走向二十一世纪的审美教育》,西安:陕西师范大学出版社,2000年版。

99. 王一川:《美学与美育》,北京:中央广播电视大学出版社,2001年版。

100. 黄凯锋:《价值论视野中的美学》,上海:学林出版社,2001年版。

101. 袁济喜:《传统美育与当代人格》,北京:人民文学出版社,2002年版。

102. 檀传宝:《德育美学观》,太原:山西教育出版社,2002年版。

103. 李美燕:《琴道与美学》,北京:社会科学文献出版社,2002年版。

104. 罗宗强:《隋唐五代思想史》,北京:中华书局,2003年版。

105. 聂振斌:《中国古代美育思想史纲》,郑州:河南人民出版社,2004年版。

106. 尚永亮:《唐代诗歌的多元观照》,武汉:湖北人民出版社,2005年版。

107. 汤用彤:《魏晋玄学论稿》,上海:上海世纪出版集团,2005年版。

后　记

本书为四川省教育厅社会科学科研项目重点课题的成果,也是四川师范大学省级重点学科——"美学"学科和美学创新团队成果之一。这部书由拟订提纲、确立基本构架、查阅资料、明确指导思想,进行撰写,完成初稿,到修改、定稿,前后费时四年。

长期以来,我们坚持认为,中国传统美学是人生美学。中国人生美学的审美诉求是"天人合一"。从人生美学和"天人合一"审美境域构成论切入,来研究中国传统美学,才可能揭示其实质。

的确,中国人生美学审美境域的建构,离不开中国哲学"天人合一"宇宙构成论的渗透和统摄作用。与西方哲人相比,中国古代哲人对宇宙、世界的看法则更多地趋向人天构成一体化。在中国古代哲人看来,天与人之间处于一种构成关系,都有一个共同的生命构成本原,即"道"(气),"道"(气)是审美境域的纯粹原初域。故而,在天与人、理与气、心与物、体与用诸方面的关系上,中国古代哲人都不会强为割裂,而习惯于融会贯通地加以整体把握。在人与自然、人与人的关系上,中西文化也存在着差别。中国文化比较重视人与自然、人与人之间的和谐构成的关系,西方文化则比较重视人与自然、人与人之间的分别对立的关系。在中国文化里,人与自然之间从来就不是敌对的关系,而是亲密的构成关系,人离不开自然,自然也离不开人。"天人合一""体用不二""情景相融""意象相生"等构成观念源远流长,其来有自。孟子说:"万物皆备于我矣。"(《孟子·尽心上》)庄子说:"天地与我并生,而万物与我为一。"(《庄子·齐物论》)这些都是说天地万物和人是相互构成,其生命是直接沟通,构成为一个活体的。《左传》也从不同角度、不同方面提倡这种观念,强调人必须要与天相认同。"天人合一"在董仲舒等汉儒思想体系中,更是扮演了中心角色。在古代中国人的心目中,本质与现象、主体与客体是浑然一体,不可区分的。庄子用他充满浪漫主义艺术情调的语言为我们勾画了一个未经分割、表里贯通、时空混整、川流不息、相构相成的活体世界:"若夫藏天下于天下而不得所遁,是恒物之大情也。"(《庄子·大宗师》)在这个浑然自足的活体世界中,人与物始终处于一种相构相成、相生相融的构成关系之中。

这种"天人合一""体用不二""心物一如""情理一体"的人与宇宙万物的构成思想,使古代中国人的审美活动立足在与西方人完全不同的起点上;同时,在中国人的审美感受和审美创构中,确立了一种在美的构成过程中对待人与自然关系的基本的审美态度。正是基于这种审美态度,中国古代文人在美的生成与创构中,在对待和体验自然万物时,往往以心物构成为出发点和归宿,从而形成一种人对宇宙时空的依赖与人与自然万物的和谐氛围。由于在齐物顺性、物我同一中泯灭了彼此的对峙,所以,物我之间显现出休戚与共、相依为命的关系。人对外部世界、对自然万物,始终保持着一种精神上的自由,在人的虚静空明的审美心境中,自然万物与人之间可以自由地认同,人能自由地吐纳、体会、体认万物自然,与自然万物相生相交、相构相成、相生相融。故而,拥有"审美型"智慧的中国人可以顾念万有,拥抱自然,跃身大化,有时竟弄得"不知周之梦为蝴蝶与,蝴蝶之梦为周与"(《庄子·齐物论》)。

既然人与宇宙万物之间处于构成之中,万物自然与人之间是"天人合一","以类合之,天人一也",天地人皆为同类,都原发并生成于纯粹的构成本原"道",都具有生命与同一的生命精神,那么,天人之间其生命也就自然是息息相通的。由此,我们就常常在中国古代文艺审美创作中发现一种人与自然万物相互感应、相互融合、相互构成的现象,像李白诗中所描绘的那样,"相看两不厌,惟有敬亭山"(李白《独坐敬亭山》)。在虚灵空廓的审美静观中,审美者会摄物归心,移己就物,万物也自然相应相答、相依相随,在心物一体的构成运动中,最终臻万物于一体,达到与万物同致的境域。这种"天人合一"、"我"与"非我"的一体构成化,小宇宙与大宇宙的互渗互摄、相生相融,显现在审美创作的构成活动中,则形成了"情景交融""神与物游""情往似赠,兴来如答"等一系列审美境域生成的理论。主体与客体的交感、情与景的交织、心与物的交游,可以创构出多种多样虚灵空活而又幽远深邃的审美意境。

所谓"天地一东篱,万古一重九",天人合一,自然与人相类一体,相通相合、相构相生、相成相融、一体同构,这种宇宙活体意识渗透到中国美学所推崇的审美活动中,人的心灵、精神、情感就成了审美构成关系中真正的"仁"者,自然万物也就理所当然地能为人们自由地认同和吐纳。在中国艺术家的心灵空间里,自然万物"舒卷取舍,如太虚片云,寒塘雁迹"(《沈灏《画麈》》)。嵇康诗云:"目送归鸿,手挥五弦;俯仰自得,游心太玄。"(嵇康《赠秀才入军》其十四)就很传神地展现了这种以人为核心的"天人合一"宇宙构成意识对审美观念的渗透,表现了人对自然万物的自由吐纳与审美认同。可以说,正是中国人这种对大自然的亲密感、认同感和构成,视大自然为可居可游的精神家园的审美观念,生成了中国人能够超越时空限制,以直觉的方式去接近自由生命的气韵律动,并且把不同情景、不同际遇下经验颤动的深层结构和全部幅度涵蕴在艺术审美创作的兴感触发的魅力中的审美意识,并从而直观地触及到审美境域论的某些端倪。

中国美学审美境域创构中的"知行合一"的审美心胸与审美人格论的形成就离不开"天人合一"构成观的影响。与西方哲学不同,中国哲学不太注重对外在世界的追求,而是注重对人的内在价值的探求。在中国古代哲人看来,天人之间的关系是统一的构成活体,"人道"本于"天道",故而,人自身是能够体现和彰显"天道"的。同时,由于人是宇宙天地的构成伙伴,所以人的内在价值就是"天道"的价值。正是基于此,中国传统哲学的基本精神就是教人如何"做人",如何培养自己的理想道德人格。"做人"与理想道德人格的培养对自身要有个规范,要追求真、善、美的理想人格境界。《大学》说,"大学之道在明明德,在亲民,在止于至善","古之欲明明德于天下者,先治其国。欲治其国者,先齐其家。欲齐其家者,先修其身。欲修其身者,先正其心。欲正其心者,先诚其意。欲诚其意者,先致其知。致知在格物。格物而后致知,知致而后意诚,意诚而后心正,心正而后身修,身修而后家齐,家齐而后国治,国治而后天下平"。所谓"知行合一","知"和"行"是应该一致的。从"格物致知"到"修身、齐家、治国、平天下"就是一个认识过程与实践过程的统一。人生活在天地之中,就应该有理想,应"自强不息":"天行健,君子以自强不息。"(《周易·乾·象传》)要体验天地造化的伟大生命力,体现宇宙大化的流行,首先就应对自己有个理想人格的要求。要做到"真",即达到人与自然的和谐构成关系;做到"善",即使自己的道德知识与道德实践统一,"知行合一",以构成"美",即作为审美创作主体要使自己的情感以再现和彰显天地造化之工而"情景合一"。只有这样,才能使人进入高素质的理想人格境界,即真善美和合统一的完美人格境界。由此,也才能使人的自我价值得到充分的肯定和自由发挥,以实现自我,超越自我,创造自我。

故而,孔、孟的审美理想是要做圣人、仁人。他们非常强调"做人"与人的完美人格素质的培养,所谓"天生德于予"(《论语·述而》),"天将以夫子为木铎"(《论语·八佾》)。孔子以"仁"释"礼",又认定求"知"应该为求"仁"服务,强调"未知,焉得仁"(《论语·公冶长》)。在论及"君子"应具有人格素质时,孔子强调指出人们必须使自己"志于道,据于德,依于仁,游于艺"(《论语·述而》)。"道"是指宇宙间普遍的、根本的道理、规律,属于认识和真理范围;"德"和"仁"是讲道德伦理,包含着善的内涵;"艺"则是指礼、乐、射、御、书、数等六艺,蕴含着美的内容。道、德、仁、艺在人的真善美人格素质发展中具有不同的作用。老、庄的理想则是做真人、至人。作为道家的代表人物,他们同样注重内省。总之,"六经"、孔孟和老庄所开启的中国哲学,最重视的不是确立于对外部世界的认识,而是致力于成就一种伟大的人格,由"内圣"而"外王"。

中国古代哲学这种强调"天人合一""知行合一""内圣外王"的构成思想,对中国美学审美境界创构中的审美者心理结构建构,特别是艺术审美创作者的心理结构建构,具有重要影响。中国古代美学肯定人的存在意义,强调人的价值和作用,认为天地万物之中,人"最为天下贵"(《荀子·王制》),"惟人得其秀而最灵"(董仲舒《春秋繁露·天地阴阳》)。中国美学认为,在自然、社会、人类,即天、地、人三才中,人与天、地是相辅相成、平等对待的。通过尽心思诚,人能够向内认识自我、实现自我而进入与天地万物构成合一的境域。所谓"诚,天之道也;诚也者,人之道也"(《中庸》)。天人本源于一纯粹的原初构成域"道",并同归于"诚",故而荀子说:"君子养心莫善于诚。……天地为大矣,不诚则不能化万物。"(《荀子·不苟》)尽心知天,以诚为先。回归于本心,返回人心原初之诚,方能穷神达化,天人合一。反观内照则能穷尽宇宙人生的真谛,并使人从中获得审美的自由超越。要达到此,作为审美者的人的感知、想象、情感、理解等审美心理素质与审美能力必须得到增强与提高,要"以至敏之才,做至纯功夫"(朱熹语),以培养其理想人格,健全其审美心理结构和审美智能结构。只有增强其审美能力,完善其审美素质,通过亲身实践和感受、体认现实世界,增加知识积累和生活经验积累,做到"知行合一",使自己的审美活动适应客观世界中对称、均衡、节奏、有机统一等美的动力结构模式,从而始可能超越这些模式进入天地境界,从而尽己心便可以尽人尽物,参天地,赞化育,以达到"天人合一"的审美极境。

中国美学审美境域创构中"直觉了悟"审美体验方式的生成,更离不开"天人合一"思维模式的影响。西方美学是在思辨和论难的文化氛围中发展起来的,讲究谨严的逻辑论证和深透的理论开掘,通行"始、叙、证、辨、结"的运思和表达程式,立论缜密,尽管不免流于繁琐。这和其以逻辑分析和推理为基础,注重认识活动细节的传统思维模式的影响分不开。而中国的传统思维模式则是以直观综合为基础,比较注重从整体方面来把握对象,具有较为突出的模糊化色彩。从中国哲学史来看,除晚周诸子和魏晋玄学之外,一般说来论辩风气不浓,因袭枷锁沉重,形式逻辑相当薄弱。宋明理学的"格物致知"说,是中国传统认识发展史上的典型代表,其所推崇的"格物",也不是对事物的观察和实验,而是采取静坐修心的"内省功夫",以达到"明心见性"的目的。即使是思辨水平较高的庄禅哲学,虽然其哲学宗旨和形态不尽相同,然而其思辨模式的共同点则都在于是一种无须以概念逻辑思维为基础的直观思辨。这种传统思维模式对中国科学精神的发展起了极大的抑制作用，但是却成全了中国美学，并形成其整体性、模糊性的通过审美直觉和心灵体悟以把握宇宙生命意旨的体验方式，使中国美学精神达到至高之境。

受传统"天人合一"思维模式的影响，在审美境域构成过程中，中国美学注重心灵体验，"贵悟不贵解"，讲"目击道存""心知了达"与"直觉了悟"，其核心是"悟"。而"悟"的极致则是禅宗所标榜的"以心传心""不立文字"。中国古代哲人认为宇宙万物的生命本体是"道"，而"道"即先天地而生的混沌的气体。它是空虚的、有机的灵物，连绵不绝，充塞宇宙，是生化天地万物的无形无象的大母。它混混沌沌，恍恍惚惚，视之不见，听之不闻，搏之不得。它是宇宙旋律及其生命节奏的秘密，灌注万物而不滞于物，成就万物而不集于物。在审美境域构成中审美者必须凭借直觉去体验、感悟，通过"心斋"与"坐忘"，"无听之以耳，而听之以心，无听之以心，而听之以气"（《庄子·人间世》），排除外界的各种干扰，以整个身心沉浸到宇宙万相的深层结构之中，从而始可能超越包罗万象、复杂丰富的外界自然物象，超越感观，体悟到那种深邃幽远的纯粹原初构成域"道"，即宇宙之美。可以说，正是这种对"道"的审美体验，才使中国古代美学把审美境域构成的重点指向人的心灵世界，"求返于自己深心的心灵节奏，以体合宇宙内部的生命节奏"，并由此而形成中国美学独特的审美体验方式和传统特色。

受此影响，中国美学史上的诗文评大都采取随笔、偶感、漫谈或者点评的方式，而且通常是"比喻的品题"（罗根泽语），诸如"清新""俊逸""雄浑""高古""芙蓉出水""错采镂金""横云断岭""草蛇灰线"，等等，虽是精言妙语，富有形象性，但缺乏严密的适用界域和确切的内涵，带有很大的随意性。接受这些思想，就跟审美欣赏差不多，得靠空寂的心灵，靠直觉和悟性。当然，应该说它的缺陷在于宽泛笼统，不能"证伪"，难以厘定，以致注释之学在中国得以叠床架屋般发展，而且长盛不衰；它的好处在于点到即止，毋庸辞费，为受者的悟性发挥留有较大的余地，而不像西方人那样用切二分割的方法硬套一切，勘天役物，凿破自然天趣。中国人拥有"寂然凝虑，思接千载，悄然动容，视通万里"（《文心雕龙·神思》）和"世尊枯花，迦叶微笑"（《五灯会元》卷一）般的高雅情趣和艺术精神，这一点在中国古代美学中处处可见。可以说，不了解这一点，就无法了解中国的哲学和艺术，也找不到这个古老民族的文化心灵。

本书由李天道主编。撰稿人员为：李天道、钱才芙、丁建鹏、邱明丰、杨晔。全书由李天道修改统稿，最后审定。

李天道

2018年8月4日于静安路3号电梯公寓